高等职业教育建筑设备类专业系列教材

供 热 工 程

第 2 版

主　编　王宇清
参　编　付　莹　邵立章　刘　波
　　　　刘　芳　毕　铁　张振旺
主　审　边喜龙

机 械 工 业 出 版 社

本书为校企合作“双元”开发教材，根据“供热工程”课程的结构和教学内容，结合编者多年来的教学经验，按照施工企业各岗位要求进行编写。本书共两个模块，十四个项目，内容包括供暖系统设计热负荷，室内热水供暖系统，供暖系统的散热设备及附属设备，室内热水供暖系统的水力计算，供暖系统的分户热计量，室内蒸汽供暖系统，集中供热系统概述，室外热水供热管网的水力计算，集中蒸汽供热系统管网的水力计算，热水网路的水压图和定压方式，热水供热系统的供热调节和工况调节，集中供热系统的主要设备，集中供热系统热力站及管道的布置与敷设，供热系统的验收、启动、运行和故障处理。本书内容融入工程案例，旨在培养学生解决实际工程问题的能力，体现职业教育特色。

为了便于教学，本书配有电子课件和微课视频，凡使用本书作为教材的教师，均可登录 www. cmpedu. com 注册、下载。如有疑问，可拨打编辑电话 010 - 88379373 进行咨询。

本书既可作为高职学校建筑设备类专业教学用书，也可作为相关技术人员的自学与培训用书。

图书在版编目（CIP）数据

供热工程/王宇清主编．—2 版．—北京：机械工业出版社，2022. 6（2025. 5 重印）

高等职业教育建筑设备类专业系列教材

ISBN 978-7-111-70368-6

Ⅰ. ①供…　Ⅱ. ①王…　Ⅲ. ①供热系统-高等职业教育-教材
Ⅳ. ①TU833

中国版本图书馆 CIP 数据核字（2022）第 041839 号

机械工业出版社（北京市百万庄大街 22 号　邮政编码 100037）
策划编辑：陈紫青　　　　责任编辑：陈紫青
责任校对：樊钟英　王　延　封面设计：马精明
责任印制：李　昂
涿州市般润文化传播有限公司印刷
2025 年 5 月第 2 版第 3 次印刷
184mm×260mm · 17. 5 印张 · 3 插页 · 438 千字
标准书号：ISBN 978-7-111-70368-6
定价：54. 00 元

电话服务　　　　　　　　网络服务
客服电话：010-88361066　机　工　官　网：www. cmpbook. com
　　　　　010-88379833　机　工　官　博：weibo. com/cmp1952
　　　　　010-68326294　金　　书　　网：www. golden-book. com
封底无防伪标均为盗版　机工教育服务网：www. cmpedu. com

"供热工程"课程是供热通风与空调工程技术专业、建筑设备工程技术专业的一门主干专业课程。编者以供暖及集中供热工程技术的发展为基本依据，按照施工企业各岗位要求，结合工学结合的人才培养模式，以提高学生的职业技术能力和职业素养为核心，参照国家相关职业资格标准、技术规范和供热专业技术人员职业水平标准，对本书进行了修订。修订内容如下。

（1）根据《辐射供暖供冷技术规程》（JGJ 142—2012）的要求，对低温辐射供暖系统的相关内容进行修订。

（2）根据《民用建筑供暖通风与空气调节设计规范》（GB 50736—2012）的要求，对书中的相关内容进行修订。

（3）根据《供热计量技术规程》（JGJ 173—2009）的要求，对分户热计量系统的相关内容进行修订。

（4）项目十一增加实训例题。

本书根据"供热工程"课程的结构和教学内容，结合编者多年来的教学经验，由校企合作"双元"开发，教材内容与工程实际接轨，符合高职教材的特色。本书以训练学生解决问题的实际能力为首要目标，将完成实际工作任务作为能力训练过程。本书修订过程中得到了行业企业专家的指导，黑龙江省安装工程公司六分公司经理孙波和哈尔滨滨才集团公司经理苍松等专家对本书对应的课程体系、教学内容进行论证，亲自指导教师和学生进行供暖及集中供热工程安装设计施工，讲解设计规范的相关要求，讲解当前的现场管道布置和敷设方法及要求。

本书由黑龙江建筑职业技术学院王宇清担任主编，并对全书进行统稿；黑龙江建筑职业技术学院付莹、刘芳、毕轶，黑龙江省水利四处有限责任公司邵立章、刘波，广西交通技师学院张振旺参加编写；黑龙江建筑职业技术学院边喜龙担任主审。

由于编者水平有限，书中难免存在疏漏与不妥之处，敬请广大读者批评指正。

编　者

第1版前言

本书是建筑类高等职业院校供热通风与空调工程专业和建筑设备专业“供热工程”课程使用教材。

本书较为系统地阐述了以热水和蒸汽作为热媒的室内供暖系统和集中供热系统，主要介绍了各种系统的形式和组成、设备的构造和工作原理、设计计算的基本知识以及运行调节、维护管理等方面的内容。

本书根据高等职业教育专业课程教学大纲的要求编写，采用了国家最新的技术规范和标准，力求做到结构严谨、层次分明；内容上注重以实用为目的，以必需、够用为度，涉及近年来建筑供热工程的新技术、新材料和新设备。本书内容简明扼要、通俗易懂，文字准确、流畅，注重了理论联系实际，加强了实践与应用环节，编入了大量的插图和必要的例题，还编入了供暖施工图，以便更好地适应教学和工程实际应用的需要。

本书也可作为从事通风空调、热能供应及锅炉设备工作的专业技术人员的岗位培训用书。

本书由黑龙江建筑职业技术学院王宇清编写第一～六章；新疆建筑职业技术学院李越编写第七、八章；黑龙江建筑职业技术学院汤延庆编写第九～十二章；黑龙江建筑职业技术学院芦瑞丽编写第十三、十四章。

本书由王宇清任主编，汤延庆任副主编，沈阳建筑职业技术学院刘春泽任主审。

由于编者水平有限，书中如有不妥和错误之处，恳请读者批评指正。

编　者

二维码视频列表

序号	项目	二维码	页码	序号	项目	二维码	页码
1	项目一	围护结构的基本传热耗热量	4	8	项目二	室内热水供暖系统管路布置与敷设	34
2		围护结构传热系数的计算	7	9		识读供暖施工图方法	35
3		围护结构的附加（修正）耗热量	8	10		识读供暖平面图	36
4		六层及六层以下建筑物围护结构冷风渗透耗热量计算的方法	12	11		识读供暖系统图	36
5		六层以上建筑物围护结构冷风渗透耗热量计算的方法	12	12	项目三	散热器的计算方法	43
6		六层及六层以下建筑物围护结构冷风渗透耗热量计算示例	20	13		散热器的类型、选用原则及布置	43
7		六层以上建筑物围护结构冷风渗透耗热量计算示例	20	14		散热器计算示例	45

（续）

序号	项目	二维码	页码	序号	项目	二维码	页码
15	项目四	机械循环同程式热水供暖系统等温降法水力计算方法	72	22	项目十	热水网路水压图的基本原理及绘制要求	150
16		机械循环同程式热水供暖系统等温降法水力计算示例	76	23		绘制热水网路水压图示例	152
17	项目七	无混合装置的直接连接	121	24		用户与热网的连接形式	155
18		带混合装置的直接连接	121	25	项目十一	集中热水系统供热调节的基本原理	162
19		集中供热系统的间接连接	121	26		无混水装置直接连接的热水供热系统	164
20	项目八	热水管网水力计算的基本原理	132	27		带混水装置直接连接热水供热系统的质调节	165
21		集中热水供热系统的水力计算	134	28		带混水装置直接连接热水供热系统的量调节	166

（续）

序号	项目	二维码	页码	序号	项目	二维码	页码
29	项目十一	间接连接热水供热系统的外网质调节方式	169	34	项目十一	热水网路的水力稳定性	178
30		间接连接热水供热系统的外网质量-流量调节方式	171	35	项目十三	集中供热系统的热力站	197
31		水力失调的原因与计算	174	36		集中供热系统管道的布置与敷设	204
32		热水网路流量及水力失调度的计算示例	175	37		室外供热管网的平面图	217
33		水力失调状况分析	177	38		室外供热管网的纵断面图	217

目录

模块一 室内供暖系统

模块二 集中供热系统

模块一　室内供暖系统

项目一　供暖系统设计热负荷

人们进行生产和生活时要求保持一定的室内温度。一个房间或建筑物会得到各种热量，也会产生各种热量损失。在冬季，当失热量大于得热量时，就需要通过室内设置的供暖系统以一定方式向室内补充热量，以维持所要求的室温，在该室温下达到得热量和失热量的平衡。

供暖系统的设计热负荷是指在供暖室外计算温度 t_{wn} 下，为保证所要求的室内计算温度 t_n，供暖系统在单位时间内向房间供应的热量 Q。供暖系统设计热负荷是系统散热设备计算、管道水力计算和系统主要设备选择计算的基本依据，它直接影响着供暖系统方案的选择，进而影响系统工程造价、运行管理费用以及使用效果。

供暖系统设计热负荷应根据房间得、失热量的平衡进行计算，即

房间设计热负荷 = 房间总失热量 - 房间总得热量

（1）房间失热量　房间的失热量包括以下几个。

① 围护结构传热耗热量 Q_1。

② 加热由门、窗缝隙渗入室内的冷空气的耗热量 Q_2，简称冷风渗透耗热量。

③ 加热由门、孔洞及相邻房间侵入室内的冷空气的耗热量 Q_3，简称冷风侵入耗热量。

④ 水分蒸发耗热量 Q_4。

⑤ 加热由外部运入的冷物料和运输工具的耗热量 Q_5。

⑥ 通风耗热量 Q_6，即通风系统将空气从室内排到室外所带走的热量。

⑦ 其他失热量 Q_7。

（2）房间得热量　房间的得热量包括以下几个。

① 生产车间最小负荷班工艺设备散热量 Q_8。

② 非供暖系统的热管道和其他热表面的散热量 Q_9。

③ 热物料的散热量 Q_{10}。

④ 太阳辐射进入室内的热量 Q_{11}。

⑤ 其他得热量 Q_{12}。

对于民用建筑或产生热量很少的工业建筑，计算供暖系统的设计热负荷时，失热量只考虑围护结构传热耗热量、冷风渗透耗热量和冷风侵入耗热量；得热量只考虑太阳辐射进入室内的热量。其他得失热量不普遍存在，只有当其经常而稳定存在时，才能将其计入设计热负荷中，否则不予计入。

单元一 围护结构传热耗热量

围护结构传热耗热量是指当室内温度高于室外温度时，通过房间的墙、门、窗、屋顶、地面等围护结构由室内向室外传递的热量，常分成两部分计算，即围护结构的基本耗热量计算和附加（修正）耗热量计算。

基本耗热量是指在设计的室内、室外温度条件下通过房间各围护结构稳定传热量的总和。附加（修正）耗热量是指由于气象条件和建筑结构特点的影响，使传热状况发生变化而对基本耗热量进行的修正，包括朝向修正、风力附加、外门附加和高度附加等耗热量。

一、围护结构的基本耗热量

由于室内散热设备的散热量不稳定，而且室外空气温度随季节和昼夜也不断变化，实际上围护结构的传热是一个不稳定的过程。但不稳定传热的计算非常复杂，所以在工程设计中，对于室温允许有一定波动幅度的建筑物，围护结构的基本耗热量可以按一维稳定传热进行计算，即假设在计算时间内，室内外空气温度和其他传热过程参数都不随时间发生变化，如图 1-1 所示。这样可以简化计算，而且计算结果基本能满足工程需要。

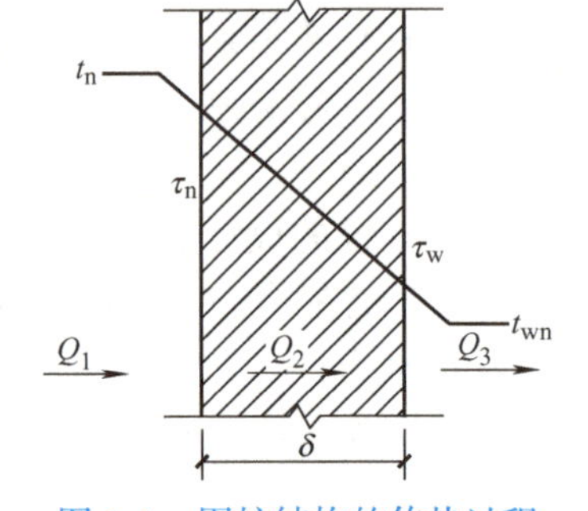

图 1-1 围护结构的传热过程

围护结构稳定传热时，基本耗热量可按下式计算。

$$Q = \alpha KF(t_n - t_{wn}) \tag{1-1}$$

式中 α——围护结构的温差修正系数；

K——围护结构的传热系数［W/(m²·℃)］；

F——围护结构的面积（m²）；

t_n——冬季室内计算温度（℃）；

t_{wn}——供暖室外计算温度（℃）。

将房间围护结构按材料、结构类型、朝向及室内外温差的不同，划分成不同的部分，整个房间的基本耗热量等于各部分围护结构耗热量的总和。

此外，当两个相邻房间的温差大于或等于5℃时，应计算通过隔墙和楼板的传热量；与相邻房间的温差小于5℃，且通过隔墙和楼板等的传热量大于该房间热负荷的10%时，也应计算其传热量。

1. 室内计算温度 t_n

室内计算温度 t_n 通常指距地面 2m 以内人们活动地区的平均空气温度。这个区域的温度对人的冷热感觉有直接影响，应根据建筑物的用途考虑满足人们生活和生产工艺要求而确定。

依据我国国家标准《民用建筑供暖通风与空气调节设计规范》（GB 50736—2012），设计集中供暖系统时，冬季室内计算温度 t_n 应根据建筑物的用途而定。

（1）民用建筑的主要房间　严寒和寒冷地区主要房间应采用 18～24℃，夏热冬冷地区的主要房间宜采用 16～22℃；设置值班供暖房间时，值班供暖房间不应低于 5℃。

根据国内外有关部门的研究结果，当人体衣着适宜，保暖量充分且处于安静状态时，室内温度 20℃ 比较舒适，18℃ 无冷感，15℃ 是产生明显冷感的温度界限。

居住及公共建筑物供暖室内计算温度见附录1。

（2）生产厂房的工作地点温度

1）轻作业生产厂房不应低于15℃，宜采用18~21℃。轻作业指的是能量消耗在140W以下的工种，如仪表、机械加工、印刷、针织等。

2）中作业生产厂房不应低于12℃，宜采用16~18℃。中作业指的是能量消耗为140~220W的工种，如木工、钣金工、焊接等。

3）重作业生产厂房不应低于10℃，宜采用14~16℃。重作业指的是能量消耗为220~290W的工种，如人力运输、大型包装等。

4）过重作业生产厂房宜采用12~14℃。

5）对于空间高度超过4m、室内设备散热量大于$23W/m^3$的生产厂房，由于对流作用，热空气上升的影响，房间上部空气温度高于下部温度，使上部围护结构的散热量增加。因此，对室内计算温度t_n有如下规定。

① 计算地面传热量时，采用工作地点温度t_g，即$t_n=t_g$。

② 计算屋顶、天窗传热量时采用屋顶下的温度t_d，即$t_n=t_d$。屋顶下的温度，可按已有的类似厂房进行实测，也可按温度梯度法确定，即

$$t_d=t_g+\Delta t(H-2) \tag{1-2}$$

式中　H——屋顶距地面的高度（m）；

Δt——温度梯度（℃/m），应根据车间散热设备的散热情况而定，通常取$\Delta t=0.3\sim1.5$℃/m。

③ 计算墙、门和窗传热量时采用室内的平均温度t_p，即

$$t_p=(t_g+t_d)/2$$

对于散热量小于$23W/m^3$的生产厂房，当温度梯度不能确定时，可先用工作地点温度计算围护结构耗热量，再用高度附加的方法进行修正，增加其计算耗热量。

（3）辅助建筑物及辅助用室的冬季室内计算温度值　见附录2。

2. 供暖室外计算温度 t_{wn}

按稳定传热计算围护结构基本耗热量时，室外温度应取一个定值，即供暖室外计算温度t_{wn}。合理地确定供暖室外计算温度对供暖系统的设计有重要的影响。如果采用的t_{wn}值过低，将增加供暖系统的造价和运行管理费用；如果采用的t_{wn}值过高，则不能保证供暖系统的使用效果。

《民用建筑供暖通风与空气调节设计规范》（GB 50736—2012）采用了不保证天数的方法确定北方城市的供暖室外计算温度t_{wn}，即人为允许每年有几天的实际室外温度低于规定的供暖室外计算温度值，这几天的实际室内温度可以稍低于室内计算温度值。《民用建筑供暖通风与空气调节设计规范》（GB 50736—2012）规定，供暖室外计算温度，应采用历年平均不保证5天的日平均温度（宜取30年不少于10年，即1971年1月1日至2000年12月31日）。采用这种方法确定的t_{wn}值，降低了供暖系统的设计热负荷，节约了费用，只要供暖系统在室外温度低于或等于t_{wn}时能按设计工况正常、合理地连续运行或间歇时间较短，就会取得良好的供暖效果，对人们的舒适感也不会有太大的影响。

我国主要城市的供暖室外计算温度t_{wn}值见附录3。

3. 温差修正系数 α

如果供暖房间的外围护结构不直接与室外空气接触，中间隔着不供暖的房间（图1-2）

或空间（如地下室），该围护结构传热量的计算公式为

$$Q = KF(t_n - t_h)$$

式中　t_h——传热达到平衡时，非供暖房间或空间的温度（℃）。

因 t_h 值不易确定，故计算与大气不直接接触的外围护结构基本耗热量时，可采用下式。

$$Q = KF(t_n - t_h) = \alpha KF(t_n - t_{wn})$$

$$\alpha = \frac{t_n - t_h}{t_n - t_{wn}} \tag{1-3}$$

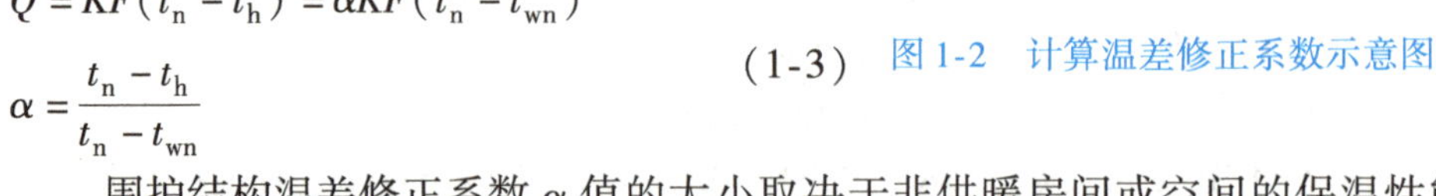

图 1-2　计算温差修正系数示意图

围护结构的基本传热耗热量

围护结构温差修正系数 α 值的大小取决于非供暖房间或空间的保温性能和透气状况。保温性能越差，或越容易与室外空气流通，则 t_h 值就越接近于 t_{wn}，温差修正系数就越接近于 1。

各种条件下的温差修正系数见附录 4。当已知或可求出冷侧温度时，t_{wn} 可直接用冷侧温度值代入，不再进行 α 值修正。

4. 围护结构的传热系数 K

（1）多层匀质材料平壁结构的传热系数　一般建筑物的外墙和屋顶属于多层匀质材料组成的平壁结构，其传热系数 K 可用下式计算。

$$K = \frac{1}{R} = \frac{1}{R_n + \Sigma R_i + R_w} = \frac{1}{\frac{1}{\alpha_n} + \Sigma \frac{\delta_i}{\lambda_i} + \frac{1}{\alpha_w}} \tag{1-4}$$

式中　R——围护结构的传热热阻[(m²·℃)/W]；

R_n、R_w——围护结构的内、外表面热阻[(m²·℃)/W]；

R_i——由单层或多层材料组成的围护结构各材料层热阻[(m²·℃)/W]；

α_n、α_w——围护结构的内、外表面换热系数[W/(m²·℃)]；

δ_i——围护结构各层材料的厚度（m）；

λ_i——围护结构各层材料的导热系数，[W/(m·℃)]。

内表面换热系数 α_n 与换热热阻 R_n 值见表 1-1。

表 1-1　内表面换热系数 α_n 与换热热阻 R_n

围护结构内表面特征	α_n/[W/(m²·℃)]	R_n/[(m²·℃)/W]
墙、地面、表面平整或有肋状凸出物的顶棚，当 $h/s \leq 0.3$ 时	8.7	0.115
有肋状凸出物的顶棚，当 $h/s > 0.3$ 时	7.6	0.132

注：表中 h——肋高（m）；s——肋间净距（m）。

外表面换热系数 α_w 与换热热阻 R_w 值见表 1-2。

表 1-2　外表面换热系数 α_w 与换热热阻 R_w

围护结构外表面特征	α_w/[W/(m²·℃)]	R_w/[(m²·℃)/W]
外墙与屋顶	23	0.04
与室外空气相通的非供暖地下室上面的楼板	17	0.06

（续）

围护结构外表面特征	α_w/[W/(m^2·℃)]	R_w/[(m^2·℃)/W]
闷顶和外墙上有窗的非供暖地下室上面的楼板	12	0.08
外墙上无窗的非供暖地下室上面的楼板	6	0.17

一些建筑材料的导热系数 λ 值见附录5。

常用围护结构的传热系数 K 值可从附录6中直接查用。

（2）空气间层传热系数　围护结构中如果设置封闭的空气间层，间层中空气的导热系数比围护结构其他材料的导热系数小，这可以增大围护结构的热阻，减少传热量，提高保温效果，如双层玻璃、复合墙体的空气间层等。

空气间层热阻值难以用理论公式确定，在工程设计中，可按表1-3选用。

空气间层热阻值与间层厚度、间层设置的方向、形状和密封性等因素有关。由表1-3可以看出，同样厚度时，热流由上向下空气间层的热阻值最大，垂直空气间层次之，热流由下向上空气间层的热阻值最小。另外，空气间层厚度超过5cm以后，由于传热空间增大，反而利于空气的对流换热，热阻的大小几乎不再随厚度的增加而增大，因此空气间层厚度不是越大越好，应适当选择。

表1-3　空气间层热阻 R'　　[单位：(m^2·℃)/W]

位置、热流状况	间层厚度 δ/cm						
	0.5	1	2	3	4	5	6以上
热流向下（水平、倾斜）	0.103	0.138	0.172	0.181	0.189	0.198	0.198
热流向上（水平、倾斜）	0.103	0.138	0.155	0.163	0.172	0.172	0.172
垂直空气间层	0.103	0.138	0.163	0.172	0.181	0.181	0.181

带空气间层围护结构的传热系数，仍可按式(1-4)计算，只是计算时，在分母项中增加一项空气间层热阻。

（3）非匀质材料围护结构的传热系数　工程中有的围护结构在宽度和厚度方向上是由两种以上不同材料组成的非匀质材料围护结构，如各种空心砌块、保温材料的填充墙等。在这种结构中，热量传递时，不仅在平行热流方向上有传热，而且在垂直热流方向不同材料的接触面上也存在传热，如图1-3所示。

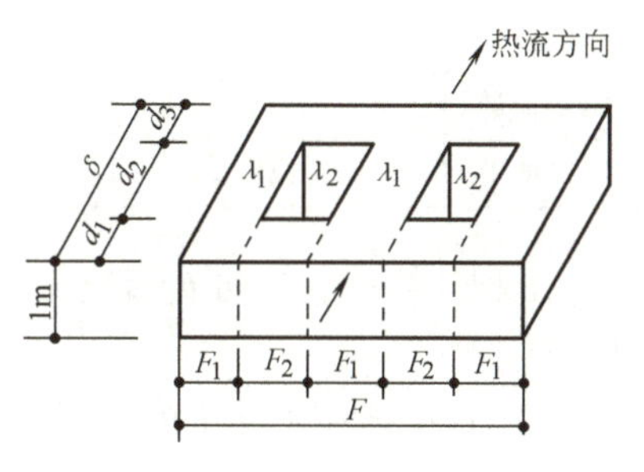

图1-3　非匀质材料围护结构传热系数计算图示

非匀质材料围护结构的平均传热阻可按下式计算。

$$R_{pj}=\left[\frac{F}{\sum\frac{F_i}{R_i}}-(R_n+R_w)\right]\varphi \tag{1-5}$$

式中　R_{pj}——平均传热阻[(m^2·℃)/W]；

F——垂直热流方向的总传热面积（m^2），如图1-3所示；

F_i——平行热流方向划分的各个传热面积（m^2），如图1-3所示；

R_i——传热面积 F_i 上的总热阻[(m^2·℃)/W]；

R_n，R_w——围护结构内、外表面换热阻[(m^2·℃)/W]；

φ——平均传热阻修正系数，见表 1-4。

表 1-4 平均传热阻修正系数 φ 值

序号	λ_2/λ_1 或$(\lambda_2+\lambda_3)/2\lambda_1$	φ	序号	λ_2/λ_1 或$(\lambda_2+\lambda_3)/2\lambda_1$	φ
1	0.09~0.19	0.86	3	0.40~0.69	0.96
2	0.20~0.39	0.93	4	0.70~0.99	0.98

注：1. 当围护结构由两种材料组成时，λ_2 应取较小的导热系数，λ_1 为较大的导热系数，φ 由比值 λ_2/λ_1 确定。

2. 当围护结构由三种材料组成时，φ 应由比值 $(\lambda_2+\lambda_3)/2\lambda_1$ 确定。

3. 当围护结构中存在圆孔时，应先将圆孔折算成同面积的方孔，然后再进行计算。

非匀质材料围护结构的传热系数可按下式计算。

$$K=\frac{1}{R}=\frac{1}{R_n+R_{pj}+R_w}$$

(4) 地面传热系数 室内的热量通过地面传至室外，传热量的多少与地面距外墙的距离有关。距外墙近的地面向室外传递的热量多，热阻小而传热系数大；距外墙远的地面传热量少，热阻大而传热系数小；地面距外墙距离超过 8m 后，传热量基本不变。工程上采用近似计算的方法，把距外墙 8m 以内的地面沿与外墙平行的方向分成四个地带，如图 1-4 所示。具体计算方法如下。

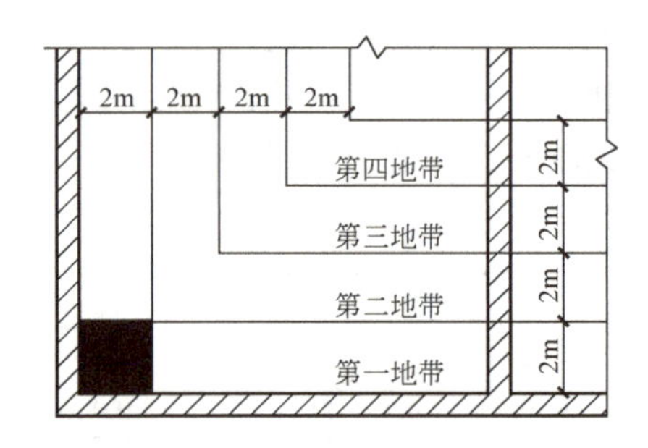

图 1-4 地面传热地带的划分

1）直接铺在土壤上的非保温地面［组成地面各层材料的导热系数 λ 均大于1.16W/(m·℃)］。从外墙内表面起 2m 为一个地带，第一地带靠近墙角处的面积（如图 1-4 中的阴影部分）需计算两次，以补偿外墙角处较多的热量损失。

各地带的传热热阻及传热系数见表 1-5。

表 1-5 非保温地面的传热热阻及传热系数

地带	R_o/[(m²·℃)/W]	K_o/[W/(m²·℃)]	地带	R_o/[(m²·℃)/W]	K_o/[W/(m²·℃)]
第一地带	2.15	0.47	第三地带	8.60	0.12
第二地带	4.30	0.23	第四地带	14.20	0.07

工程计算中，也可直接查相关手册，确定各房间非保温地面的平均传热系数值，再计算其传热量。

2）直接铺在土壤上的保温地面［组成地面各层材料中，有一层或数层导热系数 λ 小于或等于 1.16W/(m·℃)的保温层］，各地带热阻为

$$R'_o=R_o+\sum\frac{\delta_i}{\lambda_i} \tag{1-6}$$

式中 R'_o——保温地面的传热阻[(m²·℃)/W]；

R_o——非保温地面的传热阻[(m²·℃)/W]；

δ_i——保温层的厚度（m）；

λ_i——保温层的导热系数[W/(m·℃)]。

3）铺设在地垄墙上的保温地面，各地带传热系数按下式计算。

$$K''_o=\frac{1}{R''_o}=\frac{1}{1.18R'_o} \tag{1-7}$$

式中　K''_o——铺设在地垄墙上保温地面的传热系数[W/(m²·℃)]；

R''_o——铺设在地垄墙上保温地面的传热热阻[(m²·℃)/W]。

5. 围护结构传热面积的丈量

不同围护结构传热面积的丈量方法如图1-5所示。

(1) 门窗面积　按外墙外表面上的净空尺寸计算。

(2) 外墙面积　高度从本层地面算到上层地面（底层除外，如图1-5所示）。平屋顶建筑物，顶层的高度是从顶层地面算到平屋顶的上表面。有闷顶的斜屋面，应从顶层地面算到闷顶保温层的上表面。外墙的平面长度，拐角房间应从外墙外表面算到内墙中心线；非拐角房间应计算两内墙中心线间的距离。

(3) 闷顶和地面面积　可从外墙内表面算至内墙中心线或按两内墙中心线丈量。平屋顶的顶棚面积按建筑物外轮廓尺寸计算。

(4) 地下室面积　把地下室外墙在室外地面以下的部分看作地下室地面的延伸，采用与地面相同的地带法进行计算。也就是从与室外地面齐平的墙面开始划分第一地带，顺延到地下室地面，共划分四个地带，如图1-6所示。

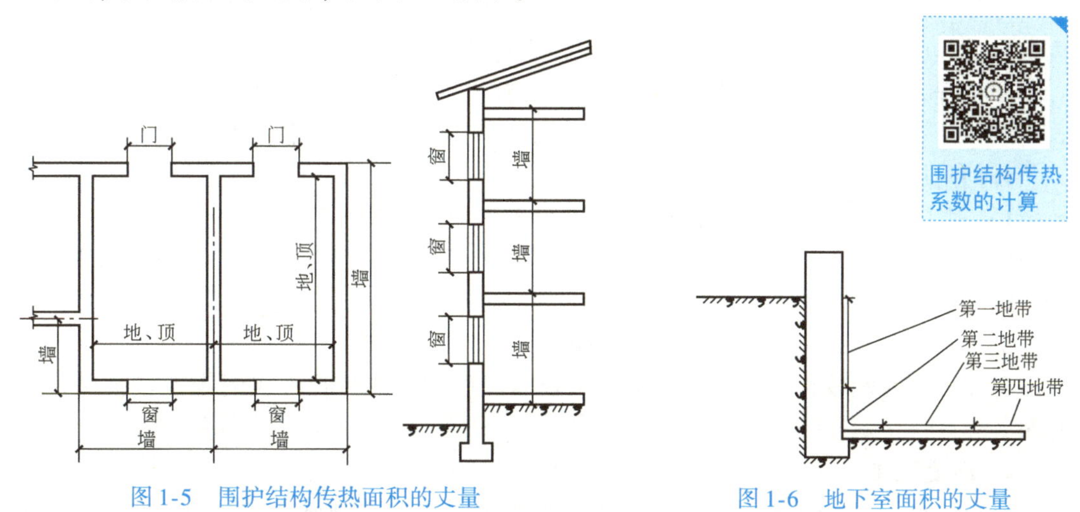

图1-5　围护结构传热面积的丈量　　图1-6　地下室面积的丈量

二、围护结构的附加（修正）耗热量

对于围护结构，实际传热时气象条件和建筑物的结构特点都会影响其基本耗热量，这就需要对基本耗热量进行修正，包括朝向修正、风力附加、外门附加和高度附加等。

1. 朝向修正

考虑建筑物受到太阳辐射的影响，朝南房间能够得到较多的太阳辐射热，而且围护结构比较干燥，围护结构的热量损失会减少，而朝北房间反之，这就需要对围护结构的基本耗热量进行修正。修正的方法是按围护结构的不同朝向采用不同的修正率，将垂直外围护结构（门、窗、外墙及屋顶的垂直部分）的基本耗热量乘以朝向修正率，得到该围护结构的朝向修正耗热量。太阳辐射热实际上是一种得热量，因此朝向修正率一般取负值。朝向修正率可按表 1-6 选用。

表 1-6 朝向修正率

朝 向	修正率	朝 向	修正率
北、东北、西北	0～10%	东南、西南	-15%～-10%
东、西	-5%	南	-30%～-15%

选用朝向修正率时应考虑当地冬季日照率、建筑物的使用和被遮挡情况。对于日照率小于35%的地区，东南、西南、南向的朝向修正率应采用-10%～0，东、西朝向可不修正。

2. 风力附加

风速增大时，围护结构外表面的对流换热会增强，围护结构的基本耗热量也随之加大，因此，需要对垂直外围护结构的基本耗热量进行风力修正，修正系数应为正值。计算围护结构基本耗热量时，外表面换热系数 α_w 是在室外风速为 4m/s 时得到的。我国冬季各地平均风速一般为 2～3m/s，因此《民用建筑供暖通风与空气调节设计规范》（GB 50736—2012）规定，一般建筑物不必考虑风力附加，仅对在不避风的高地、河边、海岸、旷野上的建筑物，以及城镇中明显高出其他建筑物的建筑物，其垂直外围护结构宜附加5%～10%。

3. 外门附加

冬季，在风压和热压的作用下，大量冷空气从室外或相邻房间通过外门、孔洞侵入室内，被加热成室温所消耗的热量称为冷风侵入耗热量。

冷风侵入耗热量可采用外门附加的方法计算，即

冷风侵入耗热量=外门基本耗热量×外门附加率

外门附加率确定方法如下。

1）对于民用建筑和工厂辅助建筑物短时间开启的外门（不包括阳台门、太平门和设有热空气幕的外门）：一道门为 $65n\%$；二道门（有门斗）为 $80n\%$；三道门（有两个门斗）为 $60n\%$。其中 n 为楼层数。

2）公共建筑和生产厂房主要出入口的外门附加率为500%。

对于开启时间较长的外门，应根据工业通风原理首先计算冷风的侵入量，再计算其耗热量。

4. 高度附加

围护结构的附加（修正）耗热量

由于室内空气对流作用的影响，房间上部空气温度高于室内计算温度，使围护结构上部实际传热量大于按室内计算温度计算的传热量，为此需要进行高度附加，附加率应为正值。《民用建筑供暖通风与空气调节设计规范》（GB 50736—2012）规定，建筑（除楼梯间外）的围护结构耗热量高度附加率，散热器供暖的房间高度大于4m时，每高出1m应附加2%，但总的附加率不应大于15%；地板辐射供暖的房间高度大于4m时，每高出1m宜附加1%，但总的附加率不宜大于8%。

楼梯间不考虑高度附加，是因为散热器布置时已考虑了高度的影响，散热器已尽量布置在底层。

另外，如果生产厂房选取室内计算温度时已考虑了高度的影响，则不必进行高度附加。

地板辐射供暖时要考虑高度附加，附加值约按一般散热器供暖计算值的50%取值。

综上所述，房间围护结构的总耗热量Q'应等于围护结构基本耗热量与各项附加（修正）耗热量的总和。

单元二 冷风渗透耗热量

在风压和热压共同作用下，室内外产生了压力差，室外冷空气从门窗缝隙渗入室内，被加热后逸出。使这部分冷空气被加热到室温所消耗的热量称为冷风渗透耗热量。

计算冷风渗透耗热量时，应考虑建筑物的高低、内部通道状况、室内外温差、室外风向、风速和门窗种类、构造、朝向等影响，凡暴露于室外的可开启的门窗均应计算这部分耗热量。

计算冷风渗透耗热量的常用方法有缝隙法、换气次数法和百分数法。

一、缝隙法

缝隙法是计算不同朝向门窗缝隙长度及每米缝隙渗入的空气量，进而确定其耗热量的一种常用的较精确的方法。

渗入冷空气所消耗的热量Q_2可按下式计算。

$$Q_2 = 0.28 V\rho_w c_p \ (t_n - t_{wn}) \tag{1-8}$$

式中 Q_2——冷风渗透耗热量（W）；

0.28——单位换算系数，1kJ/h = 0.28W；

V——冷空气的渗入量（m^3/h）；

ρ_w——供暖室外计算温度下的空气密度（kg/m^3）；

c_p——冷空气的定压比热容，$c_p = 1kJ/(kg \cdot ℃)$。

在工程设计中，六层或六层以下的多层建筑物计算冷空气的渗入量时主要考虑风压的作用，忽略热压的影响。而超过六层的多层和高层建筑物，则应综合考虑风压和热压的共同影响。

1. 热压作用

冬季，建筑物的室内外空气温度不同，室内外空气间存在密度差，室外的冷空气从下部一些楼层的门窗缝隙渗入室内，通过建筑物内部的竖直贯通通道（如楼梯间、电梯井等）上升，从上部一些楼层的门窗缝隙排出。这种引起空气流动的压力称为热压。

热压主要是由于室外空气与竖直贯通通道内空气之间的密度差造成的。假设建筑物各层之间完全畅通，忽略流动时阻力的存在，建筑物内外空气密度差和高度差作用下形成的理论热压差可按下式计算。

$$p_r = (h_z - h) \times (\rho_w - \rho'_n) g \tag{1-9}$$

式中 p_r——理论热压差（Pa）；

h_z——房屋中和面距室外地坪的高度（m），中和面是指室内外压差为零的界面，通常在纯热压作用下，可以近似取为建筑物高度的一半，即$h_z = \frac{1}{2}H$（H为建筑物高度）；

h——计算层门窗中心距室外地坪的高度（m）；

ρ'_n——形成热压的室内竖直贯通通道内的空气密度（kg/m^3）；

g——重力加速度，$g=9.81\text{m/s}^2$。

从式(1-9)中可以看出，当门窗中心处于中和面以下时，热压差为正值，室外空气压力高于室内空气压力，冷空气由室外渗入室内；当门窗中心处于中和面以上时，室内空气压力高于室外空气压力，热空气由室内渗出室外。图1-7为热压作用原理图。

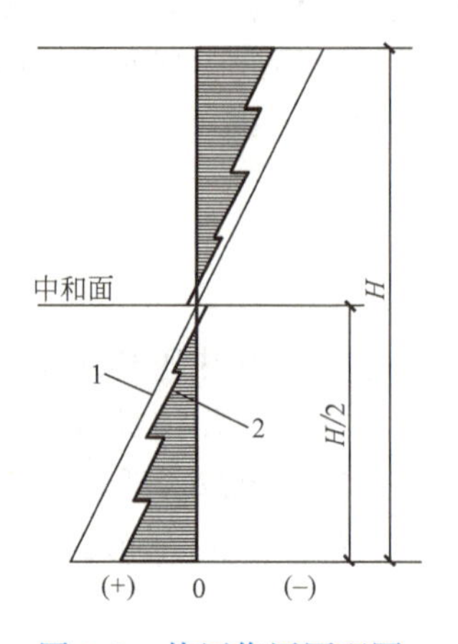

图1-7 热压作用原理图

1—楼梯间及竖井热压分布线

2—各层外窗热压分布线

式(1-9)计算的只是理论热压差 p_r。建筑物门窗缝隙两侧的实际有效热压差 Δp_r 与建筑物门、窗、楼梯间、电梯井等的设置以及建筑物内部隔断和上下部通风等状况有关，也就是与空气从建筑物下部渗入、从上部渗出流通路径的阻力状况有关。

有效热压差 Δp_r 可按下式计算。

$$\Delta p_r=C_r p_r=C_r(h_z-h)\times(\rho_w-\rho'_n)g \tag{1-10}$$

式中 C_r——热压系数，表示在纯热压作用下，缝隙内外空气的有效热压差与理论热压差的比值，当无法精确计算时，其值按表1-7采用；

Δp_r——热压作用下，门窗缝隙两侧产生的实际有效作用压差（Pa）。

2. 风压作用

当风吹过建筑物时，空气从迎风面门窗缝隙渗入，被室内空气加热后，从背风面门窗缝隙渗出，冷空气的渗入量取决于门窗两侧的风压差。室外风速会随着高度的增加而增大，冷风渗透耗热量也会随之增加。

表1-7 热压系数 C_r

内部隔断情况	开敞空间	有内门或房门		有前室门、楼梯间门或走廊两端设门	
		密闭性差	密闭性好	密闭性差	密闭性好
C_r	1.0	0.8~1.0	0.6~0.8	0.4~0.6	0.2~0.4

我国气象部门规定，风速观测的基准高度是10m，规范给出各城市气象参数中的冬季风速 v_o 是对应基准高度 $h_o=10\text{m}$ 的数据。

考虑风速随高度的变化，任意高度 h 处的室外风速 v_h，可用式（1-11）表示。

$$v_h=v_o(h/h_o)^a \tag{1-11}$$

式中 v_h——高度 h 处的风速（m/s）；

v_o——基准高度冬季室外最多风向的平均风速（m/s）；

a——幂指数，与地面的粗糙度有关，可取 $a=0.2$。

式（1-11）又可写成

$$v_h=v_o(h/10)^{0.2}=0.631v_o h^{0.2}$$

门窗两侧产生的理论风压差就是空气具有恒定风速 v_h 时的动压，即

$$p_f=\frac{1}{2}\rho_w v_h^2 \tag{1-12}$$

式中 p_f——理论风压差（Pa）。

上式计算的只是理论风压差 p_f，门窗两侧的实际风压差 Δp_f 还与空气渗入、渗出时穿过

该楼层流通途径的阻力分布状况有关，也就是与该层建筑物内部的隔断情况有关。

有效风压差 Δp_{f} 可用式（1-13）计算。

$$\Delta p_{\mathrm{f}} = C_{\mathrm{f}} p_{\mathrm{f}} = C_{\mathrm{f}} \frac{\rho_{\mathrm{w}}}{2} v_{\mathrm{h}}^2 = C_{\mathrm{f}} \frac{\rho_{\mathrm{w}}}{2} (0.631 v_{\mathrm{o}} h^{0.2})^2 \tag{1-13}$$

式中 Δp_{f}——风压作用下，门窗缝隙两侧产生的有效作用压差（Pa）；

C_{f}——风压差有效作用系数，简称风压差系数，表示在纯风压作用下，门窗缝隙内外空气的有效风压差与理论风压差的比值。在风垂直吹到墙面上，且建筑物内部气流流通阻力很小的情况下，风压差系数的最大值可取 $C_{\mathrm{f}} = 0.7$；当建筑物内部气流流通阻力很大时，风压差系数 C_{f} 值降低，约为 0.3 ~ 0.5。

计算门窗中心线标高为 h 时，风压单独作用下每米缝隙每小时渗入的空气量 L_h 可用下式计算。

$$L_h = \alpha \Delta p_{\mathrm{f}}^b = \alpha \left[C_{\mathrm{f}} \frac{\rho_{\mathrm{w}}}{2} (0.631 v_{\mathrm{o}} h^{0.2})^2 \right]^b = \alpha \left(\frac{\rho_{\mathrm{w}}}{2} v_{\mathrm{o}}^2 \right)^b (0.631^2 C_{\mathrm{f}} h^{0.4})^b \tag{1-14}$$

设

$$L_{\mathrm{o}} = \alpha \left(\frac{\rho_{\mathrm{w}}}{2} v_{\mathrm{o}}^2 \right)^b \qquad C_h = 0.631^2 C_{\mathrm{f}} h^{0.4} \approx 0.3 h^{0.4}$$

则

$$L_h = C_h^b L_{\mathrm{o}} \tag{1-15}$$

式中 L_h——计算门窗中心线标高为 h 时，风压单独作用下，每米缝隙每小时渗入的空气量[$\mathrm{m^3/(h \cdot m)}$]；

α——外门窗缝隙渗风系数[$\mathrm{m^3/(m \cdot h \cdot Pa^b)}$]，当无实测数据时，可根据建筑外门窗空气渗透性能分级的相关标准，按表 1-8 采用；

b——门窗缝隙渗风指数，$b = 0.56 \sim 0.78$，当无实测数据时，可取 $b = 0.67$；

L_{o}——在基准高度 $h_{\mathrm{o}} = 10\mathrm{m}$ 时，单纯风压作用下，不考虑朝向修正和建筑物内部隔断情况时，通过每米门窗缝隙进入室内的理论渗透空气量[$\mathrm{m^3/(h \cdot m)}$]；

C_h——高度修正系数，计算门窗中心线标高为 h 时单位渗透空气量，相对于 $h_{\mathrm{o}} = 10\mathrm{m}$ 时基准渗透空气量的高度修正系数（因为 10m 以下时，风速均为 v_{o}，渗入的空气量均为 L_{o}，所以 $h \leqslant 10\mathrm{m}$ 时应按 $h = 10\mathrm{m}$ 计算 C_h 值）。

表 1-8 外门窗缝隙渗风系数 α 下限值

建筑外门窗空气渗透性能分级	Ⅰ	Ⅱ	Ⅲ	Ⅳ	Ⅴ
α/[$\mathrm{m^3/(m \cdot h \cdot Pa^b)}$]	0.1	0.3	0.5	0.8	1.2

在风压单独作用下，计算建筑物各层不同朝向门窗单位缝长渗入量时，考虑到由于各地主导风向的作用，不同朝向门窗渗入的空气量是不相等的，应对式（1-15）中的 L_h 值进行朝向修正。

L_h 值表示在主导风向 $n = 1$ 时，门窗中心线标高为 h 时单位缝长渗透的空气量，同一标高其他朝向（$n < 1$）门窗单位缝长渗透的空气量 L_h' 应为

$$L_h' = n L_h \tag{1-16}$$

多层建筑任意朝向门窗冷空气的渗入量 V 可按式（1-17）计算。

$$V = n L_h l = n C_h^b L_{\mathrm{o}} l \tag{1-17}$$

式中 n——单纯风压作用下，渗透空气量的朝向修正系数；

l——门窗缝隙长度（m），按各朝向所有可开启的外门窗缝隙丈量。

渗透空气量的朝向修正系数 n 是考虑门窗缝隙处于不同朝向时，由于室外风速、风温、风频的差异，造成不同朝向缝隙实际渗入的空气量不同而引入的修正系数。我国主要集中供暖城市的 n 值见附录7。

六层及六层以下建筑物围护结构冷风渗透耗热量计算的方法

将式（1-17）代入式（1-8）中，可计算多层建筑冷风渗透耗热量。

3. 风压与热压的共同作用

计算超过六层的多层建筑和高层建筑门窗缝隙的实际渗透空气量时，应综合考虑风压与热压的共同作用。

任意朝向门窗由于风压与热压共同作用产生的冷空气渗入量 V 可按式（1-18）计算。

$$V = m^b L_o l \tag{1-18}$$

式中 m——风压与热压共同作用下，考虑建筑体形、内部隔断和空气流通等因素后，不同朝向、不同高度的门窗冷风渗透压差综合修正系数，可按式（1-19）计算。

$$m = C_r C_f (n^{1/b} + C) C_h \tag{1-19}$$

式中 C——热压作用下在计算门窗两侧产生的有效热压差，与风压作用下在计算门窗两侧产生的有效风压差之比，简称压差比，可按式（1-20）计算。

$$C = 70 \times \frac{h_z - h}{C_f v_o^2 h^{0.4}} \times \frac{t_n' - t_{wn}}{273 + t_n'} \tag{1-20}$$

式中 t_n'——建筑物内部形成热压的空气温度，简称竖井温度（℃）。

式中的 h 表示计算门窗的中心线标高，分母中的 h 是计算风压差时的取值，当 $h \leqslant 10$m 时，仍应按基准高度取 $h = 10$m。

六层以上建筑物围护结构冷风渗透耗热量计算的方法

计算 m 值和 C 值时，应注意以下几点。

1）如果计算得出 $C \leqslant -1$，即 $1 + C \leqslant 0$，表示在该计算楼层的所有朝向门窗，即使处于主导风向 $n = 1$ 时，也已无冷空气渗入或已有室内空气渗出，此时该楼层所有朝向门窗的冷风渗透耗热量均取零值。

2）如果计算得出 $C > -1$，即 $1 + C > 0$，根据 m 值不同可分为以下两种情况。

① $m \leqslant 0$，表示所计算的给定朝向的门窗已无冷空气渗入或已有室内空气渗出，此时该层该朝向门窗的冷风渗透耗热量取零值。

② $m > 0$，该朝向门窗应采用前述各计算公式计算其冷风渗透耗热量。

二、换气次数法

多层民用建筑的空气渗透量，当无相关数据时，可按式（1-21）估算。

$$V = kV' \tag{1-21}$$

式中 k——换气次数（次/h），当无实测数据时，可按表1-9采用；

V'——房间体积（m^3）。

渗入冷空气所消耗的热量 Q_2 可按式（1-8）计算。

表1-9 换气次数

房间类型	一面有外窗房间	两面有外窗房间	三面有外窗房间	门厅
k/(次/h)	0.5	0.5~1.0	1.0~1.5	2

三、百分数法

百分数法是工业建筑计算冷风渗透耗热量的一种估算方法，可根据建筑物高度及玻璃窗层数按表1-10进行估算。

表1-10 渗透耗热量占围护结构总耗热量的百分率 （单位:%）

建筑物高度/m		<4.5	4.5~10.0	>10.0
玻璃窗层数	单层	25	35	40
	单、双层均有	20	30	35
	双层	15	25	30

[**例1-1**] 哈尔滨市一幢十五层办公楼，层高3m，冬季室内计算温度各房间均为 $t_n=18℃$，供暖室外计算温度 $t_{wn}=-24.2℃$，楼梯间和走廊内的平均温度为 $t_n'=10℃$，每间办公室都有一双层木窗，缝隙长度均为 $l=12m$。试确定底层南向、九层东北向、十五层北向窗户的冷风渗透耗热量。

[**解**] 十五层办公楼，应综合考虑风压与热压的共同作用。

查附录3可知，哈尔滨供暖室外计算温度 $t_{wn}=-24.2℃$，基准高度冬季室外最多风向的平均风速 $v_o=3.7m/s$。供暖室外计算温度下的空气密度为 $\rho=1.4kg/m^3$。取风压差系数 $C_f=0.7$，热压差系数 $C_r=0.5$。

该建筑物中和面位置 $h_z=\dfrac{H}{2}=\dfrac{3\times15}{2}m=22.5m$

（1）底层南向 设该层窗的中心线在层高的一半处，计算热压时取 $h=1.5m$，计算风压时取 $h=10m$（因 $h<10m$）。哈尔滨南向的朝向修正系数 $n=1.0$。压差比为

$$C=70\times\frac{h_z-h}{C_f{v_o}^2h^{0.4}}\times\frac{t_n'-t_{wn}}{273+t_n'}=70\times\frac{(22.5-1.5)\times(10+24.2)}{0.7\times3.7^2\times10^{0.4}\times(273+10)}$$
$$=7.39>-1$$

高度修正系数 $C_h=0.3h^{0.4}=0.3\times10^{0.4}=0.75$

风压与热压共同作用下，冷风渗透压差综合修正系数为

$$m=C_rC_f(n^{1/b}+C)C_h=0.5\times0.7\times(1+7.39)\times0.75\approx2.2>0$$

基准高度单纯风压作用下每米门窗缝隙进入室内的理论渗透冷空气量

$$L_o=\alpha\left(\frac{\rho_w}{2}v_o^2\right)^b$$

查表1-8可知，$\alpha=0.5$，取 $b=0.67$，则

$$L_o=0.5\times(1.4/2\times3.7^2)^{0.67}m^3/(h\cdot m)=2.27m^3/(h\cdot m)$$

冷空气的渗入量为

$$V=L_olm^b=2.27\times12\times2.2^{0.67}m^3/h=46.20m^3/h$$

渗入冷空气所消耗的热量为

$$Q=0.28c_p\rho_wV(t_n-t_{wn})=0.28\times1\times1.4\times46.20\times(18+24.2)W\approx764.26W$$

（2）九层东北向 该层窗的中心线在九层层高的一半处，计算热压时取 $h=(3\times8+3/2)m=25.5m$，计算风压时取 $h=25.5m$（因 $h>10m$）。哈尔滨东北向的朝向修正系数 $n=0.15$。

压差比为

$$C=70\times\frac{h_z-h}{C_f v_o{}^2 h^{0.4}}\times\frac{t'_n-t_{wn}}{273+t'_n}=70\times\frac{(22.5-25.5)\times(10+24.2)}{0.7\times3.7^2\times25.5^{0.4}\times(273+10)}$$
$$=-0.72>-1$$

高度修正系数 $C_h=0.3h^{0.4}=0.3\times25.5^{0.4}=1.10$

风压与热压共同作用下，冷风渗透压差综合修正系数

$$m=C_rC_f(n^{1/b}+C)C_h=0.5\times0.7\times[0.15^{1/0.67}+(-0.72)]\times1.10=-0.25<0$$

九层东北向冷风渗透耗热量为零。

(3) 十五层北向 该层窗的中心线标高计算热压时取 $h=(3\times14+3/2)\ \mathrm{m}=43.5\mathrm{m}$；计算风压时取 $h=43.5\mathrm{m}$（因 $h>10\mathrm{m}$）。压差比为

$$C=70\times\frac{h_z-h}{C_f v_o^2 h^{0.4}}\times\frac{t'_n-t_{wn}}{273+t'_n}=70\times\frac{(22.5-43.5)\times(10+24.2)}{0.7\times3.7^2\times43.5^{0.4}\times(273+10)}$$
$$=-4.10<-1$$

十五层各朝向所有门窗冷风渗透耗热量均为零。

单元三 供暖设计热负荷实训练习

图1-8为哈尔滨市某三层教学楼平面图。试计算一层101房间（图书馆）、102房间（门厅）、二层201房间（教室）、三层301房间（医务室）的供暖设计热负荷。已知围护结构条件如下。

外墙：二砖墙（厚490mm），外表面为水泥砂浆抹面，厚20mm；内表面为水泥砂浆抹面，厚20mm，白灰粉刷。

外窗：双层木框玻璃窗，尺寸2000mm×2000mm。

楼层高度：各层均为4m。

外门：双层木框玻璃门，尺寸4000mm×3000mm。

地面：不保温地面。

屋面：构造如图1-9所示。

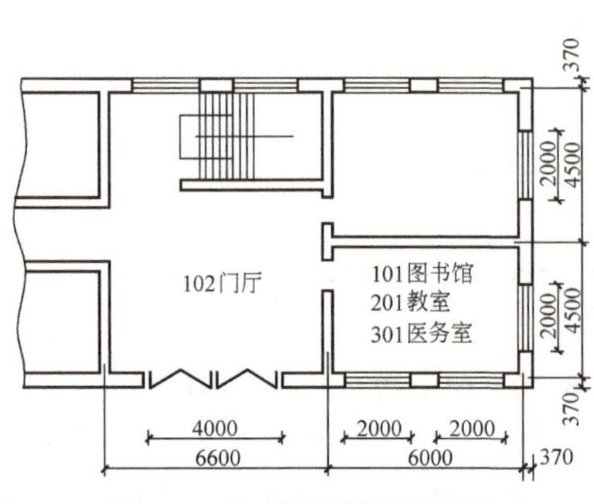

图1-8 某三层教学楼平面图

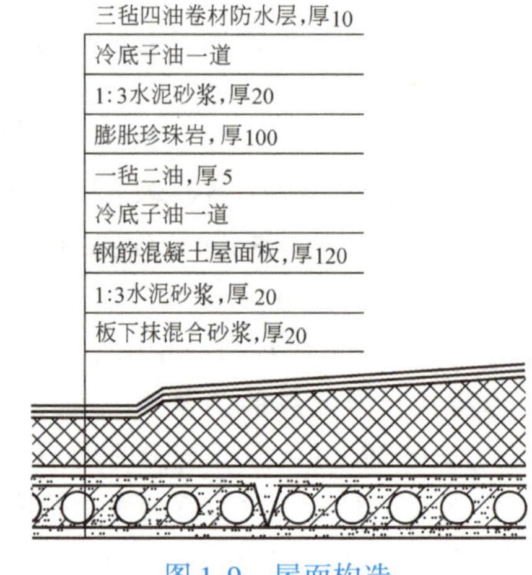

图1-9 屋面构造

一、确定围护结构的传热系数

1. 外墙

查表1-1、表1-2和附录5得，围护结构内表面换热系数 $\alpha_n=8.7\mathrm{W/(m^2\cdot℃)}$；外表面换热系数 $\alpha_w=23\mathrm{W/(m^2\cdot℃)}$；外表面水泥砂浆抹面导热系数 $\lambda_1=0.87\mathrm{W/(m\cdot℃)}$；内表面水泥砂浆抹面、白灰粉刷导热系数 $\lambda_2=0.87\mathrm{W/(m\cdot℃)}$；红砖墙导热系数 $\lambda_3=0.81\mathrm{W/(m\cdot℃)}$。

计算外墙传热系数，由式（1-4）得

$$K=\frac{1}{\frac{1}{\alpha_n}+\sum\frac{\delta_i}{\lambda_i}+\frac{1}{\alpha_w}}=\frac{1}{\frac{1}{8.7}+\frac{0.49}{0.81}+\frac{0.02}{0.87}+\frac{0.02}{0.87}+\frac{1}{23}}\mathrm{W/(m^2\cdot℃)}=1.24\mathrm{W/(m^2\cdot℃)}$$

2. 屋面

查表1-1、表1-2和附录5得，内表面换热系数 $\alpha_n=8.7\mathrm{W/(m^2\cdot℃)}$；板下抹混合砂浆 $\lambda_1=0.87\mathrm{W/(m\cdot℃)}$，$\delta_1=20\mathrm{mm}$；1∶3水泥砂浆 $\lambda_2=0.87\mathrm{W/(m\cdot℃)}$，$\delta_2=20\mathrm{mm}$；钢筋混凝土屋面板 $\lambda_3=1.74\mathrm{W/(m\cdot℃)}$；$\delta_3=120\mathrm{mm}$；一毡二油 $\lambda_4=0.17\mathrm{W/(m\cdot℃)}$，$\delta_4=5\mathrm{mm}$；膨胀珍珠岩 $\lambda_5=0.07\mathrm{W/(m\cdot℃)}$，$\delta_5=100\mathrm{mm}$；1∶3水泥砂浆 $\lambda_6=0.87\mathrm{W/(m\cdot℃)}$，$\delta_6=20\mathrm{mm}$；三毡四油卷材防水层 $\lambda_7=0.17\mathrm{W/(m\cdot℃)}$，$\delta_7=10\mathrm{mm}$；外表面换热系数 $\alpha_w=23\mathrm{W/(m^2\cdot℃)}$。

屋面传热系数为

$$\begin{aligned}K&=\frac{1}{\frac{1}{\alpha_n}+\sum\frac{\delta_i}{\lambda_i}+\frac{1}{\alpha_w}}\\&=\frac{1}{\frac{1}{8.7}+\frac{0.02}{0.87}+\frac{0.02}{0.87}+\frac{0.12}{1.74}+\frac{0.005}{0.17}+\frac{0.1}{0.07}+\frac{0.02}{0.87}+\frac{0.01}{0.17}+\frac{1}{23}}\mathrm{W/(m^2\cdot℃)}\\&=0.55\mathrm{W/(m^2\cdot℃)}\end{aligned}$$

3. 外门、外窗

查附录6可知，双层木框玻璃门 $K=2.68\mathrm{W/(m^2\cdot℃)}$；双层木框玻璃窗 $K=2.68\mathrm{W/(m^2\cdot℃)}$。

4. 地面

可采用地带法进行地面传热耗热量的计算，也可以查阅相关手册确定各房间地面的平均传热系数，再计算地面的传热耗热量。

二、101房间（图书馆）供暖设计热负荷计算

101房间为图书馆，查附录1可知，冬季室内计算温度 $t_n=16℃$。查附录3可知，哈尔滨供暖室外计算温度 $t_{wn}=-24.2℃$。

1. 计算围护结构的传热耗热量 Q_1

（1）南外墙　传热系数 $K=1.24\mathrm{W/(m^2\cdot℃)}$，温差修正系数 $\alpha=1$，传热面积 $F=[(6.0+0.37)\times4-2\times2\times2]\mathrm{m^2}=17.48\mathrm{m^2}$。

南外墙基本耗热量为

$$Q_1'=\alpha KF(t_n-t_{wn})=1\times1.24\times17.48\times(16+24.2)\mathrm{W}\approx871.34\mathrm{W}$$

查表1-6可知，哈尔滨南向的朝向修正率取 $\sigma_1=-17\%$。

朝向修正耗热量为 $Q_1'' = 871.34\text{W} \times (-0.17) \approx -148.13\text{W}$

本教学楼建在市区内，不需要进行风力修正；层高未超过4m，不需要进行高度修正。

南外墙实际耗热量为

$$Q_1 = Q_1' + Q_1'' = (871.34 - 148.13)\ \text{W} = 723.21\text{W}$$

（2）南外窗　南外窗传热系数 $K = 2.68\text{W}/(\text{m}^2 \cdot ℃)$，温差修正系数 $\alpha = 1$，传热面积 $F = (2 \times 2 \times 2)\ \text{m}^2 = 8\text{m}^2$（两个外窗）。南外窗基本耗热量为

$$Q_1' = \alpha KF(t_\text{n} - t_\text{wn}) = 1 \times 2.68 \times 8 \times (16 + 24.2)\text{W} \approx 861.89\text{W}$$

朝向修正耗热量为

$$Q_1'' = 861.89\text{W} \times (-0.17) = -146.52\text{W}$$

南外窗实际耗热量为

$$Q_1 = Q_1' + Q_1'' = (861.89 - 146.52)\text{W} = 715.37\text{W}$$

以上计算结果列于表1-11中。

（3）东外墙、东外窗　东向朝向修正率采用 -5%，计算方法同上，计算结果见表1-11。

表1-11　房间热负荷计算表

房间编号	房间名称	围护结构			室内计算温度/℃	室外计算温度/℃	计算温度差/℃	温度修正系数α	围护结构传热系数K/[W/(m²·℃)]	基本耗热量Q/W	附加		实际耗热量Q/W
		名称及朝向	尺寸/m(长×宽)	面积F/m²							朝向	风力	
101	图书馆	南外墙	(6.0+0.37)×4-2×2×2	17.48	16	-24.2	40.2	1	1.24	871.34	-17%	—	723.21
		南外窗	2×2×2	8	16	-24.2	40.2	1	2.68	861.89	-17%	—	715.37
		东外墙	(4.5+0.37)×4-2×2	15.48	16	-24.2	40.2	1	1.24	771.65	-5%	—	733.06
		东外窗	2×2	4	16	-24.2	40.2	1	2.68	430.94	-5%	—	409.40
		地面一	(6.0-0.12)×2+(4.5-0.12)×2	20.52	16	-24.2	40.2	1	0.47	387.70	—	—	387.70
		地面二	(3.88+0.38)×2	8.52	16	-24.2	40.2	1	0.23	78.78	—	—	78.78
		地面三	1.88×0.38	0.71	16	-24.2	40.2	1	0.12	3.43	—	—	3.43
		围护结构耗热量											3050.95
		冷风渗透耗热量											648.93
		房间总耗热量											3699.88
102	门厅	南外墙	6.6×4-4×3	14.4	14	-24.2	38.2	1	1.24	682.10	-17%	—	566.14
		南外门	4×3	12	14	-24.2	38.2	1	2.68	1228.51	-17%	—	1019.66
		地面一	6.6×2	13.2	14	-24.2	38.2	1	0.47	236.99	—	—	236.99
		地面二	6.6×2	13.2	14	-24.2	38.2	1	0.23	115.98	—	—	115.98
		地面三	6.6×1.63	10.76	14	-24.2	38.2	1	0.12	49.32	—	—	49.32
		围护结构耗热量											1988.09
		冷风渗透耗热量											594.33
		冷风侵入耗热量											6142.55
		房间总耗热量											8724.97

（续）

房间编号	房间名称	围护结构			室内计算温度/℃	室外计算温度/℃	计算温度差/℃	温度修正系数α	围护结构传热系数K/[W/(m²·℃)]	基本耗热量Q/W	附加		实际耗热量Q/W
		名称及朝向	尺寸/m(长×宽)	面积F/m²							朝向	风力	
201	教室	南外墙	(6.0+0.37)×4-2×2×2	17.48	16	-24.2	40.2	1	1.24	871.34	-17%	—	723.21
		南外窗	2×2×2	8	16	-24.2	40.2	1	2.68	861.89	-17%	—	715.37
		东外墙	(4.5+0.37)×4-2×2	15.48	16	-24.2	40.2	1	1.24	771.65	-5%	—	733.06
		东外窗	2×2	4	16	-24.2	40.2	1	2.68	430.94	-5%	—	409.40
		围护结构耗热量											2581.04
		冷风渗透耗热量											671.30
		房间总耗热量											3252.34
301	医务室	南外墙	(6.0+0.37)×4.3-2×2×2	19.39	18	-24.2	42.2	1	1.24	1014.64	-17%	—	842.15
		南外窗	2×2×2	8	18	-24.2	42.2	1	2.68	904.77	-17%	—	750.96
		东外墙	(4.5+0.37)×4.3-2×2	16.94	18	-24.2	42.2	1	1.24	886.44	-5%	—	842.12
		东外窗	2×2	4	18	-24.2	42.2	1	2.68	452.38	-5%	—	429.76
		屋面	(6-0.12)×(4.5-0.12)	25.75	18	-24.2	42.2	1	0.55	597.66	—	—	597.66
		围护结构耗热量											3462.65
		冷风渗透耗热量											654.76
		房间总耗热量											4117.41

（4）地面　将101房间的地面划分地带，如图1-10所示。

第一地带：传热系数 $K_1=0.47\text{W}/(\text{m}^2\cdot℃)$

传热面积　$F_1=[(6.0-0.12)\times2+(4.5-0.12)\times2]\text{m}^2=20.52\text{m}^2$

第一地带传热耗热量为

$$Q_1=K_1F_1(t_n-t_{wn})=0.47\times20.52\times(16+24.2)\text{W}\approx387.70\text{W}$$

第二地带：传热系数 $K_2=0.23\text{W}/(\text{m}^2\cdot℃)$

传热面积　$F_2=(3.88+0.38)\times2\text{m}^2=8.52\text{m}^2$

第二地带传热耗热量为

$$Q_2=K_2F_2(t_n-t_{wn})=0.23\times8.52\times(16+24.2)\text{W}\approx78.78\text{W}$$

第三地带：传热系数 $K_3=0.12\text{W}/(\text{m}^2\cdot℃)$

传热面积　$F_3=1.88\times0.38\text{m}^2\approx0.71\text{m}^2$

第三地带传热耗热量为

$$Q_3=K_3F_3(t_n-t_{wn})=0.12\times0.71\times(16+24.2)\text{W}\approx3.43\text{W}$$

因此，101房间地面的传热耗热量为

$$Q=Q_1+Q_2+Q_3=(387.70+78.78+3.43)\text{W}=469.91\text{W}$$

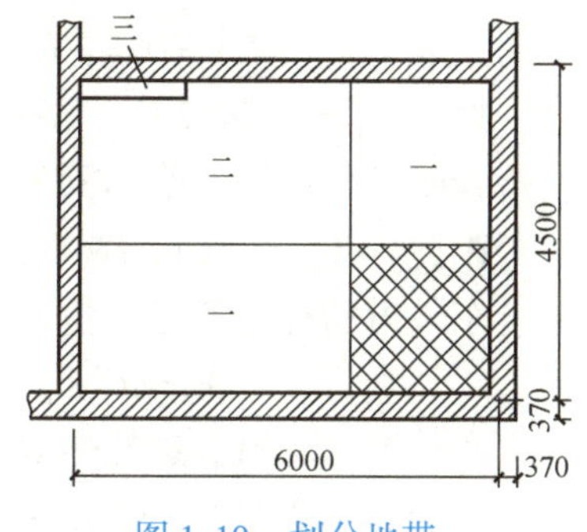

图1-10　划分地带

101 房间围护结构的总耗热量为

$$Q=(723.21+715.37+733.06+409.4+469.91)\mathrm{W}=3050.95\mathrm{W}$$

2. 计算 101 房间的冷风渗透耗热量（按缝隙法计算）

（1）南外窗　如图 1-11 所示，南外窗为四扇，带上亮，两侧扇可开启，中间两扇固定。

南外窗（两个）缝隙长度为

$$l=(1.5\times4+0.5\times8)\mathrm{m}\times2=20\mathrm{m}\ （包括气窗）$$

查附录 7 可知，哈尔滨的朝向修正系数南向 $n=1$，高度修正系数

$$C_h=0.3h^{0.4}=0.3\times10^{0.4}=0.75\ （h<10\mathrm{m}，取\ h=10\mathrm{m}）$$

基准高度单纯风压作用下每米门窗缝隙进入室内的理论渗透空气量为

$$L_o=\alpha\left(\frac{\rho_w}{2}v_o{}^2\right)^b$$

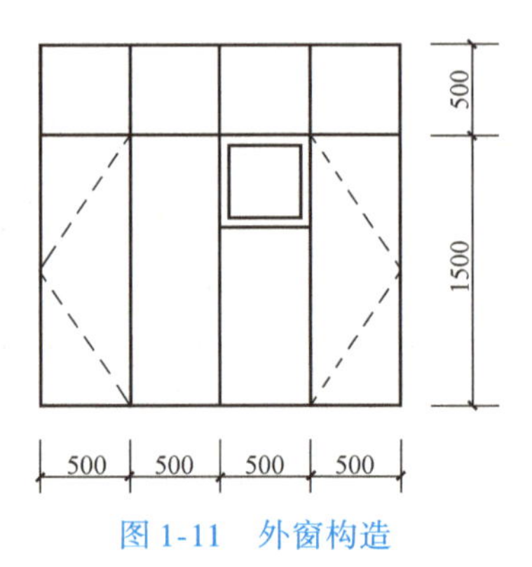

图 1-11　外窗构造

查表 1-8，取 $\alpha=0.5$，$b=0.67$。

根据 $t_{wn}=-24.2$℃，查得 $\rho_w=1.4\mathrm{kg/m^3}$。

查附录 3 可知，哈尔滨基准高度冬季室外最多风向的平均风速 $v_o=3.7\mathrm{m/s}$。

因此　$L_o=0.5\times(1.4/2\times3.7^2)^{0.67}\mathrm{m^3/(h\cdot m)}=2.27\mathrm{m^3/(h\cdot m)}$

南外窗的冷空气渗入量按式（1-17）计算，为

$$V=nC_h^bL_ol=1\times0.75^{0.67}\times2.27\times20\mathrm{m^3/h}=37.44\mathrm{m^3/h}$$

南外窗的冷风渗透耗热量为

$$Q_1=0.28V\rho_wc_p(t_n-t_{wn})=0.28\times37.44\times1.4\times1\times(16+24.2)\mathrm{W}\approx589.99\mathrm{W}$$

（2）东外窗　如图 1-11 所示，东外窗为四扇，带上亮，两侧扇可开启，中间两扇固定。

东外窗（一个）缝隙长度为

$$l=(1.5\times4+0.5\times8)\mathrm{m}=10\mathrm{m}\ （包括气窗）$$

查表 1-8 可知，哈尔滨的朝向修正系数东向 $n=0.2$，高度修正系数

$$C_h=0.3h^{0.4}=0.3\times10^{0.4}=0.75\ （h<10\mathrm{m}，取\ h=10\mathrm{m}）$$

基准高度单纯风压作用下每米门窗缝隙进入室内的理论渗透空气量为

$$L_o=\alpha\left(\frac{\rho_w}{2}v_o{}^2\right)^b$$

查表 1-8，取 $\alpha=0.5$，$b=0.67$。

根据 $t_{wn}=-24.2$℃，查得 $\rho_w=1.4\mathrm{kg/m^3}$。

查附录 3 可知，哈尔滨基准高度冬季室外最多风向的平均风速 $v_o=3.7\mathrm{m/s}$。

因此　$L_o=0.5\times(1.4/2\times3.7^2)^{0.67}\mathrm{m^3/(h\cdot m)}=2.27\mathrm{m^3/(h\cdot m)}$

东外窗的冷空气渗入量为

$$V=nC_h^bL_ol=0.2\times0.75^{0.67}\times2.27\times10\mathrm{m^3/h}=3.74\mathrm{m^3/h}$$

东外窗的冷风渗透耗热量

$$Q_2=0.28V\rho_wc_p(t_n-t_{wn})=0.28\times3.74\times1.4\times1\times(16+24.2)\mathrm{W}\approx58.94\mathrm{W}$$

101 房间的总冷风渗透耗热量为

$$Q = Q_1 + Q_2 = (589.99 + 58.94)\text{W} = 648.93\text{W}$$

因此，101 图书馆的总耗热量为

$$Q = (3050.95 + 648.93)\text{W} = 3699.88\text{W}$$

三、102 房间（门厅）供暖设计热负荷的计算

102 房间为门厅，查附录 1 可知，冬季室内计算温度 $t_n = 14℃$。查附录 3 可知，哈尔滨供暖室外计算温度 $t_{wn} = -24.2℃$。

1. 计算围护结构的传热耗热量 Q_1

（1）南外墙　传热系数 $K = 1.24\text{W}/(\text{m}^2 \cdot ℃)$，温差修正系数 $\alpha = 1$，传热面积 $F = (6.6 \times 4 - 4 \times 3)\ \text{m}^2 = 14.4\text{m}^2$。

南外墙基本耗热量为

$$Q'_1 = \alpha KF(t_n - t_{wn}) = 1 \times 1.24 \times 14.4 \times (14 + 24.2)\text{W} \approx 682.10\text{W}$$

查表 1-6 可知，哈尔滨南向的朝向修正率取 $\sigma_1 = -17\%$。

朝向修正耗热量为 $Q''_1 = 682.10 \times (-0.17)\text{W} = -115.96\text{W}$

本教学楼建在市区内，不需要进行风力修正；层高未超过 4m，不需要进行高度修正。

南外墙实际耗热量为

$$Q_1 = Q'_1 + Q''_1 = (682.10 - 115.96)\text{W} = 566.14\text{W}$$

（2）南外门　南外门传热系数 $K = 2.68\text{W}/(\text{m}^2 \cdot ℃)$，温差修正系数 $\alpha = 1$，传热面积 $F = 4 \times 3\text{m}^2 = 12\text{m}^2$。

基本耗热量为

$$Q'_1 = \alpha KF(t_n - t_{wn}) = 1 \times 2.68 \times 12 \times (14 + 24.2)\text{W} \approx 1228.51\text{W}$$

朝向修正耗热量为

$$Q''_1 = 1228.51 \times (-0.17)\text{W} \approx -208.85\text{W}$$

南外门实际耗热量为

$$Q_1 = Q'_1 + Q''_1 = (1228.51 - 208.85)\text{W} = 1019.66\text{W}$$

以上计算结果列于表 1-11 中。

（3）地面　将 102 房间的地面划分地带。

第一地带：传热系数 $K_1 = 0.47\text{W}/(\text{m}^2 \cdot ℃)$

传热面积　$F_1 = 6.6\text{m} \times 2\text{m} = 13.2\text{m}^2$

第一地带传热耗热量

$$Q_1 = K_1 F_1 (t_n - t_{wn}) = 0.47 \times 13.2 \times (14 + 24.2)\text{W} \approx 236.99\text{W}$$

第二地带：传热系数 $K_2 = 0.23\text{W}/(\text{m}^2 \cdot ℃)$

传热面积　$F_2 = 6.6\text{m} \times 2\text{m} = 13.2\text{m}^2$

第二地带传热耗热量为

$$Q_2 = K_2 F_2 (t_n - t_{wn}) = 0.23 \times 13.2 \times (14 + 24.2)\text{W} \approx 115.98\text{W}$$

第三地带：传热系数 $K_3 = 0.12\text{W}/(\text{m}^2 \cdot ℃)$

传热面积　$F_3 = 6.6\text{m} \times 1.63\text{m} \approx 10.76\text{m}^2$

第三地带传热耗热量为

$$Q_3 = K_3 F_3 (t_n - t_{wn}) = 0.12 \times 10.76 \times (14 + 24.2)\text{W} \approx 49.32\text{W}$$

因此，102 房间地面的传热耗热量为

$$Q = Q_1 + Q_2 + Q_3 = (236.99 + 115.98 + 49.32)\,\text{W} = 402.29\,\text{W}$$

102 房间围护结构的总耗热量为

$$Q = (566.14 + 1019.66 + 402.29)\,\text{W} = 1988.09\,\text{W}$$

2. 计算 102 房间的冷风渗透耗热量（按缝隙法计算）

如图 1-12 所示，南外门为四扇，带上亮，每两扇可对开。

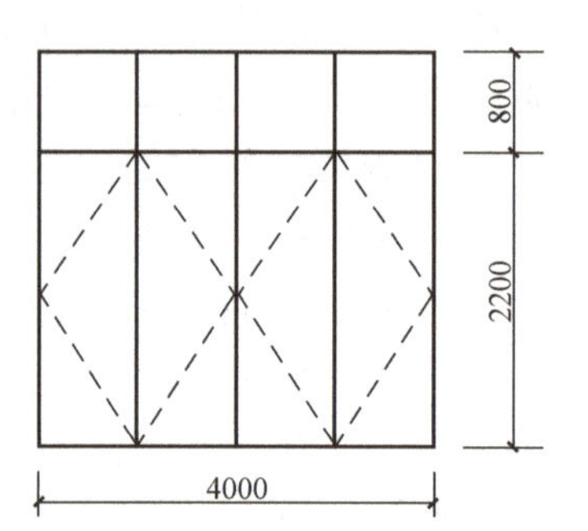

图 1-12 门缝长度

南外门缝隙长度为

$$l = (4 \times 2 + 2.2 \times 6)\,\text{m} = 21.2\,\text{m}$$

查附录 7 可知，哈尔滨的朝向修正系数南向 $n = 1$，高度修正系数

$$C_h = 0.3h^{0.4} = 0.3 \times 10^{0.4} = 0.75\ (h < 10\text{m}, 取\ h = 10\text{m})$$

基准高度单纯风压作用下每米门窗缝隙进入室内的理论渗透空气量为

$$L_o = \alpha\left(\frac{\rho_w}{2}v_o^{\ 2}\right)^b$$

查表 1-8，取 $\alpha = 0.5$，$b = 0.67$。

根据 $t_{wn} = -24.2℃$，查得 $\rho_w = 1.4\text{kg/m}^3$。

查附录 3 可知，哈尔滨基准高度冬季室外最多风向的平均风速 $v_o = 3.7\text{m/s}$。

因此 $L_o = 0.5 \times (1.4/2 \times 3.7^2)^{0.67}\text{m}^3/(\text{h}\cdot\text{m}) = 2.27\text{m}^3/(\text{h}\cdot\text{m})$

南外门的冷空气渗入量为

$$V = nC_h^bL_ol = 1 \times 0.75^{0.67} \times 2.27 \times 21.2\text{m}^3/\text{h} = 39.69\text{m}^3/\text{h}$$

南外门的冷风渗透耗热量为

$$Q_1 = 0.28V\rho_wc_p(t_n - t_{wn}) = 0.28 \times 39.69 \times 1.4 \times 1 \times (14 + 24.2)\,\text{W} \approx 594.33\,\text{W}$$

六层及六层以下建筑物围护结构冷风渗透耗热量计算示例

3. 计算 102 门厅冷风侵入耗热量

南外门的外门附加率为 500%。

南外门的冷风侵入耗热量为

$$Q = 5 \times 1228.51\,\text{W} = 6142.55\,\text{W}$$

因此，102 门厅的总耗热量为

$$Q = (1988.09 + 594.33 + 6142.55)\,\text{W} = 8724.97\,\text{W}$$

四、201 房间（教室）供暖设计热负荷的计算

查附录 1 可知，教室的室内计算温度 $t_n = 16℃$。

201 教室的总耗热量为 $Q = 3252.34\text{W}$

计算过程见表 1-11。

六层以上建筑物围护结构冷风渗透耗热量计算示例

五、301 房间（医务室）供暖设计热负荷的计算

查附录 1 可知，医务室的室内计算温度 $t_n = 18℃$，外墙高度从本层地面算到保温结构上表面，$h = 4.3\text{m}$。

301 医务室的总耗热量为 $Q = 4117.41\text{W}$，计算过程见表 1-11。

项目二　室内热水供暖系统

供暖系统常用的热媒有水、蒸汽和空气。以热水作为热媒的供暖系统称为热水供暖系统。热水供暖系统的热能利用率较高，输送时无效损失较小，散热设备不易腐蚀，使用周期长，且散热设备表面温度低，符合卫生要求。热水供暖系统操作方便，运行安全，易于实现供水温度的集中调节，系统蓄热能力高，散热均衡，适于远距离输送。民用建筑多采用热水供暖系统，同时热水供暖系统也广泛地应用于生产厂房和辅助建筑物中。

热水供暖系统按热水参数的不同分为低温热水供暖系统（供水温度低于100℃）和高温热水供暖系统（供水温度高于100℃，一般供水为120～130℃，回水为70～80℃）。

热水供暖系统按循环动力的不同，可分为自然循环热水供暖系统和机械循环热水供暖系统。目前应用较广泛的是机械循环热水供暖系统。本项目主要介绍自然循环和机械循环低温热水供暖系统。

单元一　自然（重力）循环热水供暖系统

一、自然循环热水供暖系统的工作原理

图2-1所示为自然循环热水供暖系统工作原理图。图中假设整个系统有一个加热中心（锅炉）和一个冷却中心（散热器），用供回水管路把散热器和锅炉连接起来。在系统的最高处连接一个膨胀水箱，用来容纳水受热膨胀而增加的体积。运行前，先将系统内充满水，水在锅炉中被加热后，密度减小，水向上浮升，经供水管路流入散热器。在散热器内热水被冷却，密度增加，水再沿回水管路返回锅炉。

在水的循环流动过程中，供水和回水由于温度差的存在，产生了密度差，系统就是靠供回水的密度差作为循环动力的。这种系统称为自然（重力）循环热水供暖系统。

分析该系统循环作用压力时，假设锅炉是加热中心，散热器是冷却中心，可以忽略水在管路中流动时管壁散热产生的水冷却，认为水温只是在锅炉和散热器处发生变化。

假想回水管路的最低点断面 $A—A$ 处有一阀门，若阀门突然关闭，则 $A—A$ 断面两侧会受到不同的水柱压力，而两侧的水柱压力差就是推动水在系统中循环流动的自然循环作用压力。

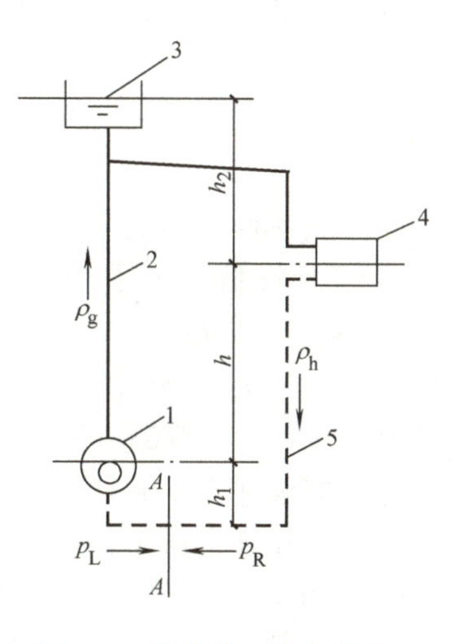

图2-1　自然循环热水供暖系统工作原理图

1—热水锅炉　2—供水管路
3—膨胀水箱　4—散热器
5—回水管路

$A—A$ 断面两侧的水柱压力分别为

$$p_L = g(h_1\rho_h + h\rho_g + h_2\rho_g)$$

$$p_R = g(h_1\rho_h + h\rho_h + h_2\rho_g)$$

系统的循环作用压力为

$$\Delta p = p_R - p_L = gh(\rho_h - \rho_g) \tag{2-1}$$

式中 Δp——自然循环系统的作用压力（Pa）；

g——重力加速度（m/s^2）；

h——加热中心至冷却中心的垂直距离（m）；

ρ_h——回水密度（kg/m^3）；

ρ_g——供水密度（kg/m^3）。

从式（2-1）中可以看出，自然循环作用压力的大小与供回水的密度差和锅炉中心与散热器中心的垂直距离有关。对低温热水供暖系统，当供回水温度一定时，为了提高系统的循环作用压力，锅炉的位置应尽可能降低，但自然循环系统的作用压力一般都不大，作用半径以不超过50m为好。

二、自然循环热水供暖系统的形式及作用压力

图2-2左侧为双管上供下回式系统，右侧为单管上供下回式（顺流式）系统，这是自然循环热水供暖系统的两种主要形式。

上供下回式系统的供水干管敷设在所有散热器之上，回水干管敷设在所有散热器之下。

热水供暖系统在充水时，如果未能将空气完全排净，随着水温的升高或水在流动中压力的降低，水中溶解的空气会逐渐析出，空气会在管道的某些高点处形成气塞，阻碍水的循环流动，空气如果积存于散热器中，散热器就会不热。另外，氧气还会加剧管路系统的腐蚀。因此，热水供暖系统应考虑如何排空气。自然循环上供下回式热水供暖系统可通过设在供水总立管最上部的膨胀水箱排空气。

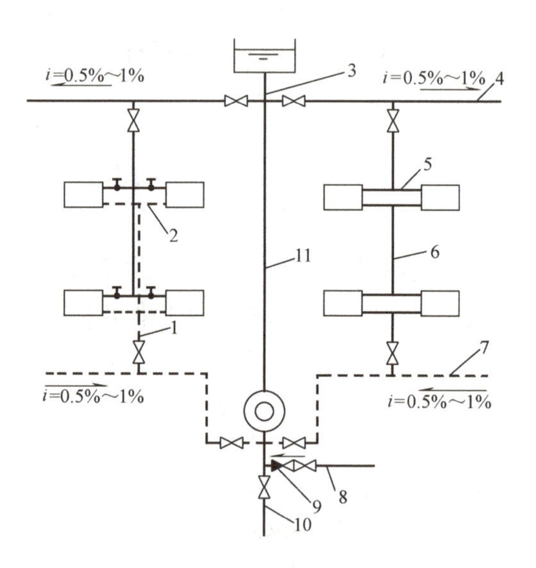

图2-2 自然循环热水供暖系统

1—回水立管 2—散热器回水支管 3—膨胀水箱连接管 4—供水干管 5—散热器供水支管 6—供水立管 7—回水干管 8—充水管（接上水管） 9—止回阀 10—泄水管（接下水道） 11—总立管

在自然循环系统中，水的循环作用压力较小，流速较低，水平干管中水的流速小于0.2m/s，而干管中空气气泡的浮升速度为0.1~0.2m/s，立管中空气气泡的浮升速度约为0.25m/s，一般都超过了水的流动速度，因此空气能够逆着水流方向向高处聚集。

自然循环上供下回式热水供暖系统的供水干管应顺水流方向设下降坡度，坡度值为0.005~0.01，散热器支管也应沿水流方向设下降坡度，坡度值为0.01，以便空气能逆着水流方向上升，聚集到供水干管最高处设置的膨胀水箱排除。

回水干管应该有向锅炉方向下降的坡度，以便于系统停止运行或检修时，能通过回水干管顺利泄水。

1. 自然循环双管上供下回式系统

图2-3所示是自然循环双管上供下回式系统，其特点是：各层散热器都并联在供回水立

管上，热水直接流经供水干管、立管进入各层散热器，冷却后的回水经回水立管、干管直接流回锅炉。如果不考虑水在管道中的冷却，则进入各层散热器的水温相同。

图 2-3 中散热器 S_1 和 S_2 并联，热水在 a 点分配进入各层散热器，在散热器内冷却后，在 b 点汇合返回热源。该系统有两个冷却中心 S_1 和 S_2，它们与热源、供回水干管形成了两个并联的循环环路 aS_1b 和 aS_2b。

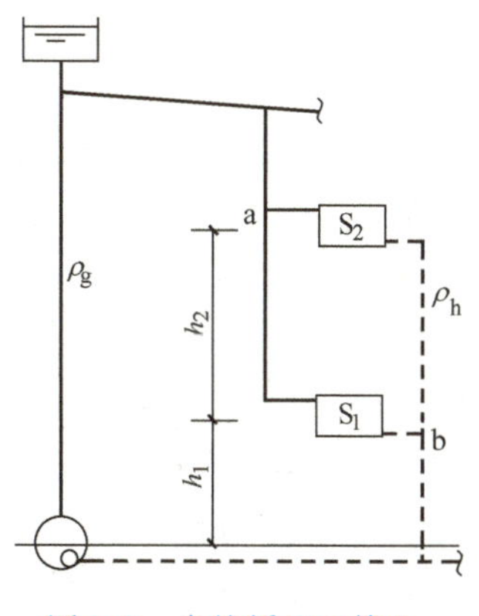

图 2-3　自然循环双管上供下回式系统

通过底层散热器 aS_1b 环路的作用压力为

$$\Delta p_1 = gh_1(\rho_h - \rho_g) \tag{2-2}$$

通过上层散热器 aS_2b 环路的作用压力为

$$\Delta p_2 = g(h_1 + h_2)(\rho_h - \rho_g) = \Delta p_1 + gh_2(\rho_h - \rho_g) \tag{2-3}$$

可以看出，通过上层散热器环路的作用压力比下层的大。

在双管自然循环系统中，虽然各层散热器的进出水温相同（忽略水在管路中的沿途冷却），但由于各层散热器到锅炉之间的垂直距离不同，因此上层散热器环路作用压力大于下层散热器环路作用压力。如果选用不同管径仍不能使上下各层阻力平衡，流量就会分配不均匀，出现上层过热、下层过冷的垂直失调问题；楼层越多，垂直失调问题就越严重。进行双管系统的水力计算时，必须考虑各层散热器的自然循环作用压力差，也就是考虑垂直失调产生的附加压力。

2. 自然循环单管上供下回式系统

图 2-4 所示为自然循环单管上供下回式系统示意图。其特点是：热水进入立管后，由上向下顺序流过各层散热器，水温逐层降低，各组散热器串联在立管上。每根立管（包括立管上各组散热器）与锅炉、供回水干管形成一个循环环路，各立管环路是并联关系。

图 2-4 中散热器 S_1 和 S_2 串联在立管上，该立管循环环路的作用压力为

$$\begin{aligned}\Delta p &= g(h_1\rho_h + h_2\rho_1 - h_1\rho_g - h_2\rho_g) \\ &= gh_1(\rho_h - \rho_g) + gh_2(\rho_1 - \rho_g)\end{aligned} \tag{2-4}$$

图 2-4　自然循环单管上供下回式系统

同理，当立管上串联几组散热器时，其循环作用压力的通式可写成

$$\Delta p = \Sigma gh_i(\rho_i - \rho_g) \tag{2-5}$$

式中　h_i——相邻两组散热器间的垂直距离（m）；当 $i=1$，即计算的是沿水流方向最后一组散热器时，h_1 表示最后一组散热器与锅炉之间的垂直距离；

ρ_i——水流出所计算散热器的密度（kg/m^3）；

ρ_g、ρ_h——供暖系统的供回水密度（kg/m^3）。

式（2-5）中的 ρ_i 可根据各散热器之间管路内的水温 t_i 确定。如图 2-5 所示，其中

$$t_1 = t_g - \frac{Q_3(t_g - t_h)}{Q_1 + Q_2 + Q_3} \quad (2\text{-}6)$$

$$t_2 = t_g - \frac{(Q_2 + Q_3)(t_g - t_h)}{Q_1 + Q_2 + Q_3} \quad (2\text{-}7)$$

写成通式,为

$$t_i = t_g - \frac{\Sigma Q_{i-1}(t_g - t_h)}{\Sigma Q} \quad (2\text{-}8)$$

式中 t_i——计算管段的水温（℃）;

ΣQ_{i-1}——沿水流方向计算管段前各层散热器的热负荷之和（W）;

ΣQ——立管上所有散热器热负荷之和（W）;

t_g——系统的供水温度（℃）;

t_h——系统的回水温度（℃）。

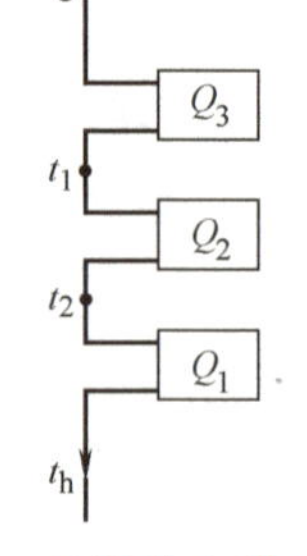

图 2-5 单管热水供暖系统

计算出各管段水温后，就可以确定散热器内水的密度，再利用式（2-5）计算自然循环单管系统的作用压力。

应注意前面计算自然循环系统的作用压力时，只考虑水温在锅炉和散热器中发生变化，忽略了水在管路中的沿途冷却。实际上，水的温度和密度沿途是不断变化的，散热器的实际进水温度比上述假设的情况下低，这会增加系统的循环作用压力。

自然循环系统的作用压力一般不大，所以水在管路内产生的附加压力不应忽略。计算自然循环系统的综合作用压力时，应首先在假设条件下确定自然循环作用压力，再增加一个考虑水沿途冷却产生的附加压力，即

$$\Delta p_{zh} = \Delta p + \Delta p_f \quad (2\text{-}9)$$

式中 Δp_{zh}——自然循环系统的综合作用压力（Pa）;

Δp——自然循环系统只考虑水在散热器内冷却产生的作用压力（Pa）;

Δp_f——水在管路中冷却产生的附加压力（Pa）。

附加压力 Δp_f 的大小可根据管道的布置情况、楼层高度、所计算的散热器与锅炉之间的水平距离，查附录 8 确定。

自然循环热水供暖系统结构简单，操作方便，运行时无噪声，不需要消耗电能；但它的作用半径小，系统所需管径大，初投资较高。

当循环系统作用半径较大时，应考虑采用机械循环热水供暖系统。

单元二 机械循环热水供暖系统

机械循环热水供暖系统设置了循环水泵，为水循环提供动力。这虽然增加了运行管理费用和电耗，但系统循环作用压力大，管径较小，系统的作用半径会显著增大。

一、机械循环系统与自然循环系统的区别

图 2-6 所示为机械循环上供下回式系统，系统中设置了循环水泵、膨胀水箱、集气罐和散热器等设备。机械循环系统与自然循环系统的主要区别如下。

1）循环动力不同。机械循环系统靠水泵提供动力，强制水在系统中循环流动。循环水

泵一般设在锅炉入口前的回水干管上，该处水温最低，可避免水泵出现气蚀现象。

2）膨胀水箱连接点和作用不同。机械循环系统膨胀水箱设在系统的最高处，水箱下部接出的膨胀管连接在循环水泵入口前的回水干管上。其作用除了容纳水受热膨胀而增加的体积外，还能恒定水泵入口压力，保证水泵入口压力稳定。

机械循环系统不能像自然循环系统那样，将水箱的膨胀管接在供水总立管的最高处。这里需要分析一下膨胀水箱连接点与系统压力分布的关系。

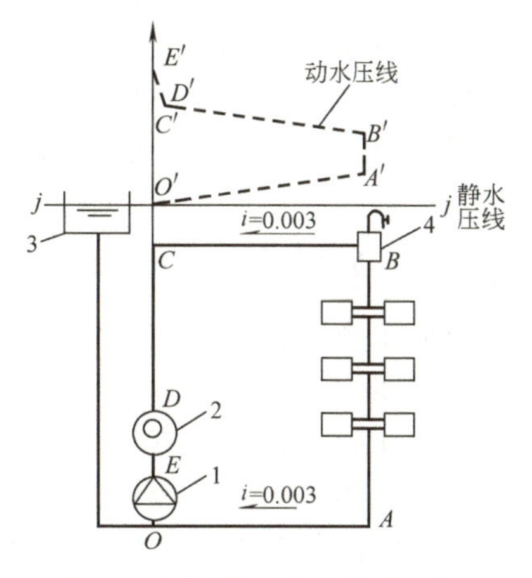

图 2-6 机械循环热水供暖系统

1—循环水泵 2—热水锅炉

3—膨胀水箱 4—集气装置

图 2-6 所示的机械循环热水供暖系统中，膨胀水箱与系统的连接点为 O。系统充满水后，水泵不工作系统静止时，环路中各点的测压管水头 $Z+p/\gamma$ 均相等。因膨胀水箱是开式高位水箱，所以环路中各点的测压管水头线是过膨胀水箱水面的一条水平线，即静水压线 j—j。

水泵运行后，系统中各点的水头发生变化，水泵出口处总水头 H'_E 最大。因克服沿途的流动阻力，水流到水泵入口处时水头 H'_0 最小。循环水泵的扬程 H'_E-H'_0 是用来克服水在管路中流动时的流动阻力的。图中虚线 $E'D'C'B'A'O'$ 是系统运行时的动水压线。

如果系统严密不漏水，且忽略水温的变化，则环路中水的总体积将保持不变。运行时，开式膨胀水箱与系统连接点 O 的压力与静止时相同，即 $H_O=H_j$，将 O 点称为定压点或恒压点。定压点 O 设在循环水泵入口处，既能限制水泵吸水管路的压力降，避免水泵出现气蚀现象，又能使循环水泵的扬程作用在循环管路和散热设备中，保证有足够的压力克服流动阻力，使水在系统中循环流动。膨胀水箱是一种简单的定压设备，可以保证系统中各点的压力稳定，使系统压力分布更合理。

机械循环系统如果像自然循环系统那样，将膨胀水箱接在供水总立管上，如图 2-7 所示，此时定压点在图中 O 点处，定压点 O 处的静水压力（即 h_j 段水柱高度）较小，h_j 段水柱压力将用来克服管路系统中的流动阻力。因机械循环系统水流速度大，压力损失也较大，当供水干管较长，定压点压力 h_j 只够克服 OF 段阻力时，在 FD 段将产生负压，空气会从不严密处吸入。如果在 D 点装设集气罐或自动放气阀，此处不仅不能排除空气，反而会吸入空气。当该处压力低于水在供水温度下的饱和压力时，水就会汽化。这种错误的连接在运行中还会使膨胀水箱经常满水和溢流，甚至导致系统抽空排空，不能正常工作。因此，机械循环热水供暖系统不能把膨胀水箱连接在供水总立管上。

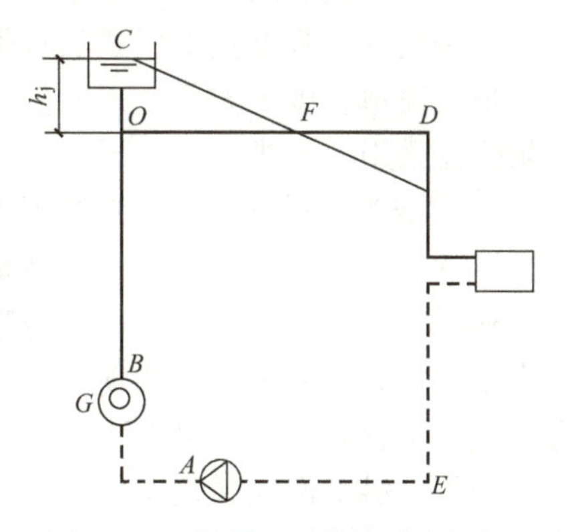

图 2-7 机械循环系统膨胀水箱与系统的不正确接法

3）排气方式不同。机械循环系统中水流速度较大，一般都超过水中分离出的空气泡的浮升速度，易将空气泡带入立管引起气塞。因此机械循环上供下回式系统水平敷设的供水干管应沿水流方向设上升坡度，坡度值不小于0.002，一般为0.003。在供水干管末端最高点处设置集气罐，以便空气能顺利地与水流同方向流动，集中到集气罐处排除。

回水干管也应采用沿水流方向下降的坡度，坡度值不小于0.002，一般为0.003，以便于集中泄水。

二、机械循环热水供暖系统的形式

机械循环热水供暖系统按管道敷设方式不同，分为垂直式系统和水平式系统。

1. 垂直式系统

（1）上供下回式　如图2-8所示，上供下回式机械循环热水供暖系统也有单管和双管两种形式。单、双管系统的特点在自然循环热水供暖系统中已作过介绍。

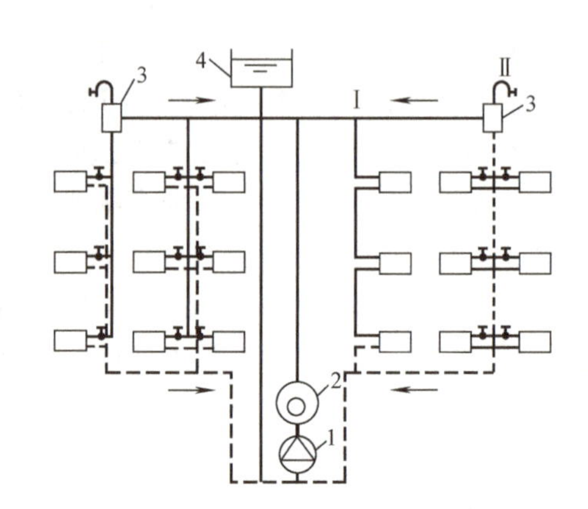

图2-8　机械循环上供下回式热水供暖系统

1—循环水泵　2—热水锅炉

3—集气装置　4—膨胀水箱

图2-8左侧为双管系统，双管系统的垂直失调问题在机械循环热水供暖系统中仍然存在，设计计算时必须考虑各层散热器并联环路之间的作用压力差。

图2-8右侧为单管系统，立管Ⅰ为单管顺流式，其特点是：热水顺序流过各层散热器，水温逐层降低。该系统散热器支管上不允许安阀门，不能进行个体调节。

立管Ⅱ为单管跨越式，立管中的水一部分流入散热器，另一部分直接通过跨越管与散热器的出水混合，进入下一层散热器。该系统可以在散热器支管或跨越管上安装阀门，可调节进入散热器的流量，适用于房间温度要求较严格，需要调节散热器散热量的系统上。《民用建筑供暖通风与空气调节设计规范》（GB 50736—2010）规定，垂直单管跨越式系统的楼层层数不宜超过6层，水平单管跨越式系统的散热器组数不宜超过6组。

机械循环单管上供下回式热水供暖系统，形式简单，施工方便，造价低，是一种被广泛采用的形式。

（2）双管下供下回式　双管下供下回式系统的供水干管和回水干管均敷设在所有散热器之下，如图2-9所示。当建筑物设有地下室或平屋顶建筑物顶棚下不允许布置供水干管时，可采用这种布置形式。

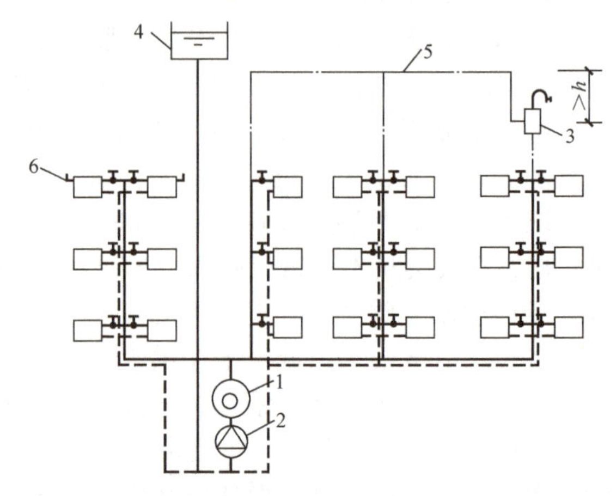

图2-9　机械循环双管下供下回式热水供暖系统

1—热水锅炉　2—循环水泵　3—集气罐

4—膨胀水箱　5—空气管　6—放气阀

双管下供下回式系统运行时，必须解决好空气的排除问题，主要的排气方式有两种。一种是在顶层散热器上部设置排气阀排气，如图 2-9 左侧立管。另一种是在供水立管上部接出空气管，将空气集中汇集到空气管末端设置的集气罐或自动排气阀排除，如图 2-9 右侧立管。应注意，集气罐或自动排气阀应设置在水平空气管下不小于 300mm 处，起隔断作用，避免各立管水通过空气管串流，破坏系统的压力平衡。

与上供下回式系统相比，双管下供下回式系统具有如下特点。

1）主立管长度小，管路的无效热损失较小。

2）上层的作用压力虽然较大，但循环环路长，阻力也较大；下层作用压力虽然较小，但循环环路短，阻力也较小，这可以缓解双管系统的垂直失调问题。

3）可安装好一层使用一层，能适应冬季施工的需要。

4）排气较复杂，阀件、管材用量增加，运行维护管理不方便。

（3）中供式　如图 2-10 所示，中供式系统将供水干管设在建筑物中间某层顶棚之下，适用于顶层梁下和窗户之间的距离不足以布置供水干管的情况。上部的下供下回式系统应考虑解决好空气的排除问题；下部的上供下回式系统，由于层数减少，可以缓和垂直失调问题。

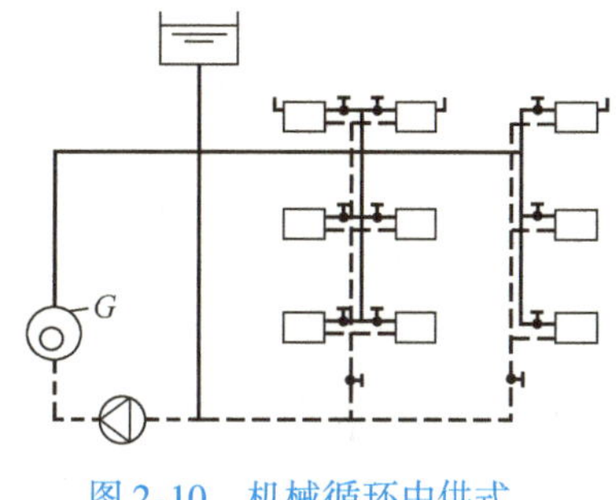

图 2-10　机械循环中供式热水供暖系统

（4）下供上回（倒流）式　如图 2-11 所示，机械循环下供上回式系统供水干管设在所有散热设备之下，回水干管设在所有散热设备之上，膨胀水箱连接在回水干管上。回水经膨胀水箱流回锅炉房，再被循环水泵送入锅炉。该系统的特点如下。

1）水与空气的流动方向均为自下向上流动，有利于通过膨胀水箱排空气，不需要增设集气罐等排气装置。

2）供水总立管较短，无效热损失少。

3）底层散热器供水温度最高，可以减少底层房间所需的散热面积，有利于布置散热器。

4）该方式比较适合于高温水供暖。温度低的回水干管在顶层，温度高的供水干管在底层，系统中的水不易汽化，可降低防止水汽化所需的水箱标高，便于用膨胀水箱定压，减少设高架水箱的困难。

5）下供上回式系统散热器内热媒平均温度远低于上供下回式系统。在相同的立管供回水温度下所需的散热面积会增加。

6）该系统多采用单管顺流式，热水自下向上顺序流过各层散热器，水温逐层降低。

（5）混合式　如图 2-12 所示，该混合式系统中，Ⅰ区系统直接引用外网高温水，采用下供上回（倒流）的系统形式；经散热器散热后，Ⅰ区的回水温度应满足Ⅱ区的供水温度要求，再引入Ⅱ区。Ⅱ区采用上供下回低温热水供暖形式，Ⅱ区回水水温降至最低后，返回热源。该系统一般用在外网是高温水供暖，用户对卫生要求不是非常严格的民用建筑和生产厂房内。

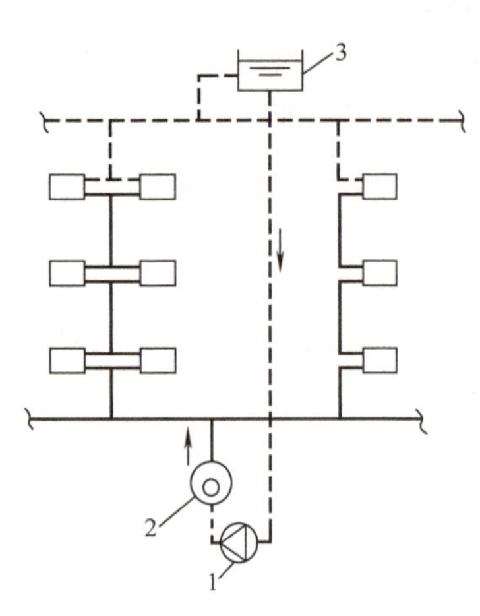

图 2-11 机械循环下供上回（倒流）式热水供暖系统

1—循环水泵 2—热水锅炉 3—膨胀水箱

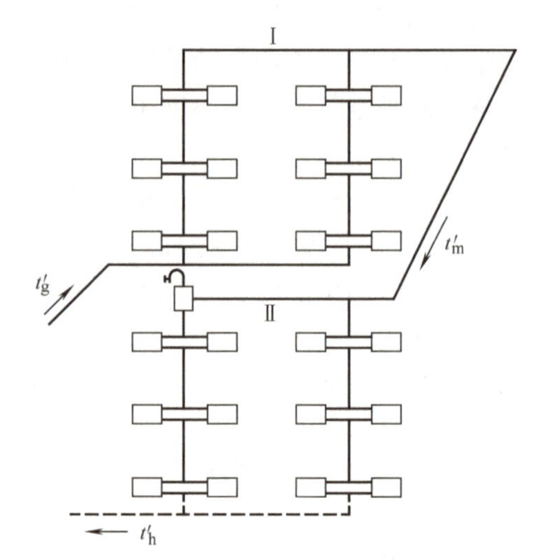

图 2-12 机械循环混合式热水供暖系统

2. 水平式系统

（1）水平单管顺流式系统 如图 2-13 所示，水平单管顺流式系统将同一楼层的各组散热器串联在一起。热水水平顺序流过各组散热器，它同垂直顺流式系统一样，不能对散热器进行个体调节，只适用于对室温要求不高的建筑物或大的空间中。

（2）水平单管跨越式系统 如图 2-14 所示，该系统在散热器的支管间连接一跨越管，热水一部分流入散热器，一部分经跨越管直接流入下组散热器。这种形式允许在散热器支管上安阀门，能够调节散热器的进流量。

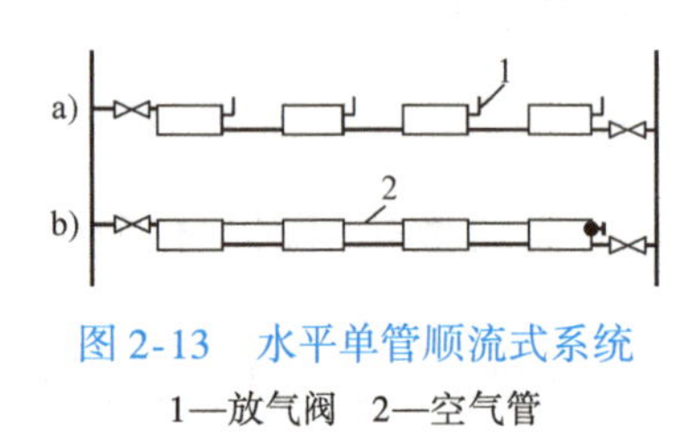

图 2-13 水平单管顺流式系统

1—放气阀 2—空气管

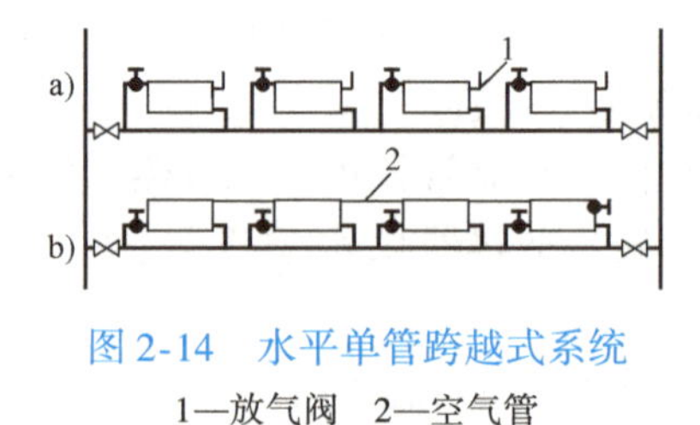

图 2-14 水平单管跨越式系统

1—放气阀 2—空气管

水平式系统结构形式简单，穿各层楼板的立管少，施工安装方便，顶层不必专设膨胀水箱间，可利用楼梯间、厕所等位置架设膨胀水箱，不影响建筑结构外观，且总造价比垂直式低。但该系统必须考虑好空气的排除问题，可通过在每组散热器上设放气阀排空气，如图 2-13a和图 2-14a 所示；也可在同一楼层散热器上部串联水平空气管，通过空气管末端设置的放气阀集中排气，如图 2-13b 和图2-14b所示。

水平式系统也是目前居住建筑和公共建筑中应用较多的一种形式。

三、异程式和同程式系统

异程式系统指通过各立管的循环环路总长度不相等的系统，如图 2-15 所示。前面介绍垂直式系统时所列举的图均为异程式系统。

由于机械循环系统的作用半径较大，因此各立管循环环路的总长度可能相差很大，各并联环路的阻力不易平衡。离总立管最近的立管虽采用了最小管径 *DN*15，有时仍有过多的剩余压力，当初调节不当时，会使远近立管流量的分配不均，出现近处立管分配的流量多，房间过热；远处立管分配的流量少，房间过冷的水平失调问题。

在大型供暖系统中，为了减轻水平失调，使各并联环路的压力损失易于平衡，多采用同程式系统。同程式系统各立管的循环环路总长度相等，阻力易于平衡，如图 2-16 所示。但同程式系统会增加干管长度，应精心考虑，布置得当。

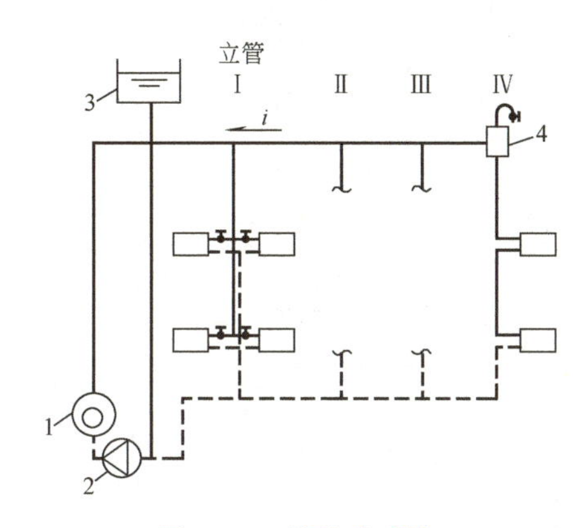

图 2-15 异程式系统

1—热水锅炉 2—循环水泵

3—膨胀水箱 4—集气罐

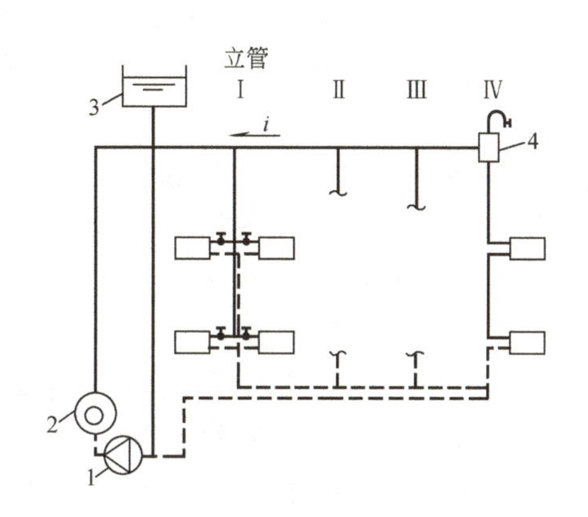

图 2-16 同程式系统

1—循环水泵 2—热水锅炉

3—膨胀水箱 4—集气罐

单元三 高层建筑热水供暖系统

随着城市建设的发展，高层建筑日益增多。确定高层建筑供暖系统设计热负荷时，冷风渗透耗热量的计算须考虑风压和热压的共同作用。进行管路的布置时，应考虑到高层建筑供暖系统管道和设备的承压能力。热水供暖系统始终充满水，系统最低点承受的压力最大，其中最薄弱的环节是底层散热器。高层建筑供暖系统应根据底层散热器的承压能力、外网的压力状况等因素来确定系统形式及其连接方式。另外层数较多时，垂直失调问题会更严重，也需要合理地确定管路系统的形式。

一、竖向分区式热水供暖系统

高层建筑热水供暖系统在垂直方向上分成两个或两个以上独立系统时，称为竖向分区式供暖系统，如图 2-17 ~ 图 2-19 所示。

竖向分区供暖系统的低区通常直接与室外管网相连接，应根据室外管网的压力和散热器的承压能力来确定其层数。

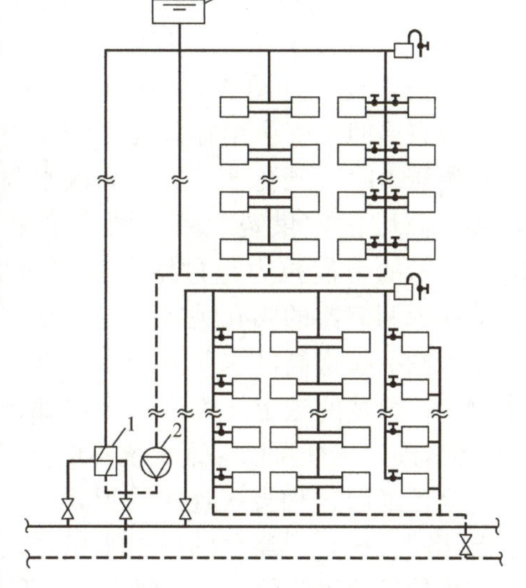

图 2-17 设热交换器的分区式热水供暖系统

1—热交换器 2—循环水泵 3—膨胀水箱

高区与外网的连接形式主要有以下几种。

1. 设热交换器的分区式系统

图2-17中的高区水与外网水通过热交换器进行热量交换，热交换器作为高区热源，高区又设有水泵、膨胀水箱，使之成为一个与室外管网压力隔绝的、独立的完整系统。

该方式是目前高层建筑供暖系统常用的一种形式，较适用于外网水是高温水的供暖系统。

2. 设双水箱的分区式系统

图2-18所示为双水箱分区式供暖系统。该系统将外网水直接引入高区，当外网压力低于该高层建筑的静水压力时，可在供水管上设加压水泵，使水进入高区上部的进水箱。高区的回水箱设非满管流动的溢流管与外网回水管相连，利用进水箱与回水箱之间的水位差 h 克服高区阻力，使水在高区内自然循环流动。

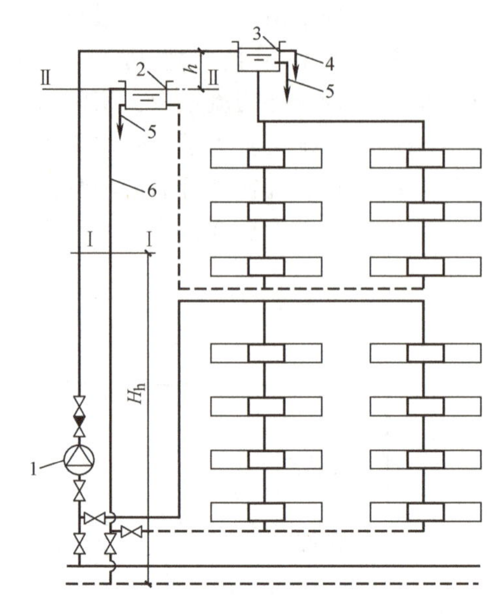

图2-18 双水箱分区式热水供暖系统

1—加压水泵 2—回水箱 3—进水箱 4—进水箱溢流管 5—信号管 6—回水箱溢流管 H_h—室外回水管网压力

该系统利用进、回水箱，使高区压力与外网压力隔绝，降低了系统造价和运行管理费用。但水箱是开式的，易使空气进入系统，加剧管道和设备的腐蚀。

3. 设阀前压力调节器的分区式系统

图2-19所示为设阀前压力调节器的分区式热水供暖系统。该系统高区水与外网水直接连接，在高区供水管上设加压水泵，水泵出口处设有止回阀，高区回水管上安装阀前压力调节器。阀前压力调节器可以保证系统始终充满水，不出现倒空现象。图2-20所示为阀前压力调节器，只有当回水管作用在阀瓣上的压力超过弹簧的平衡压力时，阀孔才开启，高区水与外网直接连接，高区正常供暖。网路循环水泵停止工作时，弹簧的平衡拉力超过用户系统的静水压力，阀前压力调节器的阀孔关闭，与安装在供水管上的止回阀一起将高区水与外网水隔断，避免高区水倒空。弹簧的选定压力应大于局部系统静压力30～50kPa，这样可以保证系统不倒空。

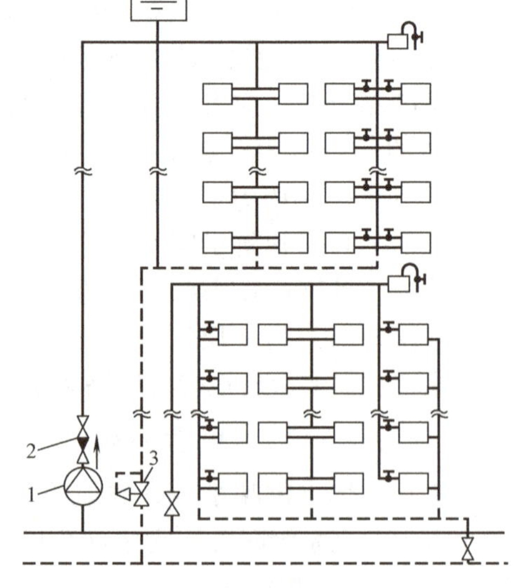

图2-19 设阀前压力调节器的分区式热水供暖系统

1—加压水泵 2—止回阀 3—阀前压力调节器

高区采用这种直接连接的形式后，高、低区水温相同，在高层建筑的低温水供暖用户中，可以取得较好的供暖效果，且便于运行调节。

4. 设断流器和阻旋器的分区式系统

图2-21所示为设断流器与阻旋器的分区式热

水供暖系统，该系统高区水与外网水直接连接。在高区供水管上设加压水泵，以保证高区系统所需压力，在水泵出口处设有止回阀。高区采用倒流式系统形式，有利于排除系统内的空气；供水总立管短，无效热损失小，可减小高层建筑供暖系统上热下冷的垂直失调问题。

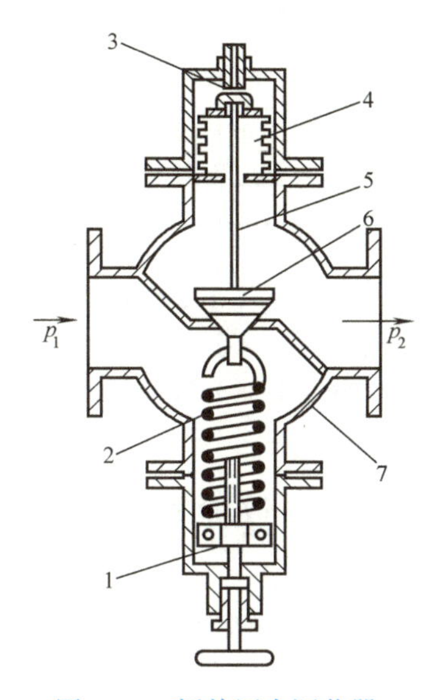

图 2-20 阀前压力调节器

1—调紧器 2—弹簧 3—调节杆 4—薄膜
5—阀杆 6—阀瓣 7—阀体

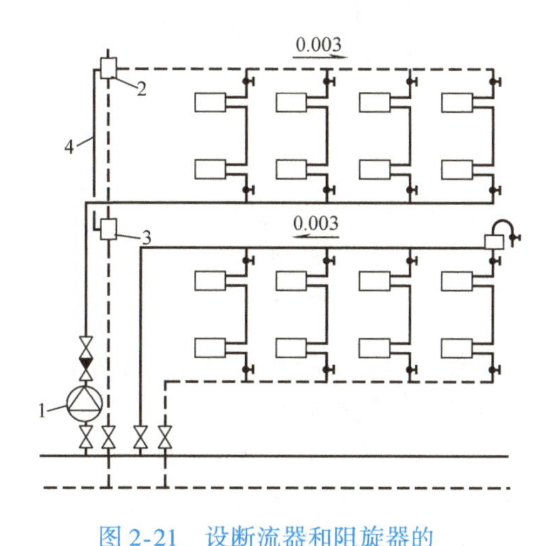

图 2-21 设断流器和阻旋器的分区式热水供暖系统

1—加压水泵 2—断流器 3—阻旋器 4—连通管

该系统断流器安装在回水管路的最高点处。系统运行时，高区回水流入断流器内，使水高速旋转，流速增加，压力降低，此时断流器可起减压作用；回水下落到阻旋器处，水流停止旋转，流速恢复正常，使该点压力维持室外管网的静水压力，以使阻旋器之后的回水压力能够与低区系统压力平衡。阻旋器串联设置在回水管路中，设置高度应为室外管网静水压线的高度，阻旋器必须垂直安装。断流器引出连通管与立管一道引至阻旋器，断流器流出的高速旋转水流到阻旋器处停止旋转，流速降低，产生大量空气，空气可通过连通管上升至断流器处，通过断流器上部的自动排气阀排出。

高区水泵与外网循环水泵靠微机自动控制，同时启闭。当外部管网停止运行后，高区压力降低，流入断流器的水流量会逐渐减少，断流器处将断流，从而使回水管在静止状态时高、低区隔断。同时，加压水泵出口处的止回阀可避免高区水从供水管倒流入外网系统，避免高区出现倒空现象。

该系统高、低区热媒温度相同，系统压力调控自如，运行平衡可靠，便于运行管理，有利于管网的平衡，适用于不能设置热交换器和双水箱的高层建筑低温水供暖用户。该系统中的断流器和阻旋器需设在管道井和辅助房间（电梯间、水箱间、楼梯间、走廊等）内，以防噪声过大。

二、双线式热水供暖系统

高层建筑的双线式供暖系统有垂直双线式单管热水供暖系统（图 2-22）和水平双线式单管热水供暖系统（图 2-23）两种形式。

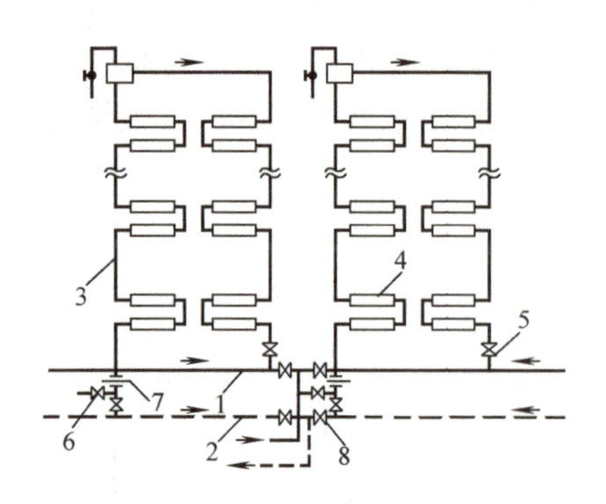

图 2-22 垂直双线式单管热水供暖系统

1—供水干管 2—回水干管 3—双线立管
4—散热器 5—截止阀 6—排水管
7—节流孔板 8—调节阀

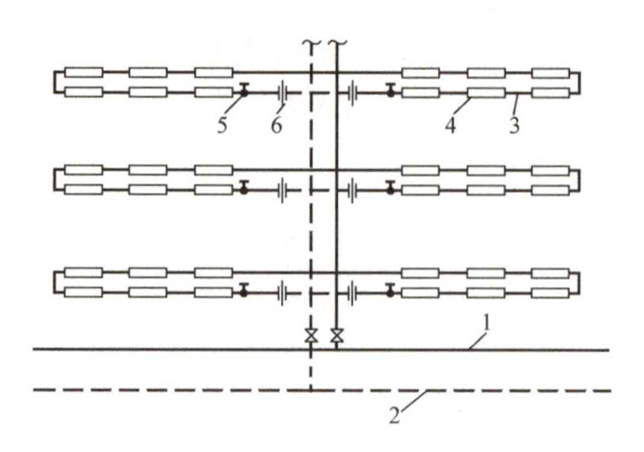

图 2-23 水平双线式单管热水供暖系统

1—供水干管 2—回水干管 3—双线水平管
4—散热器 5—截止阀 6—节流孔板

双线式单管系统是由垂直或水平的“∩”形单管连接而成。散热设备通常采用承压能力较高的蛇形管或辐射板（单块或砌入墙内形成壁体式结构）。

垂直双线式单管系统散热器立管由上升立管和下降立管组成，各层散热器的热媒平均温度近似相同，这有利于避免垂直方向的热力失调。但由于各立管阻力较小，易引起水平方向的热力失调，因此可考虑在每根回水立管末端设置节流孔板，以增大立管阻力，或采用同程式系统减轻水平失调现象。

水平双线式单管系统中，水平方向的各组散热器内热媒平均温度近似相同，可避免水平失调问题，但容易出现垂直失调现象，可在每层供水管线上设置调节阀进行分层流量调节，或在每层的水平分支管线上设置节流孔板，增加各水平环路的阻力损失，减少垂直失调问题。

三、单双管混合式热水供暖系统

如图 2-24 所示，在高层建筑热水供暖系统中，将散热器在垂直方向分成若干组，2～3 层为一组，各组内散热器采用双管连接，组与组之间采用单管连接，这就组成了高层建筑的单双管混合式供暖系统。

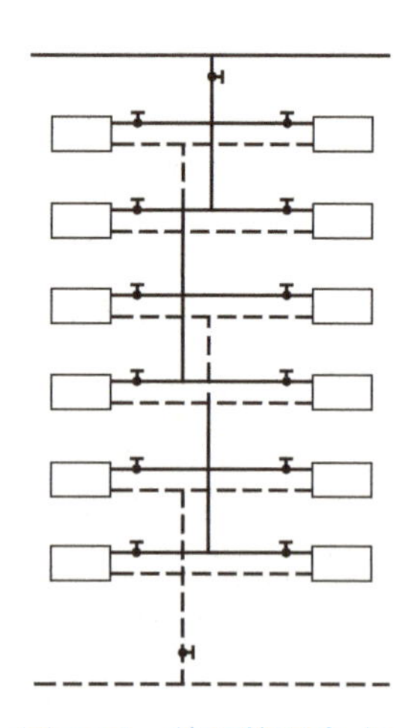

图 2-24 单双管混合式热水供暖系统

这种系统既能避免双管系统在楼层数过多时产生垂直失调问题，又能避免单管顺流式系统散热器支管管径过大的缺点，而且能进行散热器的个体调节。该系统垂直方向串联散热器的组数，取决于底层散热器的承压能力。

单元四 室内热水供暖系统管路布置和敷设要求

一、管路布置

室内热水供暖系统管路布置的合理与否，直接影响工程造价和系统的使用效果，应综合考虑建筑物的结构条件和室外管网的特点，力求系统结构简单，使空气能顺利排出。管路应在合理布置的条件下尽可能短，以节省管材和阀件，便于运行调节和维护管理。应尽可能做到各并联环路热负荷分配合理，使阻力易于平衡。

室内热水供暖系统引入口应根据热源和室外管道的位置设置，并且考虑有利于系统的环路划分，一般在建筑物中部设一个引入口。

环路划分就是将整个系统划分成几个并联的、相对独立的小系统。环路如果能合理划分，就可以均衡地分配热量，使各并联环路的阻力易于平衡，便于控制和调节系统。下面是几种常见的环路划分方法。

图 2-25 所示为无分支环路的同程式系统。它适用于小型系统或引入口的位置不易平分成对称热负荷的系统中。图 2-26 所示为两个分支环路的异程式系统，图 2-27 所示为两个分支环路的同程式系统。同程式系统与异程式系统相比，中间虽增设了一条回水管和地沟，但两大分支环路的阻力易于平衡，故多被采用。

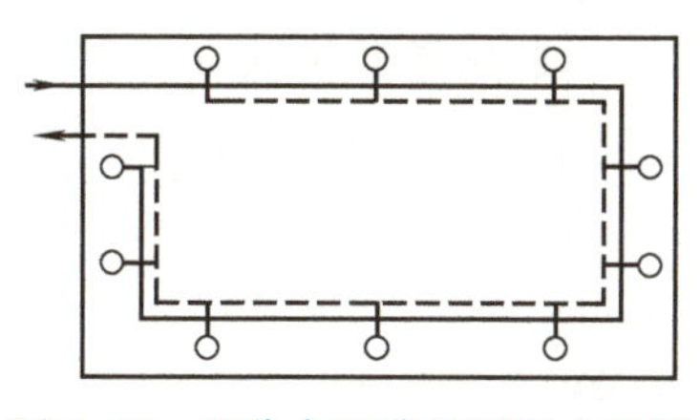

图 2-25　无分支环路的同程式系统

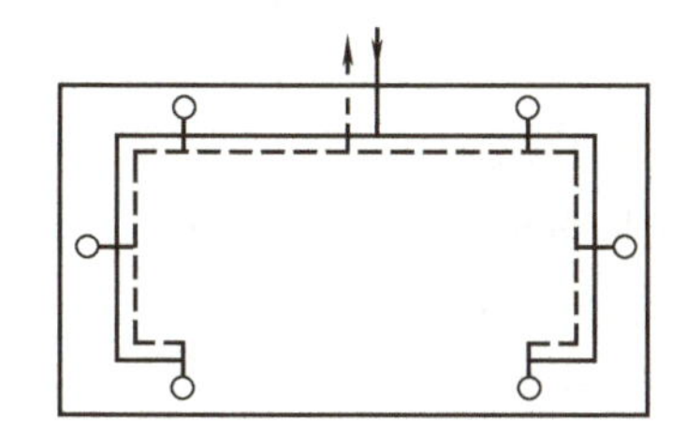

图 2-26　两个分支环路的异程式系统

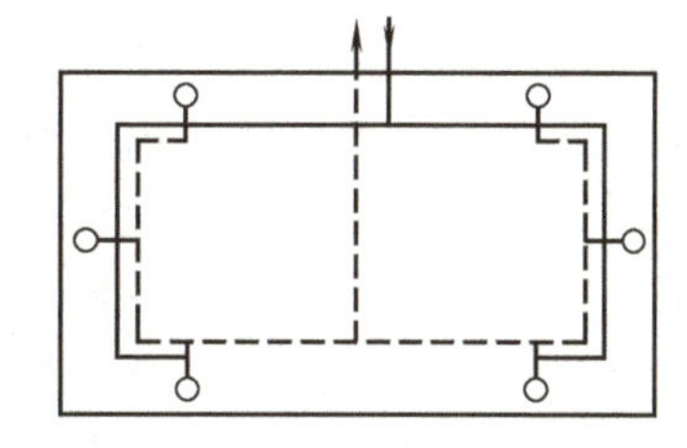

图 2-27　两个分支环路的同程式系统

二、管路的敷设要求

室内供暖系统管道应尽量明设，以便于维护管理和节省造价；有特殊要求或影响室内整洁美观时，才考虑暗设。敷设时应考虑以下几点。

1）上供下回式系统的顶层梁下和窗顶之间的距离应满足供水干管的坡度和集气罐的设置要求。集气罐应尽量设在有排水设施的房间，以便于排气。

回水干管如果敷设在地面上，底层散热器下部和地面之间的距离也应满足回水干管敷设坡度的要求。当地面上不允许敷设或净空高度不够时，应设在半通行地沟或不通行地沟内。

2）管路敷设时应尽量避免出现局部向上凸起现象，以免形成气塞；在局部高点处，应考虑设置排气装置。

3）回水干管过门时，如果下部设置过门地沟或上部设空气管，应考虑好泄水和排空气的问题，具体做法如图 2-28 和图 2-29 所示。两种做法中均设置了一段反坡向的管道，目的是为了顺利排除系统中的空气。

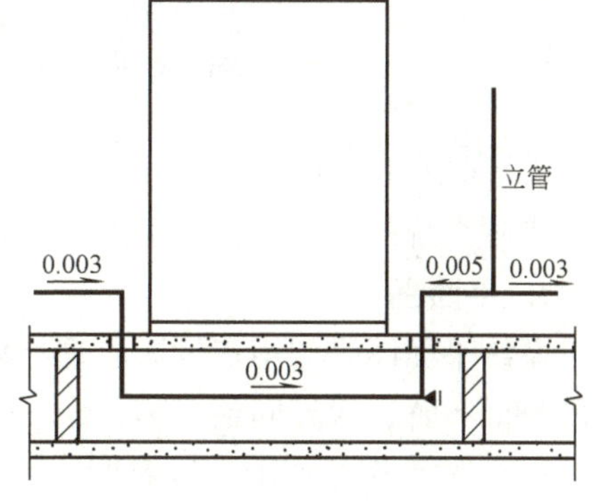

图 2-28　回水干管下部过门

4）立管应尽量设置在外墙角处，以补偿该处过多的热量损失，防止该处结露。楼梯间或其他有冻结危险的场所应单独设置立管，该立管上各组散热器的支管均不允许安阀门。

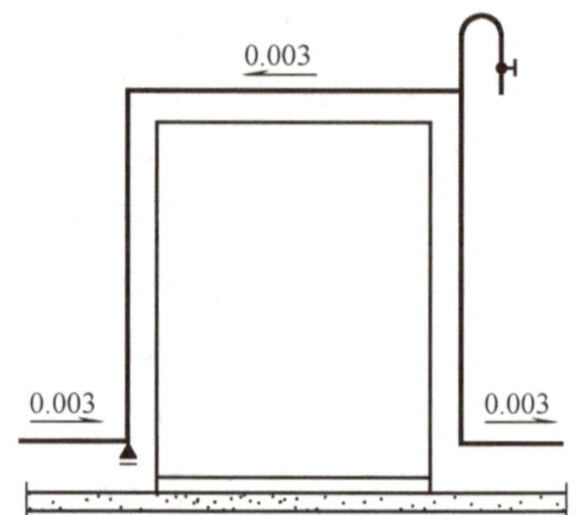

图 2-29 回水干管上部过门

双管系统的供水立管一般置于面向的右侧，如果立管与散热器支管相交，立管应煨弯绕过支管。

5）室内供暖系统的引入管、出户管上应设阀门；划分环路后，各并联环路的始末端应各设一个阀门；立管的上下端应各设一个阀门，以便于检修、关闭。当有冻结危险时，立管或支管上的阀门至干管的距离不应大于120mm。

6）散热器的供回水支管考虑避免散热器上部积存空气或下部放水时放不净，应沿水流方向设下降的坡度，如图2-30所示，坡度可取为0.01。当支管长度小于或等于500mm时，取坡降值为5mm；当支管长度大于500mm时，取坡降值为10mm；当一根立管双侧连接散热器支管时，如果一端长度大于500mm，可取坡降值为10mm。

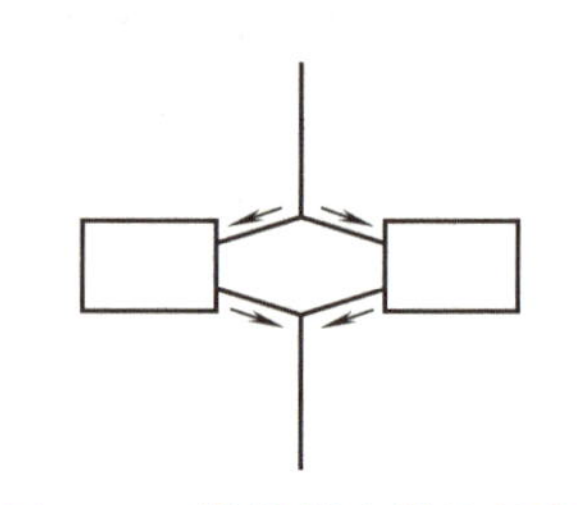
图 2-30 散热器支管的坡向

7）穿过建筑物基础、变形缝的供暖管道，以及镶嵌在建筑结构里的立管，应采取防止由于建筑物下沉而损坏管道的措施。当供暖管道必须穿过防火墙时，在管道穿过处应采取固定和密封措施，并使管道可向墙的两侧伸缩。供暖管道穿过隔墙和楼板时宜装设套管。供暖管道不得同输送蒸汽燃点低于或等于120℃的可燃液体或可燃、腐蚀性气体的管道在同一条管沟内平行或交叉敷设。

8）供暖管道在管沟或沿墙、柱、楼板敷设时，应根据设计、施工与验收规范的要求，每隔一定间距设置管卡或支、吊架。为了消除管道受热变形产生的热应力，应尽量利用管道上的自然转角进行热伸长的补偿；管线很长时，应设补偿器，适当位置设固定支架。

室内热水供暖系统管路布置与敷设

9）供暖管道多采用水、煤气钢管，可采用螺纹连接、焊接和法兰连接。管道应按施工与验收规范要求作防腐处理。敷设在管沟、技术夹层、闷顶、管道竖井或易冻结地方的管道，应采取保温措施。

单元五 室内热水供暖系统施工图

一、供暖施工图的组成

供暖系统的施工图包括平面图、轴测图、详图、设计施工说明和设备材料明细表等。

1. 平面图

系统平面图是利用正投影原理，采用水平全剖的方法，表示出建筑物各层供暖管道与设备的平面布置，应连同建筑物各层平面图一起画出。内容包括以下部分。

（1）标准层平面图 应表明立管位置及立管编号，散热器的安装位置、类型、片数及安装方式。

(2) 顶层平面图 除了与标准层平面图相同的内容外，还应表明总立管、水平干管的位置、走向，立管编号，干管坡度及干管上阀门、固定支座的安装位置与型号；膨胀水箱、集气罐等设备的位置、型号及其与管道的连接情况。

(3) 底层平面图 除了与标准层平面图相同的内容外，还应表明引入口的位置，供回水总管的走向、位置及采用的标准图号（或详图号），回水干管的位置，室内管沟（包括过门地沟）的位置和主要尺寸，管道支座的设置位置。

平面图常用的比例有1∶50、1∶100、1∶200等。

2. 轴测图

轴测图又称为系统图，是表示供暖系统的空间布置情况，散热器与管道的空间连接形式，设备、管道附件等空间关系的立体图。系统图应标注有：立管编号，管道标高，各管段管径，水平干管的坡度，散热器的片数及集气罐、膨胀水箱、阀件的位置、型号规格等。系统图比例与平面图相同。通过系统图可了解供暖系统的全貌。

3. 详图

详图表示供暖系统节点与设备的详细构造及安装尺寸要求。平面图和系统图中表示不清、又无法用文字说明的地方（如引入口位置、膨胀水箱的构造与配管、管沟断面、保温结构等），可用详图表示。

识读供暖施工图方法

如选用的是国家标准图集，可给出标准图号，不出详图。常用的比例是1∶50～1∶10。

4. 设计施工说明

设计施工说明主要用于说明设计图样无法表达的问题，如热源情况，供暖设计热负荷，设计意图及系统形式，进出口压力差，散热器的种类、形式及安装要求，管道的敷设方式、防腐保温、水压实验要求，施工中需参照的有关专业施工图号或采用的标准图号等。

常见的供暖施工图图例见附录9。

二、供暖施工图示例

该项目为哈尔滨市某办公楼供暖工程设计，系统采用机械循环上供下回单管顺流式热水供暖系统，供水温度95℃，回水温度70℃。

因小区锅炉房建在该住宅楼的北侧，故供水引入管设在北向中部⑥号轴线右侧的管沟内，进入室内的供水总管沿外墙引至顶层顶棚下，在室内分成两个并联环路。两个环路供水干管末端的最高点处设有集气罐，集气罐分别设在厨房内，集气罐的放气管引至厨房内的洗涤盆上。

系统采用同程式系统形式，两并联环路的回水干管分别以北向为起端，在地沟内沿外墙敷设，在南向中部⑥号轴线处汇合，再沿室内地沟引至北向外墙内，下降后与引入管使用同一地沟出户。

在本项目中，供暖系统的引入管、出户管上各安装一个法兰闸阀；各并联环路的始末端各安装一个法兰闸阀；各立管的上下端各安装一个闸阀。

本项目的施工图包括：一层平面图（图2-31）（见插页），标准层平面图(图2-32)（见插页），顶层平面图（图2-33）（见插页）和系统图(图2-34)。比例均为1∶100。

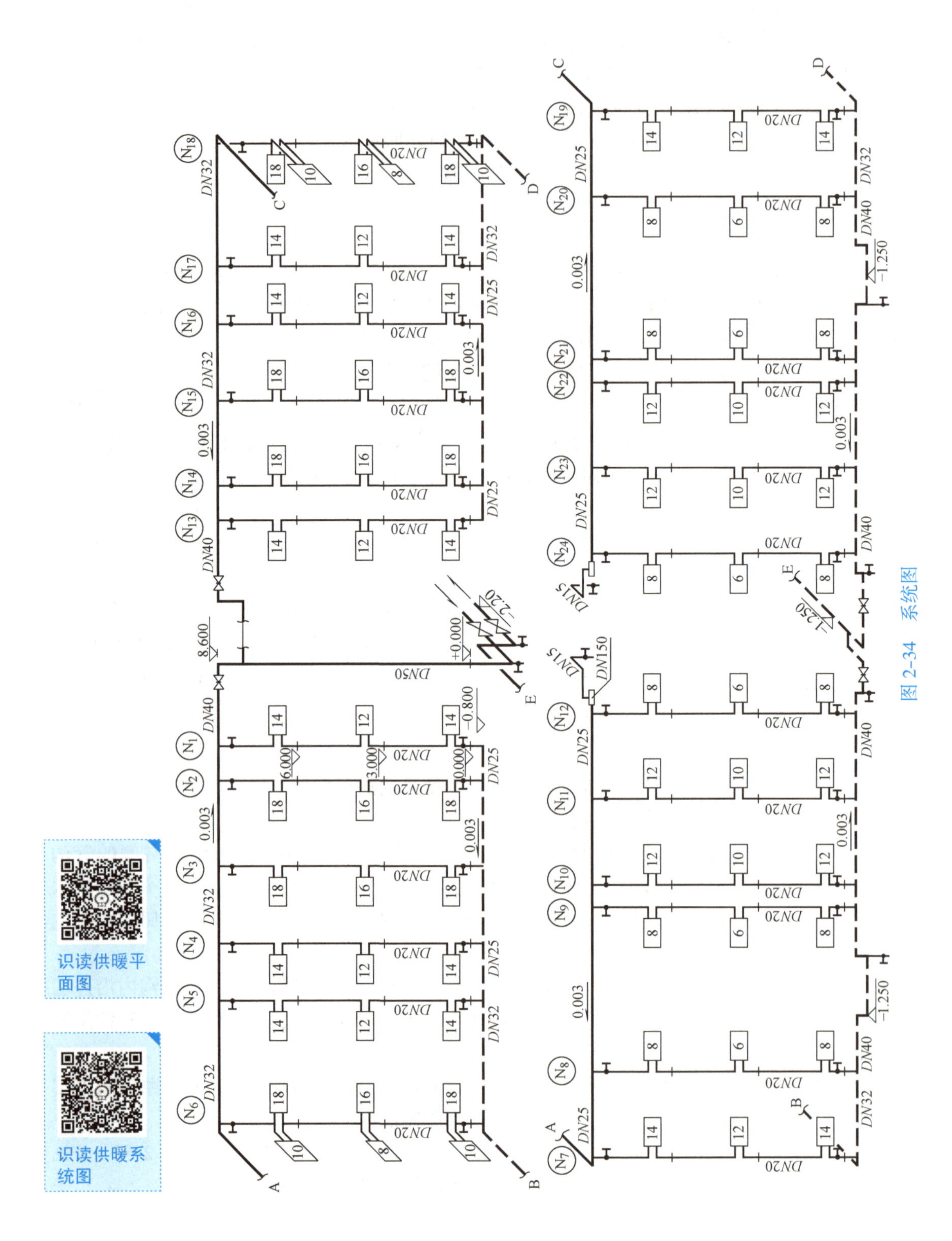

识读供暖平面图

识读供暖系统图

图 2-34 系统图

项目三　供暖系统的散热设备及附属设备

供暖系统通过管路将热媒送入散热设备中，由散热设备向房间供应热量，以补偿房间的失热量，从而维持房间所需温度，达到供暖要求。

单元一　散　热　器

散热器是通过热媒将热源产生的热量传递给室内空气的一种散热设备。散热器的内表面一侧是热媒（热水或蒸汽），外表面一侧是室内空气。当热媒温度高于室内空气温度时，散热器的金属壁面就将热媒携带的热量传递给室内空气。

一、散热器的类型

散热器按制造材质的不同分为铸铁、钢制和其他材质散热器。按结构形式的不同分为柱型、翼型、管型和板型散热器。按传热方式的不同，分为对流型（对流散热量占总散热量的60%以上）和辐射型（辐射散热量占总散热量的50%以上）散热器。下面以铸铁散热器为例进行介绍。

常用的铸铁散热器有翼型和柱型两种形式。

（1）翼型散热器　翼型散热器又分为长翼型和圆翼型两种。

长翼型铸铁散热器（图3-1），其外表面上有许多竖向肋片，内部为扁盒状空间。高度通常为60cm，常称为60型散热器。每片的标准长度有280mm（大60）和200mm（小60）两种规格，宽度为115mm。

圆翼型铸铁散热器是一根内径为75mm的管子（图3-2），其外表面带有许多圆形肋片。圆翼型铸铁散热器的长度有750mm和1000mm两种，两端带有法兰盘，可将数根并联成散热器组。

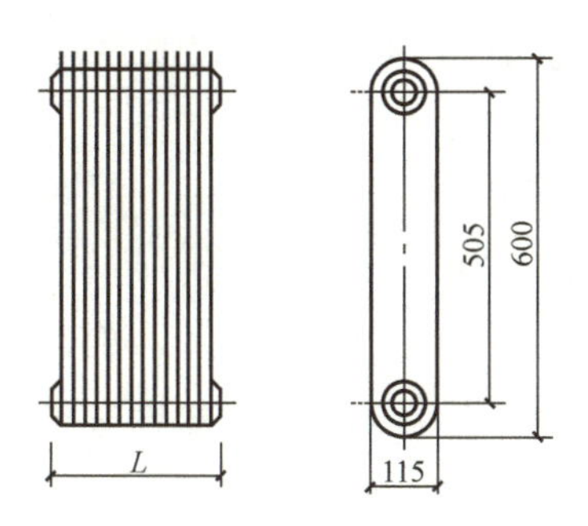

图3-1　长翼型铸铁散热器

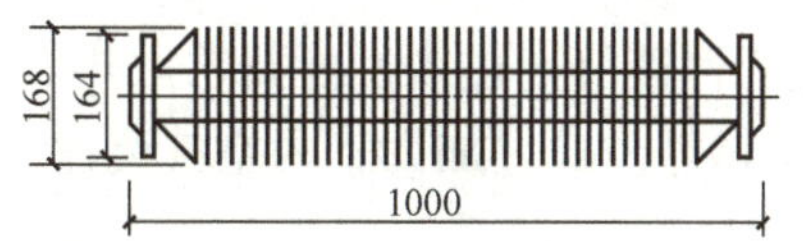

图3-2　圆翼型铸铁散热器

翼型散热器制造工艺简单，造价较低，但金属耗量大，传热性能不如柱型散热器，外形不美观，不易恰好组成所需面积。翼型散热器现已逐渐被柱型散热器取代。

（2）柱型散热器　柱型散热器是单片的柱状连通体，每片各有几个中空的立柱相互连通，可根据散热面积的需要，把各个单片组对成一组。柱型散热器常用的有二柱 M－132 型、二柱 700 型、四柱 813 型和四柱 640（760）型等（图3-3）。

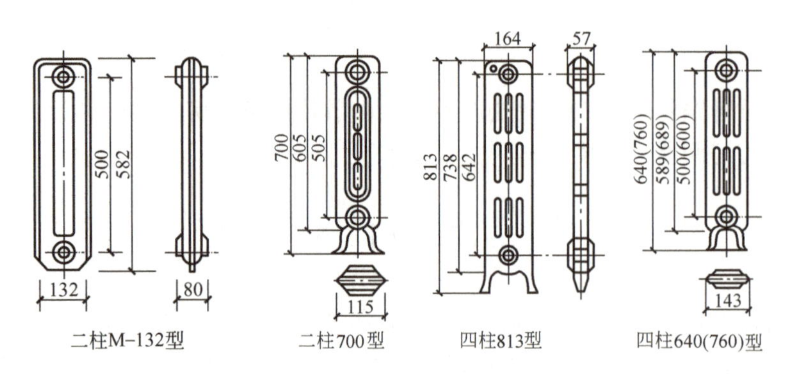

图 3-3 柱型铸铁散热器

M－132 型散热器的宽度是 132mm，两边为柱状，中间有波浪形的纵向肋片。

四柱散热器的规格以高度表示，如四柱 813 型，其高度为 813mm。四柱散热器有带足片和不带足片两种片形，可将带足片作为端片，不带足片作为中间片，组对成一组，直接落地安装。

柱型散热器与翼型散热器相比，传热系数高，散出同样热量时金属耗量少，易消除积灰，外形也比较美观，每片散热面积少，易组成所需散热面积。

铸铁散热器是现阶段应用最广泛的散热器，它结构简单，耐腐蚀，使用寿命长，造价低，但其金属耗量大，承压能力低，制造、安装和运输劳动繁重。在有些安装了热量表和恒温阀的热水供暖系统中，考虑到普通方法生产的铸铁散热器，内壁常有“粘砂”现象，易于造成热量表和恒温阀的堵塞，使系统不能正常运行，因此《民用建筑供暖通风与空气调节设计规范》（GB 50736—2012）规定，安装热量表和恒温阀的热水供暖系统不宜采用水流通道内含有粘砂的散热器，这就对铸铁散热器内腔的清砂工艺提出了要求，应采取可靠的质量控制措施。目前我国已有了内腔干净无砂，外表喷塑或烤漆的灰铸铁散热器，外形美观，适用于分户热计量系统。

普通铸铁散热器的承压能力一般在 0.4～0.5MPa 之间；带稀土的灰口散热器承压能力可达到 0.8～1.0MPa。

我国常用的几种铸铁散热器的规格及性能参数见附录 10。

二、对散热器的要求

1）热工性能好。热工性能要求散热器的传热系数 K 值要大，K 值越大，说明散热器的散热性能就越好。通过加大室内空气流速和提高散热器内热媒温度的办法还可以加大散热器的传热系数。

散热器应以较好的散热方式向室内传递热量。散热器的主要传热方式有对流散热和辐射散热两种，其中以辐射散热方式为好。靠辐射方式传热的散热器，由于辐射的直接作用，可以提高室内物体和围护结构内表面的温度，使生活区和工作区温度适宜，增加人体的舒适感。以对流方式散热，会造成室温不均匀，温差过大，而且灰尘随空气对流，卫生条件也不好。

2）金属热强度大。金属热强度 q 是指散热器内热媒平均温度与室内空气温度差为 1℃ 时，1kg 质量的散热器金属单位时间内所放出的热量，即

$$q=\frac{K}{G} \tag{3-1}$$

式中　q——散热器的金属热强度［W/(kg·℃)］；

K——散热器的传热系数［$W/(m^2·℃)$］；

G——散热器 $1m^2$ 面积的金属质量（kg/m^2）。

金属热强度 q 是衡量同一材质散热器的金属耗量、成本高低的重要指标。q 越大，说明散出同样热量时消耗的金属量越少，成本越低，经济性越好。

3）散热器应具有一定的机械强度，承压能力高，价格便宜，经久耐用，使用寿命长。

4）散热器规格尺寸应多样化，结构尺寸小，少占有效空间和使用面积。结构形式便于组对出所需面积，且生产工艺能满足大批量生产的要求。

5）外表面光滑，不易积灰，积灰易清扫，外形美观，易于与室内装饰相协调。

三、散热器的选择

选择散热器时应考虑系统的工作压力，选用承压能力符合要求的散热器；有腐蚀性气体的生产厂房或相对湿度大的房间，应选用铸铁散热器；热水供暖系统选用散热器时，应注意采用等电位连接，即钢制散热器与铝制散热器不宜在同一热水供暖系统中使用；高大空间供暖不宜单独采用对流型散热器；散发粉尘或防尘要求较高的生产厂房，应选用表面光滑、积灰易清扫的散热器；热计量系统不宜采用水道有粘砂的铸铁散热器；民用建筑选用的散热器尺寸应符合要求，且外表面光滑、美观，不易积灰。具体应根据实际情况，选择经济、适用、耐久、美观的散热器。

四、散热器的计算

确定了供暖设计热负荷、供暖系统的形式和散热器的类型后，就可进行散热器的计算，确定供暖房间所需散热器的面积和片数。

1. 散热器的散热面积

供暖房间的散热器向房间供应热量以补偿房间的热损失。根据热平衡原理，散热器的散热量应等于房间的供暖设计热负荷。

散热器散热面积的计算公式为

$$F=\frac{Q}{K(t_{pj}-t_n)}\beta_1\beta_2\beta_3 \tag{3-2}$$

式中　F——散热器的散热面积（m^2）；

Q——散热器的散热量（W）；

K——散热器的传热系数［$W/(m^2·℃)$］；

t_{pj}——散热器内热媒平均温度（℃）；

t_n——供暖室内计算温度（℃）；

β_1——散热器组装片数修正系数；

β_2——散热器连接形式修正系数；

β_3——散热器安装形式修正系数。

（1）散热器的传热系数 K　散热器的传热系数 K 表示当散热器内热媒平均温度 t_{pj} 与室内空气温度 t_n 的差为1℃时，每平方米散热面积单位时间内放出的热量，单位为 W/(m² · ℃)。选用散热器时，散热器的传热系数越大越好。

影响散热器传热系数的主要因素是散热器内热媒平均温度与室内空气温度的差值 Δt_{pj}。另外散热器的材质、几何尺寸、结构形式、表面喷涂、热媒种类、温度、流量，室内空气温度，散热器的安装方式、片数等条件都将影响传热系数的大小，因而无法用理论推导求出各种散热器的传热系数值，只能通过试验方法确定。

国际化标准组织（ISO）规定：确定散热器的传热系数 K 值的试验，应在一个长×宽×高为 $(4+0.2)\mathrm{m}\times(4+0.2)\mathrm{m}\times(2.8+0.2)\mathrm{m}$ 的封闭小室内，保证室温恒定的条件下进行，散热器应无遮挡，敞开设置。

通过试验方法可得到散热器传热系数公式为

$$K=a(\Delta t_{pj})^b=a(t_{pj}-t_n)^b \tag{3-3}$$

式中　K——在试验条件下，散热器的传热系数 [W/(m² · ℃)]；

a、b——由试验确定的系数，取决于散热器的类型和安装方式；

Δt_{pj}——散热器内热媒平均温度与室内空气的温差，$\Delta t_{pj}=t_{pj}-t_n$。

从上式可以看出，散热器内热媒平均温度与室内空气温差 Δt_{pj} 越大，散热器的传热系数 K 值就越大，传热量就越多。

附录10给出了各种不同类型铸铁散热器传热系数的公式，应用这些公式时，需要确定散热器内的热媒平均温度 t_{pj}。

（2）散热器内热媒平均温度 t_{pj}　散热器内热媒平均温度 t_{pj} 应根据热媒种类（热水或蒸汽）和系统形式确定。

1）热水供暖系统。

$$t_{pj}=\frac{t_j+t_c}{2} \tag{3-4}$$

式中　t_{pj}——散热器内热媒平均温度（℃）；

t_j——散热器的进水温度（℃）；

t_c——散热器的出水温度（℃）。

对于双管热水供暖系统，各组散热器是并联关系，散热器的进出口水温可分别按系统的供回水温度确定。如低温热水供暖系统，供水温度95℃，回水温度70℃，热媒平均温度为

$$t_{pj}=\frac{95+70}{2}℃=82.5℃$$

对于单管热水供暖系统，各组散热器是串联关系，因水温沿流向逐层降低，故需确定各管段的混合水温之后，逐一确定各组散热器的进出口温度［见式（2-8）］，进而求出散热器内热媒平均温度。式（2-8）也适用于水平单管系统各管段水温的计算；计算出各管段水温后，就可以计算散热器内热媒的平均温度。

2）蒸汽供暖系统。当蒸汽压力 $p\leqslant 30\mathrm{kPa}$（表压）时，$t_{pj}$ 取100℃；当蒸汽压力 $p>30\mathrm{kPa}$（表压）时，t_{pj} 取与散热器进口蒸汽压力相对应的饱和温度。

（3）传热系数 K 的修正系数　散热器传热系数的计算公式是在特定条件下通过试验确定的。如果实际使用条件与测定条件不相符，就需要对传热系数 K 进行修正。

1）组装片数修正系数 β_1。试验测定散热器的传热系数时，柱型散热器是以 10 片为一组进行试验的，在实际使用过程中，单片散热器是组对成组的，各相邻片之间彼此吸收辐射热，热量不能全部散出去，只有两端散热器的外侧表面才能把绝大部分辐射热量传给室内，这减少了向房间的辐射热量。组装片数超过 10 片后，相互吸收辐射热的面积占总面积的比例会增加，散热器单位面积的平均散热量会减少，传热系数 K 值也会随之减少，需要修正 K 值，增大散热面积。反之，散热器片数少于 6 片后，散热器单位面积的平均散热量会增加，K 值也会增加，需要减小散热面积。

散热器组装片数修正系数 β_1 见表 3-1。

表 3-1　散热器组装片数修正系数 β_1

每组片数	<6	6～10	11～20	>20
β_1	0.95	1.00	1.05	1.10

注：该表仅适用于各种柱型散热器。长翼型和圆翼型不修正。其他散热器需要修正时，见产品说明。

2）连接形式修正系数 β_2。试验测定散热器传热系数时，散热器与支管的连接形式为同侧上进下出，这种连接形式散热器外表面的平均温度最高，散热器散热量最多。如果采用表 3-2 所列的其他连接形式，散热器外表面平均温度会明显降低，t_{pj} 也远比同侧上进下出连接形式的 t_{pj} 低，传热系数 K 也会减小，因此需要对传热系数进行修正，取 $\beta_2>1$，增大其散热面积。

表 3-2 列出了不同连接形式时，散热器传热系数的修正系数 β_2。

表 3-2　散热器连接形式修正系数 β_2

连接形式	修正系数 β_2				
	同侧上进下出	异侧上进下出	异侧下进下出	异侧下进上出	同侧下进上出
M－132 型	1.0	1.009	1.251	1.386	1.396
长翼型（大 60）	1.0	1.009	1.225	1.331	1.369

注：该表是在标准状态下测定的。其他散热器可近似套用该表数据。

3）安装形式修正系数 β_3。试验确定传热系数 K 时，是在散热器完全敞开，没有任何遮挡的情况下测定的。如果实际安装形式发生变化，有时会增加散热器的散热量（如散热器外加对流罩）；有时会减少散热量（如加装遮挡罩板），因此需要考虑对散热器传热系数 K 进行修正。

表 3-3 列出了散热器安装形式修正系数 β_3，其实质是在不同安装形式下对散热器散热面积进行修正。

表 3-3　散热器安装形式修正系数 β_3

装置示意	装置说明	修正系数 β_3
A	散热器安装在墙面上加盖板	$A=40$mm 时 $\beta_3=1.05$ $A=80$mm 时 $\beta_3=1.03$ $A=100$mm 时 $\beta_3=1.02$
A	散热器装在墙龛内	$A=40$mm 时 $\beta_3=1.11$ $A=80$mm 时 $\beta_3=1.07$ $A=100$mm 时 $\beta_3=1.06$

（续）

装置示意	装置说明	修正系数β_3
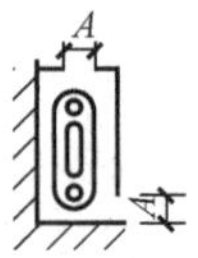	散热器安装在墙面，外面有罩，罩子上面及前面下端有空气流通孔	$A=260$mm时$\beta_3=1.12$ $A=220$mm时$\beta_3=1.13$ $A=180$mm时$\beta_3=1.19$ $A=150$mm时$\beta_3=1.25$
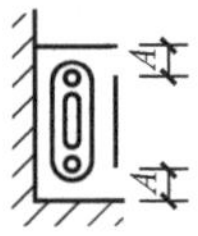	散热器安装形式同前，但空气流通孔开在罩子前面上下两端	$A=130$mm，孔口敞开时$\beta_3=1.2$ 孔口有格栅式网状物盖着时 $\beta_3=1.4$
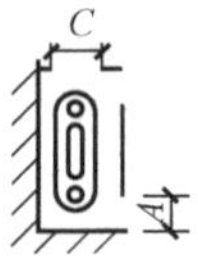	安装形式同前，但罩子上面空气流通孔宽度C不小于散热器的宽度，罩子前面下端的孔口高度不小于100mm，其他部分为格栅	$A=100$mm时$\beta_3=1.15$
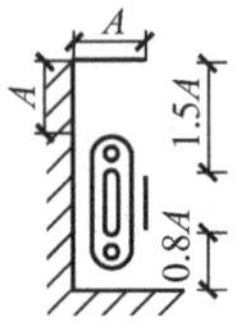	安装形式同前，空气流通口开在罩子前面上下两端，其宽度如图	$\beta_3=1.0$
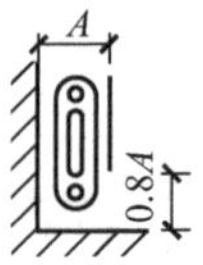	散热器用挡板挡住，挡板下端留有空气流通口，其高度为0.8A	$\beta_3=0.9$

注：散热器明装，敞开布置，$\beta_3=1.0$。

另外，试验表明：在一定的连接方式和安装形式下，通过散热器的流量对某些形式散热器的K值和Q值有一定的影响；散热器表面采用不同的涂料时，对K值和Q值有影响；蒸汽供暖系统中，蒸汽散热器的传热系数K值要高于热水散热器的K值，可根据具体条件，查阅有关资料确定散热器的传热系数K值。

2. 散热器的片数或长度

$$n=\frac{F}{f} \tag{3-5}$$

式中 n——散热器的片数或长度（片或m）；

F——所需散热器的散热面积（m^2）；

f——每片或每m散热器的散热面积（m^2/片或m^2/m），可查附录10确定。

实际设置时，散热器每组片数或长度只能取整数。《民用建筑供暖通风与空气调节设计规范》（GB 50736—2012）规定，柱型散热器面积可比计算值小0.1m^2，翼型或其他散热器的散热面积可比计算值小5%。

另外，铸铁散热器的组装片数，粗柱型（M-132）不宜超过20片；细柱型不宜超过25片；长翼型不宜超过7片。

五、明装供暖管道散入房间的热量

对于明装于供暖房间内的管道，虽然热水沿途流动时散失的热量使散热器进水温度降低，但考虑到全部或部分散热量会散入供暖房间，影响会相互抵消，因此可以不计算供暖管道散入供暖房间的热量。

民用建筑和室内温度要求较严格的工业建筑中的非保温管道，明设时，其散热量有提高室温的作用，可补偿一部分耗热量，应考虑对散热器数量进行折减；同时也应注意到热媒在管道中的温降，需求出进入散热器的实际水温，以此确定各散热器的传热系数 K，再扣除相应管道的散热量后，确定散热器的面积。暗设时，由于管道散热量没有进入房间，导致热媒温度降低，为了保持必要的室温，应计算管道中水的冷却对散热器数量的影响。如果需要精确计算散热面积，就应考虑明装供暖管道散入供暖房间的热量。

明装供暖管道散入房间的热量可用式（3-6）计算。

$$Q_g = fK_g l\Delta t\eta \tag{3-6}$$

式中　Q_g——供暖管道的散热量（W）；

f——每米管道的表面积（m^2）；

K_g——管道的传热系数［$W/(m^2 \cdot ℃)$］，可查阅设计手册确定，估算时 K_g 值可取 $10W/(m^2 \cdot ℃)$；

l——明装供暖管道的长度（m）；

Δt——管道内热媒温度与室内计算温度的差值（℃）；

η——管道敷设位置修正系数，顶棚下水平管道 $\eta=0.5$，地面上水平管道 $\eta=1.0$，立管 $\eta=0.75$，散热器支管 $\eta=1.0$。

散热器的计算方法

六、散热器的布置

散热器一般布置在外墙窗台下，这样能迅速加热室外渗入的冷空气，阻挡沿外墙下降的冷气流，改善外窗、外墙对人体冷辐射的影响，使室温均匀。当安装或布置管道有困难时，也可靠内墙安装。

为防止散热器冻裂，两道外门之间，门斗及开启频繁的外门附近不宜设置散热器。

设在楼梯间或其他有冻结危险地方的散热器，立、支管宜单独设置，其上不允许安阀门。

楼梯间布置散热器时，考虑热气流上升的影响应尽量布置在底层或按一定比例分布在下部各层。

散热器一般明装或装在深度不超过130mm的墙槽内。

托儿所、幼儿园以及装修卫生要求较高的房间可考虑在散热器外加网罩、格栅、挡板等。

散热器的安装尺寸应保证：底部距地面不小于60mm，通常取150mm；顶部距窗台板不小于50mm；背部与墙面净距不小于25mm。

［例3-1］　图3-4所示为单管上供下回顺流式热水供暖系统的某立管，每组散热器的热负荷已标于图中，单位为W。系统供水温度95℃，回水温度70℃，选用二柱M－132型散热器，装在墙龛内，上部距窗台板100mm。供暖室内计算温度 $t_n=18℃$，试确定所需散热器的面积及片数。

散热器的类型、选用原则及布置

[解] (1)计算各立管管段的水温 由式（2-8）得

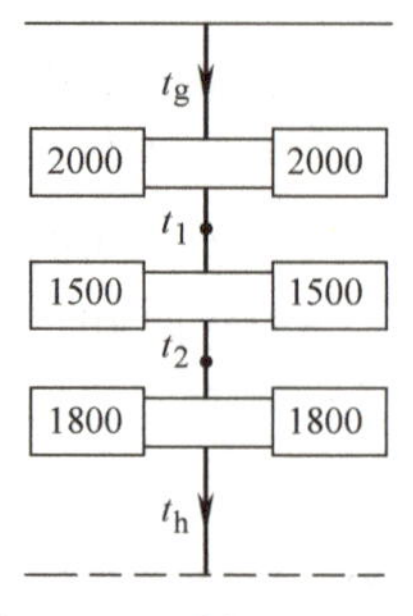

图 3-4 ［例 3-1］图

$$t_1 = t_g - \frac{\Sigma Q_{i-1}(t_g - t_h)}{\Sigma Q}$$

$$= \left[95 - \frac{2000 \times 2 \times (95-70)}{(2000+1500+1800) \times 2}\right]℃$$

$$\approx 85.6℃$$

$$t_2 = t_g - \frac{\Sigma Q_{i-1}(t_g - t_h)}{\Sigma Q}$$

$$= \left[95 - \frac{(2000+1500) \times 2 \times (95-70)}{(2000+1500+1800) \times 2}\right]℃$$

$$\approx 78.5℃$$

(2) 计算各组散热器的热媒平均温度 t_{pj}

$$t_{pj3} = \frac{95+85.6}{2}℃ = 90.3℃$$

$$t_{pj2} = \frac{85.6+78.5}{2}℃ = 82.05℃$$

$$t_{pj1} = \frac{78.5+70}{2}℃ = 74.25℃$$

(3) 计算散热器的传热系数 K 查附录 10 可知，M-132 型散热器传热系数的计算公式为 $K = 2.426\Delta t_{pj}^{0.286}$，因此

$$K_3 = 2.426 \times (90.3-18)^{0.286} \text{W/(m}^2 \cdot ℃) = 8.25 \text{W/(m}^2 \cdot ℃)$$

$$K_2 = 2.426 \times (82.05-18)^{0.286} \text{W/(m}^2 \cdot ℃) = 7.97 \text{W/(m}^2 \cdot ℃)$$

$$K_1 = 2.426 \times (74.25-18)^{0.286} \text{W/(m}^2 \cdot ℃) = 7.68 \text{W/(m}^2 \cdot ℃)$$

(4) 计算散热器面积 F 用式（3-2）计算。

三层：先假设片数修正系数 $\beta_1 = 1.0$。查表 3-2 可知，同侧上进下出连接形式修正系数 $\beta_2 = 1.0$；查表 3-3 可知，该散热器安装形式修正系数 $\beta_3 = 1.06$。则

$$F_3 = \frac{Q_3}{K_3(t_{pj3} - t_n)}\beta_1\beta_2\beta_3 = \frac{2000}{8.25 \times (90.3-18)}\text{m}^2 \times 1 \times 1 \times 1.06 = 3.55\text{m}^2$$

$$F_2 = \frac{Q_2}{K_2(t_{pj2} - t_n)}\beta_1\beta_2\beta_3 = \frac{1500}{7.97 \times (82.05-18)}\text{m}^2 \times 1 \times 1 \times 1.06 = 3.11\text{m}^2$$

$$F_1 = \frac{Q_1}{K_1(t_{pj1} - t_n)}\beta_1\beta_2\beta_3 = \frac{1800}{7.68 \times (74.25-18)}\text{m}^2 \times 1 \times 1 \times 1.06 = 4.42\text{m}^2$$

(5) 计算散热器的片数 n 查附录 10 可知，M-132 型散热器每片面积 $f = 0.24\text{m}^2/$片，由式（3-5）得

$$n_3 = \frac{3.55\text{m}^2}{0.24\text{m}^2/\text{片}} \approx 14.79\text{ 片}$$

查表 3-1 可知，片数修正系数 $\beta_1 = 1.05$。

14.79 片 ×1.05≈15.53 片，0.53 片 ×0.24m^2/片 ≈0.13m^2 >0.1m^2。

因此 $n_3 = 16$ 片。

同理，$n_2 = 3.11/0.24$ 片 ≈12.96 片，12.96 片 ×1.05≈13.6 片，0.6 片 ×0.24m^2/片 =

$0.144m^2>0.1m^2$。

因此 $n_2=14$ 片。

$n_1=4.42/0.24$ 片 ≈ 18.42 片，18.42 片 $\times 1.05=19.34$ 片，0.34 片 $\times 0.24m^2$/片 $\approx 0.082m^2<0.1m^2$。

因此 $n_1=19$ 片。

散热器计算示例

单元二　辐射供暖

一、辐射供暖的特点

散热器主要是靠对流方式向室内散热，对流散热量占总散热量的50%以上。而辐射供暖是利用建筑物内部顶面、墙面、地面或其他表面的辐射散热方式向房间供应热量，其辐射散热量占总散热量的50%以上。

低温热水辐射供暖是一种卫生条件和舒适标准都比较高的供暖形式，和对流供暖相比，它具有以下特点。

1）对流供暖系统中，人体的冷热感觉主要取决于室内空气温度的高低；而辐射供暖时，人或物体受到辐射照度和环境温度的综合作用，人体感受的实感温度可比室内实际环境温度高2～3℃，即在相同舒适感的前提下，辐射供暖的室内空气温度可比对流供暖时低2～3℃，室温降低的结果可以减少能源消耗。

2）从人体的舒适感方面看，在保持人体散热总量不变的情况下，适当地减少人体的辐射散热量，增加一些对流散热量，人会感到更舒适。辐射供暖是人体和物体直接接受辐射热，减少了人体向外界的辐射散热量。此外，室温由下而上逐渐降低，给人以脚暖头凉的良好感觉，因此辐射供暖时人体具有更佳的舒适感。

3）辐射供暖时沿房间高度方向上温度分布均匀，温度梯度小，热媒传送温度低，传送时无效热损失小。辐射供暖方式较对流供暖方式热效率高。

4）辐射供暖系统由于地面层及混凝土层蓄热量大，因此间歇供暖时，室温波动小，热稳定性好。

5）地板辐射供暖系统方便于分户热计量和控制。系统供回水多为双管系统，可在每户的分水器前安装热量表进行分户热计量，还可通过调节分、集水器上的环路控制阀门调节室温，用户还可采用自动温控装置。

6）辐射供暖不需要在室内布置散热器，少占室内的有效空间，也便于布置家具。

7）辐射供暖减少了对流散热量，室内空气的流动速度也会降低，避免了室内尘土的飞扬，有利于改善卫生条件。

8）辐射供暖系统比对流供暖系统的初投资高。

辐射供暖系统可按不同方式分类，见表3-4。

表3-4　辐射供暖系统分类表

分类根据	名　称	特　征
板面温度	低温辐射	板面温度低于80℃
	中温辐射	板面温度等于80～200℃
	高温辐射	板面温度高于200℃

（续）

分类根据	名 称	特 征
辐射板构造	埋管式	以直径 15～32mm 的管道埋置于建筑表面内构成辐射表面
	风道式	利用建筑构件的空腔使热空气在其间循环流动构成辐射表面
	组合式	利用金属板焊以金属管组成辐射板
辐射板位置	顶面式	以顶棚作为辐射供暖面，辐射热占 70% 左右
	墙面式	以墙壁作为辐射供暖面，辐射热占 65% 左右
	地面式	以地面作为辐射供暖面，辐射热占 55% 左右
	楼面式	以楼板作为辐射供暖面，辐射热占 55% 左右
热媒种类	低温热水式	热媒水温度低于 100℃
	高温热水式	热媒水温度等于或高于 100℃
	蒸汽式	以蒸汽（高压或低压）为热媒
	热风式	以加热以后的空气作为热媒
	电热式	以电热元件加热特定表面或直接发热
	燃气式	通过燃烧可燃气体（也可以用液体或液化石油气）经特制的辐射器发射红外线

二、低温热水辐射供暖系统

低温热水辐射供暖近几年得到了广泛的应用。低温热水辐射供暖辐射体表面平均温度应符合表 3-5 的要求。

表 3-5 辐射体表面平均温度 （单位:℃）

设置位置	宜采用的温度	温度上限值
人员经常停留的地面	25～27	29
人员短期停留的地面	28～30	32
无人停留的地面	35～40	42
房间高度 2.5～3.0m 的顶棚	28～30	—
房间高度 3.1～4.0m 的顶棚	33～36	—
距地面 1m 以下的墙面	35	—
距地面 1m 以上 3.5m 以下的墙面	45	—

在地面或楼板内埋管时地板结构层厚度 h：公共建筑 $h \geqslant 90$mm，住宅 $h \geqslant 70$mm（不含地面层及找平层）。必须将盘管完全埋设在混凝土层内，管间距为 100～350mm，盘管上部应有厚度不小于 50mm 的覆盖层，覆盖层不宜过薄，否则人站在上面会有颤感。覆盖层应设伸缩缝，伸缩缝的设置间距与宽度应由计算确定，一般在面积超过 30m^2 或长度超过 6m 时，宜设置间距小于或等于 6m、宽度大于或等于 8mm 的伸缩缝；面积较大时，伸缩缝的间距可适当增大，但不宜超过 10m；伸缩缝宜从绝热层上边缘做到填充层的上边缘。加热管穿过伸缩缝时，应设长度不小于 100mm 的柔性套管，缝槽内填满弹性膨胀膏。加热管及其覆盖层与外墙、楼板结构层间应设绝热层。绝热层一般采用聚苯乙烯泡沫板，厚度不宜小于 25mm。供暖绝热层敷设在土壤上时，绝热层下应做防潮层，以保证绝热层不致被水分侵蚀。

在潮湿房间（如卫生间、厨房等）敷设盘管时，加热盘管覆盖层上应做防水层。热水地板辐射供暖系统如图 3-5 所示。

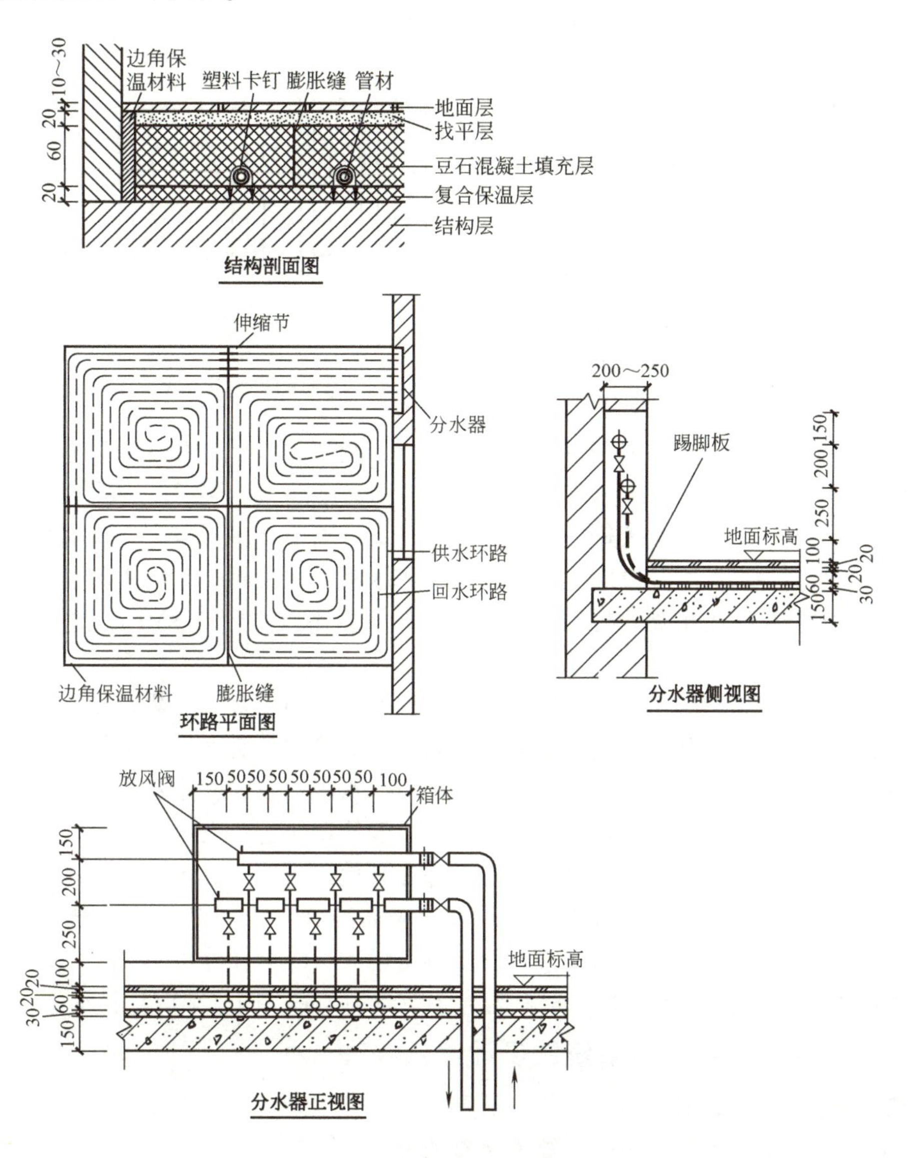

图 3-5　热水地板辐射供暖系统结构

地板辐射供暖系统比较常用的加热盘管布置形式有三种：直列式、旋转式、往复式，如图 3-6 所示。直列式最为简单，但其板面温度随着水的流动逐渐降低，首尾部温差较大，板面温度场不均匀。旋转式和往复式虽然铺设复杂，但板面温度场均匀，高、低温管间隔布置，供暖效果较好。系统形式应根据房间的具体情况选择，也可混合使用。为了使每个分支环路的阻力损失易于平衡，较小房间可几个房间合用一个环路，较大房间可以一个房间布置几个环路。每个环路加热管的进出水口，应分别与分水器、集水器相连。分水器、集水器内径不应小于总供回水管内径，一般不小于 25mm，且分水器、集水器分支环路不宜多于 8 路，每个分支环路供回水管上均应设置可关断阀门。在分水器的总进水管与集水器的总出水管之间，宜设置旁通管，旁通管上应设置阀门。分水器、集水器上均应设置手动排气阀。住宅的各主要房间，宜分别设置分支环路。不同标高的房间地面，不宜共用一个环路。一般应控制每个环路的长度在60～80m之间，最长不超过120m。

低温热水地板辐射供暖系统的供回水温度应计算确定，民用建筑的供水温度不应超过60℃，热水地面辐射供暖系统供水温度宜采用35～45℃。供回水温差不宜大于10℃，且不宜小于5℃。在地面内设置盘管时，当所有的面层施工完毕后，应让其自然干燥，两星期内不得向盘管供热。系统第一次启动时，供水温度不应高于当时的室外气温加11℃，且最高不得高于32℃。在这个温度下，让热媒循环两天，然后每日升温3℃，直至60℃为止。

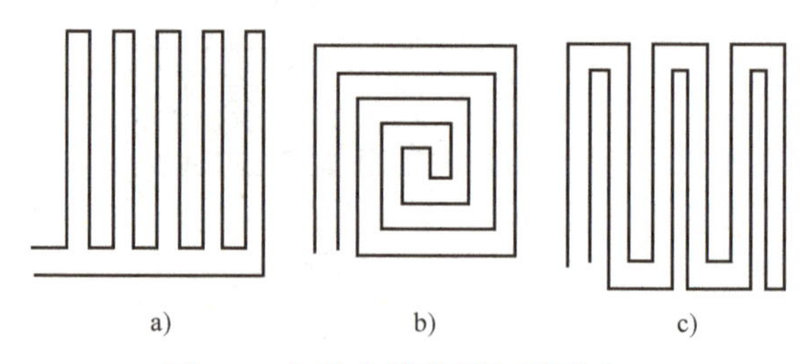

图3-6 加热盘管常用布置形式

a）直列式 b）旋转式 c）往复式

低温热水地板辐射供暖系统每一集配装置的分支环路不宜多于8个，住宅每户至少应设置一套集配装置。分水器前应设阀门及过滤器，集水器后应设阀门，集水器、分水器上应设放气阀，系统配件应采用耐腐蚀材料。系统的工作压力不宜大于0.8MPa；超过时应采取相应的措施。

地板辐射供暖加热管的材质和壁厚，应按工程要求的使用寿命、累计使用时间以及系统的运行水温、工作压力等条件确定。现阶段使用较多的管材是交联聚乙烯管，这种管材具有耐腐蚀、抗老化、成本低、地下无接口、不易结垢、水阻力及膨胀系数小等优点，采用交联管可以满足技术要求，不需使用价格更高的管材，能使系统造价大为降低。

低温辐射供暖在建筑物美观和舒适感方面都比其他供暖形式优越，但建筑物表面辐射温度受到限制，其表面温度应采用较低值，地面的表面温度为25～27℃。系统中加热管埋设在建筑结构内部，使建筑结构变得复杂，施工难度增大，维护检修也不方便。地板供暖结构层承受的荷载应小于或等于2000kg/m^2；若大于2000kg/m^2，则应采取相关措施。

三、低温热水地板辐射供暖系统的设计计算方法

1. 热负荷的计算方法

全面辐射供暖的热负荷常用的计算方法有两种。

（1）修正系数法

$$Q_f = \varphi Q_d \tag{3-7}$$

式中 Q_f——辐射供暖热负荷（W）；

Q_d——对流供暖热负荷（W），参见项目一的计算方法；

φ——修正系数，低温辐射供暖系统 $\varphi=0.9\sim0.95$（寒冷地区取0.9，严寒地区取0.95）。

（2）降低室内温度法 该方法将室内计算温度取值降低2℃后按项目一对流供暖热负荷的计算方法进行计算。

局部辐射供暖的热负荷，可按整个房间全面辐射供暖的热负荷乘以该区域面积与所在房

间面积的比值，再乘以表3-6中所规定的附加系数确定（局部供暖的面积与房间总面积的比值大于0.75时，按全面供暖热负荷的计算方法进行计算）。

表3-6　局部辐射供暖热负荷附加系数

供暖区面积与房间总面积比值	0.55	0.4	0.25
附加系数	1.30	1.35	1.5

应注意：低温辐射供暖热负荷计算中不计算地面的热损失。

2. 设计时注意事项

1）低温辐射供暖的各项热损失应计算确定，且应考虑室内设备、家具及地面覆盖物等对有效散热量的折减。当人均居住面积较小，家具所占面积相对较大时，可采用以下两种方法：室内均匀布置加热管，但在计算有效散热量时，应对面积乘以小于1.0的系数；加热管尽量布置在通道及有门的墙面等处，通常不布置在有设备、家具的地方。

2）同热水供暖系统一样，低温辐射供暖系统也要求有适宜的水温和足够的流量，管网设计时系统阻力应计算确定，不要出现管路过长或流速过快而使系统阻力超过系统供水压力或单元式热水机组水泵扬程的现象。同一集配装置的每个环路加热管长度应尽量接近，每个环路的阻力不宜超过30kPa。各并联环路应达到阻力平衡，推荐采用同程式布置形式。

3）注意防止空气窜入系统，加热盘管中应保持一定的流速，管内热水流速不应小于0.25m/s，一般为0.25～0.5m/s，以防空气聚积，形成气塞。

4）不要在平顶内装置排气设施。

单元三　热水供暖系统的附属设备

一、膨胀水箱

膨胀水箱的作用是容纳水受热膨胀而增加的体积。在自然循环上供下回式热水供暖系统中，膨胀水箱连接在供水总立管的最高处，具有排除系统内空气的作用；在机械循环上供下回式热水供暖系统中，膨胀水箱连接在回水干管循环水泵入口前，可以恒定循环水泵入口压力，保证供暖系统压力稳定。膨胀水箱一般安装在屋顶小室或闷顶内。

1. 膨胀水箱的构造

膨胀水箱有圆形和矩形两种形式。膨胀水箱上接有膨胀管、循环管、信号管（检查管）、溢流管和排水管。图3-7所示是方形膨胀水箱的构造与配管图，图3-8所示是膨胀水箱与机械循环系统的连接方式图。

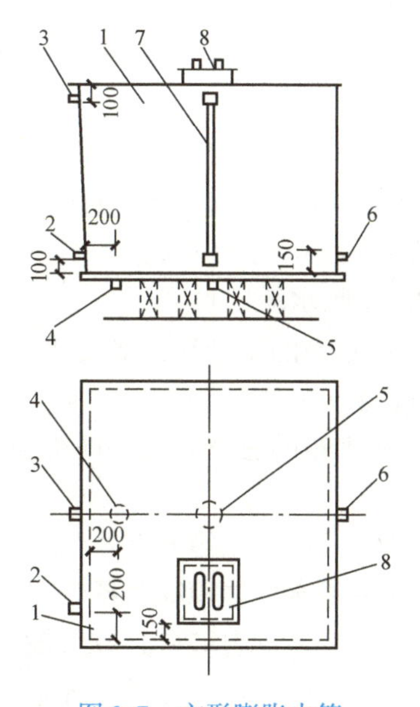

图3-7　方形膨胀水箱

1—箱体　2—循环管　3—溢流管　4—排水管　5—膨胀管　6—信号管　7—水位计　8—人孔

（1）膨胀管　膨胀水箱设在系统的最高处，系统的膨胀水量通过膨胀管进入膨胀水箱。自然循环

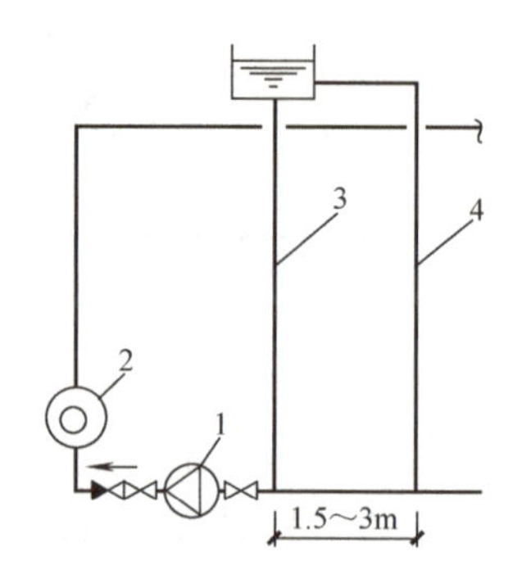

图 3-8 膨胀水箱与机械循环系统的连接方式
1—循环水泵 2—热水锅炉 3—膨胀管 4—循环管

系统膨胀管接在供水总立管的上部；机械循环系统膨胀管接在回水干管循环水泵入口前，如图 3-8 所示。膨胀管上不允许设置阀门，以免偶然关断使系统内压力增高，以致发生事故。

（2）循环管 当膨胀水箱设在不供暖的房间内时，为了防止水箱内的水冻结，膨胀水箱需设置循环管。机械循环系统循环管接至定压点前的水平回水干管上，如图 3-8 所示。连接点与定压点之间应保持 1.5~3m 的距离，使热水能缓慢地在循环管、膨胀管和水箱之间流动。自然循环系统循环管接到供水干管上，与膨胀管也应有一段距离，以维持水的缓慢流动。

循环管上不允许设置阀门，以免水箱内的水冻结；如果膨胀水箱设在非供暖房间，水箱及膨胀管、循环管、信号管均应作保温处理。

（3）溢流管 溢流管的作用是控制系统的最高水位。当水的膨胀体积超过溢流管口时，水溢出，就近排入排水设施中。溢流管上不允许设置阀门，以免偶然关断，水从人孔处溢出。溢流管也可用来排空气。

（4）信号管（检查管） 信号管的作用是检查膨胀水箱水位，决定系统是否需要补水。信号管控制系统的最低水位，应接至锅炉房内或人们容易观察的地方，信号管末端应设置阀门。

（5）排水管 清洗、检修时放空水箱用，可与溢流管一起就近接入排水设施中，其上应安装阀门。

如需要通过膨胀水箱补充系统的漏水，可同时设置装有浮球阀的补给水箱与膨胀水箱连通，并应在连接管上安装止回阀。此外，也可以通过装在膨胀水箱内的电阻式水位传示装置的一次仪表传出信号，在锅炉房内部起动补水泵补水，或使膨胀水箱与补给水泵连锁，自动补水。

水箱间的高度应为 2.2~2.6m，应有良好的采光和通风条件。水箱与墙面的最小距离无配管侧为 0.3m，有配管侧为 0.7~1.0m，水箱外表面间净距为 0.7m，水箱距建筑结构最低点的距离应不小于 0.6m。

2. 膨胀水箱的计算

膨胀水箱的型号和规格尺寸，可根据膨胀水箱的有效容积按《全国通用建筑标准图集》T905 选择。

膨胀水箱的有效容积（即检查管至溢流管之间的容积）的计算公式为

$$V=\alpha\Delta t_{\max}V_{c}Q \tag{3-8}$$

式中 V——膨胀水箱的有效容积（L）；

α——水的体积膨胀系数（℃$^{-1}$），一般取 $\alpha=0.0006$℃$^{-1}$；

$\Delta t_{\max}$——系统内水温的最大波动值，对于低温热水供暖系统，系统给水水温最小值取 $t_{\min}=20$℃，系统水温最大值取 $t_{\max}=95$℃，因此 $\Delta t_{\max}=75$℃；

V_{c}——每供给 1kW 热量所需设备的水容量，L/kW，见表 3-7；

Q——供暖系统的设计热负荷（kW）。

式（3-8）又可写成

$$V = 0.045 V_c Q \tag{3-9}$$

表 3-7　供暖系统各种设备供给 1kW 热量的水容量 V_c　　（单位：L）

供暖系统设备和附件		V_c	供暖系统设备和附件		V_c
锅炉设备	KZG1－8	4.7	散热器	四柱 813 型	7.5
	SHZ2－13A	4.0		二柱 M-132 型	10.7
	KZL4－13	3.0		四柱 760 型	7.8
	KZG1.5－8	4.1		柱翼 750 型	8.8
	KZFH2－8－1	4.0		柱翼 650 型	6.2
	KZZ4－13	3.0		管翼 750 型	7.1
	SZP6.5－13	2.0	管道系统	室内机械循环管路	7.8
散热器	长翼型（大 60）	16.6		室内自然循环管路	15.6
	长翼型（小 60）	17.2		室外机械循环管路	5.9

注：1. 本表部分摘自《实用供热空调设计手册》。
2. 该表按低温水热水供暖系统估算。
3. 室外管网与锅炉的水容量，最好按实际设计情况确定总水容量。

二、排气装置

如前文所述，自然循环和机械循环系统必须及时迅速地排除系统内的空气。只有自然循环系统、机械循环的双管下供下回式及倒流式系统可以通过膨胀水箱排空气，其他系统都应在供水干管末端设置集气罐或手动、自动排气阀排空气。

1. 集气罐

集气罐一般由直径 100～250mm 的钢管焊制而成，分为立式和卧式两种，如图 3-9 所示，规格尺寸见表 3-8。集气罐顶部连接 $DN15$ 的排气管，排气管应引至附近的排水设施处；排气管另一端装有阀门，排气阀应设在便于操作的位置。

表 3-8　集气罐规格尺寸

规格	型号				备注
	1	2	3	4	
D/mm	100	150	200	250	国标图
$H(L)$/mm	300	300	320	430	

集气罐一般设于系统供水干管末端的最高点处，供水干管应沿集气罐方向设上升坡度，以使管中水流方向与空气气泡的浮升方向一致，有利于空气汇集到集气罐的上部，定期打开排气阀排除。当系统充水时，应打开排气阀，直至有水从管中流出，方可关闭排气阀。系统运行期间，应定期打开排气阀排除空气。

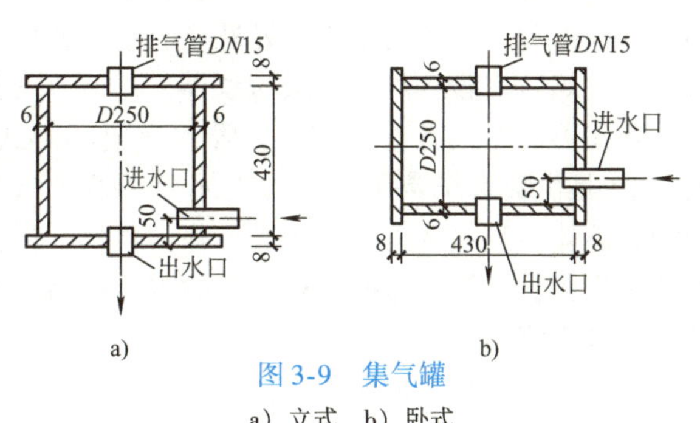

图 3-9　集气罐
a）立式　b）卧式

集气罐的规格尺寸可根据如下要求

选择。

1）集气罐有效容积应为膨胀水箱有效容积的1%。

2）集气罐的直径应大于或等于干管直径的1.5～2倍。

3）水在集气罐中的流速不应超过0.05m/s。

2. 自动排气阀

自动排气阀大多是依靠水对浮体的浮力通过自动阻气和排水机构，使排气孔自动打开或关闭，达到排气的目的。自动排气阀管理简便、节约能源、外形美观、体积小。

自动排气阀的种类很多，图3-10所示是立式自动排气阀。当阀内无空气时，阀体中的水将浮子浮起，通过杠杆机构将排气孔关闭，阻止水流通过。当系统内的空气经管道汇集到阀体上部空间时，空气将水面压下去，浮子随之下落，排气孔打开，自动排除系统内空气。空气排除后，水又将浮子浮起，排气孔重新关闭。

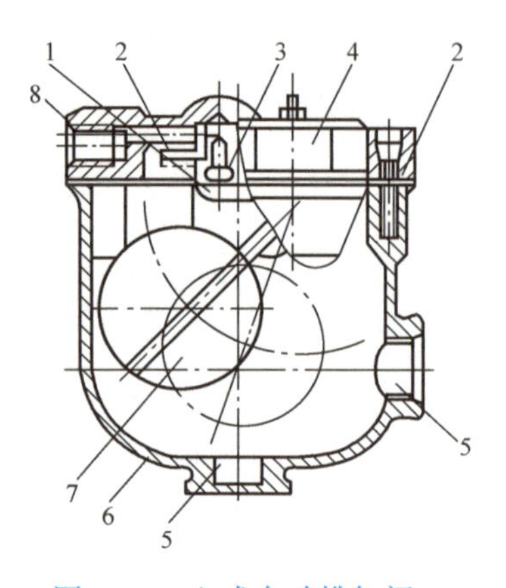

图3-10 立式自动排气阀

1—杠杆机构 2—垫片 3—阀堵 4—阀盖 5—接管 6—阀体 7—浮子 8—排气孔

设计时应注意：排气口可接管也可不接管，一般情况下可不接管，接管可用钢管也可用橡胶管，在排气管道上，不应装设阀门；为便于检修，自动排气阀与系统连接处应设闸阀，系统运行时应开启，同时为了确保排气阀正常工作，建议在排气阀前加设过滤器；自动排气阀应设于系统的最高处，对于热水供暖系统最好设于末端最高处。

3. 手动排气阀

手动排气阀（图3-11）适用于公称压力不大于600kPa，工作温度$t<100$℃的热水或蒸汽供暖系统的散热器上。手动排气阀多用在水平式和下供下回式系统中，旋紧在散热器上部专设的螺纹孔上，以手动方式排除空气。

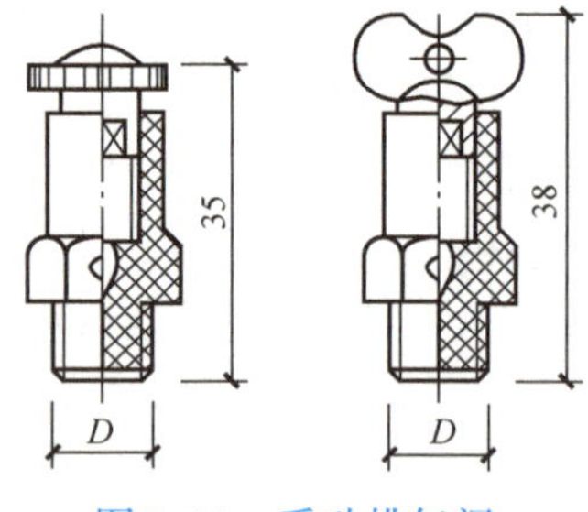

图3-11 手动排气阀

4. 除污器

除污器可用来截流、过滤管路中的杂质和污物，保证系统内水质洁净，减少阻力，防止堵塞调压板及管路。除污器一般应设置于供暖系统入口调压装置前、锅炉房循环水泵的吸入口前和热交换设备前，另外在一些小孔口的阀前（如自动排气阀）宜设置除污器或过滤器。

除污器的形式有立式直通、卧式直通和卧式角通三种。图3-12是供暖系统常用的立式直通除污器，该除污器是一种钢制筒体，当水从进水管2进入除污器时，因流速突然降低使水中污物沉淀到筒底，较洁净的水经带有大量过滤小孔的出水管3流出。

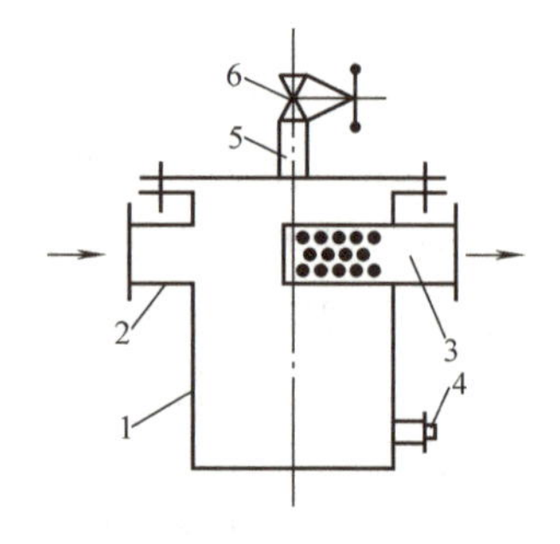

图3-12 立式直通除污器

1—外壳 2—进水管 3—出水管 4—排污管 5—放气管 6—截止阀

除污器的型号可根据接管直径选择。除污器前后应装设阀门，并设旁通管供定期排污和检修使用，除污器不允许装反。

5. 调压板

当外网压力超过用户的允许压力时，可设置调压板来减小建筑物入口供水干管上的压力。

对调压板的材质，蒸汽供暖系统只能采用不锈钢，热水供暖系统可以采用铝合金和不锈钢。

调压板用于压力 $p<1000\text{kPa}$ 的系统中。选择调压板时，孔口直径不应小于 3mm，且调压板前应设置除污器或过滤器，以免杂质堵塞调压板孔口。调压板的厚度一般为 2～3mm，安装在两个法兰之间，如图 3-13 所示。

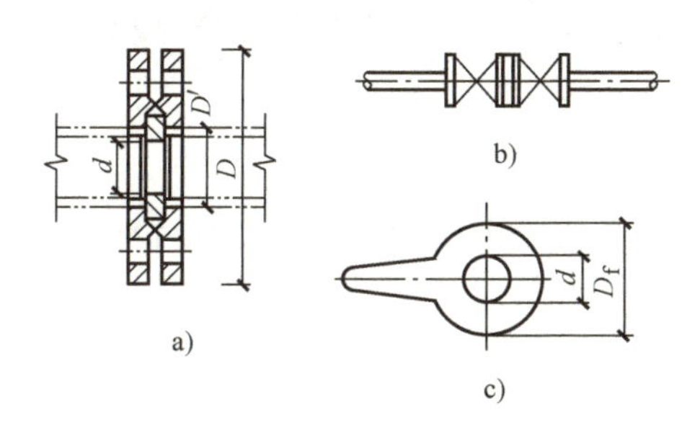

图 3-13 调压板制作安装图

a）调压板装配图 b）调压板安装图 c）调压板制作图

调压板的孔径可按下式计算。

$$d=20.1\times\sqrt[4]{\frac{G^2}{\Delta p}} \tag{3-10}$$

式中 d——调压板的孔径（mm）；

G——热媒流量（m^3/h）；

Δp——调压板前后压差（kPa）。

调压板孔径较小时，容易堵塞，且调压板孔径不能随意调节，因此调节管路中的压力时，可采用手动式调节阀门；调节阀门阀杆的启升程度，就能调节消除剩余压头，并对流量进行控制。此外，也可装置自控型的流量调节器，消除剩余压头，保证用户流量。

项目四　室内热水供暖系统的水力计算

室内热水供暖系统通过进行水力计算可以确定系统中各管段的管径，使进入各管段的流量和进入散热器的流量符合要求，进而确定各管路系统的阻力损失。水力计算应在确定系统形式、管路布置及散热器选择计算后进行。水力计算是供暖系统设计计算的重要组成部分，也是设计中的一个难点。

单元一　热水供暖系统管路水力计算的基本原理

一、管路水力计算的基本公式

根据流体力学理论，流体在管路中流动时，要克服流动阻力产生能量损失，能量损失有沿程压力损失和局部压力损失两种形式。

沿程压力损失是由于管壁的粗糙度和流体黏滞性的共同影响，在管段全长上产生的损失。

局部压力损失是流体通过局部构件（如三通、阀门等）时，由于流动方向和流速分布迅速改变而引起的损失。

1. 沿程压力损失

沿程压力损失可用下式计算。

$$p_y = \lambda \frac{L}{d}\frac{\rho v^2}{2} \tag{4-1}$$

单位长度的沿程压力损失，即比摩阻 R 的计算公式为

$$R = \frac{p_y}{L} = \frac{\lambda}{d}\frac{\rho v^2}{2} \tag{4-2}$$

式中　R——比摩阻（Pa/m）；

p_y——沿程压力损失（Pa）；

L——管段的长度（m）；

λ——沿程阻力系数；

d——管径（m）；

ρ——流体的密度（kg/m^3）；

v——管中流体的速度（m/s）。

实际工程计算中，往往已知流量，则式（4-2）中的流速 v 可以用质量流量 G 表示，即

$$v = \frac{G}{\dfrac{3600 \times \pi d^2 \rho}{4}} = \frac{G}{900\pi d^2 \rho} \tag{4-3}$$

式中　G——管道中水的质量流量（kg/h）。

将式（4-3）代入式（4-2）中，经整理后可得

$$R=6.25\times10^{-8}\frac{\lambda}{\rho}\frac{G^2}{d^5} \tag{4-4}$$

应用式（4-4）时应首先确定沿程阻力系数 λ。λ 与热媒的流动状态和管壁的粗糙度有关，即

$$\lambda=f(Re,k/d)$$

计算沿程阻力系数 λ 值时，可以应用流体力学理论将流体按流动状态分成几个区域，用经验公式分别确定每个区域的沿程阻力系数 λ。

（1）层流区　当 $Re\leqslant2300$ 时，流体处于层流区，沿程阻力系数 λ 是雷诺数 Re 的函数，即

$$\lambda=f(Re)$$

沿程阻力系数 $\lambda=64/Re$。

热水供暖系统由于流速较高，管径较大，因此流体很少处于层流状态，仅在自然循环热水供暖系统中，个别管径很小（$d=15$mm）、流速很小的管段中，才会出现层流状态。

（2）紊流区　当 $Re>2300$ 时，流体处于紊流区，紊流区又可分为以下三种区域。

1）紊流光滑区。当管中流速 $v\leqslant11$（ν/K）时，流体处于紊流光滑区。其中，ν 为流体的运动黏滞系数（m^2/s）；K 为管壁的绝对粗糙度（m）。

λ 值只与 Re 有关，与 K/d 无关。管壁的绝对粗糙度 K 与管道的使用状况（流体对管壁的腐蚀和沉积水垢等状况）和管道的使用时间等因素有关。对于热水供暖系统，推荐采用下列数值。

室内热水供暖管路，$K=0.2$mm；室外热水网路，$K=0.5$mm。

对于目前热计量系统常用的塑料管材，内壁比较光滑，一般可采用 $K=0.05$mm。

紊流光滑区可用布拉修斯公式确定 λ，即

$$\lambda=\frac{0.3164}{Re^{0.25}}$$

2）紊流过渡区。当管中流速 $11(\nu/K)<v\leqslant445(\nu/K)$ 时，流体处于紊流过渡区，λ 值不仅与 Re 有关，还与 K/d 有关，可用洛巴耶夫公式计算，即

$$\lambda=\frac{1.42}{\left(\lg Re\frac{d}{K}\right)^2}$$

3）紊流粗糙区，又叫阻力平方区。当管中流速 $v>445$（ν/K）时，流体处于紊流粗糙区，λ 值仅与 K/d 有关，可用尼古拉兹公式计算，即

$$\lambda=\frac{1}{\left(1.14+2\lg\frac{d}{K}\right)^2}$$

当管径大于或等于 40mm 时，也可以用简单的西夫林松公式确定紊流粗糙区的 λ 值，即

$$\lambda=0.11\left(\frac{K}{d}\right)^{0.25}$$

此外还有适合于整个紊流区的阿里特苏里公式和柯列勃洛克公式，即

$$\frac{1}{\sqrt{\lambda}}=-2\lg\left(\frac{2.51}{Re\sqrt{\lambda}}+\frac{\frac{K}{d}}{3.72}\right)$$

$$\lambda = 0.11\left(\frac{K}{d}+\frac{68}{Re}\right)^{0.25}$$

在设计热水供暖系统时，会发现室内热水供暖系统的流体几乎都处于紊流过渡区，室外热水供暖系统的流体大多处于紊流粗糙区。

如果水温和流动状态一定，就可以利用相应公式计算室内外热水管路沿程阻力系数 λ。将 λ 值代入式（4-4）中，因为 λ 值和 ρ 值均为定值，公式确定的就是 $R=f(G,\ d)$ 的函数关系式。只要已知三个参数中的任意两个，就可以求出第三个参数。

附录 11 就是按式（4-4）编制的室内热水供暖系统管道水力计算表。

查表确定比摩阻 R 后，该管段的沿程压力损失 $p_y=RL$（L 为管段长度）。

2. 局部压力损失

局部压力损失可按下式计算。

$$p_j=\Sigma\xi\frac{\rho v^2}{2} \tag{4-5}$$

式中 $\Sigma\xi$——管段的局部阻力系数之和，见附录 12；

$\frac{\rho v^2}{2}$——$\Sigma\xi=1$ 时的局部压力损失（Pa），也可以用 Δp_d 表示，见附录 13。

3. 总损失

任何一个热水供暖系统都是由很多串联、并联的管段组成，通常将流量和管径不变的一个管段称为一个计算管段。

各个计算管段的总压力损失 Δp 应等于沿程压力损失 p_y 与局部压力损失 p_j 之和，即

$$\Delta p=p_y+p_j=RL+\Sigma\xi\frac{\rho v^2}{2}$$

二、当量阻力法

当量阻力法是在实际工程中为了简化计算，将管段的沿程压力损失折算成相当的局部压力损失的一种方法。也就是假设某一管段的沿程损失恰好相当于某一局部构件处的局部损失，即

$$\lambda\frac{L}{d}\frac{\rho v^2}{2}=\xi_d\frac{\rho v^2}{2}$$

$$\xi_d=\frac{\lambda}{d}L \tag{4-6}$$

式中 ξ_d——当量局部阻力系数。

计算管段的总压力损失 Δp 可写成

$$\Delta p=p_y+p_j=\xi_d\frac{\rho v^2}{2}+\Sigma\xi\frac{\rho v^2}{2}=(\xi_d+\Sigma\xi)\frac{\rho v^2}{2} \tag{4-7}$$

令

$$\xi_{zh}=\xi_d+\Sigma\xi \tag{4-8}$$

式中 ξ_{zh}——管段的折算阻力系数。

则

$$\Delta p=\xi_{zh}\frac{\rho v^2}{2} \tag{4-9}$$

将式（4-3）代入式（4-9）中，则有

$$\Delta p = \xi_{zh}\frac{1}{900^2\pi^2 d^4 2\rho}G^2 \tag{4-10}$$

设

$$A = \frac{1}{900^2\pi^2 d^4 2\rho} \tag{4-11}$$

则管段的总压力损失

$$\Delta p = A\xi_{zh}G^2 \tag{4-12}$$

附录 14 给出了各种不同管径的 λ/d 值和 A 值。

附录 15 给出了按式（4-12）编制的水力计算表。

垂直单管顺流式系统，立管与干管、支管，支管与散热器的连接方式，已规定出了标准连接图式。为了简化立管的水力计算，可以将由许多管段组成的立管看作一个计算管段。

附录 16 给出了单管顺流式热水供暖系统立管组合部件的 ξ_{zh} 值。

附录 17 给出了单管顺流式热水供暖系统立管的 ξ_{zh} 值。

三、当量长度法

当量长度法是将局部压力损失折算成沿程压力损失的一种简化计算方法，也就是假设某一个管段的局部压力损失恰好等于长度为 L_d 的某管段的沿程压力损失，即

$$\Sigma\xi\frac{\rho v^2}{2} = \frac{\lambda}{d}L_d\frac{\rho v^2}{2} \tag{4-13}$$

$$L_d = \Sigma\xi\frac{d}{\lambda}$$

式中　L_d——管段中局部阻力的当量长度（m）。

管段的总压力损失可写成

$$\Delta p = p_y + p_j = RL + RL_d = RL_{zh} \tag{4-14}$$

式中　L_{zh}——管段的折算长度（m）。

当量长度法多用于室外热力网路的水力计算上。

单元二　室内热水供暖系统水力计算的任务和方法

一、室内热水供暖系统水力计算的任务

1）已知各管段的流量和系统的循环作用压力，确定各管段管径。这是实际工程设计的主要内容。

2）已知各管段流量和管径，确定系统所需循环作用压力。常用于校核计算，校核循环水泵扬程是否满足要求。

3）已知各管段管径和该管段的允许压降，确定该管段的流量。常用于校核已有的热水供暖系统各管段的流量是否满足需要。

二、供暖系统水力计算的方法

供暖系统水力计算的方法有等温降法和不等温降法两种。

等温降法就是采用相同的设计温降进行水力计算的一种方法。该方法认为，双管系统每组散热器的水温降相同，如低温双管热水供暖系统，每组散热器的水温降都为

(95－70)℃＝25℃；单管系统每根立管的供回水温降相同，如低温单管热水供暖系统，每根立管的水温降都为(95－70)℃＝25℃。在这个前提下计算各管段流量，进而确定各管段管径。等温降法简便、易于计算，但不易使各并联环路阻力达到平衡，运行时易出现近热远冷的水平失调问题。

不等温降法在计算垂直单管系统时，将各立管温降采用不同的数值。它是在选定管径后，根据压力损失平衡的要求，计算各立管流量，再根据流量计算立管的实际温降，最后确定散热器的面积。不等温降法有可能在设计角度上解决系统的水平失调问题，但计算过程比较复杂。

1. 等温降法的计算步骤

1）根据已知温降，计算各管段流量。

$$G=\frac{3600Q}{4.187\times10^{3}\ (t'_{g}-t'_{h})}=\frac{0.86Q}{t'_{g}-t'_{h}} \tag{4-15}$$

式中 G——各计算管段流量（kg/h）；

Q——各计算管段的热负荷（W）；

t'_g——系统的设计供水温度（℃）；

t'_h——系统的设计回水温度（℃）。

2）根据系统的循环作用压力，确定最不利环路的平均比摩阻 R_{pj}。

$$R_{pj}=\frac{\alpha\Delta p}{\Sigma L} \tag{4-16}$$

式中 R_{pj}——最不利循环环路的平均比摩阻（Pa/m）；

α——沿程压力损失占总压力损失的估计百分数，可查附录 18 确定；

Δp——最不利循环环路的循环作用压力（Pa）；

ΣL——环路的总长度（m）。

如果系统的循环作用压力暂时无法确定，平均比摩阻 R_{pj} 也就无法计算，这时可选用一个比较合适的平均比摩阻 R_{pj} 来确定管径。选用的比摩阻 R_{pj} 值越大，需要的管径越小，这虽然会降低系统的基建投资和热损失，但系统循环水泵的投资和运行电耗会随之增加。这就需要确定一个经济的比摩阻，使得在规定的计算年限内总费用为最小。机械循环热水供暖系统推荐选用的经济平均比摩阻 R_{pj} 一般为 60～120Pa/m。

3）根据经济平均比摩阻 R_{pj} 和各管段流量 G，查附录 11 选出最接近的管径 d，确定该管径下管段的实际比摩阻 R_{sh} 和实际流速 v_{sh}。

4）计算确定各管段的沿程压力损失 p_y。

5）确定各管段的局部阻力系数 $\Sigma\xi$，计算确定各管段的局部压力损失 p_j。

6）确定系统总的压力损失 Δp。

7）流速的要求。根据比摩阻确定管径时，应注意管中的流速不能超过规定的最大允许流速，流速过大流体在管中流动时会产生噪声。《民用建筑供暖通风与空气调节设计规范》(GB 50736—2012）规定的最大允许流速：民用建筑为 1.2m/s；生产厂房的辅助建筑为 2m/s；生产厂房为 3m/s。

2. 应用等温降法计算时的注意事项

1）如果系统未知循环作用压力，可在计算出的总压力损失基础上附加 10% 确定必需的循环作用压力。

2）各并联循环环路应尽量做到阻力平衡，以保证各环路分配的流量符合设计要求。

3）散热器的进流系数，在单管顺流式热水供暖系统中，如图4-1所示，两组散热器并联在立管上，立管流量经三通分配至各组散热器。流进散热器的流量 G_i 与立管流量 G_L 的比值，称为该组散热器进流系数，即

$$\alpha=\frac{G_i}{G_L} \tag{4-17}$$

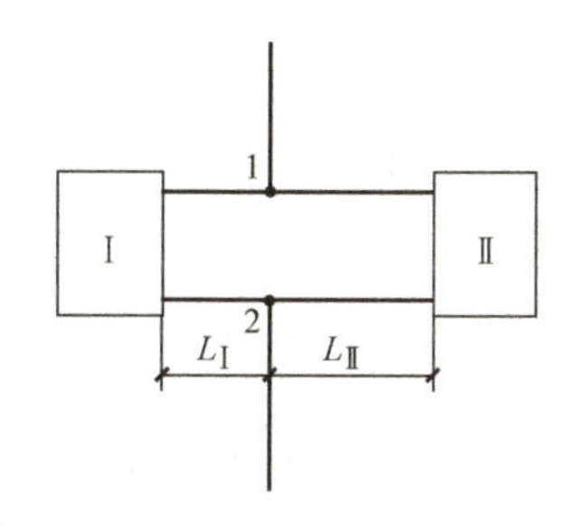

图4-1 顺流式系统散热器节点
1、2—散热器并联节点 Ⅰ、Ⅱ—散热器

影响散热器进流系数的因素有以下两个。

① 并联环路在节点压力平衡状况下的流量分配规律取决于两侧散热器的支管管径、长度和局部阻力系数。

② 由于并联散热器的热负荷不同，致使散热器内热媒平均温度不同，从而产生自然循环附加压力。

在机械循环热水供暖系统中，由于各散热器并联环路的压力损失较大，比摩阻 R 值较高，因此可以忽略自然循环附加压力的影响，按照节点压力平衡的规律，近似地认为顺流式立管两侧散热器小环路的压力损失相等，从而确定散热器的进流系数 α。

如图4-1中

$$R_{I}L_{I}+p_{jI}=R_{II}L_{II}+p_{jII} \tag{4-18}$$

如果将局部损失用当量长度法折算成沿程损失，则

$$R_{I}(L_{I}+L_{dI})=R_{II}(L_{II}+L_{dII}) \tag{4-19}$$

由式（4-4）可知

$$R=6.25\times10^{-8}\frac{\lambda}{\rho}\frac{G^2}{d^5}$$

设两侧支管管径 $d_{I}=d_{II}$，而且认为流动时沿程阻力系数 λ 近似相等，则 R 与 G^2 成正比。

式（4-19）可写成

$$G_{I}^2(L_{I}+L_{dI})=G_{II}^2(L_{II}+L_{dII}) \tag{4-20}$$

$$\frac{L_{I}+L_{dI}}{L_{II}+L_{dII}}=\frac{G_{II}^2}{G_{I}^2}=\frac{(G_L-G_{I})^2}{G_{I}^2}$$

则散热器Ⅰ的进流系数

$$\alpha_{I}=\frac{G_{I}}{G_L}=\frac{1}{1+\sqrt{\dfrac{L_{I}+L_{dI}}{L_{II}+L_{dII}}}} \tag{4-21}$$

式中 L_{I}、L_{II}——散热器Ⅰ、Ⅱ的支管长度（m）；

L_{dI}、L_{dII}——散热器Ⅰ、Ⅱ局部阻力的当量长度（m）；

G_{I}、G_{II}——流入散热器Ⅰ、Ⅱ的流量（kg/h）；

G_L——立管流量（kg/h）。

在垂直顺流式热水供暖系统中，当散热器单侧连接时，进流系数 $\alpha=1$；当散热器双侧连接时，如果两侧散热器支管管径、长度、局部阻力系数都相等，则进流系数 $\alpha=0.5$；如

果散热器支管管径、长度、局部阻力系数不相等，则进入散热器 I 的流量为

$$G_{\mathrm{I}}=\alpha_{\mathrm{I}} G_{\mathrm{L}} \tag{4-22}$$

进入散热器 II 的流量为

$$G_{\mathrm{II}}=(1-\alpha_{\mathrm{I}}) G_{\mathrm{L}} \tag{4-23}$$

通过试验和式（4-21）计算可知，当 $1<\dfrac{L_{\mathrm{I}}+L_{\mathrm{dI}}}{L_{\mathrm{II}}+L_{\mathrm{dII}}}<1.4$ 时，散热器I的进流系数 $0.46<\alpha_{\mathrm{I}}<0.5$，近似可取 $\alpha_{\mathrm{I}}=0.5$，否则应通过式（4-21）计算散热器的进流系数 α。

为了简化计算，单管顺流式系统在不同组合情况下的进流系数，可查图 4-2 确定。

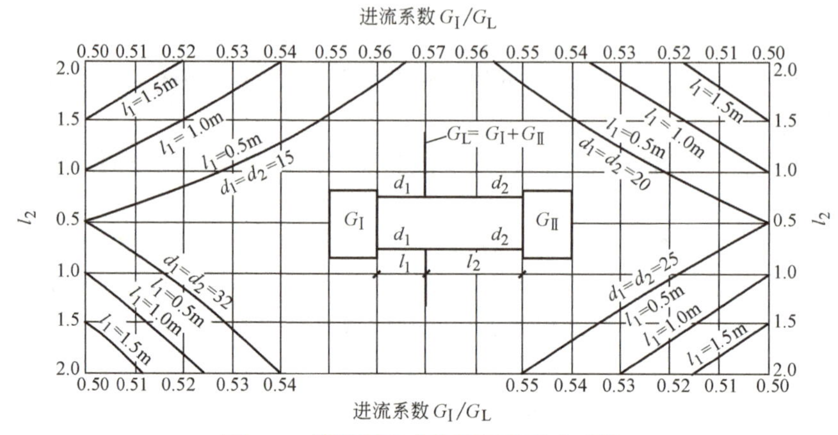

图 4-2 单管顺流式散热器的进流系数

跨越式热水供暖系统中，一部分流体直接经跨越管流入下层散热器，散热器的进流系数 α 取决于散热器支管、立管、跨越管管径的组合情况和立管中的流量、流速情况，可通过试验方法确定。

图 4-3 是跨越式系统中散热器进流系数的曲线图。

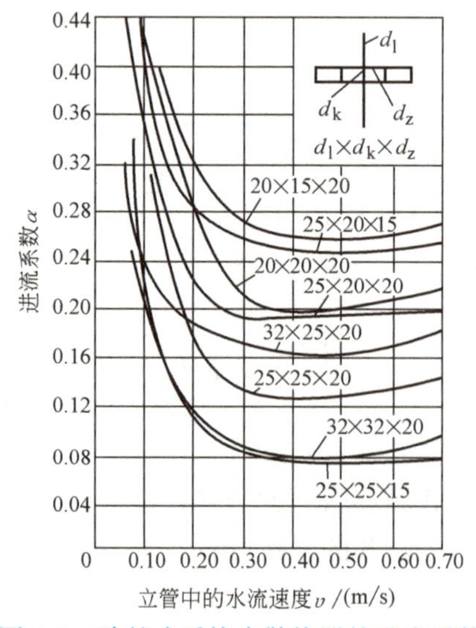

图 4-3 跨越式系统中散热器的进流系数

单元三 室内热水供暖系统等温降法水力计算

一、自然循环热水供暖系统水力计算

［例4-1］ 图4-4为自然循环双管异程式热水供暖系统两大并联环路的右侧环路。热媒参数为：供水温度 $t_g'=95℃$，回水温度 $t_h'=70℃$。锅炉中心距底层散热器中心的距离为3m，建筑物层高为3m。每组散热器的供水支管上设有一个截止阀。

图中已标出各组散热器的热负荷（W）和立管编号。圆圈内的数字表示管段号；管段号旁的上行数字表示该管段的热负荷（W），下行数字表示该管段的长度（m）。各管段的热负荷是根据节点流量变化的规律确定的。试进行各管段的水力计算。

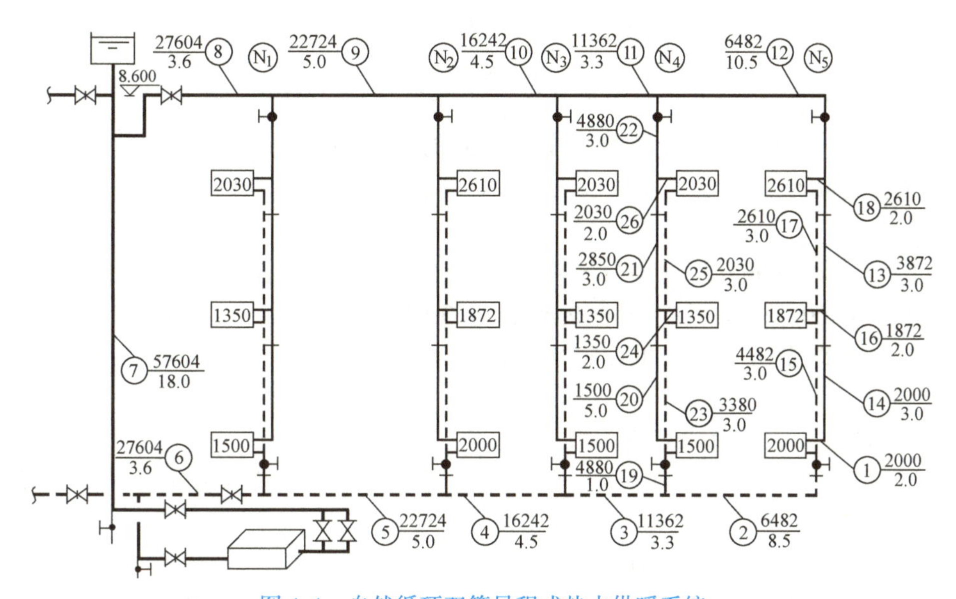

图4-4 自然循环双管异程式热水供暖系统

［解］ 1. 最不利循环环路的计算

（1）选择最不利循环环路 最不利循环环路是各并联环路中允许平均比摩阻最小的一个环路。对于图4-4所示的自然循环双管异程式系统，因所有立管上对应各层散热器的中心至锅炉中心的垂直距离都相等，所以最不利环路就是环路总长度最长的立管 N_5 第一层散热器环路。该环路包括①～⑭管段。

（2）确定立管 N_5 第一层散热器环路的综合作用压力 Δp_{zh1} 由式（2-9）确定最不利环路的综合作用压力。

$$\Delta p_{zh1}=\Delta p+\Delta p_f$$

最不利环路第一层散热器环路的作用压力 Δp，忽略管路中水温降，根据式(2-2)计算。

$$\Delta p=gH_1(\rho_h-\rho_g)$$

水在管路中冷却产生的附加压力 Δp_f。根据已知条件，三层楼房明装立管不保温，立管 N_5 至锅炉的水平距离在25～50m范围内，散热器中心至锅炉中心垂直高度小于15m，自总立管至计算立管之间的水平距离在20～30m的范围内。查附录8可知，最不利循环环路水冷却产生的附加压力 $\Delta p_f=300\text{Pa}$。

根据供回水温度，查附录 19，得 $\rho_h=977.81\text{kg/m}^3$，$\rho_g=961.92\text{kg/m}^3$。因此最不利环路立管 N_5 第一层散热器环路的综合作用压力为

$$\Delta p_{zh1}=[9.81\times3\times(977.81-961.92)+300]\text{Pa}=767.64\text{Pa}$$

(3) 确定立管 N_5 第一层散热器环路的平均比摩阻　根据式 (4-16)，最不利循环环路的平均比摩阻

$$R_{pj}=\frac{\alpha\Delta p}{\Sigma L}$$

最不利环路的总长度 $\Sigma L=77.8\text{m}$。查附录 18 可知，自然循环热水供暖系统沿程损失占总损失的百分数 $\alpha=50\%$。因此，$R_{pj}=\dfrac{0.5\times767.64}{77.8}\text{Pa/m}\approx4.93\text{Pa/m}$。

(4) 管段流量 G 的确定　由式 (4-15)，计算各管段流量。

管段①：热负荷 $Q=2000\text{W}$，流量 $G=\dfrac{0.86\times2000}{95-70}\text{kg/h}=68.80\text{kg/h}$。

依次计算并将最不利环路①～⑭管段的流量列入表 4-1 中。

(5) 管径的确定　根据各管段流量 G 和平均比摩阻 R_{pj}，查附录 11 确定接近 R_{pj} 的管径。

管段①：$G=68.80\text{kg/h}$，选用管径 $DN20$。当 $G=68.00\text{kg/h}$ 时，$R=3.66\text{Pa/m}$，$v=0.05\text{m/s}$；$G=70.00\text{kg/h}$ 时，$R=3.85\text{Pa/m}$，$v=0.06\text{m/s}$。

用内差法求得当 $G=68.80\text{kg/h}$ 时，实际比摩阻 $R_{sh}=3.74\text{Pa/m}$，实际流速 $v_{sh}=0.05\text{m/s}$。

最不利环路其他管段的计算结果见表 4-1。

(6) 确定各管段的沿程压力损失　沿程压力损失 $p_y=RL$，各管段的沿程压力损失值见表 4-1。

(7) 确定各管段的局部压力损失

1) 列出各管段的局部阻力名称，查附录 12 确定各管段的局部阻力系数，列于表 4-2 中。应注意，统计局部阻力时，应将三通和四通管件的局部阻力列于流量较小的管段上。

2) 根据各管段流速 v，查附录 13 确定动压头 $\dfrac{\rho v^2}{2}$，列入表 4-1 中。

3) 计算局部压力损失。根据式 (4-5) 计算各管段局部压力损失，列于表 4-1 中。

(8) 求最不利环路各管段的总压力损失　根据　$\Delta p=p_y+p_j$

计算各管段的压力损失，填入表 4-1 中。

(9) 求最不利环路的总压力损失

$$\Sigma(p_y+p_j)_{①\sim⑭}=713.63\text{Pa}$$

(10) 计算储备压力　根据阻力平衡的要求，作用压力应完全消耗在克服环路的总阻力上，但实际计算时，要求作用压力应留有 10% 左右的储备压力作为安全余量，用来考虑设计时未预计的阻力、施工误差和管道结垢等因素的影响。

储备压力可按下式计算。

$$\Delta=\frac{\Delta p_{zh}-\Sigma(p_y+p_j)_{①\sim⑭}}{\Delta p_{zh}}\times100\%$$

本例中储备压力

$$\Delta=\frac{767.64-713.63}{767.64}\times100\%\approx7.04\%$$

符合要求。

2. 立管 N_5 第二层散热器环路各管段的水力计算

1）确定立管 N_5 第二层散热器环路的综合作用压力 Δp_{zh2}。

$$\Delta p_{zh2}=gH_2(\rho_h-\rho_g)+\Delta p_f=[9.81\times6\times(977.81-961.92)+300]\text{Pa}\approx1235.29\text{Pa}$$

2）计算立管 N_5 第二层散热器环路的平均比摩阻。立管 N_5 第二层散热器环路由管段②~⑬、⑮、⑯组成，不包括共用管段，管段⑮、⑯与最不利环路的管段①、⑭是并联关系。根据阻力平衡的原则，管段⑮、⑯的资用压力为

$$\begin{aligned}\Delta p_{⑮、⑯}&=\Delta p_{zh2}-\Delta p_{zh1}+\Sigma(p_y+p_j)_{①、⑭}\\&=(1235.29-767.64+42.69)\text{Pa}\\&=510.34\text{Pa}\end{aligned}$$

管段⑮、⑯的长度为5m，平均比摩阻为

$$R_{pj}=\frac{\alpha\Delta p}{\Sigma L}=\frac{0.5\times510.34}{5}\text{Pa/m}\approx51.03\text{Pa/m}$$

3）计算管段⑮、⑯流量，确定各管段管径和相应的实际比摩阻 R_{sh}、实际流速 v_{sh}，计算结果见表4-1。

4）计算各管段沿程压力损失，计算结果见表4-1。

5）计算各管段局部压力损失，计算结果见表4-1。

6）计算管段⑮、⑯的总压力损失。

$$\Sigma(p_y+p_j)_{⑮、⑯}=440.53\text{Pa}$$

7）计算立管 N_5 第一层散热器环路与第二层散热器之间的不平衡率。《民用建筑供暖通风与空气调节设计规范》（GB 50736—2012）规定，异程式热水供暖系统各并联环路之间（不包括共用段）的计算压力损失相对差额不应大于15%。

管段⑮、⑯与最不利环路管段①、⑭之间的不平衡率为

$$\frac{\Delta p_{⑮、⑯}-\Sigma(p_y+p_j)_{⑮、⑯}}{\Delta p_{⑮、⑯}}=\frac{510.34-440.53}{510.34}\times100\%\approx13.68\%$$

符合要求。

3. 立管 N_5 第三层散热器环路各管段的水力计算

1）确定立管 N_5 第三层散热器环路的综合作用压力 Δp_{zh3}。

$$\Delta p_{zh3}=gH_3(\rho_h-\rho_g)+\Delta p_f=[9.81\times9\times(977.81-961.92)+300]\text{Pa}\approx1702.93\text{Pa}$$

2）计算立管 N_5 第三层散热器环路的平均比摩阻。立管 N_5 第三层散热器环路由管段②~⑫、⑮、⑰、⑱组成，不包括共用管段，管段⑮、⑰、⑱与最不利环路的管段①、⑬、⑭是并联关系。根据阻力平衡的原则，管段⑰、⑱的资用压力为

$$\begin{aligned}\Delta p_{⑰、⑱}&=\Delta p_{zh3}-\Delta p_{zh1}+\Sigma(p_y+p_j)_{①、⑬、⑭}-\Sigma(p_y+p_j)_{⑮}\\&=(1702.93-767.64+56.32-315.81)\text{Pa}\\&=675.80\text{Pa}\end{aligned}$$

管段⑰、⑱的长度为5m，平均比摩阻为

$$R_{pj}=\frac{\alpha\Delta p}{\Sigma L}=\frac{0.5\times675.80}{5}\text{Pa/m}=67.58\text{Pa/m}$$

3）计算管段⑰、⑱流量，确定各管段管径和相应的实际比摩阻 R_{sh}、实际流速 v_{sh}，计算结果见表4-1。

4）计算各管段沿程压力损失，计算结果见表4-1。

5）计算各管段局部压力损失，计算结果见表4-1。

6）计算管段⑰、⑱的总压力损失

$$\Sigma(p_y+p_j)_{⑰、⑱}=370.89\text{Pa}$$

7）计算立管 N_5 第一层散热器环路与第三层散热器之间的不平衡率。不平衡率为

$$\frac{\Delta p_{⑰、⑱}-\Sigma(p_y+p_j)_{⑰、⑱}}{\Delta p_{⑰、⑱}}=\frac{675.80-370.89}{675.80}\times100\%\approx45.00\%$$

不符合要求。因管段⑰、⑱已选用最小管径，故剩余压力只能靠第三层散热器支管上的阀门消除。具体计算结果见表4-1。

4. 立管 N_4 第一层散热器环路各管段的水力计算

该自然循环双管异程式系统，因所有立管上对应各层散热器的中心至锅炉中心的垂直距离都相等，所以最不利环路就是环路总长度最长的立管 N_4 第一层散热器环路；对于与它并联的其他立管环路的水力计算，也应根据节点压力平衡的原则进行计算。

1）确定立管 N_4 第一层散热器环路的综合作用压力 $\Delta p'_{zh1}$。

$$\Delta p'_{zh1}=[9.81\times3\times(977.81-961.92)+300]\text{Pa}\approx767.64\text{Pa}$$

2）计算立管 N_4 第一层散热器环路的平均比摩阻。立管 N_4 第一层散热器环路的管段⑲～㉒与最不利环路的管段①、②、⑫、⑬、⑭是并联关系。根据阻力平衡的原则，管段⑲～㉒的资用压力为

$$\begin{aligned}\Delta p_{⑲\sim㉒}&=\Sigma(p_y+p_j)_{①、②、⑫、⑬、⑭}-(\Delta p'_{zh1}-\Delta p_{zh1})\\&=[282.03-(767.64-767.64)]\text{Pa}\\&=282.03\text{Pa}\end{aligned}$$

3）管段⑲～㉒的计算，计算方法同前，计算结果见表4-1。管段⑲～㉒的总压力损失为

$$\Sigma(p_y+p_j)_{⑲\sim㉒}=273.45\text{Pa}$$

4）计算立管 N_4 第一层散热器环路与立管 N_5 第一层散热器之间的不平衡率。计算方法同前，不平衡率为3.04%，符合要求。

立管 N_4 第二、三层散热器环路的计算结果见表4-1。其他各立管环路可依照上述方法、步骤进行计算，不再一一叙述。

表4-1 自然循环热水供暖系统管路水力计算表

管段编号	热负荷 Q/W	流量 G/(kg/h)	管段长度 L/m	管径 d/mm	流速 v/(m/s)	比摩阻 R/(Pa/m)	沿程压力损失/Pa $p_y=RL$	局部阻力系数 $\Sigma\xi$	动压头 Δp_d/Pa	局部压力损失/Pa $p_j=\Sigma\xi\times\Delta p_d$	管段压力损失/Pa p_y+p_j
立管 N_5 第一层散热器环路　　作用压力 $\Delta p_{①}=767.64$Pa											
①	2000	68.80	2.0	20	0.05	3.74	7.48	18.5	1.23	22.76	30.24
②	6482	222.98	8.5	25	0.11	9.53	81.01	3.5	5.95	20.83	101.84

（续）

管段编号	热负荷 Q/W	流量 G/(kg/h)	管段长度 L/m	管径 d/mm	流速 v/(m/s)	比摩阻 R/(Pa/m)	沿程压力损失/Pa $p_y = RL$	局部阻力系数 $\Sigma\xi$	动压头 Δp_d/Pa	局部压力损失/Pa $p_j = \Sigma\xi \times \Delta p_d$	管段压力损失/Pa $p_y + p_j$
③	11362	390.85	3.3	32	0.11	6.57	21.68	1.0	5.95	5.95	27.63
④	16242	558.72	4.5	40	0.12	6.39	28.76	1.0	7.08	7.08	35.84
⑤	22724	781.71	5.0	50	0.10	3.29	16.45	1.0	4.92	4.92	21.37
⑥	27604	949.58	3.6	50	0.12	4.72	16.99	3.5	7.08	24.78	41.77
⑦	57604	1981.58	18.0	70	0.16	5.32	95.76	6.0	12.59	75.54	171.30
⑧	27604	949.58	3.6	50	0.12	4.72	16.99	4.5	7.08	31.86	48.85
⑨	22724	781.71	5.0	50	0.10	3.29	16.45	1.0	4.92	4.92	21.37
⑩	16242	558.72	4.5	40	0.12	6.39	28.76	1.0	7.08	7.08	35.84
⑪	11362	390.85	3.3	32	0.11	6.57	21.68	1.0	5.95	5.95	27.63
⑫	6482	222.98	10.5	25	0.11	9.53	100.07	4.0	5.95	23.8	123.87
⑬	3872	133.20	3.0	25	0.07	3.74	11.22	1.0	2.41	2.41	13.63
⑭	2000	68.80	3.0	20	0.05	3.74	11.22	1.0	1.23	1.23	12.45
$\Sigma(p_y + p_j)_{①\sim⑭} = 713.63$Pa											
储备压力 $\Delta = (767.64 - 713.63)/767.64 \times 100\% \approx 7.04\%$											
立管 N_5 第二层散热器环路　作用压力 $\Delta p_{②} = 1235.29$Pa　资用压力 $\Delta p_{⑮、⑯} = 510.34$Pa											
⑮	4482	154.18	3.0	15	0.22	73.55	220.65	4.0	23.79	95.16	315.81
⑯	1872	64.40	2.0	15	0.09	14.60	29.20	24.0	3.98	95.52	124.72
$\Sigma(p_y + p_j)_{⑮、⑯} = 440.53$Pa											
不平衡率 $= [(510.34 - 440.53)/510.34] \times 100\% \approx 13.68\%$											
立管 N_5 第三层散热器环路　作用压力 $\Delta p_{③} = 1702.93$Pa　资用压力 $\Delta p_{⑰、⑱} = 675.80$Pa											
⑰	2610	89.78	3.0	15	0.13	26.81	80.43	4.0	8.31	33.24	113.67
⑱	2610	89.78	2.0	15	0.13	26.81	53.62	24.5	8.31	203.60	257.22
$\Sigma(p_y + p_j)_{⑰、⑱} = 370.89$Pa											
不平衡率 $= (675.80 - 370.89)/675.80 \times 100\% \approx 45.00\%$											
立管 N_4 第一层散热器环路　作用压力 $\Delta p'_1 = 767.64$Pa　资用压力 $\Delta p_{⑲\sim⑳} = \Delta p_{①、②、⑫\sim⑭} = 282.03$Pa											
⑲	4880	167.87	1.0	25	0.08	5.67	5.67	3.0	3.15	9.45	15.12
⑳	1500	51.60	5.0	15	0.08	9.79	48.95	24.5	3.15	77.18	126.13
㉑	2850	98.04	3.0	15	0.15	31.56	94.68	1.0	11.06	11.06	105.74
㉒	4880	167.87	3.0	25	0.08	5.67	17.01	3.0	3.15	9.45	26.46
$\Sigma(p_y + p_j)_{⑲\sim㉒} = 273.45$Pa											
不平衡率 $= [(282.03 - 273.45)/282.03] \times 100\% \approx 3.04\%$											
立管 N_4 第二层散热器环路　作用压力 $\Delta p'_2 = 1235.29$Pa　资用压力 $\Delta p_{㉓、㉔} = \Delta p'_{②} - \Delta p'_{①} + \Delta p_{⑳} = 593.78$Pa											
㉓	3380	116.27	3.0	15	0.17	43.31	129.93	4.0	14.21	56.84	186.77
㉔	1350	46.44	2.0	15	0.07	8.11	16.22	24.0	2.41	57.84	74.06

（续）

管段编号	热负荷 Q/W	流量 G/(kg/h)	管段长度 L/m	管径 d/mm	流速 v/(m/s)	比摩阻 R/(Pa/m)	沿程压力损失/Pa $p_y=RL$	局部阻力系数 $\Sigma\xi$	动压头 Δp_d/Pa	局部压力损失/Pa $p_j=\Sigma\xi\times\Delta p_d$	管段压力损失/Pa p_y+p_j
$\Sigma(p_y+p_j)_{㉓、㉔}=260.83$Pa											
不平衡率=[(593.78－260.83)/593.78]×100%≈56.07%											
立管 N_4 第三层散热器环路　作用压力 $\Delta p'_{③}=1702.93$Pa 资用压力 $\Delta p_{㉕、㉖}=\Delta p'_{③}-\Delta p'_{①}+\Delta p_{⑳、㉑}-\Delta p_{㉓}=980.39$Pa											
㉕	2030	69.83	3.0	15	0.10	16.92	50.76	4.0	4.92	19.68	70.44
㉖	2030	69.83	2.0	15	0.10	16.92	33.84	24.5	4.92	120.54	154.38
$\Sigma(p_y+p_j)_{㉕、㉖}=224.82$Pa											
不平衡率=[(980.39－224.82)/980.39]×100%≈77.07%											

表 4-2　自然循环热水供暖系统局部阻力系数计算表

管段号	局部阻力	管径/mm	个数	$\Sigma\xi$
①	散热器	20	1	2.0
	弯头		1	2.0
	截止阀		1	10.0
	旁流三通		1	1.5
	乙字弯		2	1.5×2
	$\Sigma\xi=18.5$			
②	弯头	25	1	1.5
	闸阀		1	0.5
	乙字弯		1	1.0
	直流三通		1	1.0
	$\Sigma\xi=3.5$			
③	直流三通	32	1	1.0
	$\Sigma\xi=1.0$			
④	直流三通	40	1	1.0
	$\Sigma\xi=1.0$			
⑤	直流三通	50	1	1.0
	$\Sigma\xi=1.0$			
⑥	合流三通	50	1	3.0
	闸阀		1	0.5
	$\Sigma\xi=3.5$			
⑦	煨弯 90°	70	4	0.5×4
	闸阀		3	0.5×3
	锅炉		1	2.5
	$\Sigma\xi=6.0$			
⑧	煨弯 90°	50	2	0.5×2
	闸阀		1	0.5
	分流三通		1	3.0
	$\Sigma\xi=4.5$			
⑨	直流三通	50	1	1.0
	$\Sigma\xi=1.0$			
⑩	直流三通	40	1	1.0
	$\Sigma\xi=1.0$			
⑪	直流三通	32	1	1.0
	$\Sigma\xi=1.0$			
⑫	直流三通	25	1	1.0
	弯头		1	1.5
	乙字弯		1	1.0
	闸阀		1	0.5
	$\Sigma\xi=4.0$			
⑬	直流三通	25	1	1.0
	$\Sigma\xi=1.0$			
⑭	直流三通	20	1	1.0
	$\Sigma\xi=1.0$			
⑮、⑰	直流三通	15	1	1.0
	括弯		1	3.0
	$\Sigma\xi=4.0$			

（续）

管段号	局部阻力	管径/mm	个数	$\Sigma\xi$
⑯	散热器	15	1	2.0
	乙字弯		2	1.5×2
	截止阀		1	16
	旁流三通		2	1.5×2
	$\Sigma\xi=24.0$			
⑱	散热器	15	1	2.0
	乙字弯		2	1.5×2
	截止阀		1	16
	旁流三通		1	1.5
	弯头		1	2.0
	$\Sigma\xi=24.5$			
⑲	旁流三通	25	1	1.5
	乙字弯		1	1.0
	闸阀		1	0.5
	$\Sigma\xi=3.0$			
⑳	旁流三通	15	1	1.5
	弯头		1	2.0
	乙字弯		2	1.5×2
	截止阀		1	16
	散热器		1	2.0
	$\Sigma\xi=24.5$			

管段号	局部阻力	管径/mm	个数	$\Sigma\xi$
㉑	直流三通	15	1	1.0
	$\Sigma\xi=1.0$			
㉒	旁流三通	25	1	1.5
	乙字弯		1	1.0
	闸阀		1	0.5
	$\Sigma\xi=3.0$			
㉓、㉕	直流三通	15	1	1.0
	括弯		1	3.0
	$\Sigma\xi=4.0$			
㉔	旁流三通	15	2	1.5×2
	截止阀		1	16.0
	乙字弯		2	1.5×2
	散热器		1	2.0
	$\Sigma\xi=24.0$			
㉖	散热器	15	1	2.0
	乙字弯		2	1.5×2
	截止阀		1	16
	旁流三通		1	1.5
	弯头		1	2.0
	$\Sigma\xi=24.5$			

二、机械循环热水供暖系统水力计算

机械循环热水供暖系统由水泵提供动力，系统作用半径较大，供暖系统的总压力损失也较大，一般约为10～20kPa，较大型系统总压力损失可达20～50kPa。

进行机械循环热水供暖系统水力计算时应注意以下几点。

① 如果室内系统入口处循环作用压力已经确定，可根据入口处的作用压力求出各循环环路的平均比摩阻 R_{pj}，进而确定各管段管径。

② 如果系统入口处作用压力较大，必然要求环路的总压力损失也较大，这会使系统的比摩阻、流速相应增大。对于异程式系统，如果最不利环路各管段比摩阻定得过大，其他并联环路的阻力损失将难以平衡，而且设计中还需考虑管路和散热器的承压能力问题。因此，对于入口处作用压力过大的系统，可先采用经济比摩阻 $R_{pj}=60\sim120\text{Pa/m}$ 确定各管段管径，然后再确定系统所需的循环作用压力，过剩的入口压力可用调节阀或调压孔板消除。

③ 在机械循环热水供暖系统中，供回水密度差作用下产生的自然循环作用压力依然存在，自然循环综合作用压力应等于水在散热器内冷却产生的作用压力和水在管路中冷却产生的附加压力之和。进行机械循环系统的水力计算时，水在管路中冷却产生的附加压力较小，可以忽略不计，只需考虑水在散热器内冷却产生的作用压力。

机械循环双管系统，一根立管上的各层散热器是并联关系，各层散热器之间由于作用压力的不同而产生垂直失调问题，自然循环的作用压差应考虑进去，不能忽略。

机械循环单管系统，如果建筑物各部分层数相同，那么每根立管环路产生的自然循环作用压力近似相等，可以忽略不计；如果建筑物各部分层数不同，那么高度和热负荷分配比例也不同，各立管环路之间必然存在作用压力差，计算各立管间的压力损失不平衡率时，应将各立管间的自然循环作用压差计算在内。

自然循环作用压力可按设计水温条件下最大循环压力的2/3计算。

［**例4-2**］ 图4-5是机械循环单管顺流异程式热水供暖系统两大并联环路中的右侧环路。热媒参数为：供水温度 $t'_g=95℃$，回水温度 $t'_h=70℃$。图中已标出立管号，各组散热器的热负荷（W）和各管段的热负荷（W）、长度（m）。试进行各管段的水力计算。

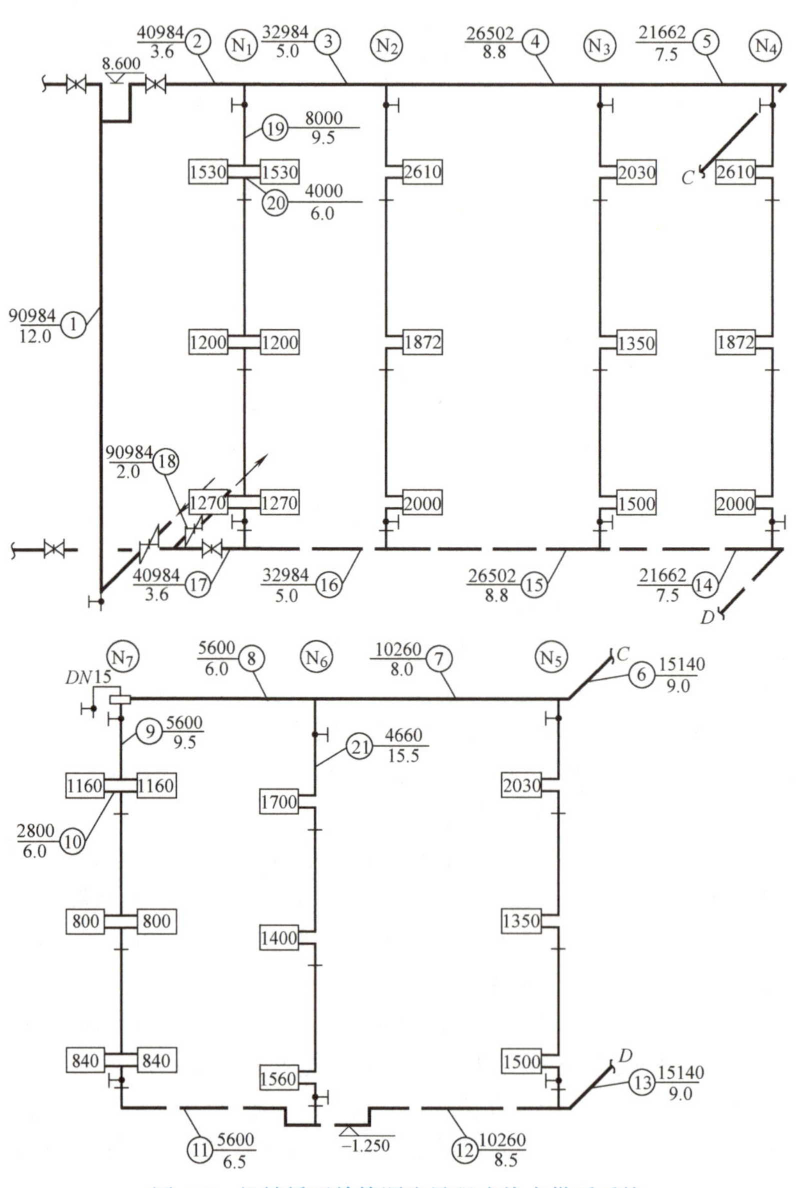

图4-5 机械循环单管顺流异程式热水供暖系统

[解]　1. 最不利环路的计算

(1) 确定最不利环路　图4-5所示的异程式系统的最不利环路是通过立管 N_7 的环路，包括①～⑱管段。

(2) 确定各管段流量　由式 (4-15)，计算各管段流量，计算结果见表4-3。

(3) 确定各管段管径　根据推荐的经济比摩阻60～120Pa/m和各管段流量 G，查附录11确定各管段管径，实际比摩阻和实际流速。计算结果见表4-3。

应注意，机械循环热水供暖系统为了利于通过供水干管末端的集气罐排空气，而且不致影响末端立管管径，供水干管末端和回水干管起端管径不宜小于 $DN20$。

(4) 计算各管段压力损失　计算各管段的沿程压力损失和局部压力损失。计算结果列于表4-3和表4-4中。

(5) 确定最不利环路的总压力损失

$$\Sigma(p_y + p_j)_{①\sim⑱} = 5675.10\text{Pa}$$

(6) 确定系统所需的循环作用压力 $\Delta p'$　《民用建筑供暖通风与空气调节设计规范》(GB 50736—2012) 规定，供暖系统的压力损失宜采用10%的附加值。因此该系统所需的循环作用压力为

$$\Delta p' = 1.1\Sigma(p_y + p_j)_{①\sim⑱} = 1.1 \times 5675.10\text{Pa} = 6242.61\text{Pa}$$

如果室内循环系统入口处作用压力过大，可用调节阀消除剩余压力。

2. 立管 N_1 环路的水力计算

对于机械循环单管顺流式系统，应考虑各立管环路之间由于水在散热器内冷却而产生的自然循环作用压力差。本例中因各立管散热器层数相同，热负荷分配比例大致相等，所以自然循环作用压力差可以忽略不计。

根据并联节点压力平衡的原则，最近立管 N_1 的①、②、⑲、⑳、⑰、⑱管段与最远立管 N_7 的①～⑱管段并联，不考虑共用段，③～⑯管段的总压力损失就是⑲、⑳管段的资用压力，即

$$\Delta p_{⑲、⑳} = \Sigma(p_y + p_j)_{③\sim⑯} = 4309.10\text{Pa}$$

⑲、⑳管段的平均比摩阻

$$R_{pj} = \frac{\alpha \Delta P}{\Sigma L} = \frac{0.5 \times 4309.10}{9.5 + 6}\text{Pa/m} \approx 139.00\text{Pa/m}$$

查附录18可知，机械循环热水供暖系统沿程损失占总损失的百分数 $\alpha = 50\%$。

根据各管段的流量和平均比摩阻可以确定各管段管径、实际比摩阻和实际流速，具体计算结果见表4-3。再计算各管段的沿程压力损失和局部压力损失，计算结果见表4-3和表4-4。

立管 N_1 的⑲、⑳管段总压力损失为

$$\Sigma(p_y + p_j)_{⑲、⑳} = 3823.52\text{Pa}$$

立管 N_1 的不平衡率为

$$\frac{4309.10 - 3823.52}{4309.10} \times 100\% \approx 11.27\%$$

符合要求。

3. 立管 N_6 环路的水力计算

立管 N_6 的㉑管段与立管 N_7 的⑧、⑨、⑩、⑪管段并联，㉑管段的资用压力为

1184.33Pa。具体计算结果见表4-3及表4-4。

立管 N_6 的总压力损失为

$$\Sigma(p_y + p_j)_{㉑} = 549.92\text{Pa}$$

不平衡率为53.57%，不符合要求。

如果将立管管径调整为 *DN*15，不平衡率将更大，因此，剩余压力只能在投入运行时靠立管上的阀门消除。

其他立管的计算方法与上述相同。

以上计算的是两大并联环路的右侧环路，左侧环路的计算方法同右侧。应注意左右两大并联分支环路也应做到压力损失平衡。

表4-3 机械循环异程式热水供暖系统管路水力计算表

管段编号	热负荷 Q/W	流量 G/(kg/h)	管段长度 L/m	管径 d/mm	流速 v/(m/s)	比摩阻 R/(Pa/m)	沿程压力损失/Pa $p_y = RL$	局部阻力系数 $\Sigma\xi$	动压头 Δp_d/Pa	局部压力损失/Pa $p_j = \Sigma\xi \times \Delta p_d$	管段压力损失 $p_y + p_j$
最不利环路 N_7，①~⑱管段											
①	90984	3129.85	12.0	50	0.40	45.11	541.32	1.0	78.66	78.66	619.86
②	40984	1409.85	3.6	40	0.30	36.47	131.29	4.5	44.25	199.13	330.42
③	32984	1134.65	5.0	32	0.32	48.65	243.25	1.0	50.34	50.34	293.59
④	26502	911.67	8.8	32	0.25	32.04	281.95	1.0	30.73	30.73	312.68
⑤	21622	743.80	7.5	32	0.21	21.78	163.35	1.0	21.68	21.68	185.03
⑥	15140	520.82	9.0	25	0.26	46.50	418.50	4.0	33.23	132.92	551.42
⑦	10260	352.94	8.0	25	0.17	22.32	178.56	1.0	14.21	14.21	192.77
⑧	5600	192.64	6.0	20	0.15	24.26	145.56	2.0	11.06	22.12	167.68
⑨	5600	192.64	9.5	20	0.15	24.26	230.47	6.5	11.06	71.89	302.36
⑩	2800	96.32	6.0	15	0.14	30.53	183.18	33.0	9.64	318.12	501.30
⑪	5600	192.64	6.5	20	0.15	24.26	157.69	5.0	11.06	55.30	212.99
⑫	10260	352.94	8.5	25	0.17	22.32	189.72	4.0	14.21	56.84	246.56
⑬	15140	520.82	9.0	25	0.26	46.50	418.50	4.0	33.23	132.92	551.42
⑭	21622	743.80	7.5	32	0.21	21.78	163.35	1.0	21.68	21.68	185.03
⑮	26502	911.67	8.8	32	0.25	32.04	281.95	1.0	30.73	30.73	312.68
⑯	32984	1134.65	5.0	32	0.32	48.65	243.25	1.0	50.34	50.34	293.59
⑰	40984	1409.85	3.6	40	0.30	36.47	131.29	3.5	44.25	154.88	286.17
⑱	90984	3129.85	2.0	50	0.40	45.11	90.22	0.5	78.66	39.33	129.55
$\Sigma(p_y + p_j)_{①\sim⑱} = 5675.10\text{Pa}$											
系统循环作用压力 $\Delta p' = 1.1\Sigma(p_y + p_j)_{①\sim⑱} = 1.1 \times 5675.10\text{Pa} = 6242.61\text{Pa}$											
立管 N_1 环路　资用压力 $= \Sigma(p_y + p_j)_{③\sim⑯} = 4309.10\text{Pa}$											
⑲	8000	275.20	9.5	15	0.40	222.16	2110.52	9.0	78.66	707.94	2818.46
⑳	4000	137.60	6.0	15	0.20	59.38	356.28	33.0	19.66	648.78	1005.06
$\Sigma(p_y + p_j)_{⑲、⑳} = 3823.52\text{Pa}$											
不平衡率 = (4309.10 − 3823.52)/4309.10 × 100% ≈ 11.27%											
立管 N_6 环路　资用压力 $= \Sigma(p_y + p_j)_{⑧、⑨、⑩、⑪} = 1184.33\text{Pa}$											

（续）

管段编号	热负荷 Q/W	流量 G/(kg/h)	管段长度 L/m	管径 d/mm	流速 v/(m/s)	比摩阻 R/(Pa/m)	沿程压力损失/Pa $p_y=RL$	局部阻力系数 $\Sigma\xi$	动压头 Δp_d/Pa	局部压力损失/Pa $p_j=\Sigma\xi\times\Delta p_d$	管段压力损失/Pa p_y+p_j
㉑	4660	160.30	15.5	20	0.13	17.25	267.38	34.0	8.31	282.54	549.92
$\Sigma(p_y+p_j)_{㉑}=549.92\text{Pa}$											
不平衡率 = (1184.33 − 549.92) /1184.33 × 100% ≈ 53.57%											

表 4-4 机械循环异程式热水供暖系统局部阻力系数计算表

管段号	局部阻力	管径/mm	个数	$\Sigma\xi$
①	煨弯 90°	50	1	0.5
	闸阀		1	0.5
	$\Sigma\xi=1.0$			
②	分流三通	40	1	3.0
	闸阀		1	0.5
	煨弯 90°		2	0.5×2
	$\Sigma\xi=4.5$			
③、④、⑤	直流三通	32	1	1.0
	$\Sigma\xi=1.0$			
⑥	直流三通	25	1	1.0
	弯头		2	1.5×2
	$\Sigma\xi=4.0$			
⑦	直流三通	25	1	1.0
	$\Sigma\xi=1.0$			
⑧	直流三通	20	1	1.0
	集气罐入口			1.0
	$\Sigma\xi=2.0$			
⑨	弯头	20	1	2.0
	闸阀		2	0.5×2
	乙字弯		2	1.5×2
	集气罐出口		1	0.5
	$\Sigma\xi=6.5$			
⑩	分、合流三通	15	6	3.0×6
	乙字弯		6	1.5×6
	散热器		3	2.0×3
	$\Sigma\xi=33.0$			
⑪	直流三通	20	1	1.0
	弯头		2	2.0×2
	$\Sigma\xi=5.0$			
⑫	直流三通	25	1	1.0
	弯头		2	1.5×2
	$\Sigma\xi=4.0$			
⑬	直流三通	25	1	1.0
	弯头		2	1.5×2
	$\Sigma\xi=4.0$			
⑭	直流三通	32	1	1.0
	$\Sigma\xi=1.0$			
⑮、⑯	直流三通	32	1	1.0
	$\Sigma\xi=1.0$			
⑰	合流三通	40	1	3.0
	闸阀		1	0.5
	$\Sigma\xi=3.5$			
⑱	闸阀	50	1	0.5
	$\Sigma\xi=0.5$			
⑲	旁流三通	15	2	1.5×2
	闸阀		2	1.5×2
	乙字弯		2	1.5×2
	$\Sigma\xi=9.0$			
⑳	分、合流三通	15	6	3.0×6
	乙字弯		6	1.5×6
	散热器		3	2.0×3
	$\Sigma\xi=33.0$			
㉑	旁流三通	20	2	1.5×2
	乙字弯		8	1.5×8
	弯头		6	2.0×6
	闸阀		2	0.5×2
	散热器		3	2.0×3
	$\Sigma\xi=34.0$			

分析机械循环异程式热水供暖系统的水力计算结果，可以看出以下两点。

1）自然循环系统和机械循环系统虽然热负荷、立管数、热媒参数、供热半径都相同，但由于机械循环系统比摩阻、循环作用压力均比自然循环系统大很多，因此机械循环系统的管径比自然循环系统小很多。

2）机械循环异程式系统有的立管经调整，管径仍无法与最不利环路平衡，仍有过多的剩余压力，只能在系统初调节和运行时，调节立管上的阀门解决这个问题。

这说明机械循环异程式系统单纯用调整管径的办法平衡阻力非常困难，容易出现近热远冷的水平失调问题，所以系统作用半径较大时可考虑采用同程式系统。

为了减轻水平失调现象，除了采用同程式系统形式外，还可以仍采用异程式系统，但计算时先确定最近立管环路上各管段管径，然后在不平衡率允许范围内，确定其他立管环路的管径。这样做虽然会增大各立管管径，特别是最不利环路各管段管径明显增大，增加了系统的初投资，但其水力计算方法简单，运行工作可靠，可与同程式系统技术、经济比较后选用。

［**例 4-3**］ 图 4-6 为机械循环单管顺流同程式热水供暖系统两大并联环路的右侧环路。

机械循环同程式热水供暖系统等温降法水力计算方法

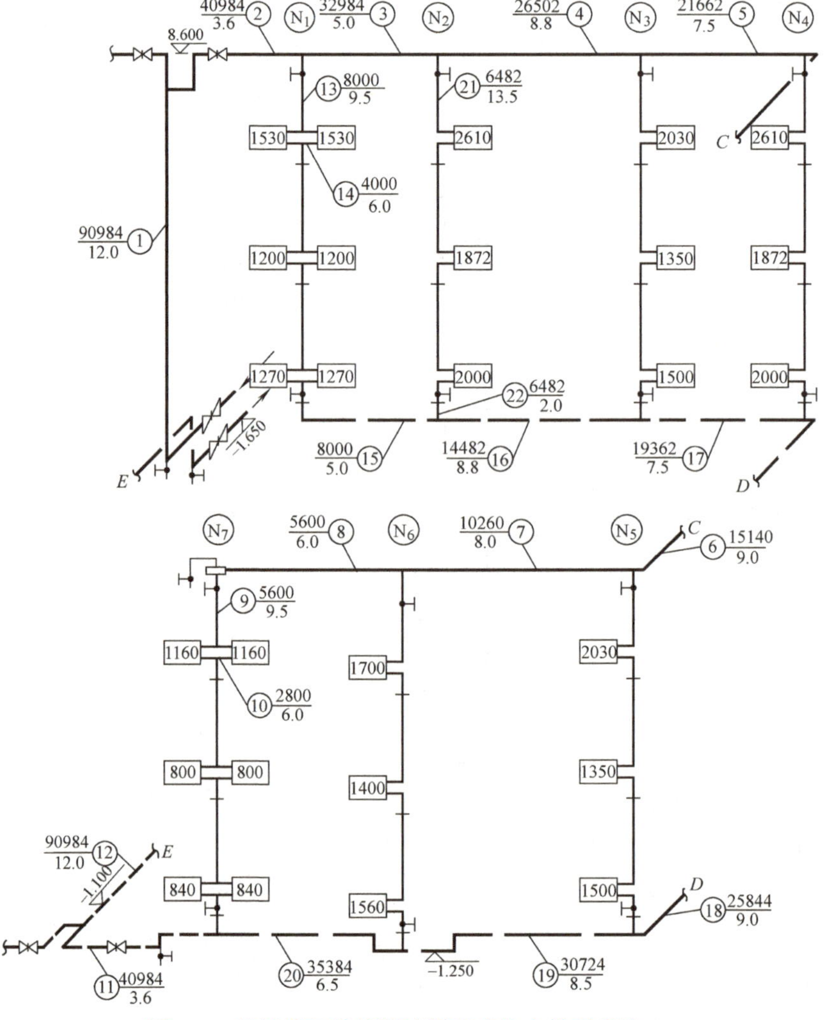

图 4-6 机械循环单管顺流同程式热水供暖系统

热媒参数为：供水温度 $t'_g=95℃$，回水温度 $t'_h=70℃$，图中已标出立管号，各组散热器的热负荷（W）、长度（m）。试进行各管段的水力计算。

[解]　1. 最远立管环路 N_7 的计算

最远立管 N_7 环路包括①～⑫管段，仍采用推荐的经济比摩阻 $R_{pj}=60\sim120\text{Pa/m}$ 确定管径。具体计算结果见表4-5及表4-6。

最远立管 N_7 环路的总压力损失为

$$\Sigma(p_y+p_j)_{N_7}=8295.21\text{Pa}$$

2. 最近立管环路 N_1 的计算

最近立管 N_1 环路包括①、②、⑬～⑳、⑪、⑫管段，其具体计算结果见表4-5及表4-6。

管段⑬～⑳的压力损失为

$$\Sigma(p_y+p_j)_{⑬\sim⑳}=5485.42\text{Pa}$$

最近立管 N_1 环路的总压力损失为 $\Delta p_{N_1}=\Sigma(p_y+p_j)_{①、②、⑬\sim⑳、⑪、⑫}=8193.33\text{Pa}$

3. 求最远立管 N_7 和最近立管 N_1 环路的压力损失不平衡率

应注意，同程式热水供暖系统最远、最近立管环路的不平衡率宜控制在 ±5% 的范围内。

最远立管 N_7 的③～⑩管段与最近立管 N_1 的⑬～⑳管段并联，具体计算结果见表4-5及表4-6。

$$\Sigma(p_y+p_j)_{③\sim⑩}=5587.3\text{Pa}$$

不平衡率为

$$\frac{5587.3-5485.42}{5587.3}\times100\%\approx1.8\%$$

符合要求。

4. 供暖系统的循环作用压力

$$\Delta p=1.1\Delta p_{N_7}=1.1\times8295.21\text{Pa}\approx9124.73\text{Pa}$$

5. 其他立管环路的计算

应注意，单管同程式热水供暖系统各立管间的不平衡率宜控制在 ±10% 以内。

通过最远立管 N_7 环路的计算可确定供水干管各管段的压力损失；通过最近立管 N_1 环路的计算可确定回水干管各管段的压力损失。

根据并联节点压力平衡的原则可确定各立管的资用压力。如立管 N_2 的资用压力

$$\Delta p_{N_2}=\Sigma(p_y+p_j)_{⑬、⑭、⑮}-\Sigma(p_y+p_j)_{③}=1600.27\text{Pa}$$

立管 N_2 的㉑、㉒管段水力计算结果见表4-5及表4-6。其压力损失为

$$\Sigma(p_y+p_j)_{㉑、㉒}=1559.42\text{Pa}$$

不平衡率为

$$\frac{1600.27-1559.42}{1600.27}\times100\%\approx2.6\%$$

符合要求。

上述计算结果列于表4-5中及表4-6中。其他立管可按同样方法进行计算。

表 4-5 机械循环同程式热水供暖系统管路水力计算表

管段编号	热负荷 Q/W	流量 G/(kg/h)	管段长度 L/m	管径 d/mm	流速 v/(m/s)	比摩阻 R/(Pa/m)	沿程压力损失/Pa $p_y = RL$	局部阻力系数 $\Sigma\xi$	动压头 Δp_d/Pa	局部压力损失/Pa $p_j = \Sigma\xi \times \Delta p_d$	管段压力损失/Pa $p_y + p_j$	计算管起点至计算管末端压力损失/Pa
最远立管 N_7 环路												
①	90984	3129.8	12.0	50	0.40	45.10	541.20	1.0	78.66	78.66	619.86	619.86
②	40984	1409.8	3.6	32	0.39	73.82	265.75	5.5	74.78	411.29	677.04	1296.90
③	32984	1134.6	5.0	32	0.32	48.65	243.25	1.0	50.34	50.34	293.59	1590.49
④	26502	911.7	8.8	25	0.45	136.14	1198.03	1.0	99.55	99.55	1297.58	2888.07
⑤	21622	743.8	7.5	25	0.37	91.92	689.40	1.0	67.30	67.30	756.70	3644.77
⑥	15140	520.8	9.0	25	0.26	46.50	418.50	4.0	33.23	132.92	551.42	4196.19
⑦	10260	352.9	8.0	20	0.28	75.87	606.96	1.0	38.54	38.54	645.50	4841.69
⑧	5600	192.6	6.0	20	0.15	24.25	145.50	2.0	11.06	22.12	167.62	5009.31
⑨	5600	192.6	9.5	15	0.28	112.14	1065.33	8.0	38.54	308.32	1373.65	6382.96
⑩	2800	96.3	6.0	15	0.14	30.52	183.12	33.0	9.64	318.12	501.24	6884.20
⑪	40984	1409.8	3.6	32	0.39	73.82	265.75	6.5	74.78	486.07	751.82	7636.02
⑫	90984	3129.8	12.0	50	0.40	45.10	541.20	1.5	78.66	117.99	659.19	8295.21
$\Sigma(p_y + p_j)$①～⑫ = 8295.21Pa												
最近立管 N_1 环路												
⑬	8000	275.2	9.5	20	0.22	47.35	449.83	7.5	23.79	178.43	628.26	1925.16
⑭	4000	137.6	6.0	15	0.20	59.38	356.28	33.0	19.66	648.78	1005.06	2930.22
⑮	8000	275.2	5.0	20	0.22	47.35	236.75	1.0	23.79	23.79	260.54	3190.76
⑯	14482	498.2	8.8	25	0.25	42.74	376.11	1.0	30.73	30.73	406.84	3597.6
⑰	19362	666.1	7.5	25	0.33	74.38	557.85	1.0	53.54	53.54	611.39	4208.99
⑱	25844	889.0	9.0	25	0.44	129.62	1166.58	4.0	95.18	380.72	1547.30	5756.29
⑲	30724	1056.9	8.5	32	0.30	42.47	361.00	3.0	44.25	132.75	493.75	6250.04
⑳	35384	1217.2	6.5	32	0.34	55.66	361.79	3.0	56.83	170.49	532.28	6782.32
$\Sigma(p_y + p_j)$⑬～⑳ = 5485.42Pa												
管段③～⑩与管段⑬～⑳并联												
$\Sigma(p_y + p_j)$③～⑩ = 5587.3Pa												
不平衡率 = (5587.3 − 5485.42) /5587.3 × 100% = 1.8%												
立管 N_2 环路　资用压力 = $\Sigma(p_y + p_j)$⑬、⑭、⑮ − $\Sigma(p_y + p_j)$③ = 1600.27Pa												
㉑	6482	222.9	13.5	20	0.18	31.86	430.11	27.0	15.93	430.11	860.22	—
㉒	6482	222.9	2.0	15	0.32	148.24	296.48	8.0	50.34	402.72	699.20	—
$\Sigma(p_y + p_j)$㉑、㉒ = 1559.42Pa												
不平衡率 = (1600.27 − 1559.42) /1600.27 × 100% = 2.6%												

表 4-6　机械循环同程式热水供暖系统局部阻力计算表

管段号	局部阻力	管径/mm	个数	$\Sigma\xi$
①	闸阀	50	1	0.5
	煨弯 90°		1	0.5
	$\Sigma\xi=1.0$			
②	分流三通	32	1	3.0
	煨弯 90°		2	1.0×2
	闸阀		1	0.5
	$\Sigma\xi=5.5$			
③	直流三通	32	1	1.0
	$\Sigma\xi=1.0$			
④、⑤	直流三通	25	1	1.0
	$\Sigma\xi=1.0$			
⑥	弯头	25	2	1.5×2
	直流三通		1	1.0
	$\Sigma\xi=4.0$			
⑦	直流三通	20	1	1.0
	$\Sigma\xi=1.0$			
⑧	直流三通	20	1	1.0
	集气罐入口		1	1.0
	$\Sigma\xi=2.0$			
⑨	集气罐出口	15	1	0.5
	乙字弯		2	1.5×2
	闸阀		2	1.5×2
	旁流三通		1	1.5
	$\Sigma\xi=8.0$			
⑩	乙字弯	15	6	1.5×6
	分、合流三通		6	3.0×6
	散热器		3	2.0×3
	$\Sigma\xi=33.0$			
⑪	闸阀	32	1	0.5
	煨弯 90°		3	1.0×3
	合流三通		1	3.0
	$\Sigma\xi=6.5$			

管段号	局部阻力	管径/mm	个数	$\Sigma\xi$
⑫	闸阀	50	1	0.5
	煨弯 90°		2	0.5×2
	$\Sigma\xi=1.5$			
⑬	旁流三通	20	1	1.5
	乙字弯		2	1.5×2
	闸阀		2	0.5×2
	弯头		1	2.0
	$\Sigma\xi=7.5$			
⑭	分、合流三通	15	6	3.0×6
	乙字弯		6	1.5×6
	散热器		3	2.0×3
	$\Sigma\xi=33.0$			
⑮	直流三通	20	1	1.0
	$\Sigma\xi=1.0$			
⑯、⑰	直流三通	25	1	1.0
	$\Sigma\xi=1.0$			
⑱	弯头	25	2	1.5×2
	直流三通		1	1.0
	$\Sigma\xi=4.0$			
⑲、⑳	直流三通	32	1	1.0
	煨弯 90°		2	1.0×2
	$\Sigma\xi=3.0$			
㉑	旁流三通	20	1	1.5×1
	闸阀		1	0.5×1
	乙字弯		6	1.5×6
	弯头		5	2.0×5
	散热器		3	2.0×3
	$\Sigma\xi=27.0$			
㉒	旁流三通	15	1	1.5×1
	乙字弯		1	1.5×2
	弯头		1	2.0×1
	闸阀		1	1.5×1
	$\Sigma\xi=8.0$			

另外，也可用图示的方法表示出系统的总压力损失和立管供回水节点间的资用压力值。图 4-7 为同程式热水供暖系统管路压力损失分析图。

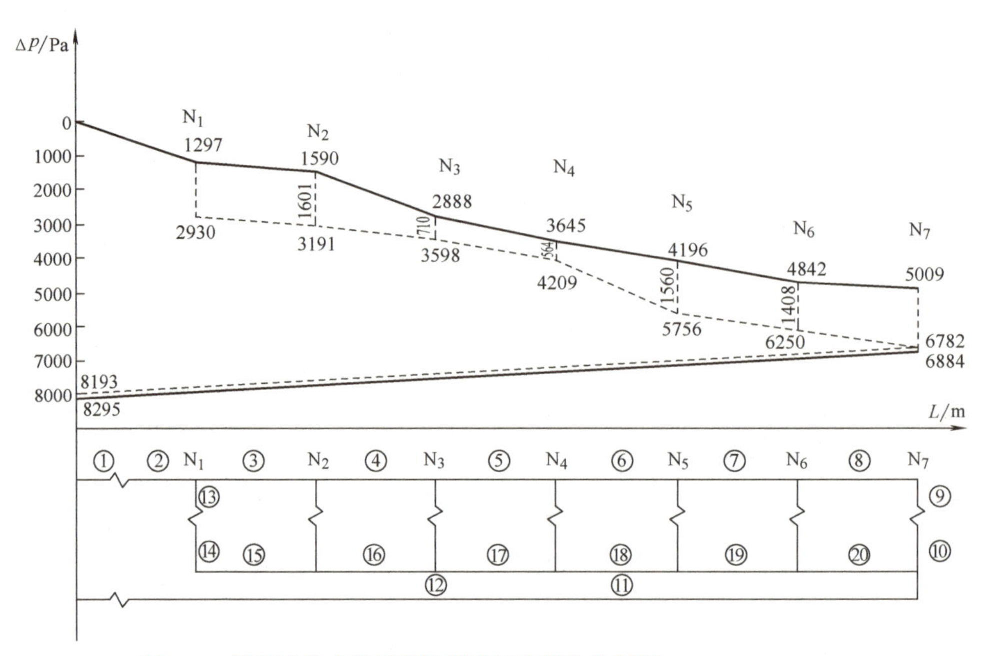

图 4-7 同程式热水供暖系统管路压力损失分析图

单元四 室内热水供暖系统不等温降法水力计算

不等温降法就是在垂直的单管系统中，各立管采用不同的温降进行水力计算。它不同于等温降法，等温降法各立管温降相同，根据温降确定各管段流量和管径。不等温降法需先选定立管温降和管径，确定立管流量，根据流量计算立管的实际温降，再用当量阻力法确定立管的总压力损失，最后确定所需散热器的数量。

这种计算方法对于异程式系统优点较为突出，异程式系统较远立管可以采用较大温降，负荷一定时，进入该立管的流量会减少，压力损失也可以减少；较近立管采用较小温降，负荷一定时，进入立管的流量会增加，压力损失也会增加，这样各环路间的压力损失容易平衡，流量分配完全满足了压力平衡的要求，计算结果和实际情况基本一致。

[例 4-4] 如图 4-5 所示的机械循环异程式系统，用不等温降法对其进行水力计算。已知用户入口处循环作用压力为 10000Pa。

[解] 1. 最远立管 N_7 环路的计算

最远立管 N_7 环路是最不利环路。

(1) 求平均比摩阻

$$R_{pj}=\frac{\alpha\Delta p}{\Sigma L}=\frac{0.5\times10000}{125.8}\text{Pa/m}\approx39.75\text{Pa/m}$$

(2) 确定立管 N_7 各管段的流量 先假设立管 N_7 的温降为 $\Delta t=30$℃，假设的温降一般取比系统设计温降大 2~5℃。立管 N_7 流量

$$G=\frac{0.86\times5600}{30}\text{kg/h}\approx160.53\text{kg/h}$$

散热器支管流量

$$G' = 80.27\text{kg/h}$$

(3) 确定立管和支管管径 根据平均比摩阻和流量，查附录 11 确定立管管径为 *DN*20，支管管径为 *DN*15。

(4) 压力损失的计算 不等温降法采用当量阻力法计算压力损失。由式(4-9)可知

$$\Delta p = \xi_{zh}\frac{\rho v^2}{2} = \xi_{zh}\Delta p_d$$

查附录 17，整根立管的折算阻力系数 $\xi_{zh} = 72.7$（附录 16 所示的标准立管，上下部各有一个旁流三通，局部阻力系数 $\Sigma\xi = 1.5\times2$；立管 N_7 虽然没有旁流三通，但上部有一个集气罐，局部阻力系数 $\xi = 1.5$；下部有一个弯头，局部阻力系数 $\xi = 1.5$，正好相当于两个旁流三通的局部阻力系数之和）。

根据流量 $G = 160.53\text{kg/h}$，管径 $d = 20\text{mm}$，查附录 15 确定 $\xi_{zh} = 1$ 时，压力损失 $\Delta p_d = 8.06\text{Pa}$。因此立管 N_7 的压力损失

$$\Delta p_{N_7} = \xi_{zh}\Delta p_d = 72.7\times8.06\text{Pa}\approx585.96\text{Pa}$$

2. 计算供回水干管管段⑧和⑪

(1) 选择管径 管段流量

$$G_{⑧} = G_{⑪} = G_{N_7} = 160.53\text{kg/h}$$

选定⑧和⑪管段的管径为 *DN*20。

(2) 折算阻力系数 管段的实际阻力系数如下。

直流三通 2 个：$\Sigma\xi = 1.0\times2 = 2.0$

弯头 2 个：$\Sigma\xi = 2.0\times2 = 4.0$

总的阻力系数：$\Sigma\xi = 6.0$

查附录 14 确定当管径 $d = 20\text{mm}$ 时，$\lambda/d = 1.8$。

⑧和⑪管段的总长度为 12.5m，因此⑧和⑪管段的

$$\xi_{zh} = \lambda L/d + \Sigma\xi = 1.8\times12.5 + 6 = 28.5$$

(3) 计算压力损失 查附录 15，根据流量 $G = 160.53\text{kg/h}$，管径 *DN*20，确定 $\xi_{zh} = 1$ 时，压力损失 $\Delta p_d = 8.06\text{Pa}$。

管段⑧和⑪的总压力损失为

$$\Delta p_{⑧、⑪} = 28.5\times8.06\text{Pa} = 229.71\text{Pa}$$

3. 计算立管 N_6

(1) 确定立管 N_6 的资用压力 因为立管 N_6 与管段⑧、⑨、⑩、⑪并联，因此 N_6 的资用压力为

$$\Delta p_{N_6} = \Delta p_{N_7} + \Delta p_{⑧、⑪} = (585.96 + 229.71)\text{Pa} = 815.67\text{Pa}$$

(2) 选择管径 管径选为 *DN*20。

(3) 确定流量 查附录 17，当立管管径为 *DN*20 时，立管的 $\xi_{zh} = 63.7$。

对立管 N_6，$\xi_{zh} = 1$ 时的压力损失为

$$\Delta p_d = \frac{\Delta p_{N_6}}{\xi_{zh}} = \frac{815.67}{63.7}\text{Pa}\approx12.8\text{Pa}$$

再根据 $\Delta p_d = 12.8\text{Pa}$，管径 *DN*20，查附录 15 得出

$$G_{N_6}=202.56\text{kg/h}$$

(4) 确定立管温降 立管 N_6 的热负荷为4660W，立管温降为

$$\Delta t=\frac{0.86Q}{G}=\frac{0.86\times4660}{202.56}℃\approx19.78℃$$

4. 其他管段的计算

依照上述方法，对其他各水平供回水干管和立管从远至近依次进行计算，计算结果列于表4-7中。最后得出，右侧循环环路的初步计算流量 $G_R=1485.43\text{kg/h}$，初步压力损失 $\Delta p_R=(4104.87+668.79)\text{Pa}=4773.66\text{Pa}$。

5. 调整计算

根据流体力学理论，各管段的压力损失 $\Delta p=SG^2$。(S 是各计算管段的特性阻力数)。如图4-8所示，在并联管路中，各管段的压力损失相等，$\Delta p=\Delta p_1=\Delta p_2=\Delta p_3$，管路总流量等于各管段流量之和，即

$$G=G_1+G_2+G_3$$

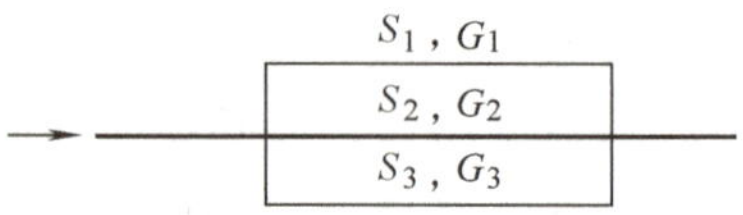

图4-8 并联管路

则有

$$\frac{1}{\sqrt{S}}=\frac{1}{\sqrt{S_1}}+\frac{1}{\sqrt{S_2}}+\frac{1}{\sqrt{S_3}} \tag{4-24}$$

式(4-24)说明并联管路中，管路总特性阻力数平方根的倒数等于各并联管段特性阻力数平方根的倒数之和。

各管段的流量关系也可用下式表示

$$G_1:G_2:G_3=\frac{1}{\sqrt{S_1}}:\frac{1}{\sqrt{S_2}}:\frac{1}{\sqrt{S_3}} \tag{4-25}$$

综上所述，可以得到如下结论：各并联管段的特性阻力数 S 不变时，网路的总流量在各管段中的流量分配比例不变，网路总流量增加或减少多少倍，各并联管段的流量也相应地增加或减少多少倍。

(1) 初步调整计算 图4-5中没有画出左侧循环环路的管路图，现假定按同样不等温降方法计算后，左侧循环环路的初步计算流量为 $G_L=1500\text{kg/h}$，初步计算压力损失为 $\Delta p_L=5000\text{Pa}$。

右侧环路与左侧环路并联，将左侧计算压力损失按与右侧相同考虑，则左侧流量变为

$$1500\times\sqrt{4773.66/5000}\text{kg/h}=1465.66\text{kg/h}$$

系统初步计算的总流量为

$$(1465.66+1485.43)\text{kg/h}=2951.09\text{kg/h}$$

系统设计的总流量为

$$[0.86\times90984/(95-70)]\text{kg/h}\approx3129.85\text{kg/h}$$

两者不相等，需进一步调整各循环环路的流量、压降和各立管的温度降。

(2) 调整各循环环路的流量、压降和各立管的温度降

1) 求各并联环路的特性阻力数。

$$S_R=4773.66/1485.43^2=2.1635\times10^{-3}$$

$$S_L=5000/1500^2=2.2222\times10^{-3}$$

2）根据并联管路流量分配规律，确定各并联环路在设计总流量条件下的流量。

$$G_L:G_R=\frac{1}{\sqrt{S_L}}:\frac{1}{\sqrt{S_R}}$$

$$G_L+G_R=3129.85\text{kg/h}$$

因此，分配到左、右两侧并联环路的流量分别为

$$G_R=1575.40\text{kg/h}$$

$$G_L=1554.45\text{kg/h}$$

3）确定各并联环路的流量、温降调整系数。

右侧环路：

流量调整系数 $\alpha_G=1575.40/1485.43\approx1.061$

温降调整系数 $\alpha_t=1485.43/1575.40\approx0.943$

左侧环路：

流量调整系数 $\alpha_G=1554.45/1500=1.0363$

温降调整系数 $\alpha_t=1500/1554.45\approx0.965$

根据左右两侧并联环路的不同流量调整系数和温降调整系数，乘以各侧立管第一次算出的流量和温降，求得各立管最终的计算流量和温降。

右侧环路的调整结果见表4-7。

表4-7 不等温降法管路水力计算表

管段编号	热负荷 Q/W	管径 /mm	管段长度 L/m	$\frac{\lambda}{d}L$	$\Sigma\xi$	折算阻力系数 ξ_{zh}	$\xi=1$ 的压力损失 Δp/Pa	计算压力损失 Δp_j/Pa	计算流量 G_j /(kg/h)	计算温降 Δt_j/℃	调整流量 G_t/(kg/h)	调整温降 Δt_t/℃
最不利环路的计算												
立管⑦	5600	20×15				72.7	8.06	585.96	160.53	30	170.32	28.29
⑧+⑪	5600	20	12.5	22.5	6.0	28.5	8.06	229.71	160.53		170.32	
立管⑥	4660	20				63.7	12.8	815.67	202.56	19.78	214.92	18.65
⑦+⑫	10260	25	16.5	21.45	5.0	26.45	15.85	419.23	363.09		385.24	
立管⑤	4880	15				77	16.04	1234.9	124.42	33.73	132.01	31.81
⑥+⑬	15140	25	18.0	23.4	5.0	28.4	28.50	809.40	487.51		517.25	
立管④	6482	15				77	26.55	2044.30	160.64	34.70	170.44	32.72
⑤+⑭	21622	25	15.0	19.5	2.0	21.5	50.36	1082.74	648.15		687.69	
立管③	4880	15				77	40.61	3127.04	198.16	21.18	210.25	19.97
④+⑮	26502	32	17.6	15.84	2.0	17.84	27.88	497.35	846.31		897.93	
立管②	6482	15				77	47.07	3624.39	213.58	26.1	226.61	24.61
③+⑯	32984	32	10.0	9.0	2.0	11.0	43.68	480.48	1059.89		1124.54	
立管①	8000	20×15				72.7	56.46	4104.87	425.54	16.17	451.50	15.25
②+⑰	40984	40	7.2	5.47	8.0	13.47	49.65	668.79	1485.43		1576.04	

4）计算各并联环路调整后的压力损失值。

压力调整系数：

$$\alpha_{p_R}=(\alpha_{G_R})^2=1.061^2=1.1257$$

$$\alpha_{p_L}=(\alpha_{G_L})^2=1.0363^2=1.0739$$

调整后各并联环路的压力损失值

$$\Delta p_R=4773.66\times1.1257\text{Pa}\approx5373.71\text{Pa}$$

$$\Delta p_L=5000\times1.0739\text{Pa}=5369.5\text{Pa}\neq5373.71\text{Pa}\ \text{(计算误差)}$$

(3) 确定系统供回水总管管径及系统的总压力损失　供回水总管①和⑱管段 $G=3129.85\text{kg/h}$，选用管径 $DN50$，根据表4-3的水力计算结果 $\Delta p_{①}=619.86\text{Pa}$，$\Delta p_{⑱}=129.55\text{Pa}$。

系统的总压力损失为

$$\Delta p_{①\sim⑱}=(619.86+5373.71+129.55)\text{Pa}=6123.12\text{Pa}$$

至此，不等温降法水力计算全部结束。

最后进行散热器散热面积的计算。从上述计算可以看出，距供水总立管近的立管温降小、流量大；距供水总立管远的立管温降大、流量小。因此在同一楼层散热器热负荷相同时，近立管散热器内热媒平均温度高，所需散热面积小；远立管所需散热面积大。

异程式系统采用不等温降法进行水力计算，遵守节点压力平衡的原则分配流量，并根据各立管的不同温降调整散热器的面积，从而有可能在设计角度上解决系统的水平失调问题，但计算过程比较复杂。

项目五　供暖系统的分户热计量

单元一　分户热计量系统常见形式

为了达到分户热计量的目的，热计量系统应采取有效的控制方式，灵活地控制室温，以保证用户的室温需要（可以采用手动调节或自动恒温调节的方法）。此外，还应该准确可靠地计量用热量，以便按用热量的多少进行计量收费。

对于新建住宅分户热计量系统，可在户外楼梯间设置共用立管。为了满足调节的需要，共用立管应为双管制式，每户从共用立管上单独引出供回水水平管，户内采用水平式供暖系统，每户形成一个相对独立的循环环路。在每户入口处设置热量表以计量用热量，并在每栋或几栋住宅的热力入口处设一个总热量表。这种方式便于调控和计量，可实现分户调节，舒适性较好，且户内系统的阻力较大，易于实现供暖系统的水力平衡和稳定。该系统可使用变频调速水泵，是一种变流量系统。除每层设置分集水器连接多户系统外，一对共用立管每层连接的户数不宜多于 3 户。新建建筑物的共用供回水立管及户内的引入口装置可设于住宅的共用空间（如楼梯间）的管道井内。管道井可单独设置，也可与其他管道井合用，均应设置抄表及检修用的检查门。对补建建筑，由于空间所限，可以不设置管道井，将立管和引入口装置直接置于楼梯间内，并采取保温、保护措施。

户外共用立管的形式可以有上供下回同程式、上供上回异程式、下供下回异程式、下供下回同程式，如图 5-1 所示。双管系统最大的问题是垂直失调问题，楼层越高重力作用的附加压力就越大，在不额外设置阻力平衡元件的情况下，应尽量减少垂直失调问题，实现较好的阻力平衡。在上供下回同程式系统和下供下回同程式系统中，各层循环环路在设计工况下阻力近似相同，上层作用压力大于下层的垂直失调问题无法解决。上供上回异程式系统，上层循环环路短、阻力小，下层循环环路长、阻力大，这会加剧垂直失调问题。只有下供下回异程式系统，上层循环环路长、阻力大，刚好可以抵消上层较大的重力作用压力；而下层循环环路短、阻力小，重力作用压力也较小。因此对于高层住宅分户热计量系统，在同等条件下，应首选下供下回

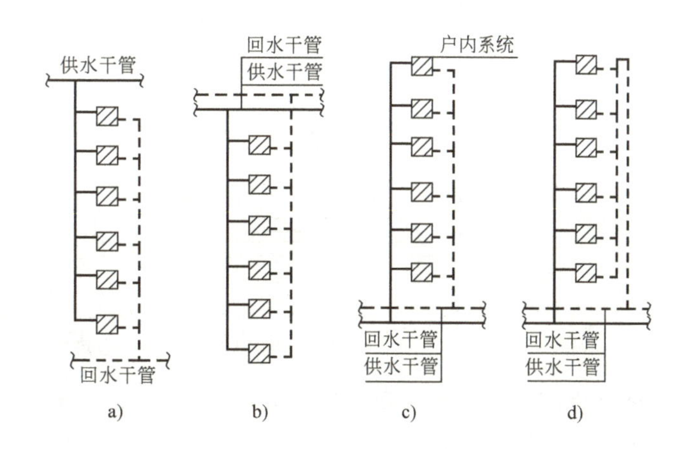

图 5-1　共用立管系统形式示意图

a）上供下回同程式　b）上供上回异程式

c）下供下回异程式　d）下供下回同程式

异程式双管系统。

住宅共用空间内的用户引入口装置中，应设用户热量表，如图5-2所示。为了保护热量表和散热器恒温阀不被堵塞，表前需设过滤器。另外为了便于管理和控制，在供水管上应安装锁闭阀，以便需要时关闭用户系统。在满足室内各环路水力平衡和进行热计量的前提下，宜尽量减少建筑物热力入口的数量。

户内供暖系统可采用地板辐射供暖系统和散热器供暖系统。地板辐射供暖系统室内的供回水管为双管制式，只需在每户的分水器前安装热量表，就可实现分户计量，如在每个房间的支环路上设置恒温阀，便可实现分室控温。但应注意地板辐射供暖构造层热惰性较大，分室调节流量后达到稳定所需时间会较长。

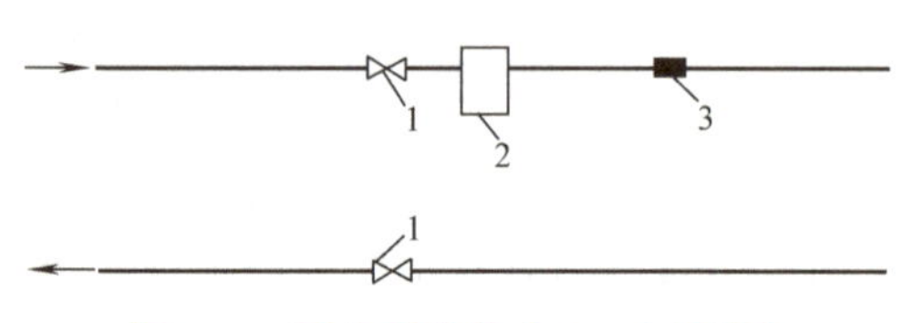

图5-2 用户系统热力入口示意图

1—用户供回水管阀门 2—过滤器 3—户用热量表

户内散热器供暖系统主要有两种形式。

1）章鱼式双管异程式系统。户内设小型分、集水器，散热器之间相互并联，布管方式成放射状，如图5-3所示。章鱼式系统全部支管均为埋地敷设，管材一般采用PB管或交联聚乙烯塑料管，外加套管，造价相对较高。套管外径一般采用25mm，埋设在垫层内，既可以保温，又可以保护管道，还可以解决管道的热膨胀问题。

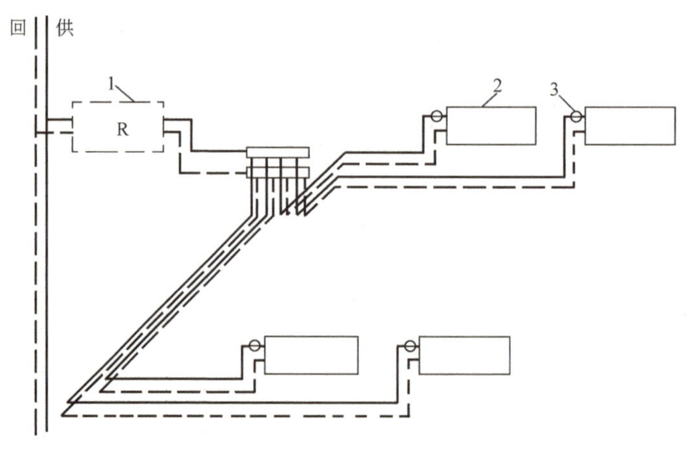

图5-3 章鱼式双管异程式系统示意图

1—户内系统热力入口 2—散热器 3—温控器

2）户内所有散热器串联或并联成环形布置。常用系统形式包括下分式双管系统（图5-4）、下分式单管跨越式系统（图5-5）、上分式双管系统（图5-6）、上分式单管跨越式系统（图5-7）。这几种形式均可在每组散热器上设置温控阀，可灵活调节室温，热舒适性较好，但住户室内水平管路数目较多。上分式系统管路明设时可在顶棚下沿墙布置，暗设时可设在顶棚下吊顶内。下分式系统管路明设时可在地板上沿踢脚板敷设，暗设时可设在本层地面下的沟槽内或垫层内，也可镶嵌在踢脚板内。

与传统的供暖系统不同，分户热计量供暖系统要求管道有较长的使用寿命，垫层厚度应较小，采用较简便的安装方法，并应避免在垫层中有连接管件，因此分户热计量供热系统户内普遍采用塑料管材。不同的塑料管材应采用不同的连接方法，PB管、PP-C管和PP-R管除分支管连接件外，垫层内不宜设其他管件，且埋入垫层内的管件应与管道同材质，可采用热熔的方式连接；PEX 管和 XPAP 管，不能采用热熔连接方式，而且垫层内不能有任何管件和接头，水平管与散热器分支管连接时，只能在垫层外用铜质管件连接。

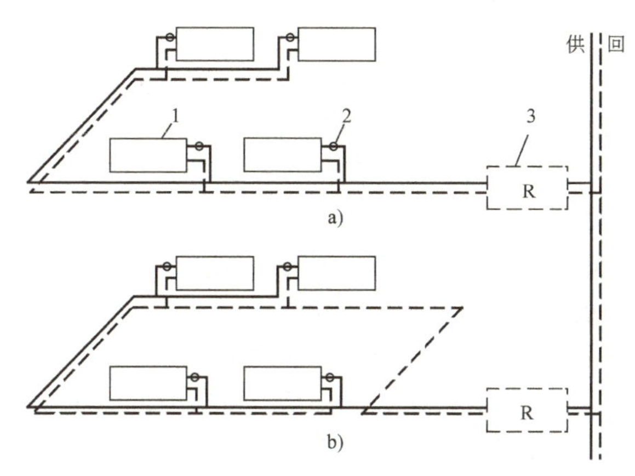

图 5-4　下分式双管系统示意图

a）下分式双管异程系统　b）下分式双管同程系统

1—散热器　2—温控器　3—户内系统热力入口

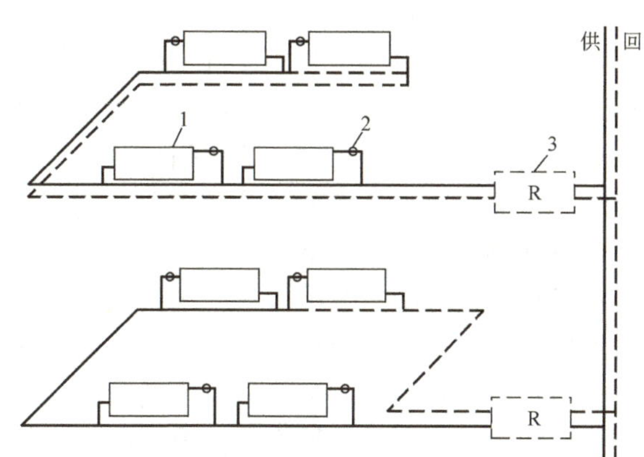

图 5-5　下分式单管跨越式系统示意图

1—散热器　2—温控器　3—户内系统热力入口

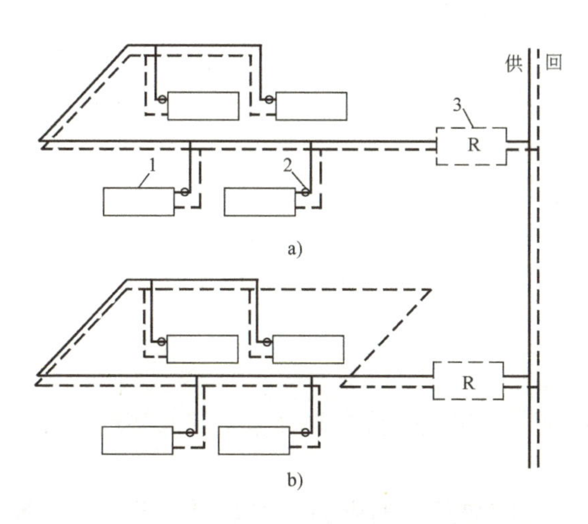

图 5-6　上分式双管系统示意图

a）上分式双管异程系统　b）上分式双管同程系统

1—散热器　2—温控器　3—户内系统热力入口

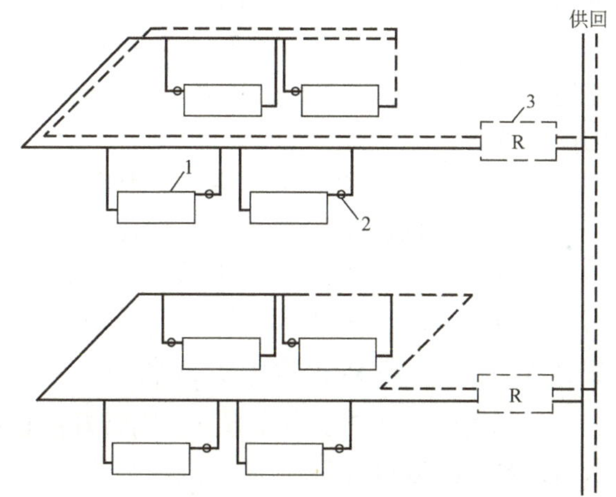

图 5-7　上分式单管跨越式系统示意图

1—散热器　2—温控器　3—户内系统热力入口

单元二　分户热计量系统热负荷水力计算和散热器调节特性

一、分户热计量系统热负荷计算特性

设置分户热计量系统的建筑物，其热负荷的计算方法与前文叙述的对流供暖热负荷的计算方法基本相同。热计量系统用户的室内设计计算温度，宜比常规供暖系统有所提高，这是

考虑到分户热计量系统允许用户根据自己的生活习惯、经济能力及其对舒适性的要求对室温进行自主调节。目前比较认可的看法是：分户热计量系统的室内设计计算温度宜比国家现行标准的规定值高2℃。如现行标准中规定，普通住宅的卧室、起居室和卫生间的室内设计计算温度不应低于18℃，则分户热计量系统应按20℃计算，按此规定进行计算的设计热负荷将会增加7%～10%。

另外，用户自主调节在运行过程中，可能由于人为节能造成邻户、邻室温差过大，由于热量传递，引起某些用户室内设计温度得不到保证。计算房间热负荷时，必须考虑由于邻户调温而向邻户传递的热量，即户间热负荷。因此分户热计量系统房间的热负荷应为常规供暖房间热负荷与户间热负荷（或邻室传热附加值）之和。

户间热负荷的大小不影响室外供热管网，热源的初投资在实施室温可调和供热计量收费后对运行能耗的影响较小，只影响到室内系统的初投资，但户间热负荷取得过大，初投资会增加较多。依据模拟分析和运行经验，户间热负荷不宜超过供暖设计热负荷的50%。

对于户间热负荷的计算，目前规范尚未给出统一的计算方法，某些地方规程对此做了一些规定。主要有两种计算方法：第一种是按邻户间实际可能出现的温差计算传热量，再乘以可能同时出现的概率；第二种是按常规方法计算围护结构的传热耗热量，再乘以一个附加系数。第二种方法附加系数确定较困难，目前使用第一种计算方法的较多。邻户间的传热温差，从理论角度考虑，是假设某一房间不供暖，而周围房间正常供暖，按稳定传热经热平衡计算确定的值。不供暖房间的温度既受周围房间温度的影响，又受室外温度的影响；不同城市的户间传热温差会有所不同。即使室外温度相同，各建筑物的围护情况和节能情况不同时，户间传热温差也不会相同。而户间热负荷的大小直接取决于户间温差，因此必须选定合理的户间温差。这需要经过较多工程的设计计算及工程实践的验证，方可提出相对可靠的简化计算方法。

《供热计量技术规程》提供户间传热负荷计算方法供参考。

1）计算通过户间楼板和隔墙的传热量时，与邻户的温差，宜取5～6℃。

2）以户内各房间传热量取适当比例的综合，作为户间总传热负荷。该比例应根据住宅入住率情况、建筑围护结构状况及其具体供暖方式等综合考虑。

二、分户热计量系统水力计算特性

分户热计量系统水力计算方法同常规供暖系统，这里结合分户热计量系统的特点，再对水力计算方法进行说明。

1）户内管道水力计算是否考虑邻户间传热对房间热负荷的影响，国家规范尚未给出统一规定。一种观点认为水力计算中不应计入户间传热量，只以常规房间热负荷作为计算依据。采用这种方法进行水力计算，选择的管径规格较小，当发生户间传热时，户内系统的供回水温差或某组散热器的进出水温差会加大。另一种观点认为水力计算应以考虑户间传热后的热负荷作为计算依据。采用这种方法进行水力计算，选择的管径规格会有所增加，当发生户间传热时，户内系统的供回水温差不会超过设计温差。各地方规程对水力计算是否考虑户间传热的问题作了不同的规定。

2）目前计量供热系统室内常用塑料管，内壁比较光滑，管壁的当量绝对粗糙度一般可采用$K=0.05$mm，塑料类管材的水力计算表可查阅《建筑给水排水设计手册》热水管水力计算表。

3）对于新建的按户分环的分户热计量下供下回式双管系统，其共用立管的沿程平均比摩阻宜采用30～60Pa/m。

按户分环的下供上回和上供下回式双管系统，对于各楼层水平管路而言组成了一个垂直并联的同程式系统，该系统设计计算不当会造成严重的垂直失调问题，容易出现上下层热、中间层冷的现象，因此进行水力计算时，通常选取中间层作为最不利环路。

对于按户分环的分户热计量下供下回式双管系统，上层循环环路长、阻力大，可以抵消上层较大的重力作用压力，下层循环环路短、阻力小，重力作用压力也较小，这有利于减少垂直失调问题。但每增加一层，阻力损失要比重力作用压力增加得大，因此最远环路是最不利环路。

最不利环路的总压力损失应包括系统内的压力损失（散热器阻力、温控阀阻力、室内水平管路阻力、用户入口阻力等）和供暖入口至该用户入口间的压力损失，计算时还应考虑10%的富余值。

《民用建筑供暖通风与空气调节设计规范》（GB 50736—2012）规定，热水供暖系统最不利环路与各并联环路之间（不包括共用管段）的计算压力损失相对差额不应大于15%，分户热计量系统也应满足上述要求；如不能满足，应设置必要的调节装置。

4）分户热计量系统中，自然循环作用压力是造成垂直失调的主要原因，因此进行水力计算时，必须考虑自然循环作用压力的影响。自然循环综合作用压力应等于水在散热器内冷却产生的作用压力和水在管路中冷却产生的附加压力之和，但不能按100%的设计值选取，宜选取一个合适的系数。该系数取值越大，实际工况越接近设计工况，即实际室外温度越接近设计室外温度。在室外温度较高的供暖季初期和末期，会出现流经散热器的流量减少、散热量不足的情况。反之，系数取值越小，重力水头对应的室外温度越高，当室外温度降低时，由于重力水头的增大，会出现流量增加、散热量偏大的情形。

自然循环作用压力可按设计水温条件下最大循环压力的2/3计算。

三、分户热计量系统散热器的调节特性

分户热计量系统中，用户通过调节散热器的温控阀来改变室温。散热器是室内供暖系统的基本设备。散热器的热力特性直接对热用户的舒适要求和供暖系统的节能要求产生影响。

通过散热器的流量会对散热器的散热量产生影响，通过散热器的流量越小，散热器的调节性能越好；流量越大时，调节散热器的温控阀对散热量的影响越不明显。随着流量的减小，散热器的散热量也相应减小，为了满足房间的温度要求，流量减小必然要增大散热面积，这又不经济。

除了散热器的流量会对散热器的散热量产生影响外，散热器的供水温度也会对散热器的散热量产生影响。供水温度变化对散热量的影响较流量变化对散热量的影响要大，供水温度越高，系统的循环水量和散热面积越少，散热器的调节性能越好。当大流量运行时，即使流量改变很大，也不会改变多少散热量，只有散热器的供回水温差增大时，流量变化引起的散热量变化才能越显著，所以在热计量系统中，为了使用户的自主调节性能更好，就应尽可能在小流量、大温差下运行，散热器的进出口温差宜大于10℃。

对于热计量供暖系统，用户通过调节散热器温控阀来调节散热器的散热量以改变室温，所以应综合考虑温控阀的流量特性和散热器的调节特性，使其共同作用以保证系统调节的有效性。散热器的调节特性决定了系统应选择高阻力的散热器温控阀。设计时还应考虑到温控阀的阻力较大，避免出现用户入口处压力不够的情况。

单元三 温控计量装置

一、热量表

现阶段使用较多的热量表（图5-8）是根据管路中的供回水温度及热水流量，确定仪表的采样时间，进而得出管道供给建筑物的热量。

热量表由热水流量计、一对温度传感器和积算仪三个部分组成。热水流量计用来测量流经散热设备的热水流量；一对温度传感器分别用于测量供水温度和回水温度，进而确定供回水温差；积算仪（也称积分仪），根据与其相连的流量计和温度传感器提供的流量及温度数据，计算得出用户从热交换设备中获得的热量。

1. 热水流量计

应用于热量表的流量计根据测量方式的不同可分为机械式、电磁和超声波式、压差式三大类。

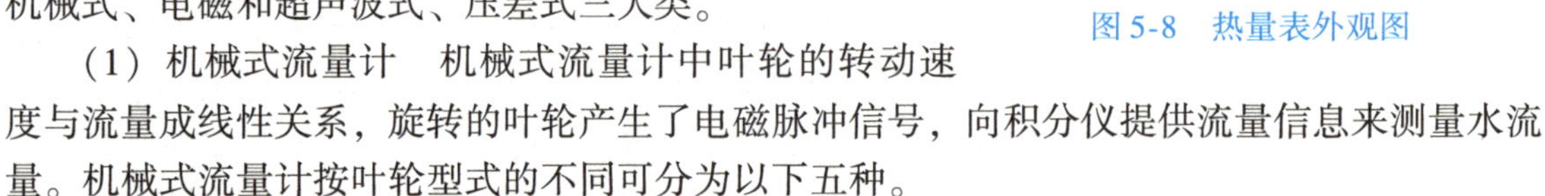

图5-8 热量表外观图

（1）机械式流量计 机械式流量计中叶轮的转动速度与流量成线性关系，旋转的叶轮产生了电磁脉冲信号，向积分仪提供流量信息来测量水流量。机械式流量计按叶轮型式的不同可分为以下五种。

1）单束旋翼式流量计。这种流量计只有一束水流推动内部的旋翼叶轮旋转，能以任何方式安装于管道上，适合于小口径的管道。

2）多束旋翼式流量计。在流量计内部，水流通过分布于流量计外壳上的小孔均匀以切线方向推动内部的旋翼叶轮旋转。这种流量计能承受较大的水流紊乱，流量计前所需直管段较小，适合于中、小口径的管道。

3）垂直螺翼式流量计。这种流量计水流方向与螺翼的转动轴垂直，水流自下向上推动螺翼轮转动，推力均匀，起动较容易。流量计前通常需要3～6倍管径的直管段。该流量计起动流量较小，适合于中等口径的管道。

4）水平螺翼式流量计。这种流量计水流方向与螺翼的转动轴方向平行，压力损失较小，由于流量计内部对水流的影响较小，流量计前所需直管段也较小。该流量计能以任何位置（水平、垂直或倾斜）安装，适用于较大直径的管道。

5）涡轮流量计。当流体流过这种流量计时，推动涡轮在电磁转换器上感应出电脉冲信号，这一信号的变化频率与涡轮的转速成正比，流体的流量越大（流速越高），涡轮的转速也越高，电信号的频率可反映流体流量的大小。这种流量计准确度较高，量程比较大，惯性较小。该流量计要求水平安装，而且流体应清洁以减少轴承摩擦，防止涡轮卡死，延长其使用寿命，因此该流量计前应安装过滤器。

（2）电磁和超声波式流量计

1）电磁式流量计。电磁式流量计是根据法拉第电磁感应原理制成，当导体在磁场中运动时，导体两端会产生可测量的电信号，如果水流的导电性足够强，就可以根据测得的电压计算出水流的速度。这种流量计具有较高的量程比，特别适用于变流量系统。该流量计具有较高的测量精度，压力损失较小，但价格较机械式贵，工作中还需要外部电源，这影响了它的可靠性。而且电磁式流量计要求必须水平安装，流量计前还要求有较长的直管段，这给安装、拆卸和维护带来了不便。

2）超声波式流量计。由于声波在水中的传播速度直接受到水流速度的影响，因此通过测量高频声波在水流中的穿行时间，就可测定管道中水的流速。这种流量计具有较高的量程比，特别适用于变流量系统。该流量计具有较高的测量精度，压力损失较小，但容易受到管壁锈蚀程度、水中泡沫和杂质含量以及管道振动的影响，其价格也较机械式贵。

（3）压差式流量计 压差式流量计是通过测量流体流经一段特定的收缩管段前和收缩管段处的测压管压差来计算流量的装置。压差式流量计主要有文丘里式、孔板式、弯管式、平衡阀式和喷嘴式等几种，其测量方法基本相同，只是流量系数不同，尤其是孔板流量计，流量系数较小，压力损失较大。利用文丘里管原理制成的压差流量计，使用方便可靠，测量精度高，能量消耗少，压力损失较低，由于表内没有转动部件，其使用寿命长，价格也较低。

压差式流量计是目前工业生产中应用最广、历史最为悠久的流量测量装置，有统一的集合尺寸与标准，可直接投入制造和使用，统称标准节流装置，无须设备厂试验与标定。

（4）热水流量计的对比与选用 目前，世界上80%以上的热量计量装置采用机械式流量计。机械式流量计与其他流量计相比有如下优点。

1）耗电少。机械式流量计不需要外部电源，停电期间仍能进行热量计量，并且避免了用户断电作弊，而非机械式流量计通常功耗较大，必须借助外部电源供电。

2）压力损失小，量程比大。非机械式流量计需要较高的起动流速，安装时往往需要大幅度地缩径，这会造成一定的压力损失，而机械式流量计起动流速小，压力损失小，其量程比较高。

3）测量精度高，抗干扰性好。非机械式流量计中的超声波和电磁式流量计的测量精度受水质和管道形状的影响较大，此外管道振动和周围电磁波强度对非机械式流量计的正常工作也有影响，而机械式流量计具有良好的适应性和测量精度。

4）安装维护方便。机械式流量计在安装时，对直管段长度的要求较低，还可以在水平或垂直位置安装；若流量计发生故障，只需将机芯拆下来清洗或维护而无须拆下整个仪表，维修十分方便。而非机械式流量计通常需要专门的电子工程师进行维修。

5）价格低廉。机械式流量计的价格比非机械式流量计的价格低。

在没有特殊要求的场合下，机械式流量计是目前热网管道计量装置的首选；当管道口径很大时（400mm以上），可以考虑选用超声波和电磁式流量计。

2. 温度传感器

温度传感器是用来测量供水温度 t_g 和回水温度 t_h 的。目前常用的有铂电阻温度计和半导体热敏电阻温度计。

铂电阻温度计性能稳定，在 -259.35 ~ 961.78℃的温度范围内被规定为基准温度计，其测温准确，阻值漂移小，一般热量表常采用成对的铂电阻做温度传感器。

半导体热敏电阻温度计通常用来测量 -100 ~ 300℃之间的温度，其测温范围较窄，温度和电阻变化成非线性，必须进行线性化处理，制造时性能不稳定，给互换、调节、使用和维修带来困难。

3. 积算仪（积分仪）

积算仪是根据流量计与温度传感器提供的流量和温度信号计算出流量和温度值，进而计算供暖系统消耗的热量，并确定其他统计参数，将其显示记录输出。

4. 热量表的选型

（1）流量计的选型 流量计的选型需考虑以下几点。

1）工作水温。流量计上一般注明工作温度（即最大持续温度）和峰值温度，通常住宅供暖水系统的温度范围为20～95℃，温差范围为0～75℃。

2）管道压力。

3）设计工作流量和最小流量。选择流量计口径时，首先应考虑管道中的工作流量和最小流量（而不是管道口径），一般应使设计工作流量稍小于流量计的公称流量，并使设计最小流量大于流量计的最小流量，公称流量可按设计流量的80%确定。

4）管道口径。选择的流量计口径可能与管道口径不符，往往流量计口径要小，需要缩径，这就需要考虑变径带来压力损失的影响，一般缩径不要过大。也要考虑流量计的量程比，如果量程比较大，可以缩径较小或不缩径。

5）水质情况。

6）安装要求。选择流量计时应考虑流量计是水平安装还是垂直安装，流量计前直管段是否满足要求。

（2）温度传感器的选型 应根据管道口径选取相应的温度传感器，热量表采用的温度传感器一定要配对使用。

（3）积算仪的选型 积算仪的选型要考虑流量计的安装位置，为了读表和维修的方便，可选择流量计与积算仪一体的紧凑型或分体型，还要注意积算仪的通信功能。

5. 热量表的安装

图5-9～图5-11是热量表的安装示意图。考虑到回水管的水温较供水管低，有利于延长热量表的使用寿命，热量表宜设置在回水管路上。户用热量表安装应符合相关规定，户用热量表宜采用电池供电方式。户内系统入口装置应由供水管调节阀、置于户用热量表前的过滤器、户用热量表及回水截止阀组成。

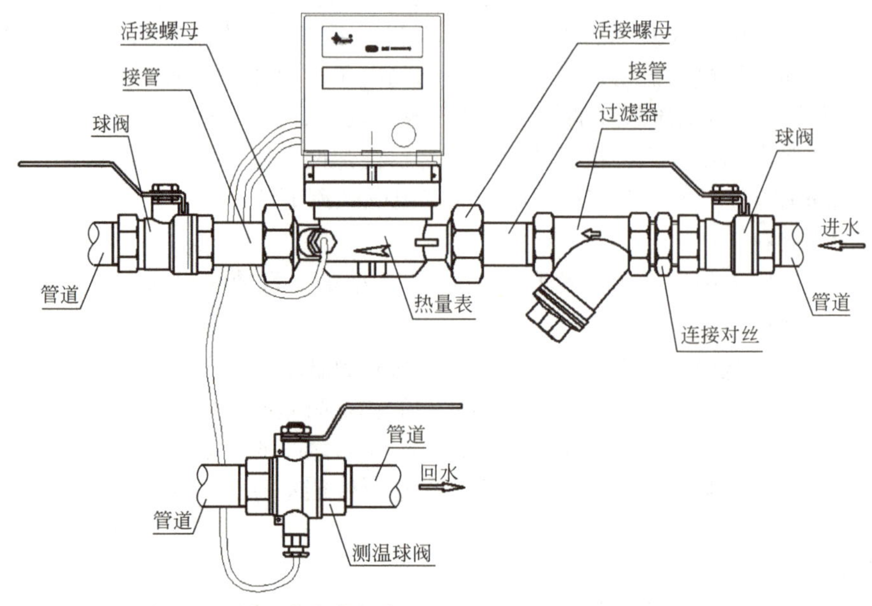

图5-9 热量表安装示意图（户用 $DN15$、$DN20$、$DN25$）

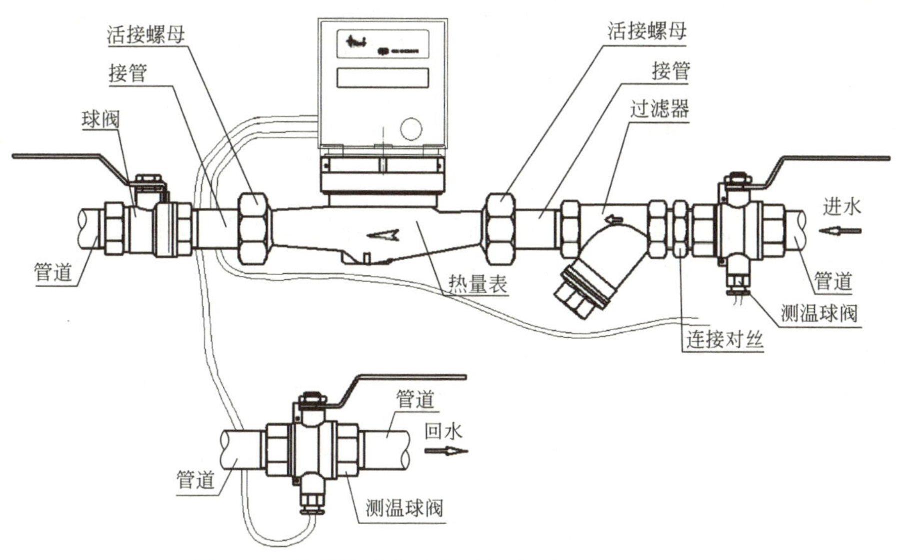

图 5-10　热量表安装示意图（户用 *DN*32、*DN*40）

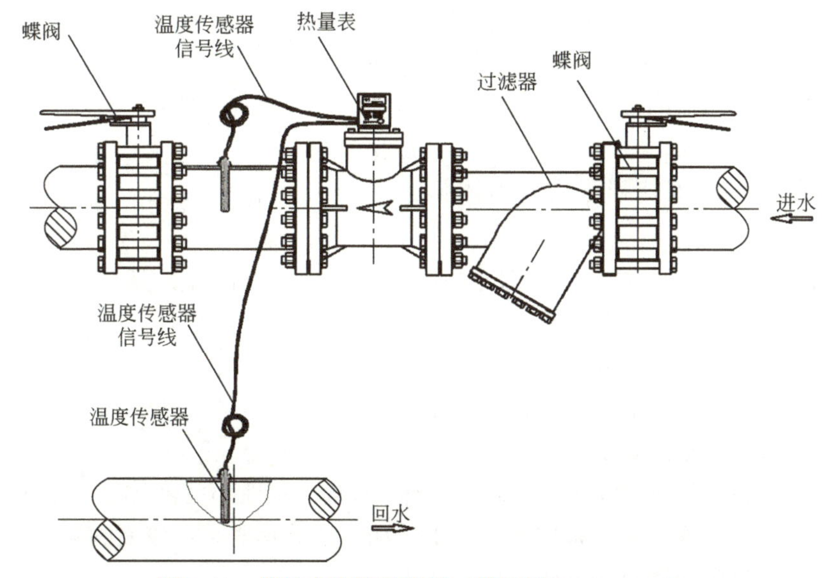

图 5-11　热量表安装示意图（管网用 *DN*50～300）

热量表的安装要求如下。

1）安装在用户供暖系统的进水或回水管道上，安装前必须彻底清洗系统管路，清除杂质污物。

2）整体式热量表显示部分不可拆卸，可任意旋转至便于读数的位置。

3）热量表必须保证方向指示标志和管道中的水流方向相同。

4）安装用户热量表时，应保证用户热量表前后有足够的直管段，没有特别说明的情况下，户用热量表前直管段长度不应小于 5 倍管径，户用热量表后直管段长度不应小于 2 倍管径。

5）热量表前、后端均应加装截止阀，以方便表具拆装。

6）热量表的前端与截止阀的后端之间，要求加装过滤器。

7）安装前应检查两端连接管的对口情况，避免流量传感器受到扭曲或剪切应力的作用，并清洁表两个接头的密封面和垫片。

8）拆装时，不可用力硬扳，以免损坏热量表。

二、散热器温控阀

散热器温控阀由恒温控制器、流量调节阀及一对连接件组成，如图 5-12 所示。散热器温控阀安装在每组散热器进水管上或分户供暖系统总入口进水管上，用户可根据对室温的要求自行调节设定室温。

1. 恒温控制器

恒温控制器的核心部件是传感器单元，即温包。恒温控制器的温度设定装置有内置式和远程式两种，它可以按照其窗口显示值来设定所要求的控制温度，并加以自动控制。温包内充有感温介质，能够感应环境温度。当室温升高时，感温介质吸热膨胀，关小阀门开度，减少流入散热器的水量，降低散热量以控制室温；当室温降低时，感温介质放热收缩，阀芯被弹簧推回而使阀门开度变大，增加流经散热器的水量，恢复室温。

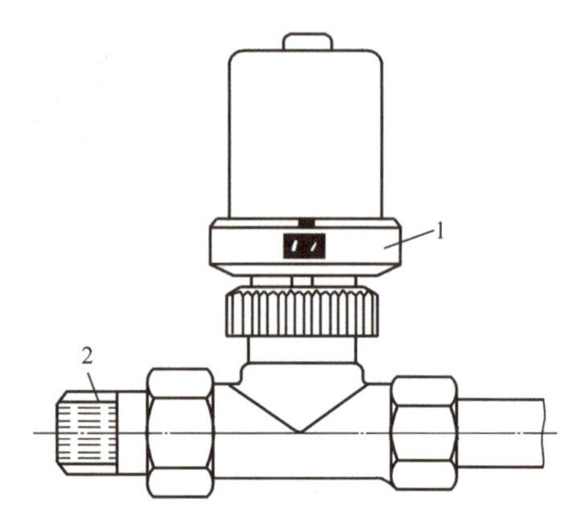

图 5-12 散热器温控阀
1—恒温控制器 2—流量调节阀

根据温包内灌注感温介质的不同，常用的温包主要有蒸气压力式、液体膨胀式和固体膨胀式三类。

（1）蒸气压力式 金属温包的一部分空间内盛放低沸点液体，其余空间（包括毛细管内）是这种液体的饱和蒸气。当室温升高时，部分液体蒸发为蒸气，推动波纹管关小阀门，减少流入散热器的水量；当室温降低时，部分蒸气凝结为液体，波纹管被弹簧推回而使阀门开度变大，增加流经散热器的水量，提高室温。蒸气压力式温包价格便宜，时间常数小，对于密封和防渗漏有较严格的要求。

（2）液体膨胀式 温包中充满比热小、导热率高、黏性小的液体，依靠液体的热胀冷缩来完成温控工作。工作介质常采用甲醇、甲苯和甘油等膨胀系数较高的液体，因其挥发性也较高，因此对于温包的密封性有较严格的要求。

（3）固体膨胀式 温包中充满某种胶状固体（如石蜡等），依靠热胀冷缩的原理来完成温控工作。通常为了保证介质内部温度均匀和感温灵敏性，在石蜡中还混有铜末。

2. 流量调节阀

散热器温控阀的流量调节阀应具有较佳的流量调节性能，调节阀阀杆采用密封活塞形式，在恒温控制器的作用下直线运动，带动阀芯运动以改变阀门开度。流量调节阀应具有良好的调节性能和密封性能，长期使用可靠性高。

调节阀按照连接方式分为两通型（角型、直通型）和三通型，如图 5-13 所示。其中两通型流量调节阀根据流通阻力是否具备预设定功能可分为预设定型和非预设定型两种。

两通非预设定型调节阀与三通型调节阀主要应用于单管跨越式系统，其流通能力较大。

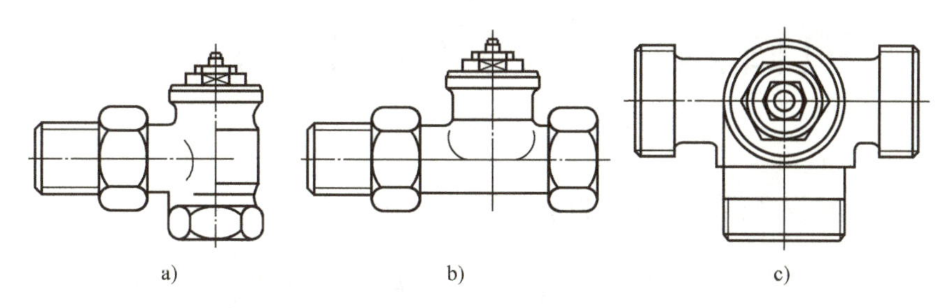

图 5-13　流量调节阀

a）两通型（角型）　b）两通型（直通型）　c）三通型

两通预设定型调节阀主要应用于双管系统，预设定调节阀的阀值可以调节，即可以根据需要在阀体上设定某一特定的最大流通能力值（最小阻力系数）。双管系统由于自然作用压力的影响，会出现上层作用压力大于下层作用压力，上层过热下层过冷的垂直失调现象，这种垂直失调问题在高层住宅中尤为严重。应用调节阀的预设定功能，可以对不同楼层的散热器设定不同的阀值，用调节阀来承担上层的部分剩余压力，从而减小垂直失调的影响。

3. 散热器温控阀的选用和设置

1）当室内供暖系统为垂直或水平双管系统时，应在每组散热器的供水支管上安装高阻温控阀；超过 5 层的垂直双管系统宜采用有预设阻力调节功能的温控阀。

2）单管跨越式系统应采用低阻力两通温控阀或三通温控阀。

3）当散热器有罩时，应采用温包外置式温控阀。

散热器温控阀具有感受室内温度变化并根据设定的室内温度对系统流量进行自力式调节的特性。正确使用散热器温控阀可实现对室温的主动调节以及不同室温的恒定控制。使用散热器温控阀对室内温度进行恒温控制时，可有效利用室内自由热、消除供暖系统的垂直失调，从而达到节省室内供热量的目的。

散热器温控阀安装时，应在其前端安装过滤器。安装前应将手柄设置在最大开启位置（数字 5 位置）。冬天不要将刻度调到“0”，以免冻裂水管和散热器，应最低调到“*”以进行防冻保护。注意水流箭头所指方向，建议水平安装。若安装空间受到限制，则只允许向上垂直安装，绝不允许向下垂直安装。内置式传感器不主张垂直安装，因为阀体和表面管道的热效应可能会导致温控器的错误动作，应确保传感器能感应到室内环流空气的温度，传感器不得被窗帘盒、暖气罩等覆盖，应远离热源和太阳直射部位。

除了散热器恒温阀外，还有一种散热器手动温度调节阀，如图 5-14 所示。其工作原理为在球形阀的阀芯上开一小孔，使其在调节流量的同时不能完全关断。它主要靠人的主观感受进行调节，不具备自力恒温装置，对供水温度和室内负荷的变化不能自动改变流量，控制上有明显的滞后性。手动温度调节阀在温控节能和舒适性方面远不如散热器恒温阀，但其价格较便宜，在一些要求不高的建筑物以及经济欠发达地区的工程项目中有较大的使用空间。

图 5-14　散热器手动温度调节阀外观图

项目六　室内蒸汽供暖系统

以水蒸气作为热媒的供暖系统称为蒸汽供暖系统。

单元一　蒸汽供暖系统的特点及分类

一、蒸汽供暖系统的特点

图 6-1 是蒸汽供暖系统原理图。水在锅炉中被加热成具有一定压力和温度的蒸汽；蒸汽靠自身压力作用通过管道流入散热器内；在散热器内放热后，蒸汽变成凝结水；凝结水经过疏水器（阻汽疏水）后靠重力沿凝结水管道返回凝结水箱内，再由凝结水泵送入锅炉重新被加热变成蒸汽。蒸汽供暖系统中，蒸汽在散热设备中定压凝结成同温度的凝结水，发生了相态的变化。通常认为进入散热设备的蒸汽是饱和蒸汽，虽然有时蒸汽进入散热设备时稍有过热，但如果过热度不大，可忽略过热量；流出散热设备的凝结水温度通常稍低于凝结水压力下的饱和温度，这部分过冷度一般很小，也可以忽略不计。因此认为在散热器内蒸汽凝结放出的是汽化潜热 γ。

散热设备的热负荷为 Q 时，散热设备所需的蒸汽量可按下式计算

$$G=\frac{AQ}{\gamma}=\frac{3600Q}{1000\gamma}=\frac{3.6Q}{\gamma} \qquad (6\text{-}1)$$

式中　G——供暖系统所需的蒸汽量（kg/h）；

A——单位换算系数，1W = 1J/s =（3600/1000）kJ/h = 3.6kJ/h；

Q——散热设备的热负荷（W）；

γ——蒸汽在凝结压力下的汽化潜热（kJ/kg）。

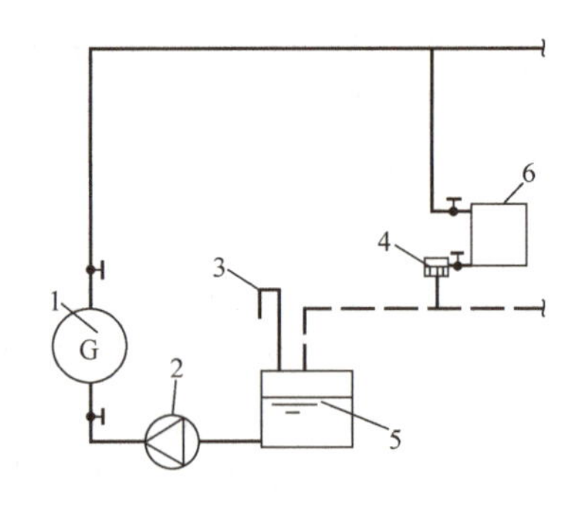

图 6-1　蒸汽供暖系统原理图

1—蒸汽锅炉　2—凝结水泵　3—空气管　4—疏水器　5—凝结水箱　6—散热器

蒸汽的汽化潜热 γ 比起每千克水在散热设备中靠温降放出的显热量要大得多。由于饱和蒸汽在凝结过程中温度不变，因此散热器内的平均温度即为蒸汽的饱和温度。在蒸汽供暖使用的压力范围内，蒸汽供暖系统散热设备中的热媒平均温度要比热水供暖系统高得多。

对于同样的热负荷，蒸汽供暖时所需的蒸汽质量流量比热水的质量流量少得多，所需散热设备面积也比热水供暖时少。

蒸汽供暖系统中，蒸汽比体积比热水大许多，蒸汽流速也比热水流速高许多；蒸汽的热惰性小，供汽时热得快，冷得也快，这更适合于需要间歇供暖的用户，如影剧院。另外蒸汽供暖系统的静水压力也较热水供暖系统小得多。

蒸汽供暖系统中蒸汽和凝结水在管路中流动时，不断发生着状态参数和相态的变化。锅炉中制备的湿饱和蒸汽沿途流动时，由于管壁散热而产生沿途凝结水，蒸汽流量将有所减

少，湿饱和蒸汽经过阀门等局部构件绝热节流时，压力降低、体积膨胀，湿饱和蒸汽可能变成节流压力下的饱和蒸汽或过热蒸汽。从散热设备中流出的饱和凝结水，通过疏水器或阀门等局部构件处压力下降后，由于沸点改变，部分凝结水重新汽化形成二次蒸汽，管路中是气-液两相流体流动。蒸汽和凝结水发生这些变化时，伴随着密度、温度等参数的变化，这是蒸汽供暖系统的特点之一。蒸汽供暖系统的设计、运行都要比热水供暖系统复杂得多。

蒸汽散热器表面温度高，不仅容易烫伤人，也会使其表面上的有机灰尘升华而产生异味，卫生条件较差，而且系统中易出现“跑、冒、滴、漏”现象，影响系统的使用效果和经济性。

二、蒸汽供暖系统的分类

按供汽压力的大小不同，蒸汽供暖系统分为三类：供汽压力等于或低于70kPa且不低于大气压的系统称为低压蒸汽供暖系统；供汽压力高于70kPa的系统称为高压蒸汽供暖系统；供汽压力低于大气压的系统称为真空蒸汽供暖系统。

高压蒸汽供暖系统的蒸汽压力一般由管路和设备的耐压程度决定。当选用柱形和长翼形铸铁散热器时，散热器内的蒸汽表压力不应超过196kPa（$2kgf/cm^2$）；圆翼形铸铁散热器的蒸汽表压力不得超过392kPa（$4kgf/cm^2$）。

国外设计低压蒸汽供暖系统时，一般采用尽可能低的供汽压力，且多数用在民用建筑内，这是因为供汽压力降低时，蒸汽的饱和温度也降低，凝结水的二次汽化量少，运行可靠，卫生条件较好。

真空蒸汽供暖系统可随室外气温调节供汽压力，在室外温度较高时，蒸汽压力甚至可降低到10kPa，其饱和温度仅为45℃左右，卫生条件较好。但系统需要真空泵装置，较复杂，在我国很少采用。

按蒸汽干管布置形式的不同，蒸汽供暖系统可分为上供式、中供式、下供式三种。

按立管布置特点的不同，蒸汽供暖系统可分为单管式和双管式，目前国内大多数蒸汽供暖系统采用双管式。

按凝结水回流动力的不同，蒸汽供暖系统还可分为重力回水、余压回水和加压回水系统。

单元二 室内低压蒸汽供暖系统

一、低压蒸汽供暖系统的形式及特点

1. 双管上供下回式低压蒸汽供暖系统

如图6-2所示的双管上供下回式系统是低压蒸汽供暖系统经常采用的一种形式。从锅炉产生的低压蒸汽经分汽缸分配到管路系统，蒸汽在自身压力的作用下，克服流动阻力经室外蒸汽管、室内蒸汽主立管、蒸汽干管、立管和散热器支管进入散热器内。蒸汽在散热器内放出汽化潜热变成凝结水，凝结水从散热器流出后，经凝结水支管、立管、干管进入室外凝结水管网，流回锅炉房内的凝结水箱，再经凝结水泵注入锅炉，重新被加热成蒸汽送入供暖系统。

现以双管上供下回式系统为例，说明蒸汽供暖系统正常工作的条件。

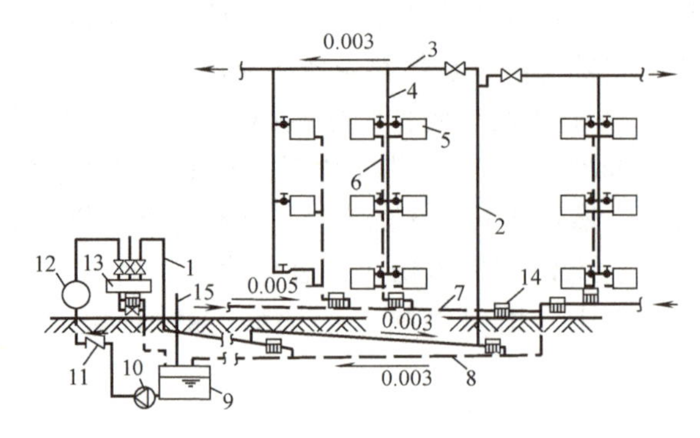

图 6-2 双管上供下回式系统

1—室外蒸汽管 2—室内蒸汽主立管 3—蒸汽干管 4—蒸汽立管 5—散热器 6—凝结水立管 7—凝结水干管 8—室外凝结水管 9—凝结水箱 10—凝结水泵 11—止回阀 12—锅炉 13—分汽缸 14—疏水器 15—空气管

1）散热器的供汽压力应符合要求。蒸汽供暖系统散热器内蒸汽和空气交替存在。供汽之前，散热器内充满空气；供汽后，一定压力的蒸汽克服阻力进入散热器，将散热器内的空气排出去。

如果供汽压力符合要求，如图 6-3a 所示，那么进入散热器的蒸汽恰好能在散热器表面冷凝成水，散热器内全部充满蒸汽，空气能完全排净，散热器内壁上形成一层凝结水薄膜，而且凝结水能及时顺利地流出，不在散热器内积留，此时散热器表面温度和放热量都能达到要求。

如果供汽压力较高，如图 6-3a 所示，供汽量超过了散热器的凝结能力，便会有未凝结的蒸汽窜入凝结水管，散热器表面温度和放热量超过设计要求，造成房间过热。

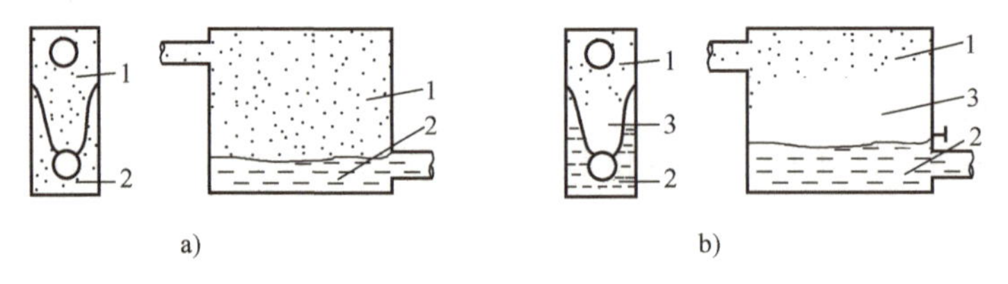

图 6-3 蒸汽在散热器内的放热情况

1—蒸汽 2—凝结水 3—空气

如果供汽压力较低，如图 6-3b 所示，那么进入散热器的蒸汽量减少，不能将散热器内的空气完全排净。由于低压蒸汽的密度比空气小，低压蒸汽将只占据散热器的上部空间，凝结水在散热器的下部流动，空气停留在蒸汽与凝结水之间，减少了蒸汽与散热器的接触面积。凝结水因蒸汽饱和分压力降低、器壁散热和空气的吸热而发生过冷却，这会降低散热器表面温度，使房间供热量不足，温度达不到设计要求。

通常低压蒸汽供暖系统散热器内蒸汽压力应与大气压力接近而略高一点，以使蒸汽在正压下凝结放热。低压蒸汽供暖系统的蒸汽始端压力除用于克服管道阻力外，到达散热器入口前尚应保留 1500～2000Pa 的剩余压力，以克服散热器阻力，使蒸汽进入散热器，并能将散热器内的空气驱入凝结水管。

2）合理地设置疏水器。疏水器是蒸汽供暖系统特有的设备，它的作用是自动阻止蒸汽通过，及时迅速地排除用热设备和管道中的凝结水、系统中积留的空气和其他不凝性气体。

蒸汽沿途流动时管壁散热生成的沿途凝结水有些可能被高速蒸汽流裹带形成高速水滴，有些已经落在管底，又会被高速蒸汽重新掀起形成水塞，水滴、水塞随蒸汽一起流动，流到阀门、拐弯或向上的管段时，会与管件或管道发生撞击，产生很大的噪声、振动或局部高压，损坏管件接口的严密性和管路支架，这就是水击现象。蒸汽供暖系统应有足够的坡度，并尽可能使汽水同向流动，以便于及时排除管路中的沿途凝结水，避免发生水击现象。

在实际运行中，为了避免出现水击现象，低压蒸汽供暖系统一般在分汽缸的下部、蒸汽管路可能积水的低点处、每组散热器的出口或每根立管的下部设置疏水器。

3）顺利排除系统内的空气。图 6-2 所示的双管上供下回式系统中，散热器至凝结水箱之间的凝结水管道横断面里，上部分是空气，下部分是凝结水。凝结水依靠管路的坡度，即靠重力作用流动，这种非满管流动的凝结水管属于干式凝结水管。从凝结水箱至锅炉之间的凝结水管，管道中全部充满了凝结水，这种满管流动的凝结水管属于湿式凝结水管。

该系统靠蒸汽压力将散热器内的空气驱入干式凝结水管，空气又通过干式凝结水管上部空间进入凝结水箱，从凝结水箱上部的空气管排出系统。

凝结水箱上的空气管不仅可以在系统起动和正常运行时将系统里的空气排除出去，还可以在系统停止工作时，经空气管向系统补充空气，以防系统停止送汽后，因系统内积存的蒸汽凝结体积大大收缩而产生真空，避免从系统不严密处吸入大量空气而影响系统正常运行。

2. 双管下供下回式低压蒸汽供暖系统

如图 6-4 所示，双管下供下回式系统的室内蒸汽干管与凝结水干管同时敷设在地下室或特设的地沟内，在室内蒸汽干管的末端设置疏水器以排除室内沿途凝结水。在该系统供汽立管中，凝结水与蒸汽逆向流动，运行时容易产生噪声，特别是系统开始运行时，因凝结水较多容易发生水击现象。

3. 双管中供式低压蒸汽供暖系统

如图 6-5 所示为双管中供式低压蒸汽供暖系统。当多层建筑顶层或顶棚下不便设置蒸汽干管时，可采用中供式系统，中供式系统不必像下供式系统那样设置专门的蒸汽干管末端疏水器，总立管长度也比上供式系统小，蒸汽干管的沿途散热也可得到有效利用。

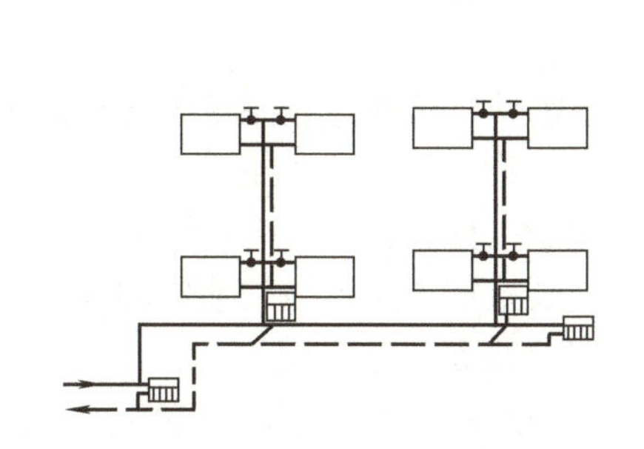

图 6-4　双管下供下回式低压蒸汽供暖系统

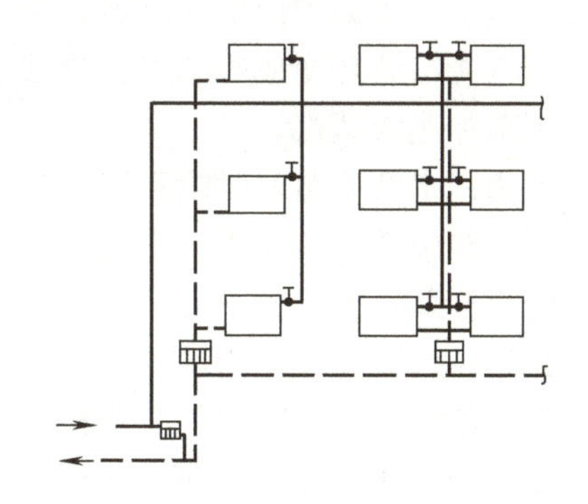

图 6-5　双管中供式低压蒸汽供暖系统

4. 单管上供下回式低压蒸汽供暖系统

如图 6-6 所示，单管上供下回式系统采用单根立管，可节省管材。蒸汽与凝结水同向流动，不易发生水击现象，但底层散热器易被凝结水充满，散热器内的空气无法通过凝结水干管排除。

由于散热器内低压蒸汽的密度比空气小，因此通常在每组散热器的下部 1/3 高度处设置自动排气阀，它除了运行时使散热器内空气在蒸汽压力的作用下及时排出外，还可以在系统停止供汽，散热器内形成负压时，迅速向散热器内补充空气，防止散热器内形成真空，破坏散热器接口的严密性。此外，自动排气阀还可以使凝结水排除干净，下次起动时不再产生水击现象。

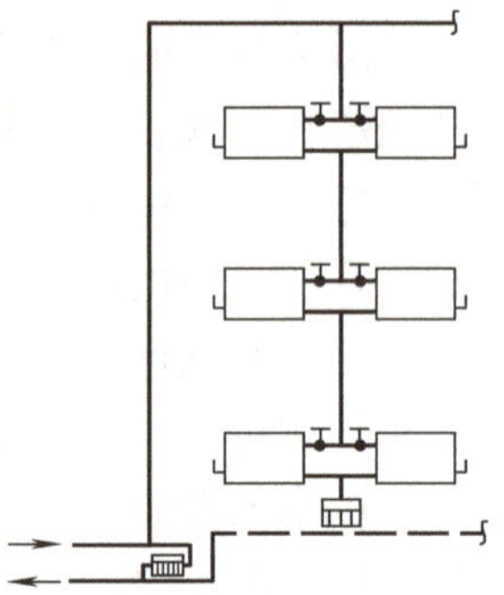

图 6-6 单管上供下回式低压蒸汽供暖系统

二、低压蒸汽供暖系统的凝结水回收方式

蒸汽供暖系统的凝结水是锅炉高品质的补给水，应尽可能多地回收符合质量要求的凝结水，这样可以减少水处理设备，降低系统造价和运行管理费用。凝结水回收时应考虑利用好二次蒸汽，减少热能损失，避免出现水击现象。

低压蒸汽供暖系统凝结水回收方式主要有重力回水和机械回水两种形式。

1. 重力回水系统

蒸汽供暖系统凝结水依靠自身重力流回锅炉房的系统称为重力回水系统。

图 6-7 为重力回水低压蒸汽供暖系统示意图。该系统锅炉产生的蒸汽靠自身压力的作用，克服流动阻力进入散热器，将散热器内的空气排入水平干式凝结水管，通过干式凝结水管末端的空气管 B 排出系统。空气管的作用除了在正常运行时排出系统内的空气外，还可以在停止供汽时向系统内补充空气，防止散热器内蒸汽凝结时形成真空，将锅炉内的水倒吸入凝结水管和散热器内，破坏系统的正常运行。在散热器内，蒸汽凝结放热变成凝结水，凝结水靠重力作用克服管路流动阻力和锅炉压力返回锅炉，再重新被加热成蒸汽。

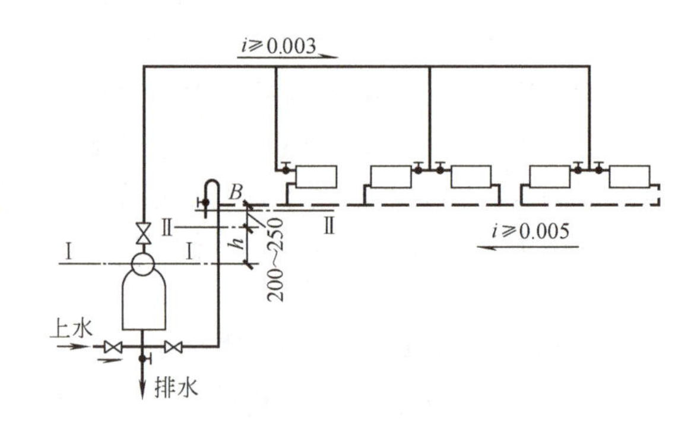

图 6-7 重力回水低压蒸汽供暖系统示意图

重力回水低压蒸汽供暖系统中，总凝结水立管与锅炉直接相连，系统未运行时锅炉和总凝结水立管中的水位在 I — I 平面上。系统运行后，在蒸汽压力的作用下，总凝结水立管中的水位将升高至 II — II 平面上，升高值为 h，因为系统中水平干式凝结水管末端设空气管与大气相通，所以 h 值即为锅炉压力折合的水柱高度。该系统若想使空气能顺利通过干式凝结水管末端的空气管排除，就必须将水平干式凝结水管设在 II — II 平面之上，要求留有 200 ~ 250mm 的富余值，从而保证水平干式凝结水管和散热器内不致被凝结水淹没，保证系统正常工作。

重力回水低压蒸汽供暖系统形式简单，不需设凝结水泵和凝结水箱，不消耗电能，系统的初投资和运行管理费用较低，适用于小型系统，锅炉蒸汽压力要求较低，且建筑物有地下室可利用的情况。

2. 机械回水系统

如果系统作用半径较大，供汽压力较高（超过 20kPa），凝结水不可能靠重力直接返回锅炉，可考虑采用机械回水系统。

如图 6-2 所示，凝结水先靠重力作用流入用户凝结水箱收集，再通过凝结水泵加压后返回锅炉房，这种系统称为机械回水（或加压回水）系统。该系统要求用户凝结水箱应布置在所有散热器和水平干式凝结水管之下，进入凝结水箱的凝结水管应做成顺水流下降的坡度，以便于散热器流出的凝结水能靠重力流入凝结水箱。系统布置时应注意以下两点。

1）为防止水泵停止运行时，锅炉中的水倒流入凝结水箱，应在凝结水泵的出水管上安装止回阀。

2）为防止水在凝结水泵吸入口处汽化，避免水泵出现气蚀现象，凝结水泵与凝结水箱之间的高度差取决于凝结水温度，见表 6-1。

表 6-1 凝结水泵中心与凝结水箱最低水位之间的高差

凝结水温度/℃	0	20	40	50	60	75	80	90	100
泵高于水箱/m	6.4	5.9	4.7	3.7	2.3	0	—	—	—
泵低于水箱/m	—	—	—	—	—	—	2	3	6

注：1. 当泵高于水箱时，表中数字为最大吸水高度。
2. 当泵低于水箱时，表中数字为最小正水头。

单元三 室内高压蒸汽供暖系统

在工厂中，生产工艺往往需要使用高压蒸汽，厂区内的车间及辅助建筑也常常利用高压蒸汽作为热媒进行供暖，高压蒸汽供暖是一种厂区内常见的供暖方式。

高压蒸汽供暖与低压蒸汽供暖相比，供汽压力高，热媒流速大，系统的作用半径也较大，相同热负荷时，系统所需管径和散热面积小。但由于蒸汽压力高，表面温度高，输送过程中无效损失较大，易烫伤人和烧焦落在散热器上的有机灰尘，卫生条件和安全条件较差。而且由于凝结水温度高，凝结水回流过程中易产生二次蒸汽，如果沿途凝结水回流不畅，会产生严重的水击现象。

一、高压蒸汽供暖系统的形式

1. 双管上供下回式高压蒸汽供暖系统

高压蒸汽供暖系统多采用上供下回的系统形式，如图 6-8 所示。

高压蒸汽通过室外蒸汽管路输送到用户入口的高压分汽缸，根据各用户的使用情况和压力要求，从高压分汽缸上引出不同的蒸汽管路分送不同的用户。如果外网蒸汽压力超过供暖系统和生产工艺用热的工作压力，应在室内系统入口处设置减压装置，减压后的蒸汽再进入下一级分汽缸分送不同的用户。送入室内各供暖系统的蒸汽，在散热设备处冷凝放热后，凝结水经凝结水管道汇流到凝结水箱。凝结水箱与大气相通，称为开式凝结水箱。凝结水箱中的凝结水再通过凝结水泵加压送回锅炉重新加热。高压蒸汽供暖系统在每个环路凝结水干管末端集中设置疏水器，在每组散热器的进出口支管上均安装阀门，以便调节供汽量和检修散热器时关断管路。为了使系统内各组散热器供汽量均匀，最好采用同程式管路布置形式。

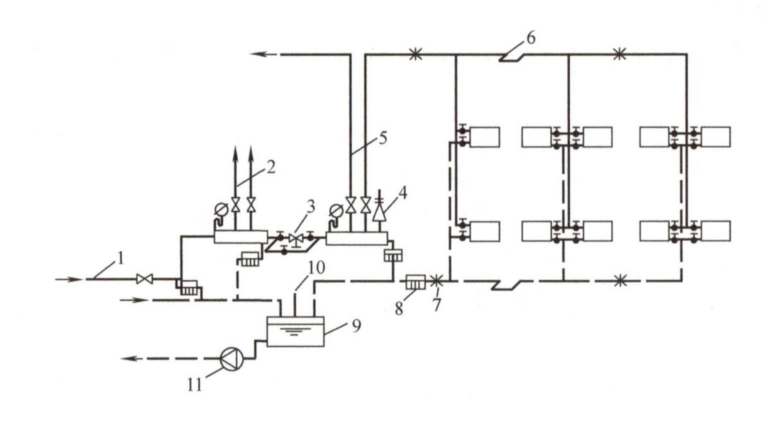

图 6-8 双管上供下回式高压蒸汽供暖系统

1—室外蒸汽管 2—室内高压蒸汽供汽管 3—减压装置 4—安全阀 5—室内高压蒸汽供暖管 6—补偿器 7—固定支架 8—疏水器 9—开式凝结水箱 10—空气管 11—凝结水泵

2. 双管上供上回式高压蒸汽供暖系统

当房间地面之上不便于布置凝结水管时，也可以将系统的供汽干管和凝结水干管设于房间的上部，即采用上供上回式系统，如图 6-9 所示。

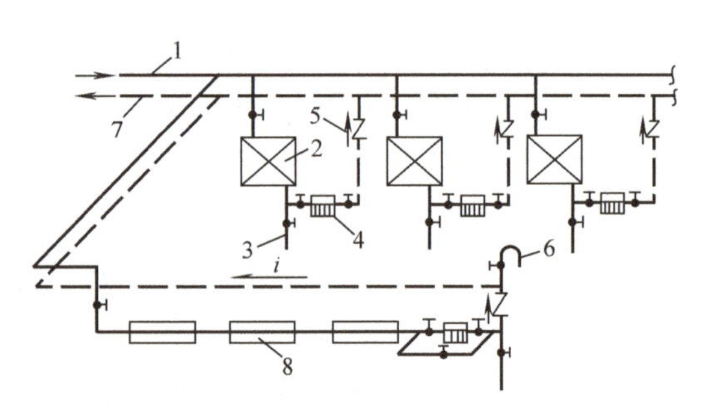

图 6-9 双管上供上回式高压蒸汽供暖系统

1—蒸汽管 2—暖风机 3—泄水管 4—疏水器 5—止回阀 6—空气管 7—凝结水管 8—散热器

凝结水靠疏水器之后的余压作用上升到凝结水干管，再返回室外管网。在每组散热器的凝结水出口处，除安装疏水器外，还应安装止回阀，防止停止供汽后，散热设备被凝结水充满。系统还需要考虑设置泄水管和空气管，以便及时排除每组散热设备和系统中的空气和凝结水。该系统启动时，如果升压过快会产生水击现象，空气也不易排除。

该系统不利于运行管理，系统停汽检修时，各散热设备和立管要逐个排放凝结水。通常只有在使用散热量较大的暖风机供暖系统而地面不允许敷设凝结水管时（如在多跨车间中部布置暖风机），才考虑采用。

二、高压蒸汽供暖系统的凝结水回收方式

1. 余压回水和加压回水

高压蒸汽供暖系统凝结水回收时，按凝结水回流动力的不同，分成余压回水和加压回水两种形式。

（1）余压回水　从室内散热设备流出的凝结水还有很高压力，凝结水克服疏水器阻力后的余压足以把凝结水送回车间或锅炉房内的高位凝结水箱，这种回水方式叫余压回水，如图 6-10 所示。

余压回水设备简单，是一种普遍采用的高压凝结水回收方式。为避免高低压凝结水合流时相互干扰，影响低压凝结水的顺利排出，可采用如图 6-11 所示的措施。

1）将高压凝结水管做成喷嘴顺流插入低压凝结水管中。

2）将高压凝结水管做成多孔管顺流插入低压凝结水管中。

（2）加压回水 如图6-12所示，当余压不足以将凝结水送回锅炉房时，可在用户处（或几个用户联合的凝结水分站）设置凝结水箱，收集几个用户不同压力的高温凝结水；处理二次蒸汽后，用水泵将凝结水加压送回锅炉房，这就是加压回水方式。

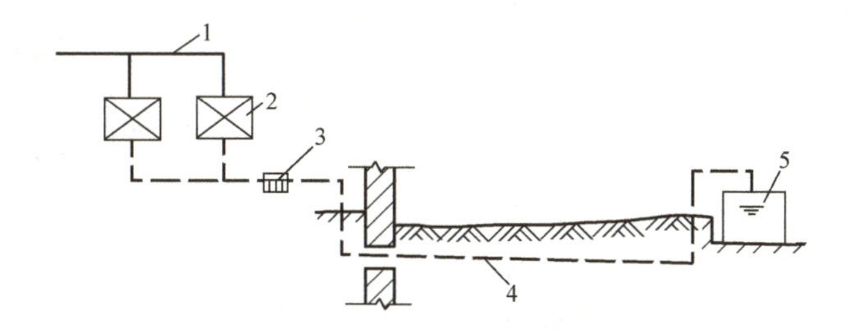

图 6-10 高压蒸汽余压回水

1—蒸汽管 2—散热设备 3—疏水器 4—余压凝结水管 5—凝结水箱

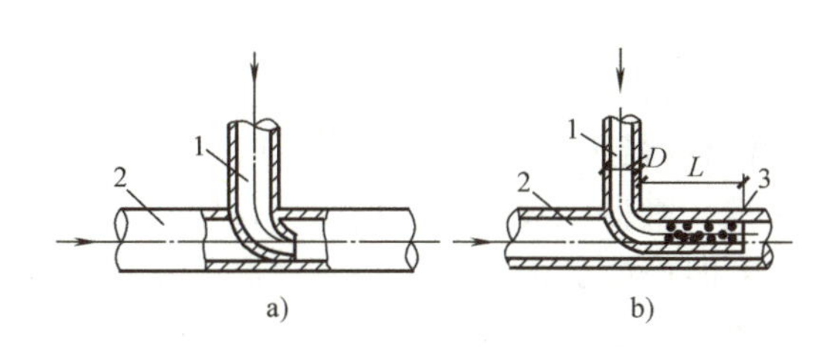

图 6-11 高低压凝结水合流的简单措施

a）喷嘴状的高压凝结水管 b）多孔管的高压凝结水管

1—高压凝结水管 2—低压凝结水管 3—$\phi3$ 的孔径

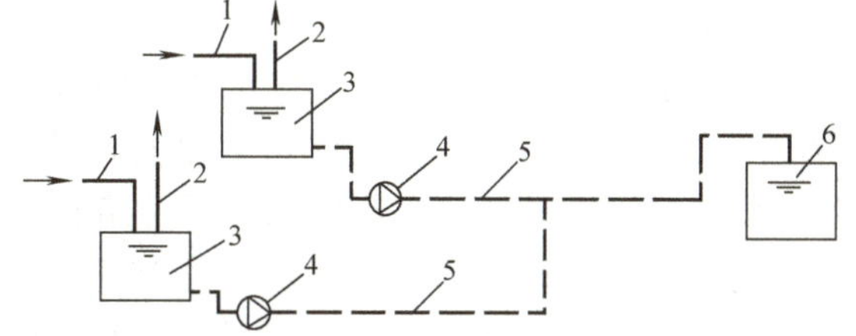

图 6-12 高压蒸汽加压回水

1—高压凝结水管 2—二次蒸汽管 3—分站凝结水箱

4—凝结水泵 5—压力凝结水管 6—总站凝结水箱

2. 开式凝结水回收系统和闭式凝结水回收系统

高压蒸汽凝结水回收系统又可按凝结水是否与大气相通分成开式系统和闭式系统。

（1）开式凝结水回收系统 如图 6-13 所示，各散热设备排出的高温凝结水靠疏水器之后的余压送入开式高位水箱，在水箱内泄掉过高压力，并通过水箱上的空气管排放出二次蒸汽变成稳定的冷凝结水，再靠高位凝结水箱与锅炉房凝结水箱之间的高差，通过高位凝结水箱与锅炉房凝结水箱之间的湿式凝结水管，使凝结水返回锅炉房凝结水箱。在系统开始运行时，可借助高压蒸汽的压力将管路系统和散热设备内的空气，通过余压凝结水管排入开式凝结水箱，再通过凝结水箱顶的空气管排出系统。

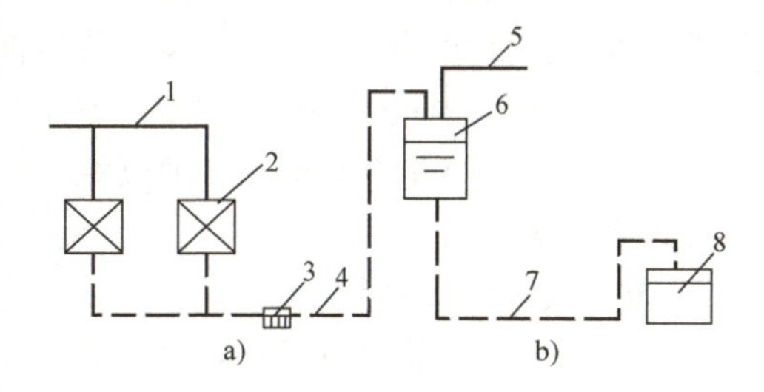

图 6-13 开式凝结水回收系统

1—蒸汽管 2—散热设备 3—疏水器

4—余压凝结水管 5—空气管 6—开式高位凝结水箱

7—湿式凝结水管 8—锅炉房凝结水箱

这种系统因为采用了开式高位水箱，不可

避免地要产生二次蒸汽的损失和空气的渗入，损失了热能，腐蚀了管道，污染了环境，一般只适用于凝结水量小于10t/h，作用半径小于500m，且二次蒸汽量不多的小型工厂。

（2）闭式凝结水回收系统 当工业厂房的蒸汽供暖系统使用较高压力时，凝结水管道中生成的二次蒸汽量会很多。如图6-14所示的凝结水回收系统中设置了闭式二次蒸发箱，系统中各散热设备排出的高温凝结水靠疏水器后的余压被送入与大气隔绝的封闭的二次蒸发箱，散热设备与二次蒸发箱间的凝结水管路仍属于干式凝结水管。在二次蒸发箱内，二次蒸汽与凝结水分离，二次蒸汽引入附近的低压蒸汽用热设备加以利用，分离出来的凝结水通过闭式满管流的湿式凝结水管流回锅炉房凝结水箱。

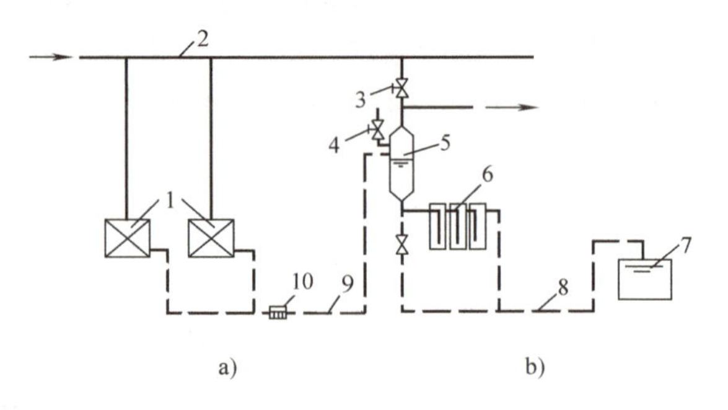

图6-14 闭式满管高压凝结水回收系统

1—散热设备 2—蒸汽管 3—压力调节器 4—安全阀 5—二次蒸发箱 6—多级水封 7—锅炉房凝结水箱 8—闭式满管流凝结水管 9—余压凝结水管 10—疏水器

二次蒸发箱一般架设在距地面约3m处，箱内蒸汽的压力可参考二次蒸汽的利用要求和回收凝结水的温度要求而定，一般为20～40kPa。在运行中，当用汽量小于二次蒸汽量时，箱内压力升高，箱上的安全阀会自动排汽降压；当用汽量大于二次蒸汽量、箱内压力降低时，可通过压力调节器自动控制蒸汽补给管补入蒸汽，维持二次蒸发箱内压力稳定。

这种方式可避免室外余压回水管中汽水两相流动时产生的水击现象，减少高低压凝结水合流时相互干扰，缩小外网的管径。但系统中设置了二次蒸发箱，设备增多，运行管理复杂。

单元四 蒸汽供暖系统的管路布置及附属设备

一、蒸汽供暖系统的管路布置

蒸汽供暖系统管路的布置要求基本上与热水供暖系统相同，还应注意以下几点。

1）水平敷设的供汽和凝结水管道，必须有足够的坡度并尽可能地使汽水同向流动，这是为了能够顺利排除凝结水和空气及检修时泄水的需要。

蒸汽干管汽水同向流动时，坡度值不小于0.002，一般取$i=0.003$；蒸汽干管汽水逆向流动时，坡度值不小于0.005；水平凝结水干管，坡度值不小于0.002，一般取$i=0.003$；散热器支管坡度值取$i=0.01$，应设成沿流向降低的坡度。

2）布置蒸汽供暖系统时，应尽量使系统作用半径小，流量分配均匀。系统规模较大，作用半径较大时，宜采用同程式布置，以避免远近不同的立管环路因压降不同造成压降大的环路凝结水回流不畅。

3）合理地设置疏水器。为了及时排出蒸汽系统的凝结水，除了应保证管道必要的坡度外，还应在适当位置设置疏水装置。一般低压蒸汽供暖系统每组散热设备的出口或每根立管的下部设置疏水器；高压蒸汽供暖系统一般在环路末端设置疏水器。

水平敷设的蒸汽干管，为了减少敷设深度，每隔30～40m需要局部抬高，局部抬高的低点处应设置疏水器和泄水装置。

4）为避免蒸汽管路中的沿途凝结水进入蒸汽立管造成水击现象，供汽立管应从蒸汽干管的上方（供汽干管上部敷设时）或侧上方（供汽干管下部敷设时）接出，如图 6-15 所示。干管沿途产生的凝结水，可通过干管末端设置的凝结水立管和疏水装置排除。

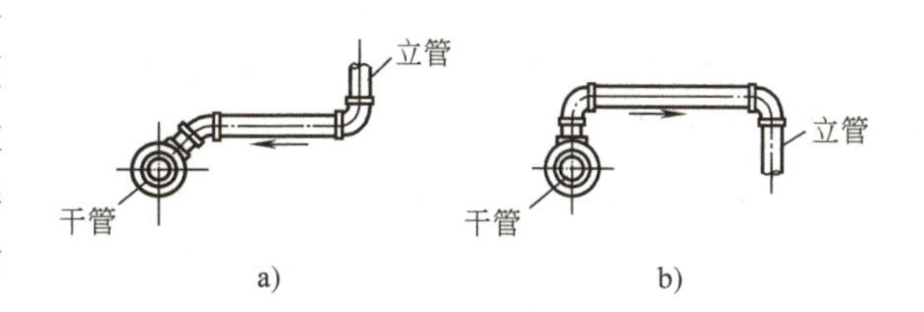

图 6-15　供汽干管和立管的连接方式

a）供汽干管下部敷设　b）供汽干管上部敷设

5）水平干式凝结水干管通过过门地沟时，需要将凝结水管内的空气与凝结水分离，应在门上设置空气绕行管，如图 6-16 所示。

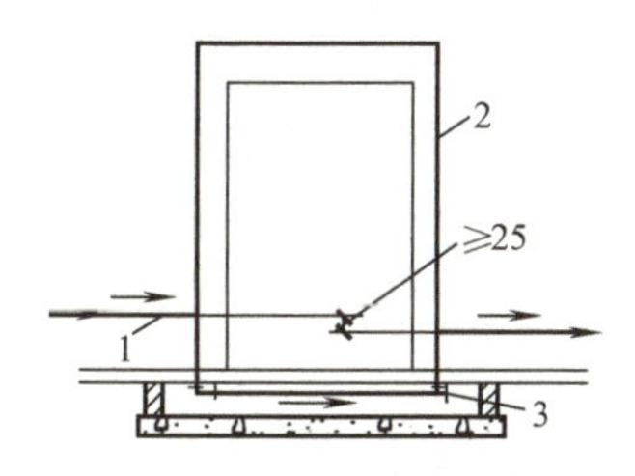

图 6-16　水平干式凝结水干管过门装置

1—凝结水管　2—ϕ15 空气绕行管　3—泄水阀

6）蒸汽供暖系统必须解决好管道的热胀冷缩问题，一般在较长的水平管道和垂直管道上应装设补偿器。

二、蒸汽供暖系统的附属设备

1. 疏水器

疏水器是蒸汽供暖系统特有的自动阻汽疏水设备，它的工作状况对系统运行的可靠性和经济性影响极大。

（1）疏水器的类型

1）机械型疏水器。机械型疏水器是利用蒸汽和凝结水的密度不同，以及凝结水的液位变化，控制凝结水排水孔自动启闭工作，主要有浮筒式、钟型浮子式和倒吊桶式等几种类型。

图 6-17 是机械型浮筒式疏水器。凝结水进入疏水器外壳内，当壳内水位升高时浮筒浮起，将阀孔关闭，凝结水继续流入浮筒。当水即将充满浮筒时，浮筒下沉，阀孔打开，凝结水借蒸汽压力排到凝结水管中。当凝结水排出一定数量后，浮筒的

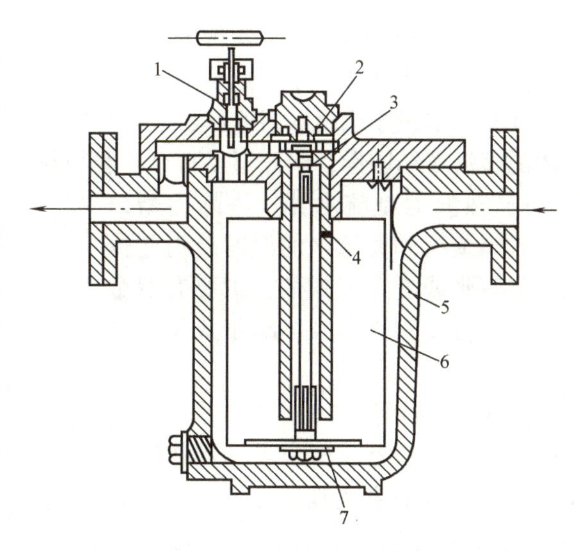

图 6-17　机械型浮筒式疏水器

1—放气阀　2—阀孔　3—顶针　4—水封套筒上的排气孔
5—外壳　6—浮筒　7—可换重块

总重量减轻，浮筒再度浮起又将阀孔关闭，如此反复。

浮筒的容积、浮筒及阀杆等的重量，阀孔直径及阀孔前后凝结水的压差决定着浮筒的沉浮工作。浮筒底附带的可换重块可用来调节它们之间的配合关系，以适应不同凝结水压力和压差的工作条件。

浮筒式疏水器在正常工作情况下，漏汽量只等于水封套筒上排气孔的漏汽量，数量很少，它能排出具有饱和温度的凝结水。疏水器前凝结水的压力 p_1 在 500kPa 或更小时便能起动疏水，排水孔阻力较小，疏水器的背压可以较高。浮筒式疏水器的主要缺点是体积大、排水量小，活动部件多，筒内易沉积渣垢，阀孔易磨损，维修量较大。

2）热动力型疏水器。热动力型疏水器是利用相变原理靠蒸汽和凝结水热动力学（流动）特性的不同来工作的，主要有脉冲式、圆盘式和孔板式等几种类型。

图 6-18 是热动力型圆盘式疏水器。当过冷的凝结水流入孔 A 时，靠圆盘形阀片上下的压差顶开阀片，水经环形槽 B，从向下开的小孔排出。由于凝结水的比体积几乎不变，因此凝结水流动通畅，阀片常开连续排水。

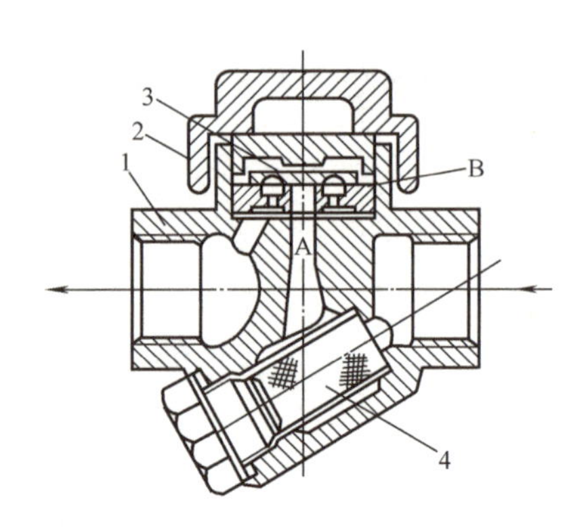

图 6-18 热动力型圆盘式疏水器

1—阀体 2—阀盖 3—阀片 4—过滤器

当凝结水带有蒸汽时，蒸汽在阀片下面从孔 A 经槽 B 流向出口，在通过阀片和阀座之间的狭窄通道时，压力下降，蒸汽比体积急剧增大，阀片下面蒸汽流速激增，造成阀片下面的静压下降。同时，蒸汽在槽 B 与出口孔处受阻，被迫从阀片和阀盖之间的缝隙冲入阀片上部的控制室，动压转化为静压，在控制室内形成比阀片下部更高的压力，迅速将阀片压下而阻汽。阀片关闭一段时间后，由于控制室内蒸汽凝结，压力下降会使阀片瞬时开启，造成周期性漏汽。因此，新型的圆盘式疏水器凝结水先通过阀盖夹套再进入中心孔，以减缓控制室内蒸汽的凝结。

圆盘式疏水器体积小、重量轻、结构简单、安装维修方便，但容易出现周期性漏汽现象，在凝结水量小或疏水器前后压差过小时会发生连续漏汽；当周围环境温度较高时，控制室内的蒸汽凝结缓慢，阀片不易打开，会使排水量减少。

3）热静力型疏水器。热静力型疏水器是靠蒸汽和凝结水的温度差引起恒温元件膨胀或变形工作的，主要有双金属片式、波纹管式和液体膨胀式等几种类型。

图 6-19 所示为波纹管式疏水器，属于热静力型疏水器。疏水器的动作部件是一个波纹管的温度敏感元件，波纹管内部充入易蒸发的液体。当蒸汽通过时，蒸汽的温度较高，使波纹管内易蒸发的液体温度增高，体积膨胀，波纹管轴向伸长带动阀芯关闭阀孔通路，防止

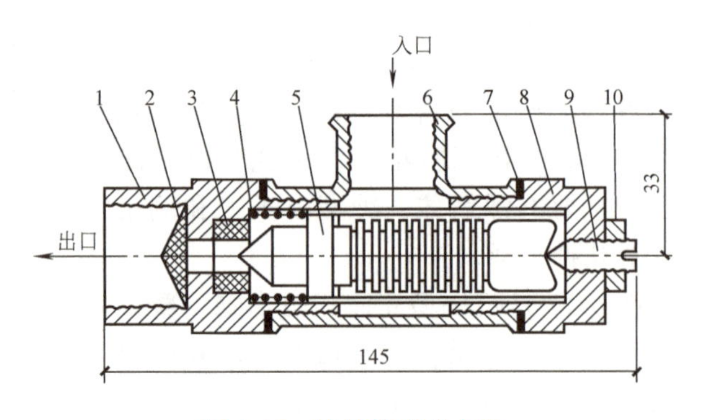

图 6-19 波纹管式疏水器

1—大管接头 2—过滤网 3—网座 4—弹簧 5—温度敏感元件 6—三通 7—垫片 8—后盖 9—调节螺钉 10—锁紧螺母

蒸汽逸漏。当疏水器中的蒸汽向四周散热，温度下降变成凝结水时，波纹管收缩打开阀孔，凝结水流出。当空气或冷的凝结水通过时，阀孔常开，顺利排水。疏水器尾部带有调节螺钉，向前调节可减小疏水器的阀孔间隙，提高凝结水过冷度。此种疏水器排放的凝结水温度为 60～100℃，为使疏水器前凝结水温度降低，疏水器前 1～2m 管道不保温。

温调式疏水器加工工艺要求较高，适用于排除过冷凝结水，不宜安装在周围环境温度高的场合。

选择疏水器时，要求疏水器在单位压降下凝结水排量大，漏汽量小，能顺利排除空气，对凝结水流量、压力和温度的适应性强，且结构简单，活动部件少，便于维修，体积小，金属耗量少，使用寿命长。

（2）疏水器的选择计算　疏水器的类型确定之后，需选定疏水器的规格型号。疏水器的内部有一排水小孔，确定疏水器的排水能力就是选择排水小孔的直径，疏水器的规格多用阀孔直径 d 表示。

疏水器的选择步骤如下。

1）疏水器排水量的计算。当生产厂家提供了各种规格疏水器在不同情况下的样本时，可直接查得疏水器的排水量 G。如果缺少必要的技术数据，疏水器的排水量可按式（6-2）计算。

$$G=0.1A_{\mathrm{p}}d^{2}\sqrt{\Delta p} \tag{6-2}$$

式中　G——疏水器的设计排水量（kg/h）；

d——疏水器的排水阀孔直径（mm）；

Δp——疏水器前后的压力差（kPa）；

A_{p}——疏水器的排水系数，当通过冷水时，$A_{\mathrm{p}}=32$，当通过饱和凝结水时，按附录 20 选用。

2）疏水器的选择倍率。应用式（6-1）可计算出供暖系统蒸汽的理论流量，即

$$G_{\mathrm{L}}=\frac{3.6Q}{\gamma}$$

疏水器的理论排水量 G 应等于系统或用热设备中蒸汽的理论流量 G_{L}，但选择疏水器时，确定的疏水器设计疏水量 G_{sh} 应大于疏水器的理论排水量 G，即疏水器设计疏水量 G_{sh} 应大于系统或用热设备中蒸汽的理论流量 G_{L}。

$$G_{\mathrm{sh}}=KG_{\mathrm{L}} \tag{6-3}$$

式中　G_{sh}——疏水器的设计排水量（kg/h）；

K——疏水器的选择倍率，不同热用户系统在不同使用情况下疏水器的选择倍率 K 值可按表 6-2 选用；

G_{L}——系统或用热设备处疏水器的理论排水量（kg/h）。

表 6-2　疏水器选择倍率 K 值

系统	使用情况	选择倍率 K	系统	使用情况	选择倍率 K
供暖	$p_{\mathrm{b}}\geqslant 100$kPa	2～3	淋浴	单独换热器	2
	$p_{\mathrm{b}}<100$kPa	4		多喷头	4

（续）

系统	使用情况	选择倍率 K	系统	使用情况	选择倍率 K
热风	$p_b \geqslant 200\text{kPa}$	2	生产	一般换热器	3
	$p_b < 200\text{kPa}$	3		大容量、常间歇、速加热	4

注：p_b——表压力。

疏水器留有选择倍率 K 是考虑以下因素。

① 系统运行时，如果用汽压力下降或背压升高，会使疏水器的排水能力下降；如果用户负荷增大，系统的凝结水量也会增多。从安全因素考虑，理论计算有时与实际运行情况不一致，疏水器应留有选择倍率。

② 用热设备起动时，如果压力较低，用户负荷较大，或者用热设备需要被迅速加热时，疏水器的排水量会比正常运行时增加，这也要求疏水器留有选择倍率。

对于间歇工作的疏水器（如浮筒式疏水器），选择倍率 K 应适当选取，以免疏水器间歇频率过大，阀孔阀座磨损过快。

3）疏水器前、后压力的确定。疏水器前、后的设计压力及其设计压差值，关系到疏水器的选择及疏水器后余压回水管路资用压力的大小。疏水器前的压力 p_1 取决于疏水器在蒸汽供热系统中的位置：当疏水器用来排除蒸汽管路的凝结水时，$p_1=p_b$（p_b 表示连接疏水器处的蒸汽表压力）；当疏水器安装在用热设备的出口凝结水支管上时，$p_1=0.95p_b$（p_b 表示用热设备前的蒸汽表压力）；当疏水器安装在系统凝结水干管末端时，$p_1=0.7p_b$（p_b 表示供热系统入口蒸汽表压力）。

凝结水通过疏水器及其排水阀孔时，为保证疏水器正常工作，应保证疏水器前、后有一个最小的允许压差 Δp_{min}，也就是说疏水器前压力 p_1 给定后，疏水器后的背压 p_2 就不能超过某一允许的最大背压 p_{2max}。

$$p_{2max} \leqslant p_1 - \Delta p_{min} \tag{6-4}$$

疏水器的最大允许背压 p_{2max}，取决于疏水器的类型和规格，通常由生产厂家提供试验数据。多数疏水器的 p_{2max} 约为 $0.5p_1$（浮筒式的 Δp_{min} 值较小，约为50kPa，也就是浮筒式的最大允许背压 p_{2max} 高）。

设计时，疏水器的背压 p_2 值如果选得过高，对疏水器后余压凝结水管路的水力计算有利，但疏水器前、后的压差 $\Delta p=p_1-p_2$ 会减小，这对选择疏水器不利。

通常疏水器的设计背压可采用

$$p_2=0.5p_1 \tag{6-5}$$

疏水器之后的管路如果按干式凝结水管设计（如低压蒸汽供暖系统），p_2 等于大气压。

4）根据计算得到的疏水器设计流量和疏水器前、后的压差，代入式（6-2），就可以确定疏水器的阀孔直径，或直接查用有关样本手册确定。

（3）疏水器的安装　疏水器通常为水平安装，图6-20是疏水器的几种常用安装方式。

图中疏水器各种配管及附件的作用如下。

1）旁通管。系统初运行时，通过旁通管加速排放大流量凝结水。正常运行时，应关闭旁通管，以免蒸汽窜入回水系统，影响其他用热设备的使用和室外管网的压力。装设旁通管害多益少，对于小型供暖和单独热风供暖系统，可不设旁通管；对于不允许中断供汽的生产供热系统，为了检修的需要，可以设旁通管。

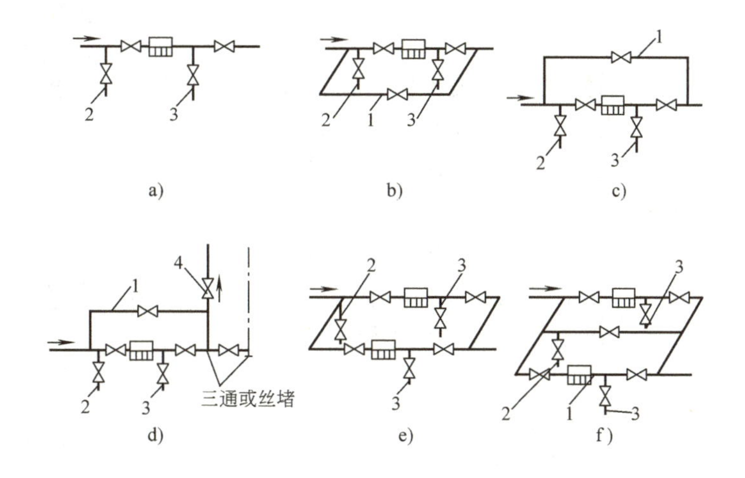

图 6-20 疏水器的安装方式

a）不带旁通管水平安装 b）带旁通管水平安装 c）带旁通管垂直安装

d）带旁通管垂直安装（上返） e）不带旁通管并联安装 f）带旁通管并联安装

1—旁通管 2—冲洗管 3—检查管 4—止回阀

2）冲洗管。用于排放空气和冲洗管路。

3）检查管。用来检查疏水器工作是否正常。

4）止回阀。防止停止供汽后，凝结水倒流回用户供热设备，避免下次起动时，系统内出现水击现象。

通常疏水器前应安装过滤器，用来过滤凝结水中的渣垢、杂质。如果疏水器本身带过滤网，可不设过滤器。过滤器应经常清洗，以防堵塞。

2. 减压阀

减压阀可通过调节阀孔大小，对蒸汽进行节流而达到减压目的，并能自动将阀后压力维持在一定范围内。目前国产减压阀有活塞式、波纹管式和薄膜式等几种。

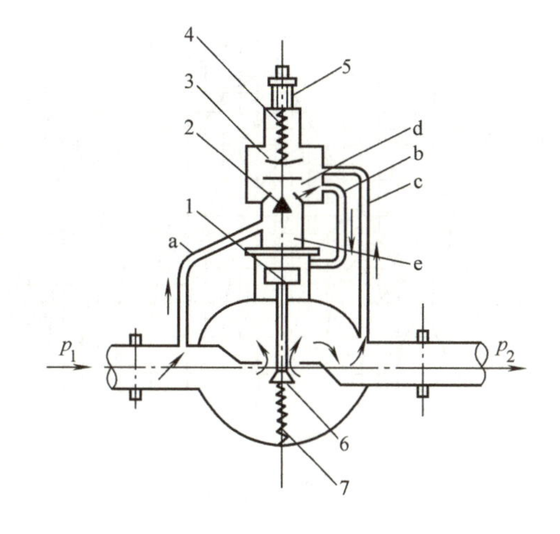

图 6-21 活塞式减压阀工作原理图

1—活塞 2—针阀 3—薄膜片 4—上弹簧

5—旋紧螺钉 6—主阀 7—下弹簧

图 6-21 是活塞式减压阀的工作原理图，活塞 1 上的阀前蒸汽压力和下弹簧 7 的弹力相互平衡，控制主阀 6 上下移动，增大或减小阀孔的流通面积。薄膜片 3 带动针阀 2 升降，开大或关小室 d 和室 e 之间的通道，薄膜片的弯曲度靠上弹簧 4 和阀后蒸汽压力的相互作用操纵。启动前，主阀关闭；启动时，旋紧螺钉 5 压下薄膜片 3 和针阀 2，阀前压力为 p_1 的蒸汽通过阀体内通道 a、室 e、室 d 和阀体内通道 b 到达活塞 1 的上部空间，推下活塞打开主阀。蒸汽通过主阀后，压力下降为 p_2，经阀体内通道 c 进入薄膜片的下

部空间，作用在薄膜片上的力与旋紧的弹簧力相平衡。调节旋紧螺钉可使阀后压力达到设定值。当某种原因使阀后压力 p_2 升高时，薄膜片 3 由于下面的作用力变大而上弯，针阀 2 关小，活塞 1 的推力下降，主阀上升，阀孔通路变小，p_2 下降。反之，动作相反。这样可以保持 p_2 在一个较小的范围内（一般在 ±0.05MPa）波动，处于基本稳定状态。

活塞式减压阀适用于工作温度低于 300℃，工作压力达 1.6MPa 的蒸汽管道，阀前与阀后最小调节压差为 0.15MPa。活塞式减压阀工作可靠，工作温度和压力较高，适用范围广。

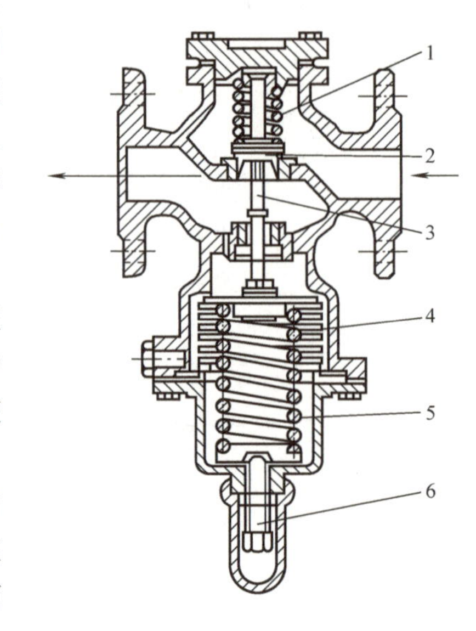

图 6-22 波纹管减压阀

1—辅助弹簧 2—阀瓣 3—阀杆 4—波纹箱 5—调节弹簧 6—调整螺钉

图 6-22 为波纹管减压阀，靠通至波纹箱 4 的阀后蒸汽压力和阀杆下的调节弹簧 5 的弹力平衡来调节主阀的开启度。压力波动范围在 ±0.025MPa 以内，阀前与阀后的最小调压差为 0.025MPa。

波纹管减压阀适用于工作温度低于 200℃，工作压力达 1.0MPa 的蒸汽管道。波纹管减压阀的调节范围大，压力波动范围小，适用于需减为低压的蒸汽供暖系统中。

在工程设计中，利用图 6-23 的曲线图及表 6-3 可选择减压阀阀孔面积和接管直径。

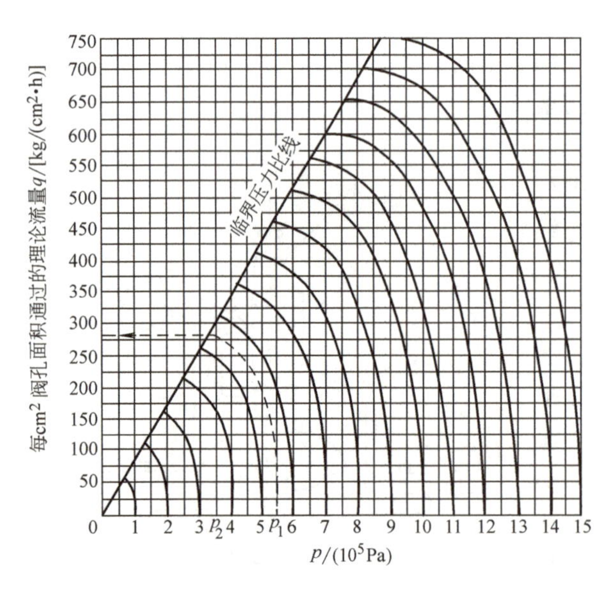

图 6-23 减压阀阀孔面积选择用图

表 6-3 减压阀接管直径和阀孔截面积

减压阀接管直径/mm	减压阀阀孔截面积/cm²
25	2.00
32	2.80
40	3.48
50	5.30
65	9.45
80	13.20
100	23.50
125	36.80
150	52.20

[例 6-1] 管中为饱和蒸汽，阀前压力为 $p_1=540\text{kPa}$，阀后压力为 $p_2=343\text{kPa}$，蒸汽流量 $G=2\text{t/h}$，求减压阀阀孔截面积和接管直径。

[解] 由图 6-23 查得 $q=275\text{kg/cm}^2\cdot\text{h}$，阀孔截面积

$$f=\frac{2000}{0.6\times275}\text{cm}^2\approx12.12\text{cm}^2\ \text{（0.6 为流量系数）}$$

查表 6-3，减压阀接管直径选用 80mm。

图 6-24 为减压阀安装图式。

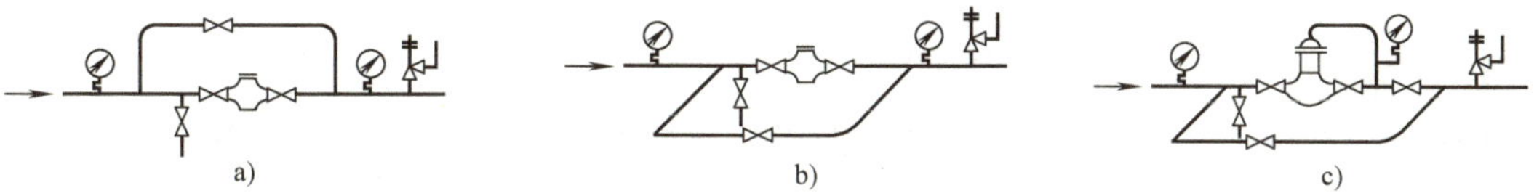

a)　　b)　　c)

图 6-24　减压阀安装

a）活塞式减压阀旁通管垂直安装　b）活塞式减压阀旁通管水平安装　c）薄膜式或波纹管式减压阀安装

减压阀安装时不能装反，应使它垂直地安装在水平管道上。旁通管是减压阀的一个组成部分，当减压阀发生故障需要检修时，可关闭减压阀两侧的截止阀，暂时通过旁通管供汽。减压阀两侧应分别装有高压和低压压力表。为了防止减压后的压力超过允许的限度，阀后应装设安全阀。

送汽前为防止管路内的污垢和积存的凝结水使主阀产生水击，振动和磨损阀门的密封面，可先将旁通管路的截止阀打开，使汽、水混合的污垢从旁通管通过，然后再开动减压阀。

3. 二次蒸发箱

二次蒸发箱是将各用汽设备排出的凝结水在较低压力下扩容，分离出一部分二次蒸汽，将低压的二次蒸汽输送到用户的用汽设备。

如图 6-25 所示为二次蒸发箱的构造图，高压含汽凝结水沿切线方向进入箱内，在较低压力下扩容，凝结水分离出部分二次蒸汽，凝结水的旋转运动使汽、水更容易分离，凝结水向下流动沿凝结水管送回凝结水箱。

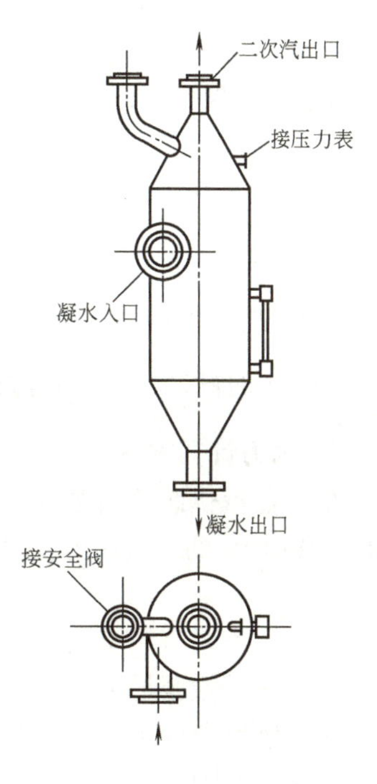

图 6-25　二次蒸发箱

二次蒸发箱内，每小时凝结水产生二次蒸汽的体积为

$$V_q = Gxv \tag{6-6}$$

式中　V_q——每小时凝结水产生二次蒸汽的体积（m^3）；

G——每小时流入二次蒸发箱的凝结水质量（kg）；

x——每 1kg 凝结水的二次汽化率（%）；

v——蒸发箱内压力 p_3 对应的蒸汽比体积（m^3/kg）。

二次蒸发箱的容积 V 可按每 $1m^3$ 容积每小时分离出 $2000m^3$ 蒸汽来确定，蒸发箱中 20% 体积存水，80% 体积为蒸汽分离空间。即

$$V = Gxv/2000 = 0.005Gxv \tag{6-7}$$

蒸发箱的截面积按蒸汽流速不大于 2.0m/s，水流速度不大于 0.25m/s 来设计，二次蒸发箱的型号及规格见国家标准图集。

单元五 低压蒸汽供暖系统的水力计算

蒸汽供暖系统的蒸汽管路和凝结水管路，需分别进行水力计算。

一、蒸汽管路

1. 计算原理

低压蒸汽供暖系统的水力计算原理和基本公式与热水供暖系统相同，蒸汽在管路中流动时需进行沿程压力损失 p_y 和局部压力损失 p_j 的计算。

（1）沿程压力损失 p_y　根据达西公式，单位长度的沿程压力损失（比摩阻）为

$$R=\frac{\lambda}{d}\times\frac{\rho v^2}{2}$$

在低压蒸汽供暖系统中，蒸汽的流动状态多处于紊流过渡区，沿程阻力系数 λ 的计算公式可采用过渡区公式。公式中的绝对粗糙度 K，室内低压蒸汽供暖系统可取 $K=0.2\text{mm}$。

蒸汽在管路中流动时，蒸汽的流量随沿途凝结水的产生而不断减少，蒸汽的密度因压力的降低也不断减小。但由于压力变化不大，因此工程计算中可忽略压力和密度的变化，认为每个计算管段内的流量 Q 和整个系统的密度 ρ 是不变的。

附录 21 给出了室内低压蒸汽供暖系统水力计算表，制表的蒸汽密度取 $\rho=0.6\text{kg/m}^3$。

如果已知平均比摩阻 R_{pj}，蒸汽管段的热负荷 Q，查表就可确定管径 d、实际比摩阻 R_{sh} 和实际流速 v_{sh}。

该管段的沿程压力损失为

$$p_y=R_{sh}L$$

（2）局部压力损失　局部压力损失的计算公式为

$$p_j=\Sigma\xi\frac{\rho v^2}{2}$$

各局部构件的局部阻力系数 ξ 值，可查附录 12 确定。

$\Sigma\xi=1$ 时的动压头 $\frac{\rho v^2}{2}$ 可查附录 22 确定。

2. 水力计算方法

低压蒸汽供暖系统要求系统始端压力除克服管路阻力外，到达散热器入口前应留有 1500～2000Pa 的剩余压力，以克服散热器入口阻力，使蒸汽进入散热器，并能排除其中的空气。

低压蒸汽供暖系统蒸汽管路的水力计算，应先从最不利管路开始，最不利管路就是锅炉出口或系统始端至最远散热器之间的蒸汽管路。

最不利管路的水力计算有控制比压降法和平均比摩阻法两种。

（1）控制比压降法　该方法要求最不利管路每米长的总压力损失（沿程压力损失和局部压力损失之和）控制在 100Pa/m 的范围内。

（2）平均比摩阻法　该方法是在已知锅炉出口压力或室内系统始端蒸汽压力的情况下进行计算的。

平均比摩阻

$$R_{pj}=\frac{\alpha\ (p_g-2000)}{\Sigma L} \tag{6-8}$$

式中　R_{pj}——低压蒸汽供暖系统最不利管路的平均比摩阻（Pa/m）；

α——沿程压力损失占总损失的百分数，查附录18可知低压蒸汽管路 $\alpha=60\%$；

p_g——锅炉出口或室内系统始端蒸汽表压力（Pa）；

2000——散热器入口要求的剩余压力（Pa）；

ΣL——最不利蒸汽管路的总长度（m）。

如果锅炉出口或室内系统始端压力较高，计算得出的平均比摩阻 R_{pj} 值较大，仍推荐控制每米长的总压力损失在100Pa/m范围内。

水力计算确定管径时，为避免发生水击现象产生噪声，便于顺利排除蒸汽管路中的凝结水，《民用建筑供暖通风与空气调节设计规范》（GB 50736—2012）规定，管内热媒流速，低压蒸汽供暖系统汽、水同向流动时不大于30m/s；汽、水逆向流动时不大于20m/s。

另外，考虑蒸汽管内沿途凝结水和空气的影响，末端管径应适当放大。当干管始端管径在50mm以上时，末端管径应不小于32mm；当干管始端管径在50mm以下时，末端管径应不小于25mm。

二、凝结水管路

重力回水低压蒸汽供暖系统的凝结水管路中，排气管之前的管路内，上部分是空气，下部分是凝结水，属于非满管流动的干式凝结水管；排气管之后的管路内被凝结水全部充满，属于满管流动的湿式凝结水管。

低压蒸汽供暖系统干式凝结水管和湿式凝结水管的管径可根据管段热负荷查附录23确定。为了顺畅排除系统内的凝结水和空气，水平干式凝结水管的管径不应小于20mm。

［例6-2］　图6-26是某车间重力回水低压蒸汽供暖系统的右侧环路，每组散热器的热负荷为3000W。各管段编号、立管号已标于图中，各管段号旁的数字上行表示热负荷 Q(W)，下行表示管段长度 L(m)，试进行蒸汽和凝结水管路的水力计算。

［解］(1) 确定锅炉压力

本例中，锅炉出口到最远立管 L_3 之间的供汽管路是最不利管路，包括①～⑤管段，总长度 $\Sigma L=39$m。

可采用控制比压降法确定锅炉压力。因每米管段的总压力损失控制在100Pa/m范围内，还需在散热器入口处留2000Pa的剩余压力，则锅炉的工作压力为

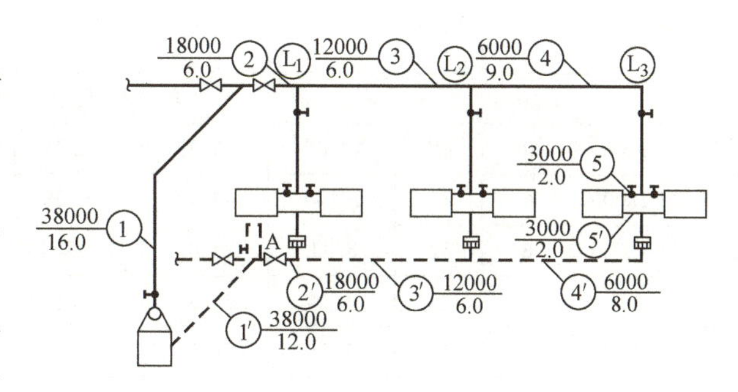

图6-26　重力回水低压蒸汽供暖系统

$$p=(100\times39+2000)\text{Pa}=5900\text{Pa}$$

取锅炉压力为6000Pa。

本例采用重力回水低压蒸汽供暖系统，为了通过水平干式凝结水管末端的空气管排空气，锅炉设在水平干式凝结水管下的高度应为 $\frac{6000}{\rho g}+0.25$m，取为0.85m。

(2) 最不利管路的水力计算　采用控制比压降法进行最不利管路的水力计算时，查附

录18，低压蒸汽供暖系统沿程损失占总损失的百分数 $\alpha=60\%$，所以推荐最不利环路的平均比摩阻为 $R_{pj}=100\times0.6\text{Pa/m}=60\text{Pa/m}$。

根据 R_{pj} 和各管段热负荷 Q 查附录21确定各管段管径 d、实际比摩阻 R_{sh} 和实际流速 v_{sh}。

求各管段沿程压力损失 $p_y=R_{sh}L$，计算结果列于表6-4中。

根据各管段的局部构件，查附录12确定各管件的局部阻力系数 $\Sigma\xi$，列于表6-5中。

根据各管段流速查附录22，确定 $\Sigma\xi=1$ 时的动压头 $\frac{\rho v^2}{2}$。

求各管段的局部压力损失 $p_j=\Sigma\xi\frac{\rho v^2}{2}$，计算结果列于表6-4中。

最不利管路的总压力损失为

$$\Sigma\ (p_y+p_j)_{①\sim⑤}=2532.88\text{Pa}$$

剩余压力的比例为

$$\frac{(p-2000)\ -\Sigma\ (p_y+p_j)_{①\sim⑤}}{p-2000}=\frac{4000-2532.88}{4000}\times100\%\approx36.68\%$$

上述剩余压力可作为蒸汽管路的储备压力，不再进行管径调整计算。

(3) 立管 L_2 的水力计算　因各组散热器前预留的蒸汽压力相同，故立管 L_2 与最不利管路的④⑤管段并联，立管 L_2 的资用压力为

$$\Delta p_{L_2}=\Sigma\ (p_y+p_j)_{④⑤}=657.81\text{Pa}$$

立管 L_2 的平均比摩阻

$$R_{pj}=\frac{\alpha\Delta p}{\Sigma L}=\frac{657.81\times0.6}{5}\text{Pa/m}\approx78.94\text{Pa/m}$$

计算结果见表6-4。

表6-4　室内低压蒸汽供暖系统管路水力计算表

管段编号	热负荷 Q/W	管段长度 L/m	管径 d/mm	流速 v/(m/s)	比摩阻 R/(Pa/m)	沿程压力损失/Pa $p_y=Rl$	局部阻力系数 $\Sigma\xi$	动压头/Pa $\frac{\rho v^2}{2}$	局部压力损失/Pa $p_j=\Sigma\xi\cdot\frac{\rho v^2}{2}$	管段压力损失/Pa p_y+p_j	备注
最不利环路的计算											
①	38000	16	50	12.35	26.39	422.24	8.5	48.34	410.89	833.13	
②	18000	6	32	12.44	48.43	290.58	12.0	49.04	588.48	879.06	
③	12000	6	32	8.41	23.41	140.46	1.0	22.42	22.42	162.88	
④	6000	9	25	7.34	26.85	241.65	12.5	17.09	213.63	455.28	
⑤	3000	2	20	5.81	21.15	42.3	14.5	11.05	160.23	202.53	
$\Sigma L=39$m　　$\Sigma(p_y+p_j)_{①\sim⑤}=2532.88$Pa											
剩余压力的比例[$(p-2000)-\Sigma(p_y+p_j)_{①\sim⑤}$]/$(p-2000)=(6000-2000-2532.88)/(6000-2000)\approx36.68\%$											
立管 L_2　　资用压力 $\Delta p_{资L_2}=\Sigma(p_y+p_j)_{④⑤}=657.81$Pa											
立管	6000	3	25	7.34	26.85	80.55	11.5	17.09	196.54	277.09	
支管	3000	2	20	5.81	21.15	42.3	14.5	11.05	160.23	202.53	
$\Sigma(p_y+p_j)_{L_2}=479.62$Pa　　不平衡率$(657.81-479.62)/657.81\approx27.1\%$											

立管 L_2 的总压力损失为 $\Sigma(p_y+p_j)_{L_2}=479.62\text{Pa}$

立管 L_2 与立管 L_3 之间的不平衡率为

$$\frac{657.81-479.62}{657.81}\times100\%\approx27.1\%$$

立管 L_1 的计算方法同上。

低压蒸汽供暖系统并联环路压力损失的相对差额，即不平衡率是较大的，有时选用了较小管径，蒸汽流速虽采用得很高也不可能达到平衡的要求，只好靠投入运行时调节近处立管或支管上的阀门节流来解决。

蒸汽供暖系统远近立管并联环路节点压力不平衡时产生水平失调现象与热水供暖系统相比有不同之处。热水供暖系统中，如果不进行调节，通过远近立管的流量比例就不会发生变化。蒸汽供暖系统中，只要疏水器正常工作，近处散热器的流量增加后，疏水器阻汽的结果使近处散热器内压力升高，进入近处散热器的蒸汽量就自动减少；等到近处疏水器正常排水后，进入散热器的蒸汽量又再增多。因此蒸汽供暖系统的水平失调具有自调性和周期性的特点。

表 6-5　室内低压蒸汽供暖系统局部阻力系数 Σξ 计算表

管段号	局部阻力构件	管径/mm	个数	Σξ
①	截止阀	50	1	7.0
	锅炉出口		1	1.0
	煨弯 90°		1	0.5
	Σξ = 8.5			
②	分流三通	32	1	3.0
	截止阀		1	9.0
	Σξ = 12.0			
③	直流三通	25	1	1.0
	Σξ = 1.0			
④	直流三通	25	1	1.0
	截止阀		1	9.0
	弯头		1	1.5
	乙字弯		1	1.0
	Σξ = 12.5			

管段号	局部阻力构件	管径/mm	个数	Σξ
⑤	截止阀	20	1	10
	分流三通		1	3.0
	乙字弯		1	1.5
	Σξ = 14.5			
立管	旁流三通	25	1	1.5
	乙字弯		1	1.0
	截止阀		1	9.0
	Σξ = 11.5			
支管	分流三通	20	1	3.0
	乙字弯		1	1.5
	截止阀		1	10
	Σξ = 14.5			

(4) 凝结水管管径的选择　在图 6-26 中，空气管 A 前的凝结水管路是干式凝结水管，可直接查附录 23 确定管径。空气管 A 之后的管段虽然是湿式凝结水管，但因为管路不长，故仍按干式凝结水管选管径，管径选得稍粗一些。

凝结水管管径计算结果见表 6-6。

表 6-6　凝结水管管径计算表

管段号	⑤′	④′	③′	②′	①′	其他立管的凝结水立管段
热负荷 Q/W	3000	6000	12000	18000	38000	6000
管径 d/mm	15	20	20	25	32	15

单元六 高压蒸汽供暖系统的水力计算

高压蒸汽供暖系统的蒸汽管路和凝结水管路也需分别进行水力计算。

一、蒸汽管路

高压蒸汽管路水力计算的任务同样是选择管径和计算压力损失。其水力计算原理与低压蒸汽管路相同，沿途蒸汽量的变化和蒸汽密度的变化同样可以忽略不计。

高压蒸汽管路内蒸汽的流动状态属于紊流过渡区或阻力平方区，管壁的绝对粗糙度 K 值在设计中仍采用 0.2mm。高压蒸汽供暖系统的水力计算表，是按不同蒸汽表压力（200kPa、300kPa、400kPa 三种）制定的。

附录 24 是蒸汽表压力为 200kPa 的水力计算表。

高压蒸汽管路的局部压力损失通常用当量长度法计算，蒸汽管路的管件、阀件等的局部阻力当量长度 L_d 可查附录 25 确定。

高压蒸汽供暖系统蒸汽管路的水力计算方法有平均比摩阻法和限制流速法。

（1）平均比摩阻法　为了便于各并联管路之间阻力的平衡，增加疏水器后的余压，以利于凝结水顺利回流，工程设计中规定，高压蒸汽供暖系统最不利管路的总压力损失不宜超过系统始端压力的 1/4。

平均比摩阻可按式（6-9）计算。

$$R_{pj}=\frac{\frac{1}{4}p\cdot\alpha}{\Sigma L} \tag{6-9}$$

式中　p——蒸汽供暖系统的始端压力（Pa）；

α——沿程损失占总损失的百分数，查附录 18，高压蒸汽供暖系统 $\alpha=80\%$；

ΣL——最不利管路的总长度（m）。

（2）限制流速法　如果高压蒸汽供暖系统始端压力较高，留有足够的余压后，作用在蒸汽管路上的压力仍然较高，管中的流速会比较大。为了避免水击和噪声，便于排除蒸汽管路中的凝结水，《民用建筑供暖通风与空气调节设计规范》（GB 50736—2012）规定，高压蒸汽供暖系统最大允许流速，汽、水同向流动时，不超过 80m/s；汽、水逆向流动时，不超过 60m/s。

在工程设计中可以采用常用的流速确定管径并计算其压力损失，为了使系统节点压力不会相差很大，以保证系统正常运行，最不利管路的推荐流速一般比最大允许流速低很多，通常推荐采用 $v=15\sim40$m/s（小管径取低值）。

确定其他支路的立管管径时，可采用较高的流速，但不得超过规定的最大允许流速。

二、凝结水管路

高压蒸汽供暖系统的疏水器通常安装在凝结水支干管的末端，用热设备到疏水器入口之间的管段属于重力回水非满管流动的干式凝结水管，可查附录 23 确定此类凝结水管的管径。只要保证凝结水支干管管路有向下坡度 $i=0.005$ 和足够的凝结水管管径，即使远近立管散热器的蒸汽压力不平衡，靠干式凝结水管上部断面内空气与蒸汽的连通作用和蒸汽系统本身流量的自调性，也能保证该管段内凝结水的重力流动。

三、高压蒸汽供暖系统水力计算例题

[例6-3] 图6-27为一高压蒸汽供暖系统的右侧环路，各组散热器的热负荷均为3000W，各计算管段的长度、热负荷已标于图中。用户入口处设分汽缸，在环路凝结水管路末端设疏水器。系统入口处蒸汽压力为200kPa。试选择高压蒸汽供暖管路的管径和疏水器前各凝结水管段的管径。

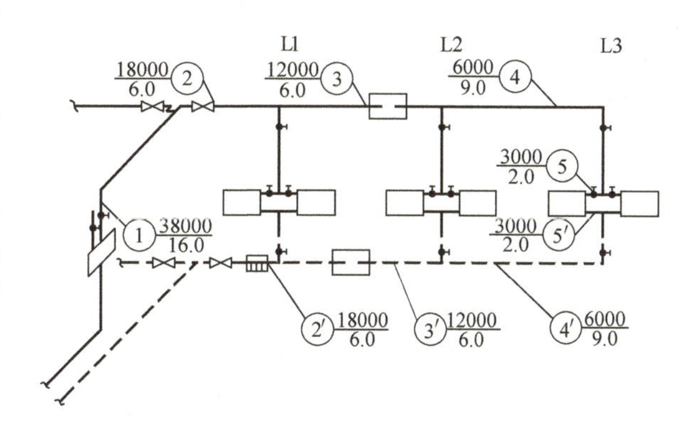

图6-27 高压蒸汽供暖系统

[解] (1) 蒸汽管路的计算

1) 计算最不利管路。按限制流速法确定各管段管径。查附录24蒸汽表压力为200kPa时的水力计算表，根据各管段热负荷确定管径。

局部压力损失按当量长度法计算，各种局部阻力的当量长度值查附录25确定。

水力计算结果见表6-7及表6-8。

最不利管路总压力损失 $\Sigma(p_y+p_j)_{①\sim⑤}\approx19.66\text{kPa}$

考虑10%的富余度，最不利管路所需的蒸汽压力 $\Sigma\Delta p=1.1\times19.66\text{kPa}\approx21.63\text{kPa}<\frac{1}{4}p_{始端}$，符合要求。

2) 其他立管的计算。高压蒸汽供汽干管各管段的压力损失较大，各立管间压力难以平衡，可以在满足限定压力要求的前提下，各立管管径均采用*DN*15，散热器支管管径均采用*DN*15。具体计算结果见表6-7。

各立管间的压降不平衡问题，可在系统初调节时，用立、支管上的截止阀进行调节。

(2) 干式凝结水管 疏水器前的凝结水管是干式凝结水管，可查附录23确定各管段管径，计算结果见表6-9。

表6-7 高压蒸汽供暖系统管路水力计算表

管段编号	热负荷 Q/W	管段长度 L/m	管径 d/mm	流速 v/(m/s)	比摩阻 R/(Pa/m)	当量长度 L_d/m	折算长度 L_{zh}/m	压力损失/Pa $\Delta p=RL_{zh}$
最不利管路								
①	38000	16	25	18.6	353.5	8.3	24.3	8590.05
②	18000	6	20	14.2	281	9.2	15.2	4271.2
③	12000	6	15	17.2	597	0.6	6.6	3940.2
④	6000	9	15	8.6	154	7.7	16.7	2571.8
⑤	3000	2	15	4.25	29.5	7.7	9.7	286.15
$\Sigma L=39\text{m}$　　$\Sigma(p_y+p_j)_{①\sim⑤}=19659.4\text{Pa}\approx19.66\text{kPa}$								
其他立管	6000	3	15	8.6	154	7.2	10.2	1520.8
支管	3000	2	15	4.25	29.5	7.7	9.7	2861.5
$\Sigma(p_y+p_j)=1856.95\text{Pa}$								

表 6-8 高压蒸汽供暖系统局部阻力系数计算表

管段编号	局部阻力构件	管径/mm	个数	局部阻力当量长度 L_d/m
①	分汽缸出口	25	1	0.4
	截止阀		1	6.8
	弯头		1	1.1
	$\Sigma L_d=8.3$			
②	分流三通	20	1	1.7
	弯头		1	1.1
	截止阀		1	6.4
	$\Sigma L_d=9.2$			
③	直流三通	15	1	0.4
	套筒补偿器		1	0.2
	$\Sigma L_d=0.6$			
④	直流三通	15	1	0.4
	弯头		1	0.7
	乙字弯		1	0.6
	截止阀		1	6.0
	$\Sigma L_d=7.7$			

管段编号	局部阻力构件	管径/mm	个数	局部阻力当量长度 L_d/m
⑤	分流三通	15	1	1.1
	乙字弯		1	0.6
	截止阀		1	6.0
	$\Sigma L_d=7.7$			
其他立管	旁流三通	15	1	0.6
	乙字弯		1	0.6
	截止阀		1	6.0
	$\Sigma L_d=7.2$			
其他支管	分流三通	15	1	1.1
	乙字弯		1	0.6
	截止阀		1	6.0
	$\Sigma L_d=7.7$			

表 6-9 凝结水管计算表

管段编号	②′	③′	④′	⑤′	其他立管的凝结水立管段
热负荷 Q/W	18000	12000	6000	3000	6000
管径 d/mm	20	20	15	15	15

模块二 集中供热系统

项目七 集中供热系统概述

集中供热是指一个或几个热源通过热网向一个区域（居住小区或厂区）或城市的各热用户供热的方式，集中供热系统由热源、热网和热用户三部分组成。

在热能工程中，热源泛指能从中吸取热量的任何物质、装置或天然能源。供热系统的热源是指供热热媒的来源。由热源向热用户输送和分配供热介质的管线系统称为热网。利用集中供热系统热能的用户称为热用户，如室内供暖、通风、空调、热水供应以及生产工艺等用热系统。

集中供热系统向许多不同的热用户供给热能，供应范围广，热用户所需的热媒种类和参数不一，锅炉房或热电厂供给的热媒及其参数，往往不能满足所有用户的要求。因此，必须选择与热用户要求相适应的供热系统形式。

集中供热系统，可按下列方式进行分类。

1）根据热媒不同，分为热水供热系统和蒸汽供热系统。

2）根据热源不同，主要有热电厂供热系统和区域锅炉房供热系统。另外，也有以核供热站、地热、工业余热等作为热源的供热系统。

3）根据供热管道的不同，可分为单管制、双管制和多管制的供热系统。

单元一 集中供热系统的方案

集中供热系统方案的选择确定是一个重要和复杂的问题，涉及国家的能源政策、环境保护政策、资源利用情况、燃料价格、近期与远期规划等重大原则事项。因此，必须由国家或地方主管机关组织有关部门人员，在认真调查研究的基础上，进行技术经济分析比较，提出可行性研究报告后，最终确定出技术上先进、适用、可靠，经济上合理的最佳方案。

一、集中供热系统方案确定的基本原则

集中供热系统方案确定的基本原则是：有效利用并节约能源，投资少，见效快，运行经济，符合环境保护要求，符合国家各项政策法规的要求并适应当地经济发展的要求等。

二、热源形式的确定

集中供热系统的热源形式，应根据当地的发展规划以及能源利用政策、环境保护政策等诸多因素来确定。这是集中供热系统方案确定的首要问题，必须慎重地、科学地把握好这一

环节。

热源形式有区域锅炉房集中供热、热电厂集中供热，此外也可以利用核能、地热、电能、工业余热作为集中供热系统的热源。具体情况应根据实际需要、现实条件、发展前景等多方面因素，经多方论证，对几种不同方案加以比较后确定。

以区域锅炉房（内装置热水锅炉或蒸汽锅炉）为热源的供热系统称为区域锅炉房供热系统，包括区域热水锅炉房供热系统、区域蒸汽锅炉房供热系统和区域蒸汽-热水锅炉房供热系统。在区域蒸汽-热水锅炉房供热系统中，锅炉房内分别装设蒸汽锅炉和热水锅炉或换热器，使之各自组成独立的供热系统。

以热电厂作为热源的供热系统称为热电厂集中供热系统。由热电厂同时供应电能和热能的能源综合供应方式称为热电联产。在热电厂供热系统中，根据选用的汽轮机组不同，有抽汽式、背压式以及凝汽式低真空热电厂供热系统。

三、集中供热系统热媒种类的确定

集中供热系统热媒主要有热水和蒸汽，应根据建筑物的用途、供热情况以及当地气象条件等，经技术经济比较后确定。

（1）以水作为热媒的优点

1）热水供热系统的热能利用率高。由于在热水供热系统中，没有凝结水和蒸汽泄漏及二次蒸汽的热损失，因而热能利用率比蒸汽供热系统高。实践证明，热水供热系统一般可节约燃料20%～40%。

2）以水作为热媒用于供暖系统时，可以改变供水温度来进行供热调节（质调节），既能减少热网热损失，又能较好地满足卫生要求。

3）热水供热系统的蓄热能力高，由于系统中水量多，水的比热大，因此，在水力工况和热力工况短时间失调时，也不会引起供暖状况的很大波动。

4）热水供热系统可以远距离输送，供热半径大。

（2）以蒸汽作为热媒的优点

1）以蒸汽作为热媒的供热系统适用面广，能满足多种热用户的要求，特别是生产工艺用热，多要求以蒸汽作为热媒进行供热。

2）与供热管网输送网路循环水量所耗的电能相比，蒸汽网路中输送凝结水所耗的电能少得多。

3）蒸汽在散热器或热交换器中，因温度和传热系数都比水高，可以减少散热设备面积，降低设备费用。

4）蒸汽的密度小，在一些地形起伏很大的地区或高层建筑中，不会产生如热水系统那样大的静水压力，用户的连接方式简单，运行也较方便。

区域热水锅炉房供热系统按热水温度高低，可分为低温区域热水锅炉房供热系统和高温区域热水锅炉房供热系统。前者多用于住宅小区供暖，后者则适用于区域内热用户供暖、通风与空调、热水供应、生产工艺多方面的用热需要。

区域蒸汽锅炉房供热系统，根据热用户的要求不同，可分为蒸汽供热系统、设热交换站的蒸汽-热水供热系统及蒸汽喷射热水供热系统等多种形式，可根据实际情况，经分析比较后确定。

热电厂供热系统中，可以利用低位热能的热用户（如供暖、通风、热水供应等）应首先考虑以热水作为热媒，因为以水为热媒，可按质调节方式进行供热调节，并能利用供热汽轮机的低压抽气来加热网路循环水，对热电联产的经济效益更为有利；生产工艺的热用户，通常以蒸汽作为热媒，蒸汽通常由供热汽轮机的高压抽气或背压排气供应。

工业区的集中供热系统，考虑到既有生产工艺热负荷，又有供暖、通风等热负荷，所以多以蒸汽作为热媒来满足生产工艺用热要求。通常做法是：对以生产用热量为主，供暖用热量不大，并且供暖时间又不长的工厂区，宜采用蒸汽供热系统向全厂区供热；对其室内供暖系统，可考虑采用蒸汽加热的热水供暖系统或直接利用蒸汽供暖。而对厂区供暖用热量较大、供暖时间较长的情况，宜采用单独的热水供暖系统向各建筑物供暖。

在供热系统方案中，热媒参数的确定也是一个重要问题。以区域锅炉房为热源的热水供热系统，提高供水温度，对热源不存在降低热能利用率的问题。提高供水温度和加大供回水温差，可使热网采用较小的管径，降低输送网路循环水的电能消耗和用户用热设备的散热面积，在经济上是合适的。但供回水温差过大，对管道及设备的耐压要求高，运行管理水平也相应提高。

以热电厂为热源的供热系统，由于供热量主要由供热汽轮机做功发电后的蒸汽供给，因而，热媒参数的确定，要涉及热电厂的经济效益问题。若提高热网供水温度，就要相应提高抽汽压力，对节约燃料不利。但提高热网供水温度，加大供回水温差，却能降低热网基建费用和减少输送网路循环水的电能消耗。因此，热媒参数的确定应结合具体条件，考虑热源、管网、用户系统等方面的因素，进行技术经济比较后确定。目前，国内的热电厂供热系统，设计供水温度一般可采用110～150℃，回水温度约70℃或更低一些。

蒸汽供热系统的蒸汽参数（压力和温度）的确定比较简单。以区域锅炉房为热源时，蒸汽的起始压力主要取决于用户要求的最高使用压力；以热电厂为热源时，当用户的最高使用压力给定后，若采用较低的抽汽压力，有利于热电厂的经济运行，但蒸汽管网管径相应粗些，因而，也有一个通过技术经济比较确定热电厂的最佳抽汽压力问题。

以上所述是集中供热系统方案确定时需考虑的基本问题。此外，还要认识到，我国地域辽阔，各地气候条件有很大不同，即使在北方各地区，供暖季节时间差别也大，供热区域不同，具体条件有别。因此，对于集中供热系统的热源形式，热媒的选择及其参数的确定，还有热网和用户系统形式等问题，都应在符合能源政策和环保政策的前提下，具体问题具体分析，因地制宜，进行技术经济比较后确定。

单元二　集中供热系统的形式

一、按热源形式的不同分类

按热源形式的不同来分，集中供热系统可分为区域锅炉房供热系统和热电厂供热系统两种基本形式。

（一）区域锅炉房供热系统

1. 区域热水锅炉房供热系统

区域热水锅炉房供热系统的组成如图7-1所示。

热源的主要设备有热水锅炉、循环水泵、补给水泵及水处理装置，热网由一条供水管和一条回水管组成，热用户包括供暖系统、生活用热水供应系统等。系统中的水在锅炉中被加热到所需要的温度，以循环水泵作动力使热水沿供水管流入各用户，放热后又沿回水管返回锅炉。这样，在系统中循环流动的水不断地在锅炉内被加热，又不断地在热用户内被冷却，放出热量，以满足热用户的需要。系统在运行过程中的漏水量或被用户消耗的水，经水处理装置处理后由补给水泵从回水管补充到系统内，补充水量的多少可通过压力调节阀控制。除污器设在循环水泵吸入口侧，其作用是清除水中的污物、杂质，避免其进入水泵与锅炉内。

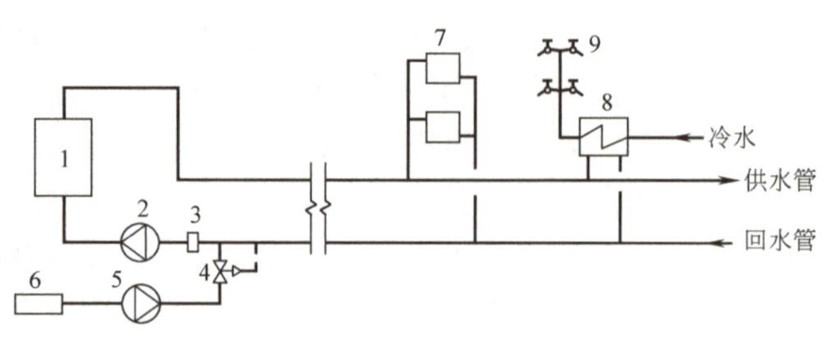

图 7-1 区域热水锅炉房供热系统示意图

1—热水锅炉 2—循环水泵 3—除污器 4—压力调节阀 5—补给水泵 6—补充水处理装置 7—散热器 8—生活热水加热器 9—水龙头

2. 区域蒸汽锅炉房供热系统

区域蒸汽锅炉房供热系统的组成如图 7-2 和图 7-3 所示。

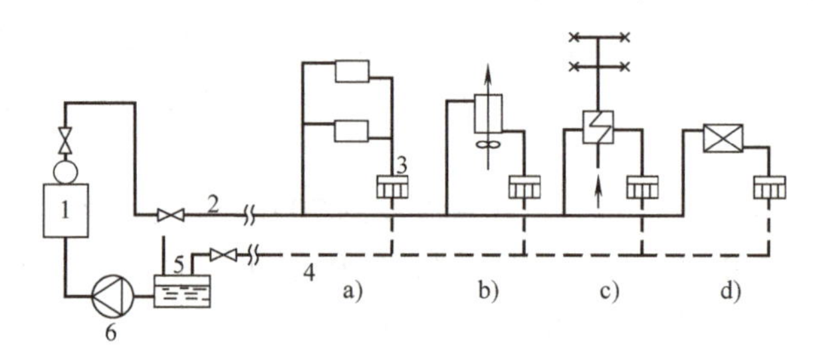

图 7-2 区域蒸汽锅炉房供热系统示意图（Ⅰ）

a）供暖用热系统 b）通风用热系统 c）热水供应用热系统 d）生产工艺用热系统
1—蒸汽锅炉 2—蒸汽干管 3—疏水器 4—凝水干管 5—凝结水箱 6—锅炉给水泵

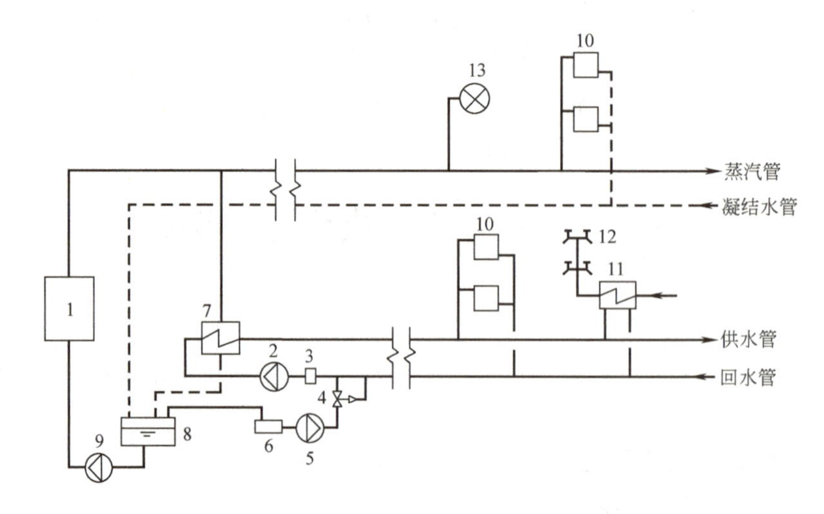

图 7-3 区域蒸汽锅炉房供热系统示意图（Ⅱ）

1—蒸汽锅炉 2—循环水泵 3—除污器 4—压力调节阀 5—补给水泵 6—补充水处理装置
7—热网水加热器 8—凝结水箱 9—锅炉给水泵 10—散热器 11—生活热水加热器 12—水龙头 13—用汽设备

由蒸汽锅炉产生的蒸汽，通过蒸汽干管输到供暖、通风、热水供应和生产工艺各热用户。各室内用热系统的凝结水，经过疏水器和凝结水干管返回锅炉房的凝结水箱，再由锅炉给水泵将凝结水送进锅炉重新加热。

根据用热要求，可以在锅炉房内设水加热器。用蒸汽集中加热热网循环水，向各热用户供热。这是一种既能供应蒸汽，又能供应热水的区域锅炉房供热系统。对于既有工业生产热用户，又有供暖、通风、生活用热等热用户的情况，宜采用此系统。

（二）热电厂供热系统

热电厂内的主要设备之一是供热汽轮机，它驱动发电机产生电能，同时利用做功的抽（排）汽供热。以热电厂作为热源，热电联产的集中供热系统，根据汽轮机的不同可分为以下几种。

1. 抽汽式热电厂供热系统

抽汽式热电厂供热系统如图 7-4 所示。

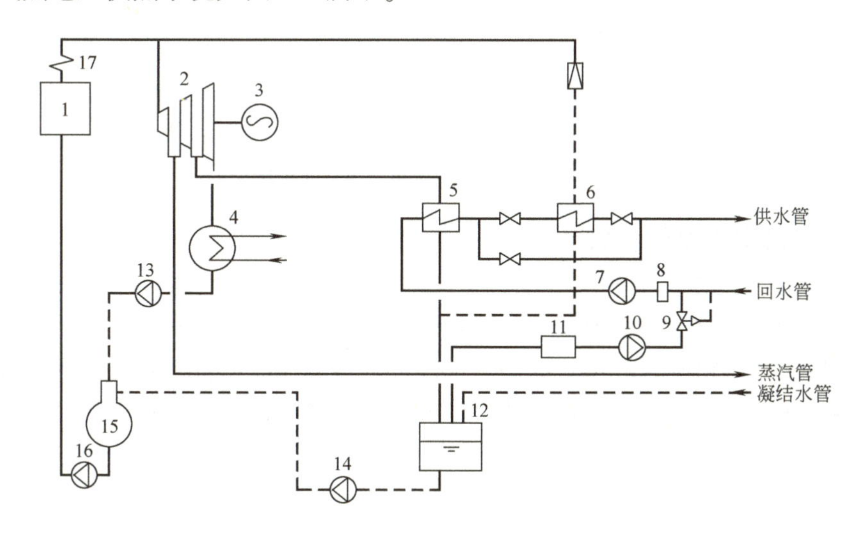

图 7-4　抽汽式热电厂供热系统示意图

1—蒸汽锅炉　2—汽轮机　3—发电机　4—冷凝器　5—主加热器　6—高峰加热器　7—循环水泵　8—除污器　9—压力调节阀　10—补给水泵　11—补充水处理装置　12—凝结水箱　13、14—凝结水泵　15—除氧器　16—锅炉给水泵　17—过热器

蒸汽锅炉产生的高温高压蒸汽进入汽轮机膨胀做功，带动发电机发出电能。该汽轮机组带有中间可调节抽汽口，故称为抽汽式，可从绝对压力为 0.8～1.3MPa 的抽汽口抽出蒸汽，向工业用户直接供应蒸汽；从绝对压力 0.12～0.25MPa 的抽汽口抽出蒸汽用以加热热网循环水，通过主加热器可使水温达到 95～118℃；如通过高峰加热器进一步加热，可使水温达到 130～150℃或需要的更高温度，以满足供暖、通风与热水供应等热用户的需要。在汽轮机最后一级内做完功的乏汽排入冷凝器后形成的凝结水以及水加热器内产生的凝结水、工业用户返回的凝结水，经凝结水回收装置，作为锅炉给水送入锅炉。

2. 背压式热电厂供热系统

背压式热电厂供热系统如图 7-5 所示。从汽轮机最后一级排出的乏汽压力在 0.1MPa（绝对）以上时，称为背压式。一般排汽压力为 0.3～0.6MPa 或 0.8～1.3MPa，即可将该压力下的蒸汽直接供给工业用户，同时还可以通过冷凝器加热热网循环水。

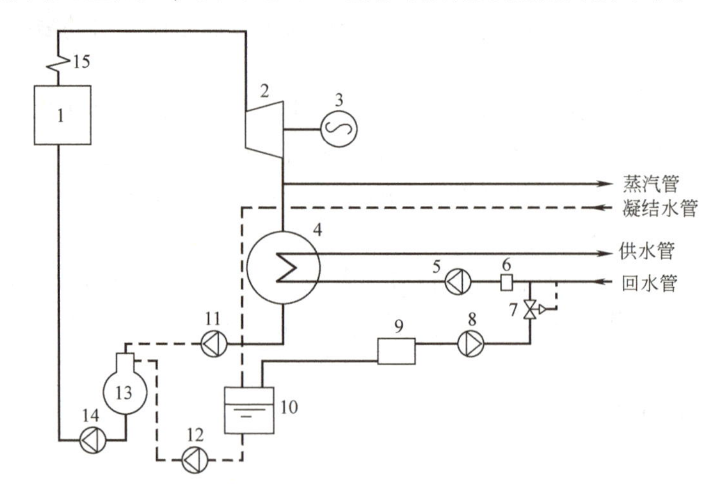

图 7-5 背压式热电厂供热系统示意图

1—蒸汽锅炉 2—汽轮机 3—发电机 4—冷凝器 5—循环水泵 6—除污器 7—压力调节阀 8—补给水泵 9—水处理装置 10—凝结水箱 11、12—凝结水泵 13—除氧器 14—锅炉给水泵 15—过热器

3. 凝汽式低真空热电厂供热系统

当汽轮机排出的乏汽压力低于 0.1MPa（绝对）时，称为凝汽式。纯凝汽式乏汽压力为 6kPa，温度只有 36℃，不能用于供热。若适当提高蒸汽乏汽压力达 50kPa 时，其温度在 80℃以上，可用于加热热网循环水，而满足供暖用户的需要，其原理图可参考图 7-5。这种形式在我国多用于把凝汽式的发电机组改造为低真空的热电机组。实践证明，这是一种投资少、速度快、收益大的供热方式。

二、按热媒种类的不同分类

按热媒种类的不同，集中供热系统分为热水集中供热系统和蒸汽集中供热系统。

在热水供热系统中，根据局部热水供应系统是否直接取用热网循环水，可分为闭式热水供热系统和开式热水供热系统。

（1）闭式热水供热系统　在闭式热水供热系统中，网路循环水作为热媒只起热能转移的作用，供给热用户热量而系统本身不消耗热媒。可以认为理论上系统的流量是不变的，但实际上热媒通过水泵轴承、补偿器（套筒或膨胀节）和阀门以及其他不严密处时，总有少量循环水向外部泄漏，使系统流量有所减少。在正常工作情况下，一般系统的泄漏水量不超过系统总水容量的 1%，泄漏掉的水依靠热源处的补水装置来补充。

闭式双管热水供热系统是应用最广泛的一种供热系统形式。闭式热水供热系统热用户与热水网路的连接方式分为直接连接和间接连接两大类。对直接连接，热用户直接连接在热水网路上，热用户与热水网路的水力工况直接发生联系，热网水进入用户系统。对间接连接，外网水进入表面式水-水换热器加热用户系统的水，热用户与外网各自是独立的系统，两者温度不同，水力工况互不影响。

闭式热水供热系统按用户与热水网路的连接方式不同，常见的有以下几种。

1）无混合装置的直接连接供暖系统，如图7-6a所示。当热用户与外网的水力工况和温度工况一致时，热水经外网供水管直接进入供暖系统热用户，在散热设备散热后，回水直接返回外网回水管路。这种连接形式简单，造价低。

无混合装置的直接连接

2）设水喷射器（又叫混水器）的直接连接供暖系统，如图7-6b所示。外网高温水进入喷射器，由喷嘴高速喷出后，喷嘴出口处形成低于用户回水管的压力。回水管的低温水被抽入水喷射器，与外网高温水混合，使用户入口处的供水温度低于外网温度，符合用户系统的要求。

水喷射器无活动部件，构造简单、运行可靠，网路系统的水力稳定性好。但由于水喷射器抽引回水时需消耗能量，通常要求管网供、回水管在用户入口处留有0.08～0.12MPa的压差，才能保证水喷射器正常工作。

3）设混合水泵的直接连接供暖系统，如图7-6c所示。当建筑物用户引入口处外网的供、回水压差较小，不能满足水喷射器正常工作所需的压差，或设集中泵站将高温水转为低温水向建筑物供热时，可采用设混合水泵的直接连接方式。

混合水泵设在建筑物入口或专设的热力站处，外网高温水与水泵加压后的用户回水混合，降低温度后送入用户供热系统，混合水的温度和流量可通过调节混合水泵的阀门或外网供、回水管进出口处阀门的开启度进行调节。为防止混合水泵扬程高于外网供、回水管的压差，将外网回水抽入外网供水管，在外网供水管入口处应装设止回阀。设混合水泵的连接方式是目前高温水供热系统中应用较多的一种直接连接方式，但其造价较设水喷射器的连接方式高，运行中需要经常维护并消耗电能。

带混合装置的直接连接

4）设换热器的间接连接供暖系统，如图7-6d所示。外网高温水通过设置在用户引入口或热力站处的表面式水-水换热器，将热量传递给供暖用户的循环水；在换热器内冷却后的回水，返回外网回水管。用户循环水靠用户水泵的驱动循环流动，用户循环系统内部设置膨胀水箱、集气罐及补给水装置，形成独立系统。

间接连接方式系统造价比直接连接高得多，而且运行管理费用也较高，适用于局部用户系统必须和外网水力工况隔绝的情况。例如外网水在用户入口处的压力超过了散热器的承压能力，或个别高层建筑供暖系统要求压力较高，又不能普遍提高整个热水网路的压力。另外，外网为高温水，而用户是低温水供暖用户时，也可以采用这种间接连接形式。

5）通风热用户与热网直接连接的热水供应系统，如图7-6e所示。如果通风系统的散热设备承压能力较高，对热媒参数无严格限制，可采用最简单的直接连接形式与外网相连。

6）无储水箱的间接连接热水供应系统，如图7-6f所示。热水供应用户与外网间接连接时，必须设有水-水换热器，外网水通过水-水换热器将城市生活给水加热，冷却后的回水返回外网回水管。该系统用户供水管上应设温度调节器，控制系统供水温度不随用水量的改变而剧烈变化。这是一种简单的连接方式，适用于一般住宅或公共建筑连续用热水且用水量较稳定的热水供应系统。

集中供热系统的间接连接

7）装设上部储水箱的间接连接热水供应系统，如图7-6g所示。城市生活给水被表面式水-水换热器加热后，先送入设在用户最高处的储水箱，再通过配水管输送到各配水点，上部储水箱起着储存热水和稳定水压的作用。该系统适用于用户需要稳压供水且用水时间较集中，用水量较大的浴室、洗衣房或工矿企业处。

8）装设容积式换热器的间接连接热水供应系统，如图7-6h所示。容积式换热器不仅可以加热水，还可以储存一定的水量，不需要设上部储水箱，但需要较大的换热面积。该系统适用于工业企业和小型热水供应系统。

9）装设下部储水箱的间接连接热水供应系统，如图7-6i所示。该系统设有下部储水箱、热水循环管和循环水泵。当用户用水量较小时，水-水换热器的部分热水直接流入用户，另外的部分流入储水箱储存；当用户用水量较大，水-水换热器供水量不足时，储水箱内的水被城市生活给水挤出供给用户系统。装设循环水泵和循环管的目的是使热水在系统中不断流动，保证用户打开水龙头就能流出热水。这种方式复杂、造价高，但工作稳定可靠，适用于对热水供应要求较高的宾馆或高级住宅。

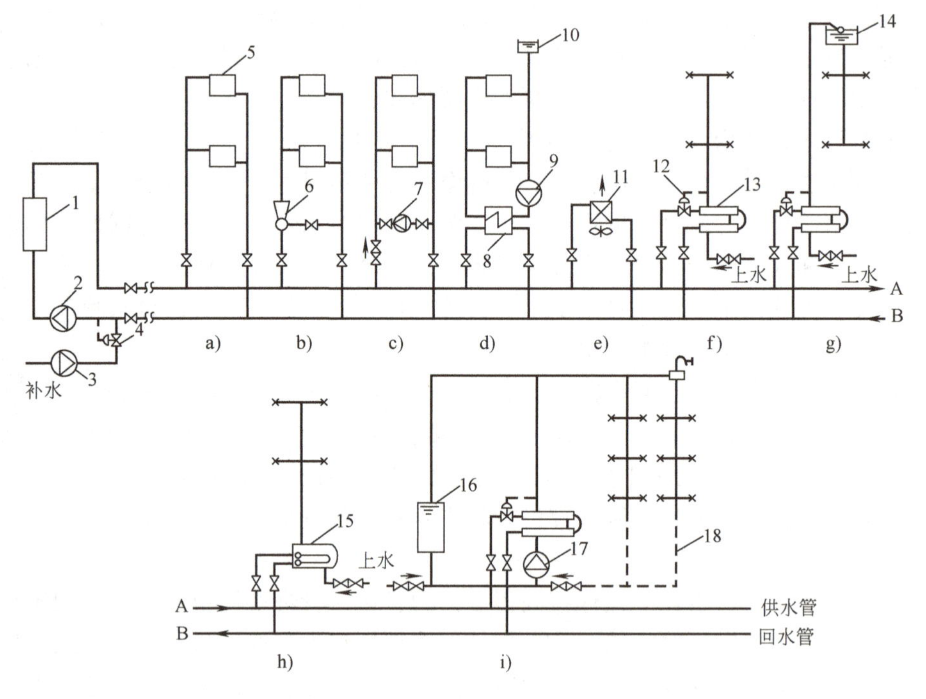

图7-6 双管闭式热水供热系统

a）无混合装置的直接连接 b）设水喷射器的直接连接 c）设混合水泵的直接连接
d）设换热器的间接连接 e）通风热用户与热网的直接连接 f）无储水箱的间接连接
g）装设上部储水箱的间接连接 h）装设容积式换热器的间接连接 i）装设下部储水箱的间接连接
1—热源的加热装置 2—网路循环水泵 3—补给水泵 4—补给水压力调节器 5—散热器
6—水喷射器 7—混合水泵 8—表面式水-水换热器 9—供暖热用户系统的循环水泵
10—膨胀水箱 11—空气加热器 12—温度调节器 13—水-水式换热器 14—储水箱
15—容积式换热器 16—下部储水箱 17—热水供应系统的循环水泵 18—热水供应系统的循环管路

（2）开式热水供应系统 在开式热水供应系统中，热媒被部分或全部取出直接消耗于热用户中生活热水供应系统上，只有部分热媒返回热源。在这里，热网水从局部热水供应系统的配水点流出被耗用，再加上系统泄漏，补给水量很大。补给水由热源的补水装置来补充，补给水量为热水用户的消耗水量和系统的泄漏水量之和。在城市集中供热开式热水供应系统中，补给水量可达系统循环水量的15%～20%，这样使得热源处的水处理设备容量加大，并且运行管理费用也相应提高。因此，开式热水供应系统适用于有水处理费用较低的补给水源，及有与生活热水热负荷相适应的廉价低位能热源。开式热水供热系统如图 7-7 所示。

在蒸汽供热系统中，蒸汽可采用单管式（同一蒸汽压力参数）或多根蒸汽管（不同蒸汽压力参数）供热，凝结水可采用回收或不回收的方式进行。

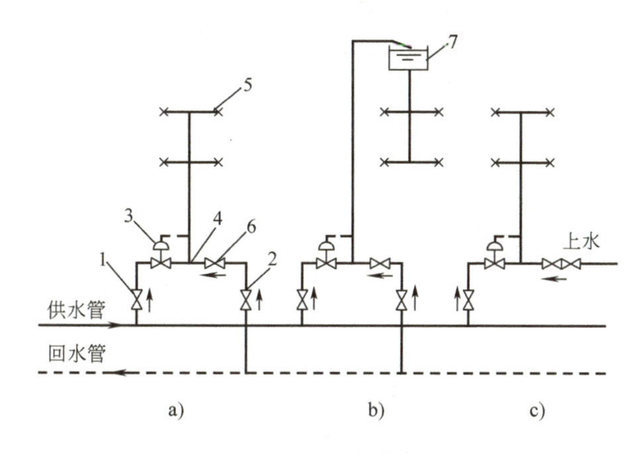

图 7-7　开式热水供热系统

1、2—进水阀门　3—温度调节器　4—混合三通　5—取水栓　6—止回阀　7—上部储水箱

蒸汽供热管网采用单管式（一根蒸汽管）供热时，在一般情况下多采用凝结水返回热源的双管制，即一根蒸汽管、一根凝结水管。根据需要，有时还采用三管制，如在有供暖、通风空调、生活热水和生产工艺系统的热用户中，生产工艺与供暖所要求的蒸汽参数相差很大，或供暖热负荷所占比例较大，经技术经济比较认为合理时，可采用双管供汽，其中一根管道供生产工艺和加热生活热水用汽，一根管道供应供暖通风用汽，而它们的回水则共同通过一根凝结水管道返回热源。这种按全年负荷变化分别设置供汽管的形式，实际上在非供暖季节仍为双管制运行。在一些工业企业内，当生产工艺用热有特殊要求时，可单独设置蒸汽管和凝结水管，与其他用热分开。

蒸汽供热系统如图 7-8 所示。

锅炉生产的高压蒸汽进入蒸汽管网，通过不同的连接方式直接或间接供给用户热量，凝结水经凝结水管网返回热源凝结水箱，经锅炉给水泵打入锅炉重新加热变成蒸汽。

图 7-8a 为生产工艺热用户与蒸汽管网连接图。蒸汽在生产工艺用热设备放热后，凝结水返回热源。若蒸汽在生产工艺用热设备使用后，凝结水有污染可能或回收凝结水在技术经济上不合理，凝结水可采用不回收的方式，此时，应在用户内对凝结水及其热量加以就地利用。对于直接耗用蒸汽加热的生产工艺用户，凝结水不回收。

图 7-8b 为蒸汽供暖用户系统与蒸汽管网直接连接图。高压蒸汽通过减压阀减压后进入用户系统，凝结水通过疏水器进入凝结水箱，再用凝结水泵将凝结水送回热源。

若用户需要采用热水供暖系统，则可采用在用户引入口安装热交换器或蒸汽喷射装置的连接方式。

图 7-8c 是热水供暖用户系统与蒸汽供热系统采用间接连接，在用户引入口处安装蒸汽–水换热器。

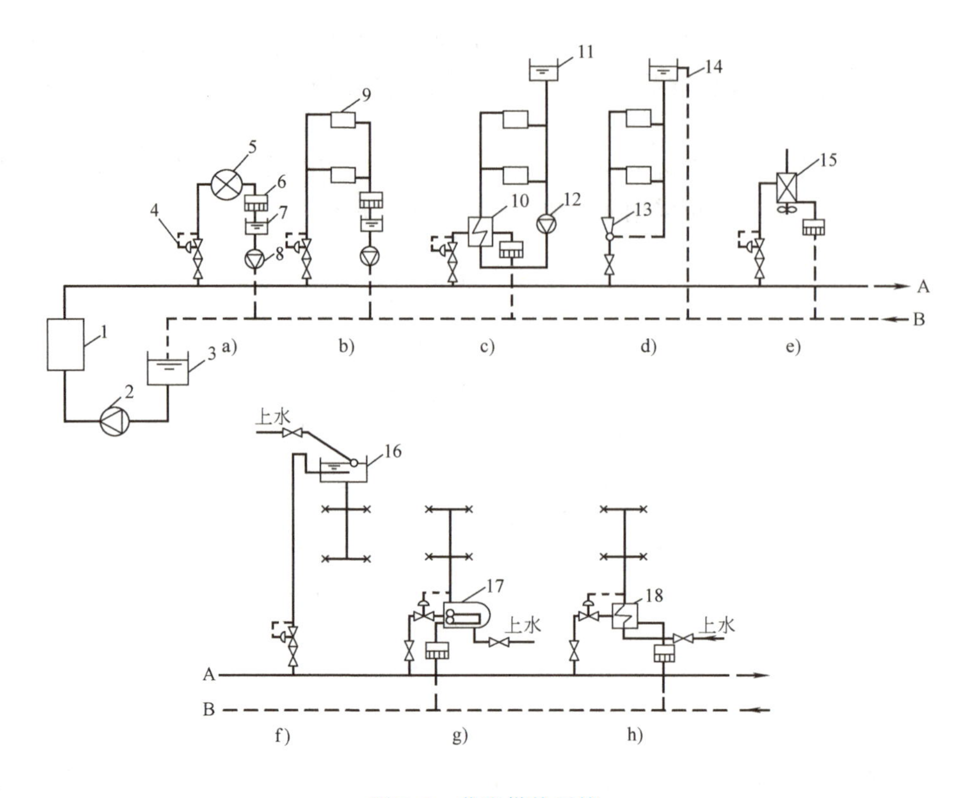

图 7-8 蒸汽供热系统

a）生产工艺热用户与蒸汽管网连接图 b）蒸汽供暖用户系统与蒸汽管网直接连接图
c）采用蒸汽-水换热器的连接图 d）采用蒸汽喷射器的连接图 e）通风系统与蒸汽网路的连接图
f）蒸汽直接加热的热水供应图示 g）采用容积式换热器的热水供应图式 h）无储水箱的热水供应图式
1—蒸汽锅炉 2—锅炉给水泵 3—凝结水箱 4—减压阀 5—生产工艺用热设备 6—疏水器
7—用户凝结水箱 8—用户凝结水泵 9—散热器 10—供暖系统用的蒸汽-水换热器
11—膨胀水箱 12—循环水泵 13—蒸汽喷射器 14—溢流管 15—空气加热装置
16—上部储水箱 17—容积式换热器 18—热水供应系统的蒸汽-水换热器

图 7-8d 是采用蒸汽喷射器的连接方式。蒸汽在蒸汽喷射器的喷嘴处，产生低于热水供暖系统回水的压力，回水被抽引进入喷射器并被加热，通过蒸汽喷射器的扩压管段，压力回升，使热水供暖系统的热水不断循环，系统中多余的水量通过水箱的溢流管返回凝结水管。

图 7-8e 为通风系统与蒸汽网路的连接图式。它采用简单的直接连接；若蒸汽压力过高，则在入口处装置减压阀。

热水供应系统与蒸汽网路的连接方式，如图 7-8f、g、h 所示。

图 7-8f 为设有上部储水箱的直接连接图式。图 7-8g 为采用容积式换热器的间接连接图式。图 7-8h 为无储水箱的间接连接图式。若需安装水箱时，水箱可设在系统的上部或下部。

综上所述，蒸汽供热管网与热用户的连接方式取决于管网的热媒参数和用户的使用要求，可分为直接连接和间接连接两大类。由于蒸汽热媒的性质与热水不同，其连接方式较热水管网要复杂一些，但蒸汽供热系统的供热对象较广泛，除能满足供暖、通风空调和热水供应用热以外，更多的是能适应各类生产工艺用热的需要。因此，在工业企业中应用非常广泛。

单元三 集中供热系统热负荷的概算

集中供热系统的热用户包括供暖、通风、热水供应、空气调节、生产工艺等各种用热系统。这些用热系统热负荷的性质及其数值大小是供热规划和设计的重要依据，因此，必须正确合理地确定供热系统的热负荷。

用热系统的热负荷，按其性质可分为季节性热负荷和常年性热负荷两大类。

季节性热负荷包括供暖、通风、空气调节等系统的用热负荷。它们共同的特点是均与室外空气温度、湿度、风向、风速和太阳辐射强度等气候条件密切相关，其中对它的大小起决定性作用的是室外空气温度。由于气象条件在全年中变化很大，故季节性热负荷在全年中也有很大变化。

常年性热负荷包括生活用热（主要指热水供应）和生产工艺系统用热负荷。这类负荷的特点是与气候条件关系不大，因而在全年中变化幅度比较小，用热比较稳定。但常年性热负荷的用热状况随生产工艺、生产班制、生活用热人数的不同以及用热时间的相对集中，而在一天中将产生较大的波动。因此，在确定热负荷时，必须详细了解和认真分析不同用户的用热情况，以便更好地为集中供热系统的设计提供准确可靠的热负荷数据。

对于既有建筑物，或已有热负荷数据的拟建房屋，可以对需要供热的建筑物进行热负荷调查，用统计的方法确定系统的热负荷。根据调查统计资料确定总热负荷时，应考虑管网热损失，附加5%的安全余量。

对集中供热系统进行规划或初步设计时，往往尚未进行各类建筑物的具体设计工作，不可能提供较准确的建筑物热负荷的资料。因此，通常采用概算指标法来确定各类热用户的热负荷。

一、供暖热负荷

供暖热负荷的概算可采用体积热指标法或面积热指标法来进行计算。通常，工业建筑多采用体积热指标法来确定热负荷，民用建筑多采用面积热指标法来确定热负荷。

1. 体积热指标法

建筑物的供暖热负荷按下式进行概算。

$$Q_n = q_V V_w (t_n - t_{wn}) \times 10^{-3} \tag{7-1}$$

式中 Q_n——建筑物的供暖热负荷（kW）；

q_V——建筑物的供暖体积热指标［W/(m³·℃)］，它表示各类建筑物，在室内外温差1℃时，每1m³建筑物外围体积的供暖热负荷；

V_w——建筑物的外围体积（m³）；

t_n——供暖室内计算温度（℃）；

t_{wn}——供暖室外计算温度（℃）。

供暖体积热指标 q_V 的大小主要取决于建筑物的围护结构和外形尺寸。建筑物围护结构传热系数越大、采光率越大、外部建筑体积越小或建筑物的长宽比越大，则 q_V 值也越大。因此，从建筑物的围护结构及其外形方面考虑降低 q_V 值的各种措施是建筑节能的主要途径，也是降低集中供热系统热负荷的主要途径。

对于各类建筑物的供暖体积热指标 q_V 值，可通过对许多建筑物进行理论计算或对许多实物数据进行统计归纳整理得出，可参见有关设计手册或当地设计单位历年积累的资料数据。

2. 面积热指标法

建筑物的供暖热负荷按下式进行概算。

$$Q_n = q_f F \times 10^{-3} \tag{7-2}$$

式中 Q_n——建筑物的供暖热负荷（kW）；

q_f——建筑物供暖面积热指标（W/m²），它表示1m² 建筑面积的供暖热负荷；

F——建筑物的建筑面积（m²）。

各类建筑物供暖面积热指标的推荐值见表7-1。

设计选用热指标时，总建筑面积大，围护结构热工性能好，窗户面积小时，采用较小值；反之采用较大值。此处提供热指标的依据为我国“三北”地区的实测资料；南方地区应根据当地的气象条件及相同类型建筑物的热指标资料确定。现有面积热指标是针对北方大多数地区，在分析体形系数、建筑面积对单层建筑供暖面积热指标的影响，并进行实例计算后得出的，一般仅适用于80m² 以上的单层建筑；在估算小面积的单层建筑热负荷时，应考虑建筑物体形系数、建筑面积等因素的影响。

表7-1 建筑物供暖面积热指标

建筑物类型	供暖面积热指标 q_f/(W/m²)	
	未采取节能措施	采取节能措施
住宅	58～64	40～45
居住区综合	60～67	45～55
学校、办公	60～80	50～70
医院、托幼	65～80	55～70
旅馆	60～70	50～60
商店	65～80	55～70
食堂、餐厅	115～140	100～130
影剧院、展览馆	95～115	80～105
大礼堂、体育馆	115～165	100～150

注：1. 表中数值适用于我国东北、华北、西北地区。
2. 热指标中已包括约5%的管网热损失。

需要强调的是，采用热指标计算房间的热负荷，只能适应一般的概略计算；对于正规的工程设计或一些特殊建筑物，均应按照规范规定的计算方法进行仔细计算，以求计算得更准确可靠一些。

建筑物的供暖热负荷与通过垂直围护结构（墙、门、窗等）向外传递热量的程度有很大的关系，因而用供暖体积热指标表征建筑物供暖热负荷的大小，物理概念清楚；但采用供暖面积热指标法比体积热指标法更易于概算，并且，对集中供暖系统的初步设计或规划设计来讲已足够准确，所以，在城市集中供热系统规划设计中，供暖面积热指标法应用得较多。

二、通风热负荷

通风或空气调节是为了满足室内空气的清洁度和温湿度等要求，而对生产厂房、公共建筑以及居住建筑进行的空气处理过程。在供暖季节里，加热从室外进入的新鲜空气所消耗的热量称为通风热负荷。它是一种季节性热负荷，由于其使用和各班次工作状况不同，因此，一般公共建筑和工业厂房的通风热负荷，在一昼夜波动也较大。

建筑物的通风热负荷可采用体积热指标法或百分数法进行概算。

1. 体积热指标法

$$Q_{tk}=q_tV_w(t_n-t_{wt})\times 10^{-3} \tag{7-3}$$

式中　Q_{tk}——建筑物的通风热负荷（kW）；

q_t——通风体积热指标［W/(m³·℃)］，它表示建筑物在室内外温差1℃时，每1m³ 建筑物外围体积的通风热负荷；

V_w——建筑物的外围体积（m³）；

t_n——供暖室内计算温度（℃）；

t_{wt}——通风室外计算温度（℃）。

通风体积热指标 q_t 的值取决于建筑物的性质和外围体积。对于工业厂房，可参考有关设计手册选用。对于一般的民用建筑，室外空气无组织地从门窗等缝隙进入，预热这些空气到室温所需的渗透和侵入耗热量，已计入供暖设计热负荷中，不必另行计算。

2. 百分数法

民用建筑有通风空调热负荷时，可按该建筑物的供暖设计热负荷的百分数进行概算。

$$Q_{tk}=K_tQ_n \tag{7-4}$$

式中　Q_{tk}——通风空调加热新风的热负荷（kW）；

K_t——建筑物通风空调热负荷系数，一般取0.3~0.5；

Q_n——建筑物供暖热负荷（kW）。

三、生活热负荷

生活热负荷可以分为热水供应热负荷和其他生活用热热负荷。

热水供应热负荷是日常生活中用于盥洗、淋浴以及洗刷器皿等所消耗的热量。热水供应热负荷取决于热水用量，它的大小与人们的生活水平、生活习惯和生产的发展状况以及设备情况紧密相关，计算方法详见《给水排水设计手册》。对于一般居住区，也可按下式计算。

（1）居住区供暖期生活热水平均热负荷

$$Q_{sp}=q_sF\times 10^{-3} \tag{7-5}$$

式中　Q_{sp}——居住区供暖期生活热水平均热负荷（kW）；

q_s——居住区供暖期生活热水热指标（W/m²），当无实际统计资料时按表7-2取用；

F——居住区的总建筑面积（m²）。

（2）生活热水最大热负荷

$$Q_{s,max}=KQ_{sp} \tag{7-6}$$

式中　$Q_{s,max}$——生活热水最大热负荷（kW）；

K——小时变化系数，一般可取2~3；

Q_{sp}——生活热水平均热负荷（kW）。

表 7-2 居住区供暖期生活热水热指标

用水设备情况	热指标/（W/m^2）
住宅无生活热水设备，只对公共建筑供热水时	2~3
全部住宅有浴盆并供给生活热水时	5~15

注：1. 冷水温度较高时采用较小值，反之采用较大值。
2. 包括10%热损失。

在计算管网热负荷时，其中生活热水热负荷按下列规定取用。支线用户全部有储水箱时，采用供暖期生活热水平均热负荷；当用户无储水箱时，采用供暖期生活热水最大热负荷。

其他生活用热热负荷是指在工厂、医院、学校等地方，除热水供应以外，还可能有开水供应、蒸汽蒸饭等用热。这些用热热负荷的概算，可根据具体的指标（如：开水加热温度、人均饮水标准、蒸饭锅的蒸汽消耗量等）来参照确定。

四、生产工艺热负荷

生产工艺热负荷是指为了满足生产过程中用于加热、烘干、蒸煮、清洗、熔化等过程的用热，或作为动力用于驱动机械设备工作的耗汽（如汽锤、汽泵等）。生产工艺热负荷的大小以及所需要的热媒种类和参数，主要取决于生产工艺过程的性质、用热设备的型式以及工厂的工作制度等因素，它和生活用热热负荷一样，属于全年性热负荷。

对于生产工艺热用户或用热设备较多、不同工艺过程要求的热媒参数不一、工作制度也各不相同的情况，生产工艺热负荷很难用固定的公式来表述。因而在计算确定集中供热系统的热负荷时，应充分利用生产工艺系统提供的设计依据，大量参考类似企业的热负荷情况，采用经工艺热用户核实的最大热负荷之和乘以同时使用系数（同时使用系数是指实际运行的用热设备的最大热负荷与全部用热设备最大热负荷之和的比值，一般可取0.6~0.9），最后确定较符合实际情况的热负荷。

单元四 集中供热系统的年耗热量

集中供热系统的年耗热量是指各类热用户年耗热量的总和。各类热用户的年耗热量的计算方法如下。

1. 供暖年耗热量

$$Q_{n,a}=0.0864Q_nN(t_n-t_{pj})/(t_n-t_{wn}) \qquad (7\text{-}7)$$

式中 $Q_{n,a}$——供暖年耗热量（GJ/a）；

0.0864——公式化简和单位换算后的数值，（$0.0864=24\times3600\times10^{-6}$）；

Q_n——供暖设计热负荷（kW）；

N——供暖期天数（d）；

t_n——供暖室内计算温度（℃）；

t_{pj}——供暖期室外平均温度（℃）；

t_{wn}——供暖室外计算温度（℃）。

N，t_{pj}及t_{wn}值根据《民用建筑供暖通风与空气调节设计规范》（GB 50736—2012）确定。

2. 通风年耗热量

通风年耗热量可近似按下式计算。

$$Q_{t,a}=0.0036ZQ_tN(t_n-t_{pj})/(t_n-t_{wt}) \tag{7-8}$$

式中 $Q_{t,a}$——通风年耗热量（GJ/a）；

0.0036——单位换算系数（$1kWh=3600\times10^{-6}GJ$）；

Z——供暖期内通风装置每日平均运行小时数（h/d）；

Q_t——通风设计热负荷（kW）；

t_{wt}——冬季通风室外计算温度（℃）。

3. 热水供应年耗热量

$$Q_{r,a}=30.24Q_{r,p} \tag{7-9}$$

式中 $Q_{r,a}$——供暖期生活热水供应年耗热量(GJ/a)；

$Q_{r,p}$——供暖期生活热水供应的平均热负荷(kW)。

4. 生产工艺年耗热量

生产工艺年耗热量可用下式计算。

$$Q_{s,a}=\Sigma Q_iT_i \tag{7-10}$$

式中 $Q_{s,a}$——生产工艺年耗热量（GJ/a）；

Q_i——一年12个月第i个月的日平均耗热量（GJ/d）；

T_i——一年12个月第i个月的天数。

项目八 室外热水供热管网的水力计算

单元一 热水管网水力计算的基本原理

热水管网水力计算的主要任务有按已知的热媒流量和压力损失，确定管道的直径；按已知热媒流量和管道直径，计算管道的压力损失；按已知管道直径和允许压力损失，计算或校核管道中的热媒流量。

依据热水管网的水力计算结果，可以确定网路循环水泵的流量和扬程，并在此基础上绘出水压图，进而确定管网与用户的连接方式，控制和调整管网的水力工况，掌握网路中热媒流动的变化规律。

热水管网水力计算的基本原理与室内热水供暖系统管路水力计算方法相同，即使用的基本公式相同，只是热水管网的水流量通常以 t/h 为单位。表达每米管长的沿程压力损失（比摩阻）R、管道直径 d 和水流量 G 的关系式可改写为

$$R = 6.25 \times 10^{-2} \lambda G^2 / \rho d^5 \tag{8-1}$$

式中 R——每米管长的沿程压力损失（Pa/m）；

λ——沿程阻力系数；

G——管段的热媒流量（t/h）；

ρ——热媒的密度（kg/m^3）；

d——管道直径（m）。

热水管网的水流速度通常大于 0.5m/s，其流动状况大多处于阻力平方区，它的沿程阻力系数 λ 按下式计算。

$$\lambda = 0.11 \left(\frac{K}{d} \right)^{0.25} \tag{8-2}$$

式中 K——管壁的当量绝对粗糙度（m），热水管网中取 $K = 0.5 \times 10^{-3}$m。

将式（8-2）代入式（8-1），可得到表达 R、G 和 d 三者相互关系的公式

$$R = 6.88 \times 10^{-3} K^{0.25} G^2 / \rho d^{5.25} \tag{8-3}$$

$$d = 0.387 K^{0.0476} G^{0.381} / (\rho R)^{0.19} \tag{8-4}$$

$$G = 12.06 (\rho R)^{0.5} d^{2.625} / K^{0.125} \tag{8-5}$$

为简化计算，将式（8-3）~（8-5）中各变量之间的关系制成不同形式的计算图表供设计计算使用（见附录 26）。计算图表是在一定的管壁粗糙度和一定的热媒密度下编制而成的；若使用条件与制表条件不同，则应作出相应的修正。

如果管道的实际绝对粗糙度与制表的绝对粗糙度不符，应对比摩阻进行修正。

$$R_{sh} = \left(\frac{K_{sh}}{K_b} \right)^{0.25} \cdot R_b = mR_b \tag{8-6}$$

式中 R_b、K_b——按附录 26 查出的比摩阻（Pa/m）和规定的 K_b 值（表中用 $K_b = 0.5$mm）；

K_{sh}——水力计算时采用的实际当量绝对粗糙度（mm）；

R_{sh}——相应 K_{sh} 情况下的实际比摩阻（Pa/m）；

m——K 值修正系数，其值见表 8-1。

表 8-1 K 值修正系数 m 和 β 值

K/mm	0.1	0.2	0.5	1.0
m	0.669	0.795	1.0	1.189
β	1.495	1.26	1.0	0.84

若热媒的密度不同，但质量流量相同，则应对表中查出的速度和比摩阻进行修正。

$$v_{sh}=\left(\frac{\rho_b}{\rho_{sh}}\right)v_b \tag{8-7}$$

$$R_{sh}=\left(\frac{\rho_b}{\rho_{sh}}\right)R_b \tag{8-8}$$

式中 ρ_b、R_b、v_b——附录 26 中采用的热媒密度（kg/m^3）和在表中查出的比摩阻（Pa/m）、流速（m/s）值；

ρ_{sh}——水力计算中热媒的实际密度（kg/m^3）；

R_{sh}、v_{sh}——相应于实际 ρ_{sh} 条件下的实际比摩阻（Pa/m）和流速（m/s）值。

若想保持表中的质量流量 G 和比摩阻 R 不变，而热媒密度不是 ρ_b 而是 ρ_{sh} 时，则应对管径进行修正。

$$d_{sh}=\left(\frac{\rho_b}{\rho_{sh}}\right)^{0.19}d_b \tag{8-9}$$

式中 d_b——根据水力计算表的 ρ_b 条件下查出的管径（m）值；

d_{sh}——实际密度 ρ_{sh} 条件下的管径（m）值。

需要指出的是，水的密度值随温度的变化改变很小，实际温度与编制图表时的温度值偏差不大时，对热水管网的水力计算，不必考虑密度不同时的修正。但在蒸汽管网和余压凝结水管网中，流体密度在沿管道输送过程中变化很大，需按上述公式进行不同密度的修正计算。

热水管网的局部损失可按下式计算。

$$\Delta p_j=\Sigma\xi\frac{\rho v^2}{2} \tag{8-10}$$

式中 $\Sigma\xi$——管段中总的局部阻力系数。

另外，在热水管网计算中，对于管网的局部阻力，通常采用当量长度法进行计算，即将管段的局部损失折合成相当的沿程损失。计算公式如下。

$$L_d=\Sigma\xi\left(\frac{d}{\lambda}\right)=9.1\Sigma\xi\frac{d^{1.25}}{K^{0.25}} \tag{8-11}$$

式中 d——管道的内径（m）；

K——管道的当量绝对粗糙度（m）。

附录 27 给出热水管网一些管件的局部阻力系数和 $K=0.5$mm 时的局部阻力当量长度值。当水力计算采用与附录 27 不同的当量绝对粗糙度 K_{sh} 值时，应用下式对 L_d 进行修正。

$$L_{sh,d}=\left(\frac{K_b}{K_{sh}}\right)^{0.25}L_{b,d}=\beta L_{b,d} \tag{8-12}$$

热水管网水力计算的基本原理

式中　K_{b}、$L_{b,d}$——制表采用的 K 值及查出的当量长度（m）；

K_{sh}——计算管网实际的绝对粗糙度（m）；

$L_{sh,d}$——相应 K_{sh} 下的当量长度（m）；

β——K 值的修正系数，其值见表8-1。

管线平均比摩阻（或比压降）可按下式计算。

$$R_{pj}=\frac{\Delta p_{z}}{\Sigma L(1+\alpha)} \tag{8-13}$$

式中　Δp_{z}——管线的总资用压降（Pa）；

ΣL——管线的总长度（m）；

α——局部阻力与沿程阻力的比值，按附录28查取。

计算管道的压降为

$$\Delta p_{i}=R(L+L_{d})=RL_{zh} \tag{8-14}$$

式中　L_{zh}——计算管道的折算长度（m）；

Δp_{i}——计算管段的压降（Pa）；

R——计算管段的比摩阻（Pa/m）。

在进行估算时，局部阻力的当量长度 L_{d} 可按管道实际长度 L 的百分数来计算。

$$L_{d}=\alpha_{j}L \tag{8-15}$$

式中　α_{j}——局部阻力当量长度百分数（%）（见附录28）；

L——管道的实际长度（m）。

单元二　集中热水供热系统水力计算的方法及例题

热水管网水力计算之前需完成的前期工作包括确定各用户的热负荷、热源位置及热媒参数，绘制管网平面布置图，在管网平面布置图上标注热源与各热用户的流量或热负荷，标注管段长度及节点编号，标注管道附件、伸缩器及有关设备位置等。

热水管网水力计算的方法与步骤如下。

1）确定热水管网中各管段的计算流量。管段的计算流量就是该管段所担负的各个用户的计算流量之和。根据计算流量来确定该管段的管径和压力损失。这里，只对仅有供暖用户的管网进行分析。各管段的计算流量可根据管段热负荷和管网供、回水温差通过下式来确定。

$$G=\frac{3.6Q}{c(t_{g}-t_{h})} \tag{8-16}$$

式中　G——管段计算流量（t/h）；

Q——计算管段的热负荷（kW）；

t_{g}、t_{h}——热水管网的设计供、回水温度（℃）；

c——水的比热容，取 $c=4.187\text{kJ/kg}\cdot℃$。

2）确定热水管网的主干线及其沿程比摩阻。热水管网水力计算是从主干线开始计算的，其主干线应为允许平均比摩阻最小的管线。通常，热水管网各用户要求的作用压差基本相同，所以从热源到最远用户的管线一般是主干线。

主干线的平均比摩阻 R_{pj} 值，对整个管网管径的确定起着决定性的作用。选用的比摩阻

R_{pj}值越大，需要的管径越小，可降低管网的基建投资和热损失，但网路中循环水泵的投资及运行电耗会随之增大。这就需要确定一个经济的比摩阻，经济比摩阻的数值要经技术经济比较来确定，一般可按 30～70Pa/m 选用。当管网设计温差较小或供热半径大时取较小值；反之，取较大值。

3）根据热水管网主干线各管段的计算流量和初步选用的平均比摩阻数值，利用附录 26 的水力计算表，确定主干线各管段的管径和相应的实际比摩阻值。

4）根据选用的管径和管段中局部阻力的形式，查附录 27，确定各管段局部阻力的当量长度 L_d 的总和以及管段的折算长度 L_{zh}。

5）根据管段的折算长度 L_{zh}以及由附录 26 查到的比摩阻，利用式（8-14）计算主干线各管段的总压降。

6）计算各分支干线或支线。主干线水力计算完成后，便可进行热水管网支干线、支线等水力计算。除保证各用户入口处预留足够的资用压力差以克服用户内部系统的阻力外，应按管网各分支干线或支线始末两端的资用压力差选择管径，并尽量消耗掉剩余压力，以使各并联环路之间的压力损失趋于平衡。但应控制管内介质流速不大于 3.5m/s，同时，比摩阻不应大于 300Pa/m。对于只连接一个用户的支线，比摩阻可大于 300Pa/m。

在实际计算中，由于各环路长短往往相差很大，必然会造成距热源近端用户剩余压力过大的情况，因此，通常在用户引入口或热力站处安装调压板、调压阀门或流量调节器来进行调节。

[例 8-1]　某城镇热水供热管网平面布置如图 8-1 所示。管网各管段长度、阀门、伸缩器均已标注在图中。已知管网设计供回水温度为 t'_g = 130℃，t'_h = 70℃。用户 E、F、D 的设计热负荷 Q 分别 1256.1kW、1116.53kW、1395.67kW。各热用户内部的阻力损失为 Δp = 50kPa。试进行该热水管网的水力计算。

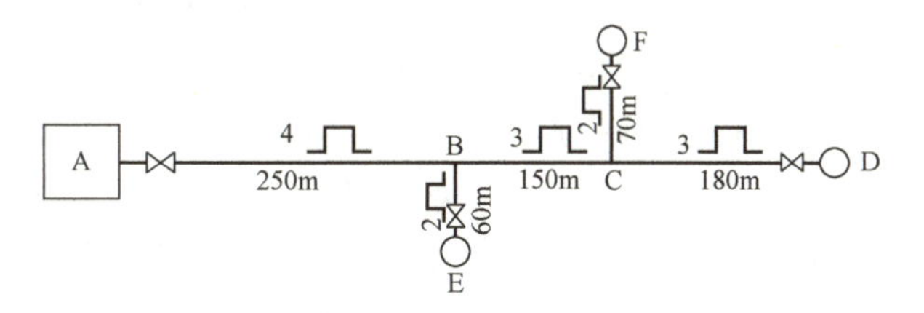

图 8-1　某城镇热水供热管网平面布置图

[解]　（1）确定各用户和管网各管段的计算流量　热用户 E，由式（8-16）得

$$G_E = \frac{3.6Q_E}{c(t'_g - t'_h)} = \frac{3.6 \times 1256.1}{4.187 \times (130-70)} \text{t/h} = 18\text{t/h}$$

热用户 F、D 计算流量的计算方法同上，G_F = 16t/h，G_D = 20t/h。各管段的计算流量见表 8-2，已知的各管段长度填入表 8-2。

表 8-2　水力计算表

管段编号		计算流量 G/（t/h）	管段长度 L/m	局部阻力当量长度 L_d/m	折算长度 L_{zh}/m	公称直径 d/mm	流速 v/（m/s）	比摩阻 R/（Pa/m）	管段的压力损失 Δp/Pa
主干线	AB	54	250	63.84	313.84	150	0.89	67.5	21184.2
	BC	36	150	42.34	192.34	125	0.85	78.6	15117.92
	CD	20	180	34.68	214.68	100	0.74	79.2	17002.66

(续)

管段编号		计算流量 $G/$ (t/h)	管段长度 $L/$m	局部阻力当量长度 $L_d/$m	折算长度 $L_{zh}/$m	公称直径 $d/$mm	流速 $v/$ (m/s)	比摩阻 $R/$ (Pa/m)	管段的压力损失 $\Delta p/$Pa
支线	BE	18	60	20.9	80.9	80	0.99	184.4	14917.96
	CF	16	70	20.9	90.9	80	0.88	145.1	13189.59

(2) 确定管网主干线并计算　因为各热用户内部的阻力损失相等，各热用户入口要求的压力差均为50kPa，所以从热源到最远用户D为主干线。管网各管段编号及阀门、补偿器设置如图8-1所示。

首先，取主干线的平均比摩阻在 $R_{pj}=30\sim70$Pa/m 范围之内，确定主干线各管段的管径。

如管段AB，计算流量 $G=(18+16+20)$ t/h $=54$t/h，根据管段AB的计算流量和 R_{pj} 值的范围，查附录26可确定管段AB的管径和相应的比摩阻 R 值以及流速 v。

$$d=150\text{mm}\qquad R=67.5\text{Pa/m}\qquad v=0.89\text{m/s}$$

管段AB中局部阻力的当量长度 L_d，可由附录27查得。

闸阀　　$1\times2.24\text{m}=2.24\text{m}$；

方形补偿器　　$4\times15.4\text{m}=61.6\text{m}$

局部阻力当量长度之和　$L_d=(2.24+61.6)\text{m}=63.84\text{m}$

管段AB的折算长度　$L_{zh}=(250+63.84)\text{m}=313.84\text{m}$

管段AB的压力损失　$\Delta p=RL_{zh}=67.5\times313.84\text{Pa}=21184.2\text{Pa}$

用相同的方法计算BC段和CD段，计算结果列于表8-2中。

管段BC和CD的局部阻力当量长度 L_d 值如下。

管段BC	$DN=125$mm	管段CD	$DN=100$mm
直流三通	$1\times4.4\text{m}=4.4\text{m}$	直流三通	$1\times3.3\text{m}=3.3\text{m}$
异径接头	$1\times0.44\text{m}=0.44\text{m}$	异径接头	$1\times0.33\text{m}=0.33\text{m}$
方形补偿器	$3\times12.5\text{m}=37.5\text{m}$	方形补偿器	$3\times9.8\text{m}=29.4\text{m}$
总当量长度	$L_d=42.34$m	闸阀	$1\times1.65\text{m}=1.65\text{m}$
		总当量长度	$L_d=34.68$m

通过计算可见，主干线的压力损失为

$$\Delta p_{AD}=\Delta p_{AB}+\Delta p_{BC}+\Delta p_{CD}=(21184.2+15117.92+17002.66)\text{Pa}=53304.78\text{Pa}$$

(3) 各分支线的计算　分支线BE与主干线BD并联，依据节点平衡原理，其资用压差为

$$\Delta p_{BE}=\Delta p_{BC}+\Delta p_{CD}=(15117.92+17002.66)\text{Pa}=32120.58\text{Pa}$$

局部损失与沿程损失的估算比值 $\alpha_j=0.6$（见附录28），则管线平均比摩阻大致可控制为

$$R_{pj}=\frac{\Delta p_{BE}}{L_{BE}\cdot(1+\alpha_j)}=\frac{32120.58}{60\times(1+0.6)}\text{Pa/m}\approx334.59\text{Pa/m}$$

超过控制比摩阻 $R\leqslant300\text{Pa/m}$ 的要求，取 $R=300\text{Pa/m}$ 进行计算。

根据 R_{pj} 和 $G_{BE}=18\text{t/h}$，由附录 26 查得

$$d_{BE}=80\text{mm}\qquad R_{BE}=184.4\text{Pa/m}\qquad v=0.99\text{m/s}$$

符合控制比摩阻 $R\leqslant300\text{Pa/m}$，流速 $v\leqslant3.5\text{m/s}$ 的要求。

管段 BE 中局部阻力的当量长度 L_d，查附录 27 得

分流三通　　$1\times3.82\text{m}=3.82\text{m}$

方形补偿器　　$2\times7.9\text{m}=15.8\text{m}$

闸阀　　$1\times1.28\text{m}=1.28\text{m}$

则总当量长度　　$L_d=20.9\text{m}$

管段 BE 的折算长度　$L_{zh}=(60+20.9)\text{m}=80.9\text{m}$

管段 BE 的压力损失为　$\Delta p_{BE}=RL_{zh}=184.4\times80.9\text{Pa}=14917.96\text{Pa}$

剩余压差 $\Delta p=(32120.58-14917.96)\text{Pa}=17202.62\text{Pa}$，过大，需在用户入口处设置专门调压板进行调节。

计算 CF 管段的方法同上，计算结果见表 8-2。

项目九　集中蒸汽供热系统管网的水力计算

集中蒸汽供热系统管网的水力计算由蒸汽网路的水力计算和凝结水网路的水力计算两部分组成。

热水网路水力计算的基本公式对蒸汽网路同样适用，可根据这些公式制成蒸汽网路水力计算表。

附录 29 是室外高压蒸汽管路水力计算表，表中的绝对粗糙度 $K=0.2\text{mm}$，密度 $\rho=1\text{kg/m}^3$。

室外高压蒸汽管网压力高、流速大、管线长，压力损失也较大。蒸汽沿途流动时，密度的变化非常大，如果计算管段的蒸汽密度 ρ_{sh} 与水力计算表的制表密度 ρ_b 不同，应对表中查出的流速 v_b 和比摩阻 R_b 进行修正。

$$v_{sh}=(\rho_b/\rho_{sh})v_b$$

$$R_{sh}=(\rho_b/\rho_{sh})R_b$$

如果蒸汽管网的绝对粗糙度 K_{sh} 与水力计算表中的绝对粗糙度 K_b 不同，也应对表中查出的比摩阻进行修正。

$$R_{sh}=(K_{sh}/K_b)^{0.25}R_b$$

蒸汽管网的局部压力损失用当量长度法计算，即

$$L_d=\Sigma\zeta\frac{d}{\lambda}$$

室外蒸汽管网局部阻力的当量长度可以采用附录 27 热水网路局部阻力当量长度的数值乘以修正系数 $\beta=1.26$ 确定。

蒸汽管网的计算总压降

$$\Delta P=R(L+L_d)=RL_{zh}$$

单元一　集中蒸汽管网水力计算的方法和步骤

集中蒸汽管网水力计算的任务是合理地选择蒸汽管网各管段管径，保证各热用户所需的蒸汽压力和流量。

进行集中蒸汽管网水力计算前，应先绘制出管网平面布置图，图中应注明各热用户的热负荷、热源位置及供汽参数，各管段编号及长度，阀门和补偿器的形式、位置、数量。

下面将举例说明集中蒸汽管网水力计算的方法和步骤。

[例 9-1]　某厂区高压蒸汽供热管网平面布置如图 9-1 所示。已知蒸汽锅炉出口饱和蒸汽表压力为 $10\times10^5\text{Pa}$，各热用户系统要求的蒸汽表压力及流量已标于图中。试进行蒸汽管网的水力计算。

[解]　(1) 确定各热用户的计算流量和各管段的计算流量　各热用户的计算流量

$$G=\frac{3.6Q}{\Delta i} \tag{9-1}$$

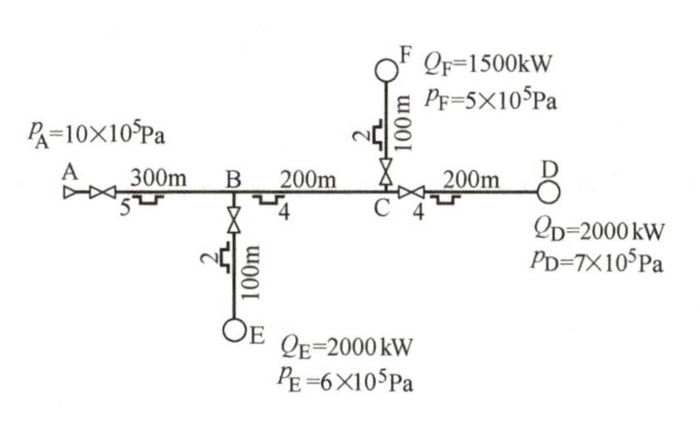

图 9-1　某厂区高压蒸汽管网平面布置图

式中　G——热用户的计算流量(t/h)；

Q——热用户的计算热负荷（kW）；

Δi——用汽压力下的汽化潜热（kJ/kg），查附录 30 确定。

热用户 D

$$G_D = \frac{3.6 \times 2000}{2047.5} \text{t/h} \approx 3.52 \text{t/h}$$

热用户 F

$$G_F = \frac{3.6 \times 1500}{2086} \text{t/h} \approx 2.59 \text{t/h}$$

热用户 E

$$G_E = \frac{3.6 \times 2000}{2065.8} \text{t/h} \approx 3.49 \text{t/h}$$

各管段的计算流量见表 9-1。

（2）确定主干线及其平均比摩阻 R_{pj}　主干线是允许单位长度平均比摩阻最小的一条管线。本例题中从锅炉出口 A 到热用户 D 的管线是主干线。

主干线的平均比摩阻可按下式计算。

$$R_{pj} = \frac{\Delta p}{(1+\alpha_j)\Sigma L} \tag{9-2}$$

式中　Δp——热网主干线始端到末端的蒸汽压差（Pa）；

ΣL——主干线长度（m）；

α_j——局部损失与沿程损失的估算比值，查附录 28，高压蒸汽带方形补偿器的输配干线取 $\alpha_j = 0.8$。

主干线 AD 的平均比摩阻

$$R_{pj} = \frac{(10-7) \times 10^5}{(1+0.8) \times (300+200+200)} \text{Pa/m} \approx 238.09 \text{Pa/m}$$

（3）进行主干线各管段的水力计算

1）计算锅炉出口管段 AB。

① 已知 A 点蒸汽表压力 $p_{SA} = 10 \times 10^5$ Pa

根据平均比摩阻按比例可假设出 B 点蒸汽表压力为

$$p_{SB} = p_{SA} - \frac{\Delta p L_{AB}}{\Sigma L} = 10 \times 10^5 \text{Pa} - \frac{(10-7) \times 10^5 \times 300}{700} \text{Pa} = 8.71 \times 10^5 \text{Pa}$$

② 根据管段始、末端蒸汽绝对压力，求出该管段假设的平均密度。

$$\rho_{pj} = \frac{\rho_s + \rho_m}{2}$$

式中　ρ_s、ρ_m——计算管段始端和末端的蒸汽绝对压力下蒸汽的密度（kg/m³）。

查附录 30 得，始端蒸汽绝对压力 $p_A = (10+1) \times 10^5 \text{Pa} = 11 \times 10^5 \text{Pa}$，$\rho_A = 5.64 \text{kg/m}^3$；末端蒸汽绝对压力 $p_B = (8.71+1) \times 10^5 \text{Pa} = 9.71 \times 10^5 \text{Pa}$，$\rho_B = 4.99 \text{kg/m}^3$。

AB 管段假设的平均密度

$$\rho_{pj}=\frac{\rho_A+\rho_B}{2}=\frac{5.64+4.99}{2}\text{kg/m}^3\approx5.32\text{kg/m}^3$$

③ 根据该管段假设的平均密度ρ_{pj}，将主干线的平均比摩阻R_{pj}换算成蒸汽管路水力计算表中密度ρ_b下的平均比摩阻R_{pjb}值。水力计算表中密度$\rho_b=1\text{kg/m}^3$，则

$$\frac{R_{pjb}}{R_{pj}}=\frac{\rho_{pj}}{\rho_b}$$

AB 管段的表中平均比摩阻为

$$R_{pjb}=R_{pj}\frac{\rho_{pj}}{\rho_b}=\frac{238.09\times5.32}{1}\text{Pa/m}\approx1266.64\text{Pa/m}$$

④ 根据该管段的计算流量G和水力计算表ρ_b密度下的R_{pjb}值，查附录29，选定蒸汽管段的直径d、比摩阻R_b和流速v_b。

AB 管段的蒸汽流量为 (3.52+2.59+3.49)t/h=9.6t/h，$R_{pjb}=1266.64$ Pa/m，查附录29，该管段选用管子的公称直径为$DN159\times4.5$mm 的无缝钢管，表中比摩阻$R_b=1601.32$Pa/m，流速$v_b=151.0$m/s。

⑤ 根据该管段假设的平均密度，将水力计算表中查得的比摩阻R_b和流速v_b，换算成假设平均密度ρ_{pj}条件下的实际比摩阻R_{sh}和实际流速v_{sh}。水力计算表的密度$\rho_b=1\text{kg/m}^3$，则

$$R_{sh}=\left(\frac{1}{\rho_{pj}}\right)R_b$$

$$v_{sh}=\left(\frac{1}{\rho_{pj}}\right)v_b$$

应注意，蒸汽在管路中流动时，最大允许流速应符合表 9-1 的规定。

表 9-1 最大允许流速 v （单位：m/s）

蒸汽性质	公称直径/mm	
	$DN>200$	$DN\leqslant200$
过热蒸汽	≤80	≤50
饱和蒸汽	≤60	≤35

AB 管段：

将表中查得的比摩阻R_b和流速v_b换算成假设平均密度$\rho_{pj}=5.32\text{kg/m}^3$条件下的实际比摩阻$R_{sh}$和实际流速$v_{sh}$。

$$R_{sh}=\left(\frac{1}{5.32}\right)\times1601.32\text{Pa/m}\approx301\text{Pa/m}$$

$$v_{sh}=\left(\frac{1}{5.32}\right)\times151\text{m/s}\approx28.38\text{m/s}$$

没有超过表 9-1 的规定值。

⑥ 根据选择的管径，查附录 27 计算管段的局部阻力当量长度L_d，并计算该管段的实际压降。

AB 管段：$DN159\times4.5$ (150mm)

局部阻力有 1 个截止阀，5 个方形补偿器（锻压弯头），查附录 27 确定局部阻力当量长度为

$$L_d=(24.6+15.4\times5)\times1.26\text{m}\approx128.02\text{m}$$

折算长度为

$$L_{zh}=L+L_d=(300+128.02)\text{m}=428.02\text{m}$$

该管段的实际压降为

$$\Delta p_{sh}=R_{sh}L_{zh}=301\times428.02\text{Pa}=128834.02\text{Pa}=1.29\times10^5\text{Pa}$$

⑦ 根据该管段的始端压力和实际末端压力确定该管段中蒸汽的实际平均密度。

管段AB的实际末端表压力为

$$p_B=p_A-\Delta p_{sh}=(10\times10^5-1.29\times10^5)\text{Pa}=8.71\times10^5\text{Pa}$$

查附录30得，始端蒸汽绝对压力 $p_A=(10+1)\times10^5\text{Pa}=11\times10^5\text{Pa}$，$\rho_A=5.64\text{kg/m}^3$；末端蒸汽绝对压力 $p_B=(8.71+1)\times10^5\text{Pa}=9.71\times10^5\text{Pa}$，$\rho_B=4.999\text{kg/m}^3$。

管段的实际平均密度

$$\rho_{pj}=\frac{\rho_A+\rho_B}{2}=\frac{5.64+4.999}{2}\text{kg/m}^3\approx5.32\text{kg/m}^3$$

原假设的蒸汽密度 $\rho_{pj}=5.32\text{kg/m}^3$，两者一致，不需重新计算。

如果管段实际平均密度 ρ_{pj} 与原假设的蒸汽平均密度相差较大，则应重新假设 ρ_{pj}，按上述方法重新计算，直到两者相等或差别很小为止。

2）可用相同方法依次计算主干线其余管段，将主干线各管段的计算结果列于表9-2中。

（4）分支管线的水力计算　以分支管线CF为例计算。

1）根据主干线的水力计算结果，主干线与分支管线CF的节点C点处蒸汽表压力为 $7.74\times10^5\text{Pa}$。

分支线CF的平均比摩阻为

$$R_{pj}=\frac{(7.74-5)\times10^5}{(1+0.8)\times100}\text{Pa/m}\approx1522.22\text{Pa/m}$$

2）根据分支管线始、末端蒸汽压力，确定假设的蒸汽平均密度。

查附录30得，始端蒸汽绝对压力 $p_C=8.74\times10^5\text{Pa}$，$\rho_C=4.52\text{kg/m}^3$；末端蒸汽绝对压力 $p_F=6\times10^5\text{Pa}$，$\rho_F=3.17\text{kg/m}^3$。

CF管段假设的平均密度为

$$\rho_{pj}=\frac{\rho_C+\rho_F}{2}=\frac{4.52+3.17}{2}\text{kg/m}^3\approx3.85\text{kg/m}^3$$

3）将平均比摩阻换算成水力计算表 $\rho_b=1\text{kg/m}^3$ 下的平均比摩阻。

$$R_{bpj}=R_{pj}\times\rho_{pj}=1522.22\times3.85\text{Pa/m}\approx5860.55\text{Pa/m}$$

4）查附录29确定合适的管径，查出表中相应的比摩阻 R_b 和流速 v_b。

流量 $G=2.59\text{t/h}$，选用 $DN89\times3.5\text{mm}$ 的无缝钢管，相应的比摩阻 $R_b=2791.04\text{Pa/m}$，流速 $v_b=136.5\text{m/s}$。

5）换算成假设蒸汽密度条件下的实际比摩阻 R_{sh} 和实际流速 v_{sh}。

$$R_{sh}=\left(\frac{1}{\rho_{pj}}\right)R_b=\left(\frac{1}{3.85}\right)\times2791.04\text{Pa/m}\approx724.95\text{Pa/m}$$

$$v_{sh}=\left(\frac{1}{\rho_{pj}}\right)v_b=\left(\frac{1}{3.85}\right)\times136.5\text{m/s}\approx35.45\text{m/s}$$

表 9-2 某厂区高压蒸汽管网水力计算表

管段编号	蒸汽流量 G_t /(t/h)	公称直径 DN/mm	管段长度			管段始端表压力/(×10^5Pa)	管段末端表压力(×10^5Pa)	假设蒸汽平均密度 ρ_{pj} /(kg/m³)	$\rho=1\text{kg/m}^3$ 条件下			平均密度 ρ_{pj} 条件下			实际末端表压力 p_m /(×10^5Pa)	实际平均密度 ρ_{pj} /(kg/m)
			实际长度 L/m	当量长度 L_d/m	折算长度 L_{zh}/m				管段平均比摩阻 R_{pj}/(Pa/m)	比摩阻 R_b/(Pa/m)	流速 v_b /(m/s)	比摩阻 R_{pj}/(Pa/m)	流速 v_{pj}/(m/s)	管段压力损失 Δp/(×10^5Pa)		
1	2	3	4	5	6	7	8	9	10	11	12	13	14	15	16	17
主干线																
AB	9.6	159×4.5	300	128.02	428.02	10	8.71	5.32	1266.64	1601.32	151.0	301.0	28.38	1.29	8.71	5.32
BC	6.11	133×4	200	69.1	269.1	8.71	7.86	4.79	1140.45	1724.45	139.64	360.01	29.15	0.97	7.74	4.76
CD	3.52	108×4	200	70.98	270.98	7.74	7	4.341	1033.31	1813.0	124.6	417.74	29.12	1.13	6.61	4.237
								4.237	1008.79	1813.0	124.6	427.90	29.41	1.16	6.58	4.23
分支线																
BE	3.49	108×4	100	47.94	147.94	8.71	6	4.331	6519.06	1783.6	123.6	411.92	28.53	0.61	8.10	4.85
								4.85	7301.97	1783.6	123.6	367.75	25.48	0.54	8.17	4.86
CF	2.59	89×3.5	100	37.57	137.57	7.74	5	3.85	5860.55	2791.04	136.5	724.95	35.45	0.997	6.74	4.27
								4.27	6499.88	2791.04	136.5	653.64	31.97	0.899	6.84	4.295

注：局部阻力当量长度

管段 AB　　DN159×4.5mm

截止阀 1 个　　24.6m×1

方形补偿器 5 个　　15.4m×5

局部阻力当量长度 $L_d=1.26\times(24.6+15.4\times5)\text{m}\approx128.02\text{m}$

管段 BC　　DN133×4mm

方形补偿器 4 个　　12.5m×4

直流三通 1 个　　4.4m×1

异径接头 1 个　　0.44m×1

局部阻力当量长度 $L_d=1.26\times(12.5\times4+4.4+0.44)\text{m}\approx69.1\text{m}$

管段 CD　　DN108×4mm

方形补偿器 4 个　　9.8m×4

直流三通 1 个　　3.3m×1

异径接头 1 个　　0.33m×1

截止阀 1 个　　13.5m×1

局部阻力当量长度 $L_d=1.26\times(9.8\times4+3.3+0.33+13.5)\text{m}\approx70.98\text{m}$

管段 BE　　DN108×4mm

分流三通 1 个　　4.95m×1

截止阀 1 个　　13.5m×1

方形补偿器 2 个　　9.8m×2

局部阻力当量长度 $L_d=1.26\times(4.95+13.5+9.8\times2)\text{m}\approx47.94\text{m}$

管段 CF　　DN89×3.5mm

分流三通 1 个　　3.82m×1

截止阀 1 个　　10.2m×1

方形补偿器 2 个　　7.9m×2

局部阻力当量长度 $L_d=1.26\times(3.82+10.2+7.9\times2)\text{m}\approx37.57\text{m}$

6）计算分支管线的当量长度和折算长度。

分支管线CF上有分流三通1个，截止阀1个，方形补偿器2个。

查附录27，确定局部阻力当量长度为

$$L_{\mathrm{d}}=(3.82+10.2+7.9\times2)\times1.26\mathrm{m}=37.57\mathrm{m}$$

折算长度为

$$L_{\mathrm{zh}}=L+L_{\mathrm{d}}=(100+37.57)\mathrm{m}=137.57\mathrm{m}$$

该管段的实际压降为

$$\Delta p_{\mathrm{sh}}=R_{\mathrm{sh}}L_{\mathrm{zh}}=(724.95\times137.57)\mathrm{Pa}\approx0.997\times10^{5}\mathrm{Pa}$$

7）根据该管段的始端压力和实际末端压力确定该管段中蒸汽的实际平均密度。

管段CF的实际末端表压力为

$$p_{\mathrm{F}}=p_{\mathrm{C}}-\Delta p_{\mathrm{CF}}=(7.74\times10^{5}-0.997\times10^{5})\mathrm{Pa}=6.74\times10^{5}\mathrm{Pa}$$

查附录30得，始端蒸汽绝对压力 $p_{\mathrm{C}}=(7.74+1)\times10^{5}\mathrm{Pa}=8.74\times10^{5}\mathrm{Pa}$，$\rho_{\mathrm{C}}=4.52\ \mathrm{kg/m^3}$；末端蒸汽绝对压力 $p_{\mathrm{F}}=(6.74+1)\times10^{5}\mathrm{Pa}=7.74\times10^{5}\mathrm{Pa}$，$\rho_{\mathrm{F}}=4.02\mathrm{kg/m^3}$。

管段的实际平均密度为

$$\rho_{\mathrm{pj}}=\frac{\rho_{\mathrm{C}}+\rho_{\mathrm{F}}}{2}=\frac{4.52+4.02}{2}\mathrm{kg/m^3}=4.27\mathrm{kg/m^3}$$

原假设的蒸汽密度 $\rho_{\mathrm{pj}}=3.85\mathrm{kg/m^3}$，两者相差过大，需重新计算。

重新计算结果列于表9-2中。

最后求出到达热用户F的蒸汽表压力为 $6.84\times10^{5}\mathrm{Pa}$，满足使用要求。

分支管线BE的计算结果见表9-2。

单元二 凝结水网路的水力计算

室外高压蒸汽供暖系统产生的凝结水在凝结水管网中流动时，按凝结水回流动力的不同，分为重力回水、余压回水和加压回水方式。

现以一个包括各种流动状况的凝结水管网为例，介绍各种凝结水管网的水力计算方法。

［例9-2］ 图9-2为某凝结水回收系统。系统始端压力为 $p=4\times10^{5}\mathrm{Pa}$，用汽设备的凝结水计算流量为2.0t/h，疏水器前凝结水表压力 $p_1=3\times10^{5}\mathrm{Pa}$，疏水器后的压力 $p_2=1.5\times10^{5}\mathrm{Pa}$，二次蒸发箱的表压力为 $p_3=0.3\times10^{5}\mathrm{Pa}$，计算管段 $L_1=120\mathrm{m}$，疏水器后凝水的提升高度 $H_1=5\mathrm{m}$，二次蒸发箱下面多级水封出口与凝结水箱回形管之间的高差 $H_2=3\mathrm{m}$，外网管段长度 $L_2=250\mathrm{m}$，分站闭式凝结水箱内的压力为 $p_4=0.3\times10^{4}\mathrm{Pa}$。试确定各部分凝结水管管径。

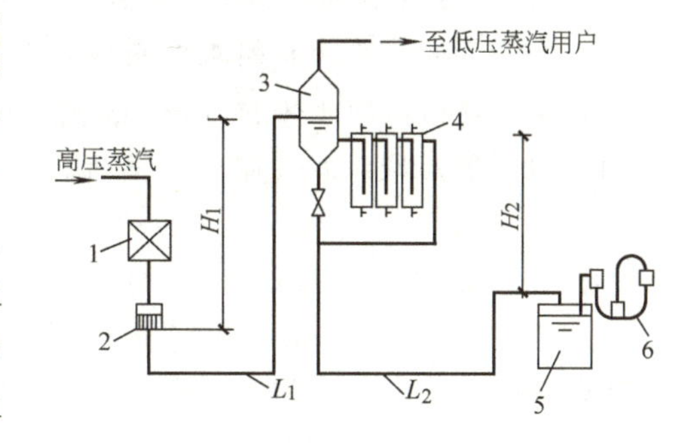

图9-2 凝结水回收系统

1—用汽设备 2—疏水器 3—二次蒸发箱 4—多级水封 5—分站凝水箱 6—安全水封

［解］（1）从用热设备出口至疏水器之间的管段 该管段属于重力回水的非满管流动的干

式凝结水管，可查附录23确定此类凝结水管的管径。只要保证凝结水支干管向下坡度 $i \geq 0.005$ 和足够的凝结水管管径，就能保证该管段内凝结水的重力回流。

（2）从疏水器出口至二次蒸发箱（或高位水箱）之间的管段

1）确定管段内汽水混合物的密度。该管段属于余压凝结水管路。由于凝结水通过疏水器时形成的二次蒸汽和疏水器漏汽的共同影响，该管段中凝结水的流动状态属于复杂的汽液两相流动。

其流动状态通常有以下几种。

① 乳状流动，如图9-3a所示，多在两相流体流速很高和凝结水大量汽化时出现。

② 水膜状流动，如图9-3b所示，蒸汽携带少量水滴在管道截面中部快速流动时，凝结水在管道内壁面形成一层凝结水薄膜沿管壁回旋流动。

③ 汽水分层流动，如图9-3c所示，出现在流速较小，管径较大的凝结水管路中。

④ 汽水充塞流动，如图9-3d所示。这种流动出现在管径较小的凝结水管路中，是由于积水的存在和疏水器的间歇工作引起的。

⑤ 当二次蒸汽量少时，还会出现气泡状流动。

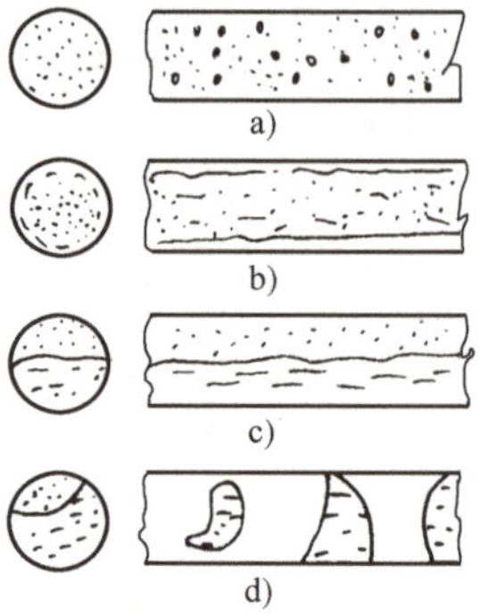

图9-3 余压凝结水流动状态

a）乳状流动 b）水膜状流动

c）汽水分层流动 d）汽水充塞流动

进行疏水器后的余压凝结水管路的水力计算时，可以认为管中流体属于乳状混合物的两相流体，认为流动是满管流动，可忽略汽液两相流体间的滑动摩擦和分子间碰撞而产生的能量损失。

余压凝结水管路的水力计算应按乳状混合物计算凝结水的密度。汽水混合物的密度可按下式计算。

$$\rho_h = \frac{1}{v_h} = \frac{1}{x(v_q - v_s) + v_s} \tag{9-3}$$

式中 v_h——汽水混合物的比体积（m^3/kg）；

x——1kg汽水混合物中所含蒸汽量kg/kg（水）；

v_q——二次蒸发箱或闭式水箱压力下饱和蒸汽的比体积（m^3/kg）；

v_s——凝结水的比体积（m^3/kg），可近似取0.001m^3/kg。

通常疏水器后凝结水管路中的蒸汽由疏水器漏汽和二次蒸汽两部分构成，即

$$x = x_1 + x_2 \tag{9-4}$$

式中 x_1——疏水器的漏汽量，与疏水器类型、产品质量、工作条件和管理水平有关，一般可取0.01~0.03kg/kg（水）；

x_2——凝结水流经疏水器阀孔及在管内流动时，由于压力下降而产生的二次蒸汽量[kg/kg（水）]，可由下式计算。

$$x_2 = \frac{h_1 - h_3}{\gamma_3} \tag{9-5}$$

式中 h_1——疏水器前 p_1 压力下饱和凝结水的比焓（kJ/kg）；

h_3——二次蒸发箱或闭式凝结水箱 p_3 压力下饱和凝结水的比焓（kJ/kg）；

γ_3——二次蒸发箱或闭式水箱压力下蒸汽的汽化潜热（kJ/kg）。

此外，也可查附录31确定x_2。

本例题疏水器前的绝对压力　$p_1=(3+1)\times10^5\text{Pa}=4\times10^5\text{Pa}$

二次蒸发箱的绝对压力　$p_3=(1+0.3)\times10^5\text{Pa}=1.3\times10^5\text{Pa}$

查附录31，二次蒸汽量　$x_2=0.069\text{kg/kg}$（水）

该余压凝结水管段中的蒸汽量为

$$x=x_1+x_2=(0.02+0.069)\text{kg/kg(水)}=0.089\text{kg/kg(水)}$$

v_q为二次蒸发箱压力下饱和蒸汽的比体积，二次蒸发箱绝对压力为$1.3\times10^5\text{Pa}$，查附录30，得$v_q=1.333\text{m}^3/\text{kg}$。

汽水混合物的密度

$$\rho_h=\frac{1}{v_h}=\frac{1}{x(v_q-v_s)+v_s}=\frac{1}{0.089\times(1.333-0.001)+0.001}\text{kg/m}^3$$
$$=8.365\text{kg/m}^3$$

2）计算管段内的平均比摩阻。余压凝水管路的平均比摩阻

$$R_{pj}=\frac{(p_2-p_3-\rho_h gh)\alpha}{\Sigma L} \tag{9-6}$$

式中　p_2——管段的始端压力，即疏水器之后的背压（Pa）；

p_3——二次蒸发箱或闭式水箱内的压力，单位为Pa，对开式系统，$p_3=0$；

ρ_h——汽水混合物的密度，单位为kg/m^3；

h——疏水器后凝水的提升高度（m），一般不超过5m；

α——沿程损失占总损失的估计比值，查附录28，通常取$\alpha=0.8$。

余压凝水管路的允许比摩阻一般不宜大于150Pa/m，最大允许流速为10～25m/s。

本例题中，ρ_h应为已计算出汽水混合物的密度，但计算平均比摩阻时，从安全角度出发，考虑系统重新启动时管路中会充满凝结水，所以取$\rho_h=1000\text{kg/m}^3$，因此

$$R_{pj}=\frac{1.5\times10^5-0.3\times10^5-1000\times9.81\times5}{120}\times0.8\text{Pa/m}\approx473\text{Pa/m}$$

3）确定该管段管径。管径可以根据平均比摩阻和管段热负荷查水力计算表确定。附录32是凝结水管水力计算表，如果实际使用密度条件与制表条件不符，应把实际平均比摩阻换算成制表密度条件下的平均比摩阻，然后再查表确定管径，即

$$R_{bpj}=\frac{R_{pj}\rho_{sh}}{\rho_b} \tag{9-7}$$

式中　R_{bpj}、ρ_b——制表条件下的平均比摩阻（Pa/m）和密度（kg/m^3）；

R_{pj}、ρ_{sh}——实际使用条件下的平均比摩阻（Pa/m）和密度（kg/m^3）。

凝水管道的实际绝对粗糙度$K=0.5\text{mm}$，附录32的凝结水管水力计算表的制表条件为$\rho_r=10.0\text{kg/m}^3$，$K_b=0.5\text{mm}$。

本例题中，疏水器至二次蒸发箱之间的闭式凝结水管路中汽水混合物的密度ρ与制表密度不同，平均比摩阻需要换算。

$$R_{bpj}=\frac{R_{pj}\rho_h}{\rho_b}=\frac{8.365\times473}{10}\text{Pa/m}\approx395.66\text{Pa/m}$$

该管段凝结水的计算流量 $G=2\text{t/h}$，查附录32，选用管径 $DN89\times3.5\text{mm}$，表中 $R_b=217.5\text{Pa/m}$，流速 $v_b=10.52\text{m/s}$。

4）将表中平均比摩阻 R_b 和流速 v_b 换算成实际比摩阻 R_{sh} 和实际流速 v_{sh}。

$$R_{sh}=R_b(\rho_b/\rho_h)=217.5\times(10/8.365)\text{Pa/m}\approx260.01\text{Pa/m}$$

$$v_{sh}=v_b(\rho_b/\rho_{sh})=10.52\times(10/8.365)\text{m/s}\approx12.58\text{m/s}$$

至此，该管段计算结束。

（3）从二次蒸发箱至分站凝结水箱之间的管段

1）确定该管段的作用压力。该管段中凝结水全部充满管路，靠二次蒸发箱与凝结水箱之间的压力差和水面高差而流动。该管段是湿式凝结水管，可查附录26确定管径。计算该管段的作用压力 Δp 时，应按最不利情况计算，也就是将二次蒸发箱看成开式水箱，设其表压力 $p_3=0$，则该管段的作用压力 Δp 可用下式计算。

$$\Delta p=\rho g h_2-p_4 \tag{9-8}$$

式中 ρ——管段中凝结水密度，对于不再汽化的过冷凝结水取 $\rho=1000\text{kg/m}^3$；

g——重力加速度，$g=9.81\text{m/s}^2$；

h_2——二次蒸发箱（或高位水箱）水面与凝结水箱回形管顶的标高差（m）；

p_4——凝结水箱的表压力（Pa），对于开式凝结水箱，表压力 $p_4=0\text{Pa}$，对于闭式凝结水箱，表压力应为安全水封限制的压力。

本例题中，将式（9-8）变成

$$\Delta p=\rho g(h_2-0.5)-p_4$$

式中的0.5m为富余值，是为了防止管段内产生虹吸作用使多级水封的最后一级失效而设置的。

$$\Delta p=[1000\times9.81\times(3-0.5)-0.3\times10^4]\text{Pa}=21525\text{Pa}$$

2）计算该管段的平均比摩阻 R_{pj}。

$$R_{pj}=\frac{\Delta p}{L_2(1+\alpha_j)}$$

式中 α_j——室外凝结水管网中局部损失与沿程损失的比值，查附录28取 $\alpha_j=0.6$。

$$R_{pj}=\frac{21525}{250\times(1+0.6)}\text{Pa/m}\approx53.8\text{Pa/m}$$

3）确定管径。从二次蒸发箱到分站凝结水箱之间的管道是凝结水满管流动的湿式凝结水管，可查附录26确定管径。

本例题中，该管段按流过最大冷凝结水量考虑 $G=2\text{t/h}$，查附录26，选用 $DN50$ 的管比摩阻 $R=31.9\text{Pa/m}<53.8\text{Pa/m}$，流速 $v=0.3\text{m/s}$。至此，该管段计算结束。

具有多个疏水器并联工作的余压凝结水管网进行水力计算时，首先也应进行主干线的水力计算，通常从凝结水箱的总干管开始进行主干线各管段的水力计算，直到最不利用户。各管段中，也需要逐段求出汽水混合物的密度，但在实际计算中，从设计安全角度考虑，通常以管段末端的密度作为管段汽水混合物的平均密度。

主干线各计算管段的二次蒸汽量，可用下式计算。

$$x_2=\frac{\sum G_i x_i}{\sum G_i} \tag{9-9}$$

式中　x_2——主干线各管段的二次蒸汽量［kg/kg(水)］；

x_i——计算管段所连接的用户，由于凝结水压降产生的二次蒸汽量［kg/kg(水)］；

G_i——计算管段所连接的用户凝结水计算流量（t/h）。

［**例9-3**］　某厂区余压凝结水回收系统如图9-4所示。用户a的凝结水计算流量$G_a=6.0$t/h，疏水器前的凝结水表压力$p_{a1}=3.0\times10^5$Pa。用户b的凝结水计算流量$G_b=2.5$t/h，疏水器前的凝结水表压力$p_{b1}=2.5\times10^5$Pa。各管段管线长度标于图中，凝结水借疏水器后的压力集中输送回热源处的开式凝结水箱Ⅰ。总凝结水箱回形管与各用户的标高已标于图中，试进行各管段水力计算。

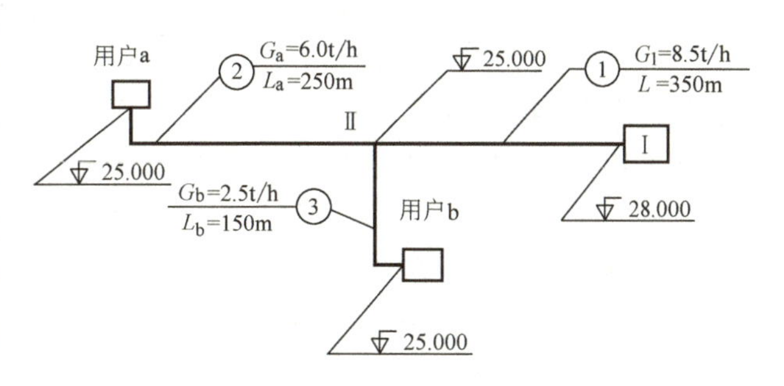

图9-4　某厂区余压凝结水回收系统

［**解**］　(1) 确定主干线和允许的平均比摩阻　从用户a到总凝结水箱Ⅰ的管线允许的平均比摩阻最小，为主干线，其平均比摩阻为

$$R_{pj}=\frac{(p_{a2}-p_{Ⅰ})-(H_{Ⅰ}-H_a)\rho_h g}{\Sigma L(1+\alpha_j)} \tag{9-10}$$

式中　p_{a2}——用户a疏水器之后的背压，$p_{a2}=0.5p_{a1}$；

$(H_{Ⅰ}-H_a)$——总凝结水箱Ⅰ与用户a的标高差（m）。

$$R_{pj}=\frac{(3\times0.5-0)\times10^5-(28-25)\times1000\times9.81}{(350+250)\times(1+0.6)}\text{Pa/m}\approx125.59\text{Pa/m}$$

(2) 管段①的水力计算

1) 确定管段①凝结水中的蒸汽量x，其中二次蒸汽的含量x_2可用下式计算。

$$x_2=\frac{G_a x_a+G_b x_b}{G_a+G_b}$$

根据用户a疏水器前的表压力3.0×10^5Pa，热源处开式凝结水箱的表压力0Pa，查附录31，得$x_a=0.083$kg/kg（水）；同理查得$x_b=0.074$kg/kg（水）。因此

$$x_2=\frac{6\times0.083+2.5\times0.074}{6+2.5}\text{kg/kg（水）}\approx0.08\text{kg/kg（水）}$$

加上疏水器的漏汽率$x_1=0.02$kg/kg（水），管段①中凝结水的含汽量$x=(0.08+0.02)$kg/kg(水)$=0.1$kg/kg(水)。

2) 求该管段汽水混合物的密度ρ。凝结水箱表压力$p_{Ⅰ}=0$Pa时，查附录30，饱和蒸汽的比体积$v_q=1.6946\text{m}^3/\text{kg}$，因此汽水混合物的密度为

$$\rho_h=\frac{1}{x(v_q-v_s)+v_s}=\frac{1}{0.1\times(1.6946-0.001)+0.001}\text{kg/m}^3\approx5.87\text{kg/m}^3$$

3) 将管段流量$G_1=8.5$t/h，管壁的绝对粗糙度$K=1.0$mm，密度$\rho=5.87\text{kg/m}^3$代入式（8-4）中，可求出相应$R_{pj}=125.59$Pa/m时的理论管内径$d_{ln}=0.249$m。

4) 确定管段的实际管径、实际比摩阻和实际流速。现选用接近管内径d_{ln}的管径规格为273mm×7mm，管子的实际内径$d_{sn}=259$mm。管中的实际比摩阻

$$R_{sh}=\left(\frac{d_{ln}}{d_{sh}}\right)^{5.25}R_{pj}=\left(\frac{0.249}{0.259}\right)^{5.25}\times125.59\text{Pa/m}=102.14\text{Pa/m}$$

管中的实际流速

$$v_{sh}=\frac{1000G}{900\pi d_{sh}^2\rho_h}=\frac{1000\times8.5}{900\pi\times0.259^2\times5.87}\text{m/s}=7.64\text{m/s}$$

5）确定管段①的压力损失和节点Ⅱ的压力。管段①的实际长度 $L=350\text{m}$，局部损失与沿程损失的比值 $\alpha_j=0.6$，则其折算长度为

$$L_{zh}=L(1+\alpha_j)=350\times(1+0.6)\text{m}=560\text{m}$$

该管段的压力损失为

$$\Delta p_{①}=R_{sh}\cdot L_{zh}=102.14\times560\text{Pa}\approx0.57\times10^5\text{Pa}$$

节点Ⅱ（计算管段①的始端）表压力为

$$\begin{aligned}p_{Ⅱ}&=p_{Ⅰ}+\Delta p_{①}+(H_{Ⅰ}-H_{Ⅱ})\rho g=[0+0.57\times10^5+(28-25)\times1000\times9.81]\text{Pa}\\&=0.86\times10^5\text{Pa}\end{aligned}$$

(3) 管段②的水力计算　管段②用户 a 疏水器前的绝对压力 $p_{a1}=(3+1)\times10^5\text{Pa}$，节点Ⅱ处的绝对压力 $p=1.86\times10^5\text{Pa}$，根据公式 $x_2=\dfrac{h_2-h_3}{\gamma}$，得出

$$x_2=\frac{604.7-494.9}{2208.64}\text{kg/kg（水）}\approx0.05\text{kg/kg（水）}$$

设 $x_1=0.02\text{kg/kg}$（水），则管段②的凝水含汽量 x 为

$$x=(0.05+0.02)\text{kg/kg(水)}=0.07\text{kg/kg(水)}$$

汽水混合物的密度为

$$\rho=\frac{1}{0.07\times(0.9412-0.001)+0.001}\text{kg/m}^3\approx14.97\text{kg/m}^3$$

按上述方法和步骤，可计算出理论管内径 $d_{ln}=0.18\text{m}$，选用 219mm×6mm 的管，实际管内径为 $d_{sh}=207\text{mm}$。计算结果列于表 9-3 中。

用户 a 疏水器的背压为 $1.5\times10^5\text{Pa}$，稍大于表中计算得出的主干线始端表压力 $p_{sh}=1.116\times10^5\text{Pa}$。主干线水力计算可结束。

(4) 分支线③的水力计算　分支线平均比摩阻按下式计算。

$$R_{pj}=\frac{(p_{b2}-p_{Ⅱ})-(H_{Ⅱ}-H_{b2})\rho g}{\Sigma L(1+\alpha_j)}=\frac{(2.5\times0.5-0.86)\times10^5}{150\times(1+0.6)}\text{Pa/m}\approx162.5\text{Pa/m}$$

按上述步骤和方法，可得出该管段汽水混合物的密度 $\rho_h=17.42\text{kg/m}^3$，得出理论管内径 $d_{ln}=0.121\text{m}$，选用 133mm×4mm 的管，实际管内径为 $d_{sh}=125\text{mm}$，计算结果见表 9-3。

用户 b 的疏水器背压 $p_{b2}=1.25\times10^5\text{Pa}$，稍大于表中计算得出的管段始端表压力 $p_s=1.19\times10^5\text{Pa}$。整个水力计算结束。

表 9-3　余压凝水管网水力计算表

管段编号	凝水流量 G/(t/h)	疏水器前凝水表压力 p_b/($\times10^5$Pa)	管段末端和始端高差/m (H_s-H_m)	管段末端表压力 p/($\times10^5$Pa)	管段长度			管段的平均比摩阻 R_{pj}/(Pa/m)	管段汽水混合物的密度 ρ/(kg/m^3)	理论管内径 d_{ln}/m	选用管子尺寸/管径(mm)×厚(mm)	实际管内径 d_{sh}/mm	实际比摩阻 R_{sh}/(Pa/m)	实际流速 v_{sh}/(m/s)	实际压力损失 Δp_{sh}/($\times10^5$Pa)	管段始端表压力 p/($\times10^5$Pa)	管段累计压力损失 Δp/($\times10^5$Pa)
					实际长度 L/m	α_j	折算长度 L_{zh}/m										
主干线																	
管段①	8.5		3	0	350	0.6	560	125.59	5.87	0.249	273×7	259	102.14	7.64	0.57	0.86	0.57
管段②	6	3	0	0.86	250	0.6	400	125.59	14.97	0.18	219×6	207	60.3	3.31	0.241	1.1	0.811
分支线																	
管段③	2.5	2.5	0	0.86	150	0.6	240	162.5	17.42	0.121	133×4	125	136.99	3.25	0.33	1.19	0.9

项目十　热水网路的水压图和定压方式

单元一　绘制水压图的基本原理

室外供热管网是由多个热用户组成的复杂管路系统，各热用户之间既相互联系，又相互影响。管网上各点的压力分布是否合理，直接影响系统的正常运行。水压图可以清晰地表示管网和热用户各点的压力大小和分布状况，是分析研究管网压力状况的有力工具。

绘制水压图是以流体力学中的恒定流实际液体总流的能量方程——伯努力方程为理论基础的。如图 10-1 所示，当流体流过某一管段时，根据伯努力方程可以列出断面 1 和断面 2 之间的能量方程。

$$Z_1 + p_1/\rho g + \alpha_1 v_1^2/2g = Z_2 + p_2/\rho g + \alpha_2 v_2^2/2g + \Delta H_{1-2} \tag{10-1}$$

式中　Z_1、Z_2——断面 1、2 处管中心至基准面 O－O 的垂直距离（m）；

p_1、p_2——断面 1、2 处的压强（Pa）；

v_1、v_2——断面 1、2 处的断面平均流速（m/s）；

ρ——水的密度（kg/m^3）；

g——重力加速度，$g = 9.81 m/s^2$；

ΔH_{1-2}——断面 1、2 间的水头损失（mH_2O）；

α_1、α_2——断面 1、2 处的动能修正系数，取 $\alpha_1 = \alpha_2 = 1.0$。

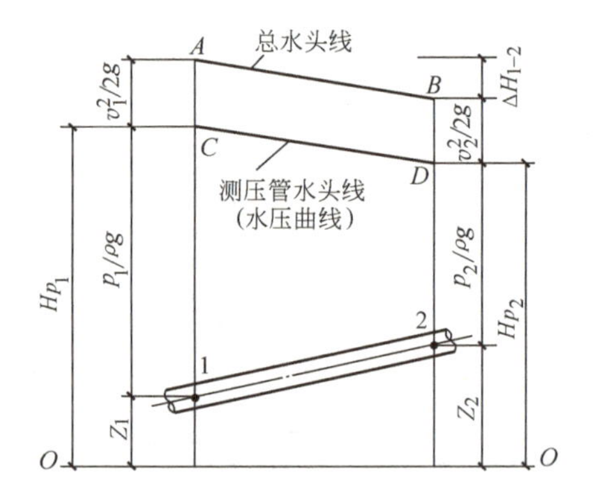

图 10-1　热水网路的水头线

能量方程的各项也可以用“水头”来表示。

Z 称为位置水头；$p/\rho g$ 称为压强水头；$v^2/2g$ 称为流速水头。

位置水头 Z、压强水头 $p/\rho g$ 和流速水头 $v^2/2g$ 三项之和表示断面 1、2 间任意一点的总水头 H，即

$$H = Z + p/\rho g + v^2/2g \tag{10-2}$$

位置水头 Z 与压强水头 $p/\rho g$ 之和表示断面 1、2 间任意一点的测压管水头 H_p，即

$$H_p = Z + p/\rho g \tag{10-3}$$

顺次连接图中 1、2 两点间各点的总水头高度，可得到 1、2 断面间的总水头线 AB，AB 是一条下降的斜直线。

ΔH_{1-2}表示 1、2 两点间总水头的差值，即水头损失为

$$\Delta H_{1-2} = H_1 - H_2 \tag{10-4}$$

管网中任意一点的测压管水头高度，就是该点离基准面 O－O 的位置高度 Z 与该点的测压管水头高度 $p/\rho g$ 之和。连接 1、2 两点间各点的测压管水头高度，可得到 1、2 断面的测压管水头线 CD，将测压管水头线 CD 称为 1、2 断面间的水压曲线。绘制热水网路水压图的实质就是将管路中各点的测压管水头顺次连接起来就可得到热水网路的水压曲线。

通过分析热水网路的水压图，可以求出下列数值。

1）确定管网中任意一点的压强水头。管网中任意一点的压强水头应等于该点的测压管水头高度与该点位置高度之差，如图10-1中

$$p/\rho g = H_p - Z \tag{10-5}$$

2）表示各管段的水头损失。由于热水管路中各点的流速相差不大，式(10-1)中的$v_1^2/2g$和$v_2^2/2g$的差值可以忽略不计，因此水在管道内流动时，任意两点间的水头损失就等于两点间的测压管水头之差，如图10-1中，断面1、2间的水头损失可以表示成

$$\Delta H_{1-2} = (Z_1 + p_1/\rho g) - (Z_2 + p_2/\rho g) \tag{10-6}$$

3）根据水压曲线的坡度，可以确定计算管段单位长度的平均比压降Δp_{pj}，如图10-1。

1、2两点间的平均比压降

$$\Delta p_{pj} = \Delta H_{1-2}/L_{1-2} \tag{10-7}$$

水压曲线越陡，计算管段单位长度的平均比压降就越大。

4）由于整个管网是一个相互连通的循环环路，因此已知管网中任意一点的水头，就可以确定其他各点的水头，如图10-1中

$$Z_1 + p_1/\rho g = Z_2 + p_2/\rho g + \Delta H_{1-2} \tag{10-8}$$

单元二 绘制水压图的方法

在设计阶段绘制水压图，就是要分析管网中各点的压力分布是否合理，能否安全可靠地运行。利用水压图可以正确决定各用户与热网的连接方式及自动调节措施，检查管网水力计算是否正确，选定的平均比摩阻是否合理。对于地形复杂的大型管网，通过水压图还可以分析是否需要设加压泵站，以及确定加压泵站的位置和数量。

一、室外热水网路压力状况的基本要求

绘制水压图时，室外热水网路的压力状况应满足以下基本要求。

1）与室外热水网路直接连接的用户系统内的压力不允许超过该用户系统的承压能力。如果用户系统使用常用的柱形铸铁散热器，其承压能力一般为0.5MPa，在系统的管道、阀件和散热器中，底层散热器承受的压力最大，因此作用在该用户系统底层散热器上的压力，无论在管网运行还是停止运行时，都不允许超过底层散热器的承压能力，一般为0.5MPa。

2）与室外热水网路直接连接的用户系统，应保证系统始终充满水，不出现倒空现象。无论网路运行还是停止运行，用户系统回水管出口处的压力必须高于用户系统的充水高度，以免倒空吸入空气，破坏正常运行和空气腐蚀管道。

3）室外高温水网路和高温水用户内，水温超过100℃的地方，热媒压力必须高于该温度下的汽化压力，而且还应留有30～50kPa的富余值。如果高温水用户系统内最高点的水不汽化，那么其他点的水就不会汽化，不同水温下的汽化压力见表10-1。

表10-1 不同水温下的汽化压力表

水温/℃	100	110	120	130	140	150
汽化压力/mH_2O	0	4.6	10.3	17.6	26.9	38.6

注：$1mH_2O = 10kPa$。

4）室外管网回水管内任何一点的压力都至少比大气压力高出 $5mH_2O$，以免吸入空气。

5）在用户的引入口处，供、回水管之间应有足够的作用压差。各用户引入口的资用压差取决于用户与外网的连接方式，应在水力计算的基础上确定各用户所需的资用压力。用户引入口的资用压差与连接方式有关，以下数值可供选用参考。

热水网路水压图的基本原理及绘制要求

① 与网路直接连接的供暖系统，约为 10～20kPa（$1\sim2mH_2O$）。

② 与网路直接连接的暖风机供暖系统或大型的散热器供暖系统，约为 20～50kPa（$2\sim5mH_2O$）。

③ 与网路采用水喷射器直接连接的供暖系统，约为 80～120kPa（$8\sim12mH_2O$）。

④ 与网路直接连接的热计量供暖系统，约为 50kPa（$5mH_2O$）。

⑤ 与网路采用水-水换热器间接连接的用户系统，约为 30～80kPa（$3\sim8mH_2O$）。

设置混合水泵的热力站，网路供、回水管的预留资用压差值，应等于热力站后二级网路及用户系统的设计压力损失值之和。

二、水压图绘制例题

现以一个连接着四个用户的高温水供热管网为例，说明绘制水压图的方法和步骤。

[**例 10-1**]　如图 10-2 所示，某室外高温水供热管网，供、回水温度为 130℃/70℃，用户Ⅰ、Ⅱ为高温水供暖用户，用户Ⅲ、Ⅳ为低温水供暖用户，各用户均采用柱形铸铁散热器，供、回水干线通过水力计算可知压降均为 $12mH_2O$。试绘制该供热管网的水压图。

[**解**]　如图 10-2 所示，可按如下步骤绘制热水网路的水压图。

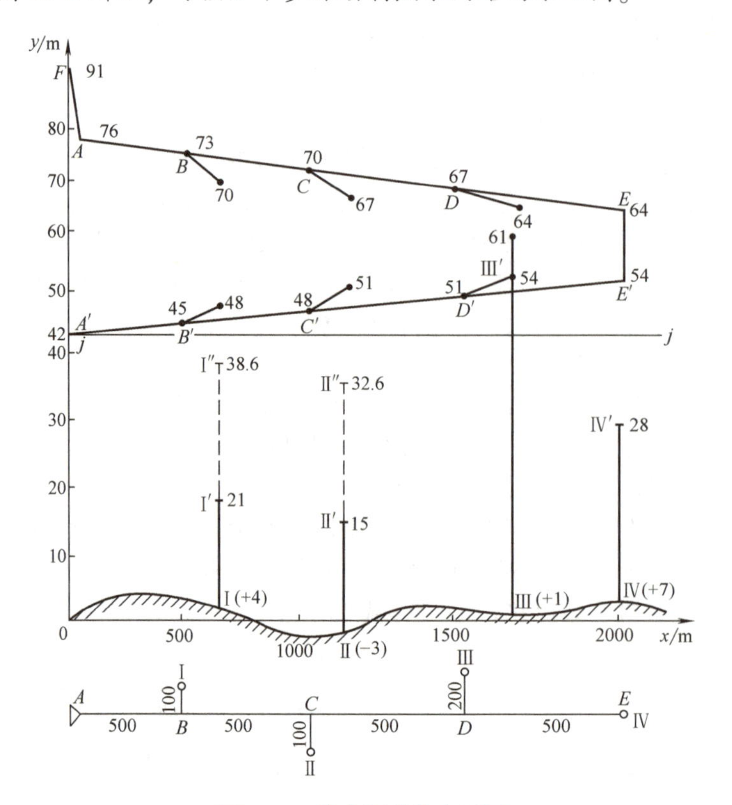

图 10-2　热水网路的水压图

1）在图下部绘制出热水网路的平面布置图（可用单线展开图表示）。

2）在平面图的上部以网路循环水泵中心线的高度（或其他方便的高度）为基准面，沿基准面在纵坐标上按一定的比例尺做出标高刻度，如图上的 Oy 轴；沿基准面在横坐标上按一定的比例尺做出距离的刻度，如图上的 Ox 轴。

3）在横坐标上，找到网路上各点或各用户距热源出口沿管线计算距离的点，在相应点沿纵坐标方向绘制出网路相对于基准面的标高，构成管线的地形纵剖面图，如图中带阴影的部分；还应注明建筑物的高度，如图中Ⅰ—Ⅰ′、Ⅱ—Ⅱ′、Ⅲ—Ⅲ′、Ⅳ—Ⅳ′；对高温水用户还应在建筑物高度顶部标出汽化压力折合的水柱高度，如虚线Ⅰ′—Ⅰ″、Ⅱ′—Ⅱ″。

4）绘制静水压曲线。静水压曲线是网路循环水泵停止工作时，网路上各点测压管水头的连线。因为网路上各用户是相互连通的，静止时网路上各点的测压管水头均相等，静水压曲线就应该是一条水平直线。

绘制静水压曲线应满足水压图基本技术要求。

① 因各用户采用铸铁散热器，所以与室外热水网路直接连接的用户系统内，压力最大不应超过底层散热器的承压能力，一般为 0.5MPa($50mH_2O$)。

② 与热水网路直接连接的用户系统内不应出现倒空现象。

③ 高温水用户最高点处不应出现汽化现象。

本例题中，如果所有用户均采用直接连接，并保证所有的用户不汽化、不倒空，要求的静水压线高度就不能低于64m（即用户Ⅲ的高度加3m的富余高度）。如果静水压线定得这样高，用户Ⅰ、Ⅱ、Ⅲ、Ⅳ底层散热器承受的压力都将超过 0.5MPa($50mH_2O$)，所有的用户都需采用间接连接的形式，这增加了系统的投资费用，不合理、不经济，所以不能按用户Ⅲ的要求定静水压线位置，应按照能满足多数用户直接连接的要求来确定。

如果用户Ⅲ采用间接连接，其他用户采用直接连接，若按用户Ⅰ不汽化的要求，静压线高度最低应定为（21+17.6+3)m=41.6m（其中17.6m为130℃水的汽化压力，3m为富余值)；若按用户Ⅱ底层散热器不超压的要求，静压线最高定为（50-3)m=47m。

因此本例中将静压线定为42m，除用户Ⅲ采用间接连接形式外，其他所有用户都可以直接连接，这样当网路循环水泵停止运行时，能够保证系统不汽化、不倒空，而且底层散热器不超压。

选定的静水压线位置靠系统采用的定压方式来保证，目前热水供热系统采用的定压方式主要有高位水箱和补给水泵定压，定压点位置通常设在网路循环水泵的吸入端。

5）绘制回水干管动水压曲线。当网路循环水泵运行时，网路回水管各点测压管水头的连线称为回水管动水压曲线。

绘制回水管动水压曲线应满足下列基本技术要求。

① 回水管动水压曲线应保证所有直接连接的用户系统不倒空、不汽化，网路上任何一点的压力不应低于 $5mH_2O$，这控制的是动水压线的最低位置。

② 与热水网路直接连接的用户，回水管动水压曲线应保证底层铸铁散热器承受的压力不超过 0.5MPa($50mH_2O$)，这控制的是动水压线的最高位置。

本例题中，如果采用高位水箱定压，为了保证静水压线 $j-j$ 的高度，高位水箱的水面高度应比循环水泵中心线高出42m，这在实际运行中难以实现。因此采用补给水泵定压，定压点设在回水干管循环水泵的入口处，定压点压力应满足静水压力的要求维持在 $42mH_2O$。因此本例回水管动水压曲线末端的最低点就是回水管动水压线与静水压线的交点 A′点，压力仍是 $42mH_2O$。

实际上底层散热器承受的压力比用户系统回水管出口处的压力高，它应等于底层散热器供水支管上的压力；但由于两者的差值比用户系统的热媒压力小很多，因此可近似认为用户系统底层散热器所承受的压力就是热网回水管在用户出口处的压力。

再根据热水网路的水力计算结果，按各管段实际压力损失绘出回水管动水压线。本例题中，回水干线总压降为 $12mH_2O$，回水干线起端 E′点的水位高度为 $(42+12)mH_2O=54mH_2O$。回水管动水压线在静水压线之上，能满足回水管动水压线绘制要求的第一条，但确定的热网回水管在用户出口处的压力有的超过了散热器的承压能力（如用户Ⅱ），只能靠用户与外网的连接方式解决这个问题。

6）绘制供水干管的动水压曲线。当网路循环水泵运行时，网路供水管各点测压管水头的连线称为供水管动水压曲线。供水干管的动水压曲线也是沿流向逐渐下降的，它在每米长度上降低的高度反映了供水管的比压降值。

绘制供水管动水压曲线应满足下列基本要求。

① 网路供水干管及与管网直接连接的用户系统的供水管路中，热媒压力必须高于该温度下的汽化压力，任何一点都不应出现汽化现象。

② 在网路上任何一处用户引入口，供、回水管之间的资用压差能满足用户所需的循环作用压力。

这两条限制了供水管动水压曲线的最低位置。

本例题中，用户Ⅳ在网路末端，供、回水管之间的资用压差为最小。用户Ⅳ为低温水用户，资用压差选定为 $10mH_2O$，则供水干管末端 E（用户Ⅳ的入口）的测压管水头应为 $(54+10)mH_2O=64mH_2O$。再根据外网水力计算结果可知，供水干线的压降为 $12mH_2O$，在热源出口处，供水管动水压曲线的高度，即 A 点的高度应为 $(64+12)m=76m$。

本例题中，定压点位置在网路循环水泵的吸入端，确定的回水管动水压曲线已全部高于静水压线 $j-j$，所以供水干管内各点的高温水均不会汽化。

这样就绘制出供、回水干管的动水压曲线 AEE′A′和静水压曲线 $j-j$，组成了该网路主干线的水压图。

7）绘制各分支管线的动水压曲线。可根据各分支管线在分支点处供、回水管的测压管水头高度和分支线的水力计算结果，按上述同样方法和要求绘制。

绘制热水网路水压图示例

如图 10-2 所示，用户Ⅰ供水支线和干管的连接点 B 的水头为 73m，考虑 B—Ⅰ段供水支管的水头损失 3m，在用户Ⅰ入口处的测压管水头为 $(73-3)m=70m$。

用户Ⅰ回水支管和干管的连接点 B′的水头为 45m，考虑 B'—Ⅰ′段回水支管的水头损失 3m，在用户Ⅰ出口处测压管水头为 $(45+3)m=48m$。

各用户分支管线的供、回水管路动水压曲线已绘入图中。

三、用户与热网的连接形式

仍以［例 10-1］为例，绘制完热水网路的水压图后，就可以分析确定用户与热网的连接形式。

根据已绘制的水压图，现分析如下。

（1）用户Ⅰ　该用户是高温水供暖用户。从水压图可知，用户Ⅰ中130℃的高温水考虑不汽化的要求，压力应为38.6mH_2O，静水压线定在42m，可以保证用户Ⅰ不汽化、不倒空。用户Ⅰ底部散热器运行工况下承压为（48－4）mH_2O＝44mH_2O，无论运行还是静止时底层散热器都不会超压。

用户Ⅰ的资用压力ΔH＝(70－48）mH_2O＝22mH_2O，用户Ⅰ是大型高温水供暖用户，假设内部设计水头损失为ΔH_j＝5mH_2O，资用压力远远超过了用户系统的设计水头损失，需要在用户Ⅰ入口处供水管上设阀门或调压板节流降压，使进入用户的测压管水头降到(48＋5)mH_2O＝53mH_2O，阀门节流的压降为ΔH_f＝(70－53)mH_2O＝17mH_2O，这可以满足用户对压力的要求正常工作，如图10-3a所示。

（2）用户Ⅱ　该用户是直接取用高温水的供暖用户，静压线高度可以保证该用户不汽化、不倒空。虽然静止时底层散热器不会超压，即（42＋3)mH_2O＝45mH_2O，但由于该用户地势较低，运行工况时，用户Ⅱ回水管的压力为［51－(－3)］mH_2O＝54mH_2O，已超过了散热器的允许压力，所以不能采用简单的直接连接形式。可在供水管上设阀门节流降压，回水管上再设水泵加压，如图10-3b所示。

其设计步骤如下。

1）先假定一个安全的回水压力，回水管的测压管水头不超过（50－3)mH_2O＝47mH_2O，可定为45mH_2O。

2）该用户所需的资用压力如果为4mH_2O，则供水管测压管水头应为（45＋4）mH_2O＝49mH_2O。

3）供水管应设阀门或调压板降压ΔH_f＝(67－49)mH_2O＝18mH_2O。

4）用户回水管加压水泵的扬程ΔH_B＝(51－45)mH_2O＝6mH_2O。

该用户热网供、回水管提供的资用压差不仅未被利用，反而供水管上需要节流降压，而回水管上又要设加压水泵，不经济，应尽量避免。

用户系统设回水泵加压的连接方式，常出现在热水网路末端的一些用户和热力站上。当热水网路上连接的用户热负荷超过设计热负荷，或网路没有很好地进行初调节，末端的一些用户和热力站容易出现网路提供的资用压力小于用户或热力站要求的压力，就会出现作用压力不足的情况，此时回水压力过低，需设加压水泵。此外，利用网路回水再向一些用户进行回水供暖时（例如厂区回水再向生活区供暖），往往也需设回水加压泵。设回水加压泵时，常常由于选择的水泵流量或扬程较大，影响临近用户的供热状况，造成网路的水力失调，因此应慎重考虑和正确选择加压水泵的流量和扬程。

（3）用户Ⅲ　该用户是高层建筑低温水供暖用户，系统静压线和回水动压线高度均低于系统充水高度61m（也就是该用户的静水压线高度），不能保证其始终充满水和不倒空。因此需采用设表面式水-水换热器的间接连接，如图10-3c所示。

由水压图可知，该用户与热网连接处回水管的压力为54mH_2O，如果水-水换热器的压力损失为4mH_2O，水-水换热器前的供水压力应为（54＋4)mH_2O＝58mH_2O，该用户与热网连接处供水管的压力为64mH_2O，用户Ⅲ供水管路应设阀门节流降压，压降应为ΔH_f＝(64－58)mH_2O＝6mH_2O。

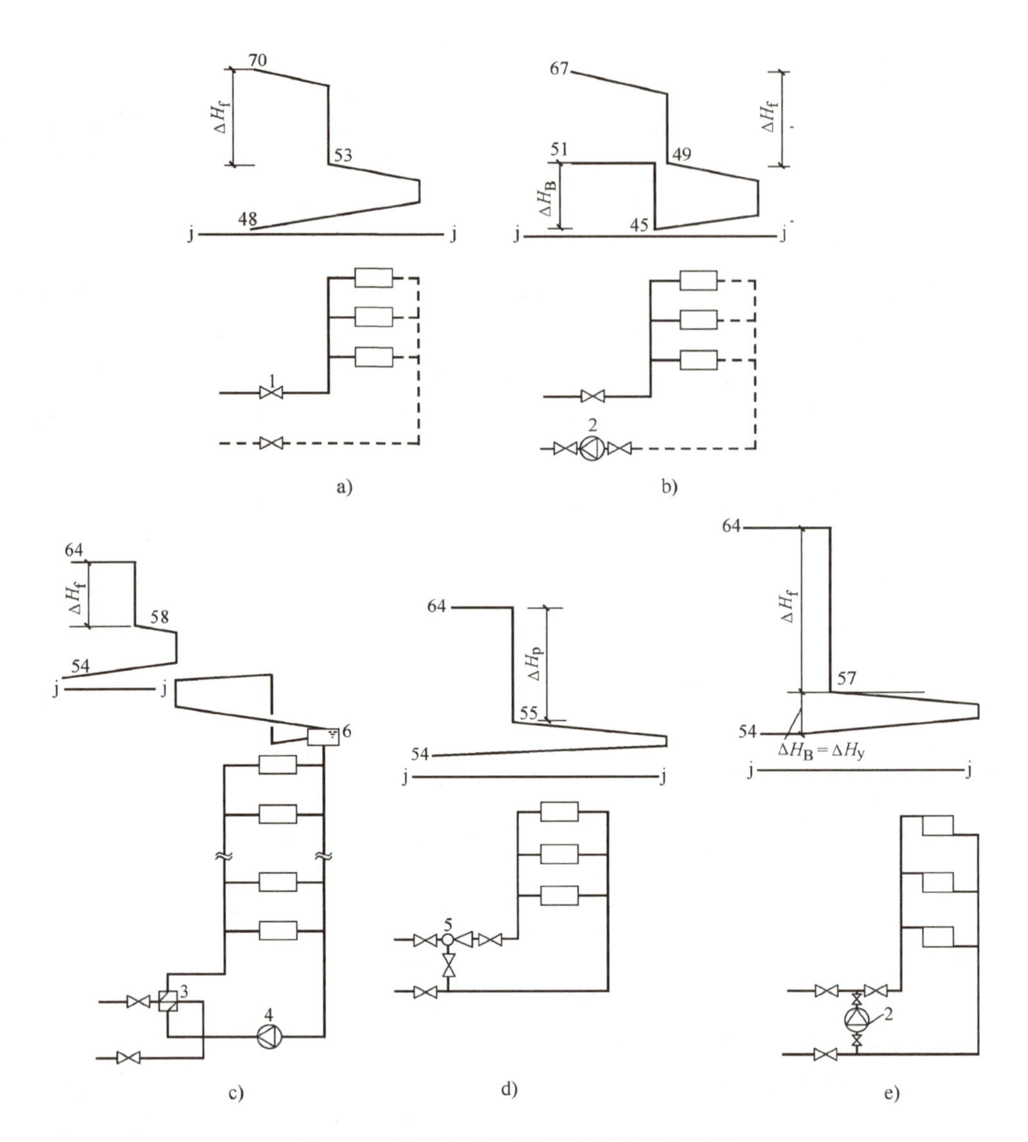

图 10-3 用户与热网的连接形式及水压图

a）直接连接 b）设回水加压泵的直接连接 c）设换热器的间接连接

d）设水喷射器的直接连接 e）设混合水泵的直接连接

1—阀门 2—加压泵 3—水-水换热器 4—用户循环水泵 5—水喷射器 6—膨胀水箱

应注意，该用户的静压线为61mH_2O，超过了常用铸铁散热器的承压能力，系统应采用承压能力较高的散热器或采用分区供暖系统。

（4）用户Ⅳ 该用户是低温水供暖用户，从水压图可以看出，网路循环水泵停止运行时，静水压线能保证用户Ⅳ不汽化、不超压。

假设该用户内部的水头损失为1mH_2O，而外网提供的资用压力为10mH_2O，可以考虑采用设水喷射器的直接连接，如图10-3d所示。水喷射器出口的测压管水头为（54+1）mH_2O = 55mH_2O，喷射器本身消耗的压降为$\Delta H_p = (64-55)mH_2O = 9mH_2O$，满足水喷射器的设置要求。

假设该用户内部的水头损失为 $3mH_2O$，而外网提供的资用压力为 $10mH_2O$，不能保证设置水喷射器要求的作用压力，可采用设置混合水泵的连接方式，如图 10-3e 所示。该用户与热网连接处供水管的压力为 $64mH_2O$，阀门节流降压的压降应为 $\Delta H_f=[64-(54+3)]mH_2O=7mH_2O$，混合水泵的扬程应等于用户系统的压力损失 $\Delta H_B=3mH_2O$。

用户与热网的连接形式

虽然该用户回水管动水压曲线的高度为 54m，但用户地势较高，作用在底层散热器上的压力为 $(54-7)mH_2O=47mH_2O$，没有超过底层散热器的承压能力。

单元三　热水网路的定压方式

通过绘制水压图可以正确地进行管网分析，分析用户的压力状况和连接方式，合理地组织热网运行。

热水供热管网应具有合理的压力分布，以保证系统在设计工况下正常运行。对于低温热水供热系统，应保证系统内始终充满水处于正压运行状态，任何一点都不得出现负压；对于高温热水供热系统，无论是运行还是静止状态，都应保证管网和局部系统内任何地点的高温水不汽化，即管网的局部系统内各点的压力不得低于该点水温下的汽化压力。

要想使管网按水压图确定的压力状态运行，需采用正确的定压方式和定压点位置，控制好定压点所要求的压力。

热水供热系统的定压方式很多，常用的有以下三种。

一、开式高位水箱定压

开式高位水箱定压是依靠安装在系统最高点的开式膨胀水箱形成的水柱高度来维持管网定压点（膨胀管与管网连接点）压力稳定。由于开式膨胀水箱与管网相通，水箱水位的高度与系统的静压线高度是一致的。

对于低温热水供暖系统，当定压点设在循环水泵的吸入口附近时，只要控制静压线的高度高出室内供暖系统的最高点（即充水高度），就可保证用户系统始终充满水，任何一点都不会出现负压。确定膨胀水箱安装高度时，一般可考虑 2m 左右的安全余量。室内低温热水供暖系统常用这种设高位膨胀水箱的定压方式，其设备简单，工作安全可靠。

高温热水供热管网如果采用高位水箱定压，为了避免系统倒空和汽化，要求高位水箱的安装高度会大大增加，实际上很难在热源附近安装比所有用户都高很多，且能保证不汽化的膨胀水箱，往往需要采用其他定压方式。

二、补给水泵定压

补给水泵定压是目前集中供热系统广泛采用的一种定压方式。

补给水泵定压主要有三种形式。

1. 补给水泵的连续补水定压

图 10-4 是补给水泵连续补水定压方式的示意图，定压点设在网路回水干管循环水泵吸入口前的 O 点处。系统工作时，补给水泵连续向系统内补水，补水量与系统的漏水量相平衡，通过补给水压力调节器控制补给水量，维持补水点压力稳定；系统内压力过高时，可通过安全阀泄水降压。

该方式补水装置简单，压力调节方便，水力工况稳定。但突然停电，补给水泵停止运行时，不能保证系统所需压力，由于供水压力降低而可能产生汽化现象。为避免锅炉和供热管网内的高温水汽化，停电时应立即关闭阀门3和4，使热源与网路断开，上水在自身压力的作用下，将止回阀8顶开向锅炉和系统内充水，同时还应打开集气罐上的放气阀排气。考虑到突然停电时可能产生水击现象，在循环水泵吸入管路和压水管路之间可连接一根带止回阀的旁通管作为泄压管。

补给水泵连续补水定压方式适用于大型供热系统，补水量波动不大的情况。该系统的补给水泵也可选用变频水泵，以满足用户要求。

2. 补给水泵的间歇补水定压

图10-5为补给水泵间歇补水定压方式的示意图，补给水泵的启动和停止运行是由电接点式压力表表盘上的触点开关控制的。压力表指针达到系统定压点的上限压力时，补给水泵停止运行；当网路循环水泵吸入端压力下降到系统定压点的下限压力时，补给水泵启动向系统补水。保持循环水泵吸入口处压力在上限和下限值范围内波动。

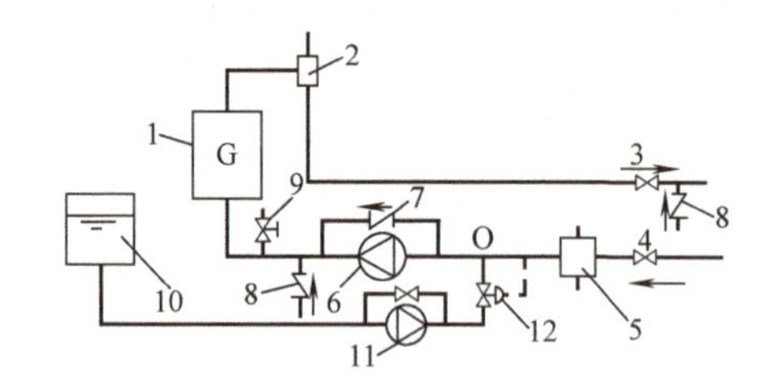

图10-4 补给水泵连续补水定压方式

1—热水锅炉 2—集气罐 3、4—供、回水管阀门 5—除污器 6—循环水泵 7—止回阀 8—给水止回阀 9—安全阀 10—补水箱 11—补水泵 12—压力调节器

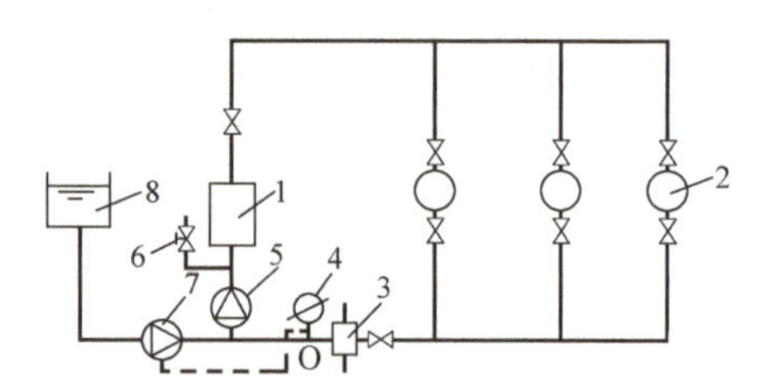

图10-5 补给水泵间歇补水定压方式

1—热水锅炉 2—热用户 3—除污器 4—压力调节器 5—循环水泵 6—安全阀 7—补给水泵 8—补给水箱

间歇补水定压方式比连续补水定压方式耗电少，设备简单，但其动水压曲线上下波动，压力不如连续补水定压方式稳定。通常波动范围为5mH_2O左右，不宜过小，否则触点开关动作过于频繁容易损坏。

3. 补水定压点设在旁通管处的补给水泵定压方式

补给水泵连续补水定压和间歇补水定压都是将定压点设在循环水泵的吸入口处，这是较常用的定压方式。这两种方式供、回水干管的动水压曲线都在静水压曲线之上，也就是说管网运行时网路和用户系统各点均承受较大压力。大型热水供暖系统为了适当地降低网路的运行压力和便于调节，可采用将定压点设在旁通管处的连续补水定压方式，如图10-6所示。

该方式在热源供、回水干管之间连接一根旁通管，利用补给水泵使旁通管上J点压力符合静水压力要求。在网路循环水泵运行时，如果定压点J的压力低于控制值，压力调节阀的阀孔开大，补水量增加；如果定压点J的压力高于控制值，压力调节阀的阀孔关小，补水量减少。如果由于某种原因（如水温不断急剧升高），即使压力调节阀完全关闭，压力仍不断升高，则泄水调节阀开启泄水，一直到定压点J的压力恢复正常为止。当网路循环水泵停止运行时，整个网路压力先达到运行时的平均值然后下降，通过补给水泵的补水作用，使整个系统压力维持在定压点 J 的静压力上。

该方式可以适当地降低运行时的动水压曲线，网路循环水泵吸入端 A 点的压力低于定压点 J 的压力。调节旁通管上的两个阀门 m 和 n 的开启度，可控制网路的动水压曲线升高或降低。如果将旁通管上的阀门 m 关小，旁通管段 BJ 的压降增大，J 点压力降低传递到压力调节阀上，调节阀的阀孔开大，作用在 A 点上的压力升高，整个网路的动水压曲线将升高到如图 10-6 中虚线位置。如果将阀门 m 完全关闭，则 J 点压力与 A 点压力相等，网路的整个动水压曲线位置都将高于静水压曲线。反之，如果将旁通管上的阀门 n 关小，网路的动水压曲线可以降低。

将定压点设在旁通管上的连续补水定压方式，可灵活调节系统的运行压力，但旁通管不断通过网路循环水，计算循环水泵流量时应计入这部分流量，循环水泵流量增加后会多消耗电能。

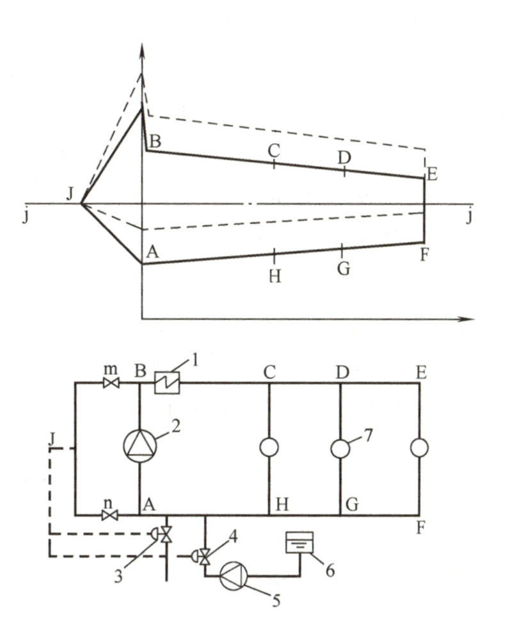

图 10-6 补水定压点设在旁通管处的补给水泵定压方式

1—加热装置（锅炉或换热器） 2—网路循环水泵 3—泄水调节阀 4—压力调节阀 5—补给水泵 6—补给水箱 7—热用户

三、惰性气体定压方式

气体定压大多采用的是惰性气体（氮气）定压。

图 10-7 为热水供热系统采用的变压式氮气定压的原理图。氮气从氮气瓶经减压后进入氮气罐，充满氮气罐Ⅰ—Ⅰ水位之上的空间，保持Ⅰ—Ⅰ水位时罐内压力 P_1 一定。当热水供热系统内水受热膨胀，氮气罐内水位升高，气空间减小，气体压力升高，水位超过Ⅱ—Ⅱ，压力达到 P_2 值后，氮气罐顶部设置的安全阀排气泄压。

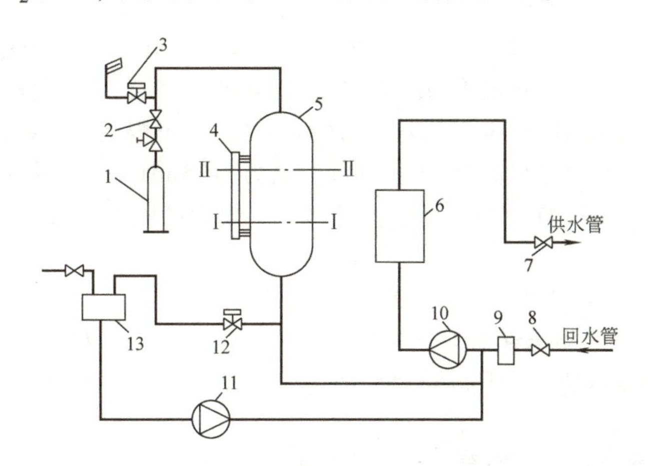

图 10-7 变压式氮气定压方式

1—氮气瓶 2—减压阀 3—排气阀 4—水位控制器 5—氮气罐 6—热水锅炉 7、8—供回水管总阀门 9—除污器 10—网路循环水泵 11—补给水泵 12—排水电磁阀 13—补给水箱当系统漏水或冷却时，氮气罐内水位降到Ⅰ-Ⅰ水位之下，氮气罐上的水位控制器自动控制补给水泵启动补水；水位升高到Ⅱ-Ⅱ水位之后，补给水泵停止工作。罐内氮气如果溶解或漏失，当水位降到Ⅰ-Ⅰ附近时，罐内氮气压力将低于规定值 P_1，氮气瓶向罐内补气，保持 P_1 压力不变。

氮气罐既起定压作用，又起容纳系统膨胀水量、补充系统循环水的作用，相当于一个闭式的膨胀水箱。采用氮气定压方式，系统运行安全可靠，由于罐内压力随系统水温升高而升高，罐内气体可起到缓冲压力传播的作用，能较好地防止系统出现汽化和水击现象。但这种方式需要消耗氮气，设备较复杂，罐体体积较大，主要适用于高温热水供热系统。

目前还有采用空气定压罐的方式，它要求空气与水必须采用弹性密封材料（如橡胶）隔离，以免增加水中的溶氧量。

单元四 循环水泵和补给水泵的选择

1. 选择循环水泵

（1）循环水泵的流量　热水供热系统管网的计算流量可依据前文计算确定，循环水泵的总流量应不小于管网的计算流量，即

$$G_b = 1.1G_j \tag{10-9}$$

式中　G_b——循环水泵的总流量（t/h）；

G_j——管网的计算流量（t/h）。

当热水锅炉出口或循环水泵装有旁通管时，应计入流经旁通管的流量。

（2）循环水泵的扬程　循环水泵的扬程应不小于设计流量条件下，热源内部、供回水干管的压力损失和主干线末端用户的压力损失之和，即

$$H = (1.1 \sim 1.2)(H_r + H_w + H_y) \tag{10-10}$$

式中　H——循环水泵的扬程（mH_2O 或 Pa）；

H_r——热源内部的压力损失（mH_2O 或 Pa），它包括热源加热设备（热水锅炉或换热器）和管路系统等的总压力损失，一般取 $H_r = 10 \sim 15mH_2O$；

H_w——网路主干线供、回水管的压力损失（mH_2O 或 Pa），可根据网路水力计算确定；

H_y——主干线末端用户的压力损失（mH_2O 或 Pa），可根据用户系统的水力计算确定。

例如［例10-1］中，如果确定锅炉房内部总阻力为 $15mH_2O$，网路主干线供、回水管的压力损失为 $(12+12)mH_2O = 24mH_2O$，主干线末端用户的资用压力为 $10mH_2O$，则循环水泵的扬程为

$$H = 1.1 \times (15+24+10)mH_2O = 53.9\ mH_2O$$

循环水泵出口 F 点的测压管水头为 $(76+15)mH_2O = 91mH_2O$。

循环水泵的扬程仅取决于循环环路总的压力损失，与建筑物高度和地形无关。选择循环水泵时应注意以下几点。

1）一般循环水泵宜选择单级泵，因为单级水泵性能曲线较平缓，当网路水力工况发生改变时，循环水泵的扬程变化较小。

2）循环水泵的承压和耐温能力应与热网的设计参数相适应。

3）循环水泵的工作点应处于循环水泵性能的高效区范围内。

4）循环水泵在任何情况下都不应少于两台（其中一台备用）。四台或四台以上并联运行时，可不设备用泵，并联水泵型号宜相同。

5）热力网循环水泵可采用两级串联设置，第一级水泵应安装在热网加热器前，第二级水泵应安装在热网加热器后。水泵扬程的确定应符合下列规定。

①第一级水泵的出口压力应保证在各种运行工况下不超过热网加热器的承压能力。

②当补水定压点设置于两级水泵中间时，第一级水泵出口压力应为供热系统的静压力值。

2. 选择补给水泵

（1）补给水泵的流量　在闭式热水供热管网中，补给水泵的正常补水量取决于系统的渗漏水量，系统的渗漏水量与系统规模、施工安装质量和运行管理水平有关。闭式热力网补水装置的流量，不应小于供热系统循环流量的2%。另外，确定补给水泵的流量时，还应考虑发生事故时的事故补水量，事故补水量不应小于供热系统循环流量的4%。

当考虑发生热源停止加热事故时，事故补水能力不应小于供热系统最大循环流量条件下，被加热水自设计供水温度降至设计回水温度的体积收缩量及供热系统正常泄漏量之和。对事故补水，软化除氧水量不足时可补充工业水。

在开式热水供热管网中，补给水泵的流量应根据热水供热系统的最大设计用水量和系统正常补水量之和确定。

（2）补给水泵的扬程

$$H_b = 1.15\ (H_{bs} + \Delta H_x + \Delta H_c - h) \tag{10-11}$$

式中　H——补给水泵的扬程（mH_2O 或 Pa）；

H_{bs}——补给水点的压力值（mH_2O 或 Pa）；

ΔH_x——水泵吸水管的压力损失（mH_2O 或 Pa）；

ΔH_c——水泵出水管的压力损失（mH_2O 或 Pa）；

h——补给水箱最低水位比补水点高出的距离（m）。

补水装置的压力不应小于补水点管道压力加30～50kPa，当补水装置同时用于维持管网静态压力时，其压力应满足静态压力的要求。闭式热水供热系统，补给水泵宜选两台，可不设备用泵，正常时一台工作，事故时两台全开。开式热水供热系统，补给水泵宜设3台或3台以上，其中一台备用。

项目十一　热水供热系统的供热调节和工况调节

单元一　热水供热系统的供热调节

一个热水供热系统可能包括供暖、通风空调、热水供应和生产工艺用热等多个热用户。这些热用户的热负荷并不是恒定不变的，供暖、通风热负荷会随着室外条件（主要是室外气温）的变化而变化，热水供应和生产工艺热负荷会随使用条件等因素的变化而变化。为了保证供热量能满足用户的使用要求，避免水力失调和热能的浪费，需要对热水供热系统进行供热调节。

一、热水供热系统的调节方式

热水供热系统的调节方式，按运行调节地点不同分为以下几种。

1）集中（中央）调节。在热源处进行的调节。

2）局部调节。在热力站或用户入口处进行的调节。

3）个体调节。直接在散热设备（如散热器、暖风机、换热器）处进行的调节。

集中供热调节容易实施，运行管理方便，是最主要的供热调节方法。

对于包括多种热负荷用户的热水供热系统，因为供暖热负荷通常是系统最主要的热负荷，所以进行供热调节时，可按照供暖热负荷随室外温度的变化规律在热源处对整个系统进行集中调节，使供暖用户散热设备的散热量与供暖用户热负荷的变化规律相适应。其他热负荷（如热水供应、通风等）用户，因其变化规律不同于供暖热负荷，故需要在热力站或用户处进行局部调节，以满足其需要。

二、集中供热调节的方法

集中供热调节的方法主要有以下几种。

1）质调节，即改变网路供、回水温度，不改变流量的调节方法。

2）量调节，即改变网路流量，不改变供、回水温度的调节方法。

3）分阶段改变流量的质调节。

4）间歇调节，即改变每天供热时间的调节方法。

三、供暖热负荷供热调节的基本公式

进行供暖热负荷供热调节的目的是维持供暖房间的室内计算温度 t_n 稳定。当热水网路在稳定状态下运行时，如不考虑管网的沿途热损失，供暖热用户的热负荷应等于供暖用户系统散热设备的散热量，同时也应等于供热网路的供热量，即 $Q_1=Q_2=Q_3$。

1）由式（7-1）可知，在供暖室外计算温度 t_{wn} 下，建筑物供暖设计热负荷 Q'_1 可用下式估算。

$$Q'_1=q'V(t_n-t_{wn}) \tag{11-1}$$

式中　q'——建筑物的供暖体积热指标［W/（m^3·℃）］；

V——建筑物的外围体积（m^3）；

t_n——供暖室内计算温度（℃）。

2）由式（3-2）可知，在供暖室外计算温度 t_{wn} 下，散热器向建筑物供应的热量 Q'_2 为

$$Q'_2 = K'F(t_{pj} - t_n) \tag{11-2}$$

式中　K'——散热器在设计工况下的传热系数[W/(m²·℃)]；

t_{pj}——散热器内的热媒平均温度(℃)。

由式(3-3)可知,散热器的传热系数 K' 为

$$K' = a(t_{pj} - t_n)^b \tag{11-3}$$

对于整个供暖系统，可近似认为

$$t_{pj} = \frac{t'_g + t'_h}{2}$$

式中　t'_g——供暖热用户的供水温度（℃）；

t'_h——供暖热用户的回水温度（℃）。

因此式（11-2）可以写成

$$Q'_2 = aF\left(\frac{t'_g + t'_h}{2} - t_n\right)^{1+b} \tag{11-4}$$

a、b 是与散热器有关的指数，由散热器的型式决定。

3）由式（8-16）可知，在供暖室外计算温度 t_{wn} 下，室外热水网路向供暖热用户输送的热量 Q'_3 为

$$Q'_3 = \frac{G'c(t'_g - t'_h)}{3600} = 1.163G'(t'_g - t'_h) \tag{11-5}$$

式中　G'——供暖热用户的循环水量（kg/h）；

c——热水的比热容，$c = 4.187$kJ/（kg·℃）。

在实际某一室外温度 t_w（$t_w > t_{wn}$）的条件下，保证室内计算温度仍为 t_n 时，可列出与上述公式相对应的方程式。

$$Q_1 = qV(t_n - t_w) \tag{11-6}$$

$$Q_2 = aF\left(\frac{t_g + t_h}{2} - t_n\right)^{1+b} \tag{11-7}$$

$$Q_3 = 1.163G(t_g - t_h) \tag{11-8}$$

$$Q_1 = Q_2 = Q_3 \tag{11-9}$$

将实际室外温度 t_w 条件下热负荷与供暖室外计算温度 t_{wn} 条件下热负荷的比值称为相对供暖热负荷 $\overline{Q}$，即

$$\overline{Q} = \frac{Q_1}{Q'_1} = \frac{Q_2}{Q'_2} = \frac{Q_3}{Q'_3} \tag{11-10}$$

将实际室外温度 t_w 条件下系统流量与供暖室外计算温度 t_{wn} 条件下系统流量的比值称为相对流量比 $\overline{G}$，即

$$\overline{G} = \frac{G}{G'} \tag{11-11}$$

再来分析式（11-1），$Q'_1 = q'V(t_n - t_{wn})$，由于室外风速、风向的变化，特别是太阳辐

射热变化的影响，式中的 Q_1' 并不能完全取决于室内外温差，也就是说，建筑物的体积热指标 q' 不应是定值，但为了简化计算可忽略 q' 的变化，认为供暖热负荷与室内外差成正比，即

$$\overline{Q}=\frac{Q_1}{Q_1'}=\frac{t_n-t_w}{t_n-t_{wn}} \tag{11-12}$$

综合上述公式可得

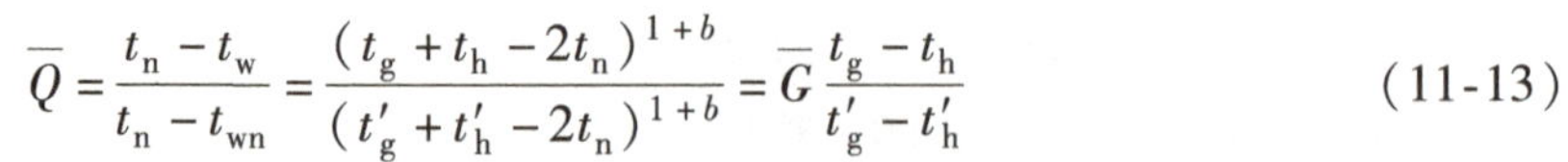

$$\overline{Q}=\frac{t_n-t_w}{t_n-t_{wn}}=\frac{(t_g+t_h-2t_n)^{1+b}}{(t_g'+t_h'-2t_n)^{1+b}}=\overline{G}\,\frac{t_g-t_h}{t_g'-t_h'} \tag{11-13}$$

式（11-13）是进行供暖热负荷供热调节的基本公式。式中的分母项，有的是供暖室外计算温度 t_{wn} 条件下的参数，有的是设计工况参数，均为已知参数；分子项是在某一室外温度下，保持室内温度 t_n 不变时的运行参数。分子项中有四个未知数 t_g、t_h、$\overline{Q}$ 和 $\overline{G}$。但式（11-13）只能列三个联立方程，因此必须再有一个补充条件，才能解出这四个未知数。这个补充条件，就靠我们选定的调节方法给出。下面将具体介绍每一种调节方法。

四、直接连接热水供暖系统的集中供热调节

1. 质调节

热水供热系统的质调节是在网路循环流量不变的条件下，随着室外空气温度的变化，改变室外供热管网供、回水温度的调节方式。

1）如果供暖用户与外网采用无混水装置的直接连接，设室外管网供水温度为 τ_g'，回水温度为 τ_h'，则外网供水温度 τ_g' 等于进入用户系统的供水温度 t_g'，即 $\tau_g'=t_g'$，外网回水温度与供暖系统的回水温度相等，即 $\tau_h'=t_h'$。

将质调节的条件：循环流量不变，即 $\overline{G}=1$ 代入供暖热负荷供热调节的基本公式（11-13）中，可求出某一室外温度 t_w 下，室外供热管网供、回水温度的计算公式

$$\tau_g=t_g=t_n+0.5(t_g'+t_h'-2t_n)\overline{Q}^{\frac{1}{1+b}}+0.5(t_g'-t_h')\overline{Q} \tag{11-14}$$

$$\tau_h=t_h=t_n+0.5(t_g'+t_h'-2t_n)\overline{Q}^{\frac{1}{1+b}}-0.5(t_g'-t_h')\overline{Q} \tag{11-15}$$

式中 τ_g、τ_h——某一室外温度 t_w 条件下，室外供热管网的供、回水温度（℃）；

t_g、t_h——某一室外温度 t_w 条件下，供暖用户的供、回水温度（℃）；

t_g'、t_h'——供暖室外计算温度 t_{wn} 条件下，供暖用户的设计供、回水温度（℃）；

t_n——供暖室内计算温度（℃）；

$\overline{Q}$——相对供暖热负荷。

2）如果供暖用户与外网采用带混合装置的直接连接（如设水喷射器或混合水泵），则外网供水温度 τ_g' 大于进入用户系统的供水温度 t_g'，即 $\tau_g'>t_g'$，外网的回水温度 τ_h' 等于用户的回水温度 t_h'，即 $\tau_h'=t_h'$。利用式（11-14）、式（11-15）可求出供暖用户的实际供水温度 t_g 和实际回水温度 t_h，室外网路的供水温度 τ_g，可根据混合比 μ 求出。

如图 11-1 所示，混合比

$$\mu=\frac{G_h}{G_0} \tag{11-16}$$

式中 G_h——某一室外温度 t_w 下，从供暖用户抽引的回水量（kg/h）；

G_0——某一室外温度 t_w 下，外网进入供暖用户的流量（kg/h）。

根据图 11-1，在供暖室外计算温度 t_{wn} 下，列热平衡方程式

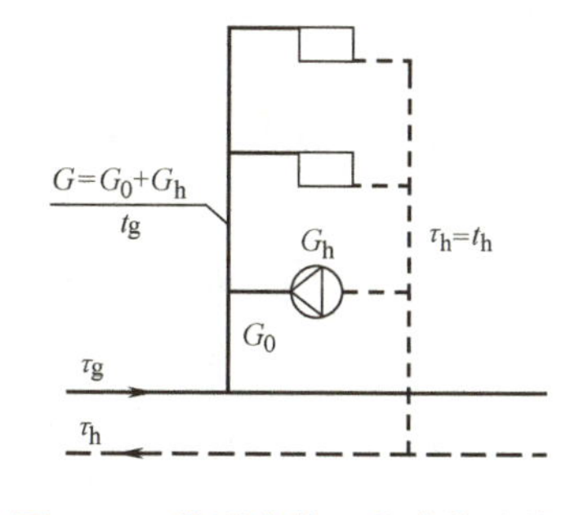

图 11-1 带混合装置的直接连接

$$c\ G_0'\tau_g' + c\ G_h't_h' = c(G_0' + G_h')t_g' \qquad (11\text{-}17)$$

式中 c——热水的比热容，$c=4.187\text{kJ/(kg}\cdot℃)$；

τ_g'——供暖室外计算温度 t_{wn} 下，网路的设计供水温度（℃）。

则供暖室外计算温度 t_{wn} 下的混合比

$$\mu' = \frac{\tau_g' - t_g'}{t_g' - t_h'} \qquad (11\text{-}18)$$

质调节时，只要供暖用户的特性阻力数 S 值不变，网路的流量分配比例就不会改变，任一室外温度下的混合比都是相同的，即

$$\mu = \mu' = \frac{\tau_g - t_g}{t_g - t_h} = \frac{\tau_g' - t_g'}{t_g' - t_h'} \qquad (11\text{-}19)$$

则外网供水温度

$$\tau_g = t_g + \mu(t_g - t_h) \qquad (11\text{-}20)$$

又由于

$$\overline{Q} = \frac{t_g - t_h}{t_g' - t_h'}$$

因此

$$\tau_g = t_g + \mu\ \overline{Q}(t_g' - t_h') \qquad (11\text{-}21)$$

式（11-21）就是在热源处进行质调节时，网路供水温度 τ_g 随某一室外温度 t_w 变化的关系式。

将式（11-14）中的 t_g 和式（11-19）中的 μ 代入式（11-21）中，可以得出带混合装置直接连接的热水供暖系统在某一室外温度 t_w 下室外网路的供水温度，即

$$\begin{aligned}\tau_g &= t_n + 0.5(t_g' + t_h' - 2t_n)\overline{Q}^{\frac{1}{1+b}} + 0.5(t_g' - t_h')\overline{Q} + \left(\frac{\tau_g' - t_g'}{t_g' - t_h'}\right)(t_g' - t_h')\overline{Q} \\ &= t_n + 0.5(t_g' + t_h' - 2t_n)\overline{Q}^{\frac{1}{1+b}} + \overline{Q}[(\tau_g' - t_g') + 0.5(t_g' - t_h')]\end{aligned} \qquad (11\text{-}22)$$

回水温度可用式（11-15）表示。

根据式（11-14）、式（11-15）、式（11-22）可绘制热水供热系统质调节的水温曲线或图表，供运行调节时使用。

集中质调节只需在热源处改变网路的供水温度，运行管理较简便，是目前采用最广泛的供热调节方式。但如果热水供热系统有多种热负荷，按质调节进行供热，在室外温度较高时，网路和供暖系统的供、回水温度会较低，往往难以满足其他热负荷用户的要求，需采用其他调节方式。

[例 11-1] 哈尔滨市某集中供热系统，热源供、回水温度：130℃/70℃。供暖用户与

无混水装置直接连接的热水供热系统

室外管网采用设混水器的直接连接，小区总供热面积250 000m²，全住宅用户，要求冬季室内计算温度为$t_n=18℃$，用户要求的设计供、回水温度为95℃/70℃，供暖设计热负荷为16 250kW。

若供暖用户与室外管网均采用质调节方式，当室外温度$t_w=-15℃$时，试计算供暖用户质调节的供水温度t_g、回水温度t_h以及室外管网的供水温度τ_g，绘制室外温度—用户供、回水温度关系曲线。

［解］ 哈尔滨市供暖室外计算温度$t_{wn}=-24.2℃$，在供暖室外计算温度t_{wn}下，混合比

$$\mu'=\frac{\tau'_g-t'_g}{t'_g-t'_h}=\frac{130-95}{95-70}=1.4=\frac{G'_h}{G'_0}$$

当室外温度$t_w=-15℃$时，供暖热用户的相对热负荷比$\overline{Q}$为

$$\overline{Q}=\frac{t_n-t_w}{t_n-t_{wn}}=\frac{18+15}{18+24.2}\approx0.78$$

当室外温度$t_w=-15℃$时，计算供暖用户质调节的供、回水温度t_g、t_h，其中b是与散热器有关的指数，由散热器的型式决定，供暖用户选用铸铁M-132散热器，$b=0.286$。

$$\begin{aligned}t_g&=t_n+0.5(t'_g+t'_h-2t_n)\overline{Q}^{\frac{1}{1+b}}+0.5(t'_g-t'_h)\overline{Q}\\&=[18+0.5\times(95+70-2\times18)\times0.78^{\frac{1}{1+0.286}}+0.5\times(95-70)\times0.78]℃\\&=80.64℃\end{aligned}$$

$$\begin{aligned}t_h&=t_n+0.5(t'_g+t'_h-2t_n)\overline{Q}^{\frac{1}{1+b}}-0.5(t'_g-t'_h)\overline{Q}\\&=[18+0.5\times(95+70-2\times18)\times0.78^{\frac{1}{1+0.286}}-0.5\times(95-70)\times0.78]℃\\&=61.14℃\end{aligned}$$

室外网路的供水温度τ_g，可根据混合比μ求出，只要供暖用户的特性阻力S值不变，网路的流量分配比例就不会改变，任一室外温度下的混合比都是相同的，即

$$\mu=\mu'=\frac{\tau_g-t_g}{t_g-t_h}=\frac{\tau'_g-t'_g}{t'_g-t'_h}$$

因此外网供水温度

$$\tau_g=t_g+\mu(t_g-t_h)=[80.64+1.4\times(80.64-61.14)]℃=107.94℃$$

不同室外温度下，供暖用户供、回水温度及外网供水温度表见表11-1，室外温度—用户供、回水温度关系曲线如图11-2所示。

表11-1 供暖用户供、回水温度及外网供水温度表

室外温度t_w/℃	-24.2	-20	-15	-10	-5	0	+5
用户供水温度t_g/℃	95	88.68	80.64	72.69	65.40	56.84	47.82
用户回水温度t_h/℃	70	66.18	61.14	56.19	51.65	46.08	40.06
外网供水温度τ_g/℃	130	120.18	107.94	95.79	84.65	71.90	58.68

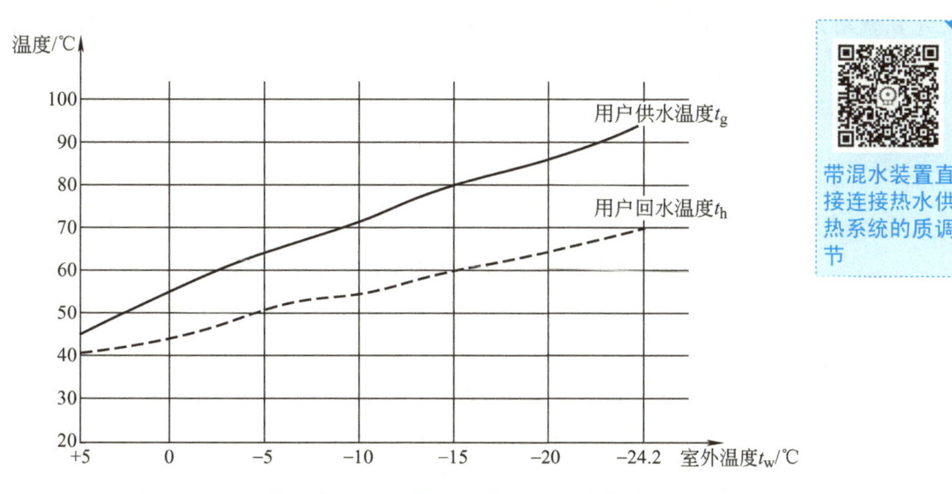

图 11-2　室外温度—用户供、回水温度关系曲线图

2. 量调节

若室外热水网路进行供热调节时采用量调节方式，即外网供水温度 τ'_g和外网回水温度 τ'_h不随室外温度变化，调节电动三通阀的开度，改变进入用户流量的调节方式，则外网供水温度 τ'_g大于进入用户系统的供水温度 t'_g，即 $\tau'_g > t'_g$，外网回水温度 τ'_h等于用户回水温度 t'_h，即 $\tau'_h = t'_h$。室外网路要求的流量，可根据混合比 μ 求出。

因供暖用户进行质调节，供暖用户的流量 G 不随室外温度的变化而变化，即

$$G = G'_0 + G'_h = G_0 + G_h$$

则

$$G_0 = G - G_h = G - \mu G_0$$

外网进行量调节，调节前后混合比不相等，调节前混合比为

$$\mu' = \frac{G'_h}{G'_0} = \frac{\tau'_g - t'_g}{t'_g - t'_h}$$

调节后混合比为

$$\mu = \frac{G_h}{G_0} = \frac{\tau'_g - t_g}{t_g - t_h}$$

因此外网进入供暖用户的流量

$$G_0 = \frac{G}{1 + \mu}$$

[例 11-2]　若［例 11-1］中的供暖用户采用质调节方式，室外管网采用量调节方式，当室外温度 $t_w = -15$℃时，试计算室外网路进入供暖用户的流量 G_0 和供暖用户抽引的回水量 G_h，绘制室外网路进入供暖用户的流量 G_0 和供暖用户抽引的回水量 G_h 随室外温度的变化曲线。

[解]　哈尔滨市供暖室外计算温度 $t_{wn} = -24.2$℃，根据供暖设计热负荷，可计算供暖室外计算温度 t_{wn}条件下，供暖用户要求的流量

$$G = \frac{0.86Q}{t_g - t_h} = \frac{0.86 \times 16250}{95 - 70}\text{t/h} = 559\text{t/h}$$

在供暖室外计算温度 t_{wn} 下，混合比

$$\mu' = \frac{\tau'_g - t'_g}{t'_g - t'_h} = \frac{130 - 95}{95 - 70} = 1.4 = \frac{G'_h}{G'_0}$$

供暖用户的流量 G 等于外网进入供暖用户的流量 G_0' 与从供暖用户抽引的回水量 G_h' 之和。

$$G = G_0' + G_h'$$

室外网路进入供暖用户的流量 G_0 为

$$G_0' = \frac{G}{1+\mu} = \frac{559}{1+1.4}\text{t/h} \approx 232.92\text{t/h}$$

从供暖用户抽引的回水量

$$G_h' = (559-232.92)\text{t/h} \approx 326.08\text{t/h}$$

当室外温度 $t_w=-15$℃时，供暖用户质调节的供、回水温度 t_g、t_h（见［例 11-1］）

$$t_g = 80.64℃ \qquad t_h = 61.14℃$$

当室外温度 $t_w=-15$℃时，室外网路要求的流量 G_0 可根据混合比 μ 求出。

$$\mu = \frac{\tau_g' - t_g}{t_g - t_h} = \frac{130-80.64}{80.64-61.14} \approx 2.53$$

则

$$\mu = \frac{G_h}{G_0} = 2.53$$

因供暖用户进行质调节，供暖用户的流量 G 不随室外温度的变化而变化，即

$$G = G_0' + G_h' = G_0 + G_h$$

则

$$G_0 = G - G_h = G - \mu G_0$$

因此室外网路进入供暖用户的流量 G_0 为

$$G_0 = \frac{G}{1+\mu} = \frac{559}{1+2.53}\text{t/h} \approx 158.36\text{t/h}$$

从供暖用户抽引的回水量

$$G_h = (559-158.36)\text{t/h} = 400.64\text{t/h}$$

不同室外温度下，外网进入用户流量 G_0 及从用户抽引回水量 G_h 见表 11-2，室外温度—管网流量关系曲线如图 11-3 所示。

表 11-2　外网进入用户流量 G_0 及从用户抽引回水量 G_h

室外温度 t_w/℃	-24.2	-20	-15	-10	-5	0	+5
外网进入用户流量 G_0/（t/h）	232.92	196.83	158.36	125.06	98.07	71.67	48.23
从用户抽引回水量 G_h/（t/h）	326.08	362.17	400.64	433.94	460.93	487.33	510.77

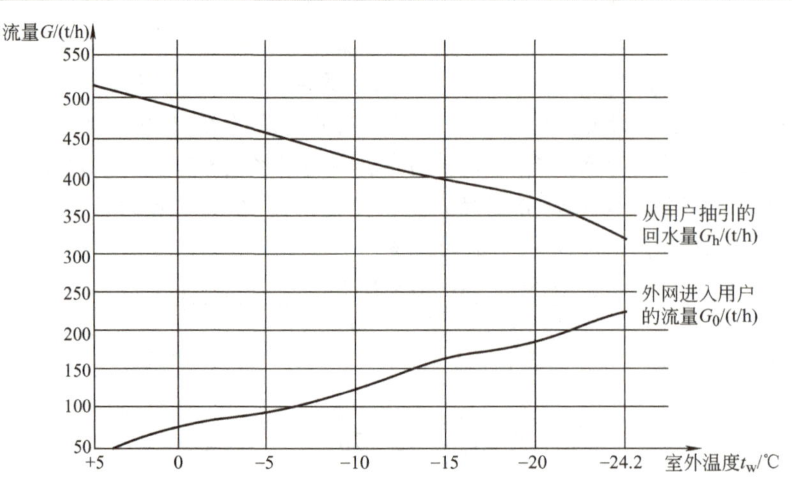

图 11-3　室外温度—管网流量关系曲线图

带混水装置直接连接热水供热系统的量调节

3. 分阶段改变流量的质调节

分阶段改变流量的质调节是在整个供暖期中按室外气温的高低分成几个阶段。在室外气温较低的阶段保持较大的流量；在室外气温较高阶段保持较小流量。在每一个阶段内，维持网路循环水量不变，按改变网路供水温度的质调节进行供热调节。

分阶段改变流量的质调节在每一个阶段中，由于网路循环水量不变，可以设$\overline{G}=\varphi=$常数，将这个条件代入供热调节基本公式（11-13）中，可求出无混合装置的供暖系统室外网路的供、回水温度

$$\tau_g=t_g=t_n+0.5(t'_g+t'_h-2t_n)\overline{Q}^{\frac{1}{1+b}}+0.5\frac{t'_g-t'_h}{\varphi}\overline{Q} \tag{11-23}$$

$$\tau_h=t_h=t_n+0.5(t'_g+t'_h-2t_n)\overline{Q}^{\frac{1}{1+b}}-0.5\frac{t'_g-t'_h}{\varphi}\overline{Q} \tag{11-24}$$

带混合装置的供暖系统室外网路的供回水温度

$$\tau_g=t_n+0.5(t'_g+t'_h-2t_n)\overline{Q}^{\frac{1}{1+b}}+[(\tau'_g-t'_g)+0.5(t'_g-t'_h)]\frac{\overline{Q}}{\varphi} \tag{11-25}$$

$$\tau_h=t_h=t_n+0.5(t'_g+t'_h-2t_n)\overline{Q}^{\frac{1}{1+b}}-0.5(t'_g-t'_h)\frac{\overline{Q}}{\varphi} \tag{11-26}$$

对于中小型或供暖期较短的热水供热系统，一般分为两个阶段选用两台不同型号的循环水泵，其中一台循环水泵的流量按设计值的100%选择，另一台按设计值的70%～80%选择。对于大型热水供热系统，可选用三台不同规格的水泵，循环水泵流量可分别按计算值的100%、80%和60%选择。

对于直接连接的供暖用户系统，调节时应注意不要使进入系统的流量小于设计流量的60%，即$\varphi=\overline{G}\geqslant 60\%$。如果流量过少，对双管供暖系统，由于各层自然循环作用压力的差值增大会引起用户系统的垂直失调；对单管供暖系统，由于各层散热器传热系数K变化程度不一致，同样会引起垂直失调。

采用分阶段改变流量的质调节，由于流量减少，网路的供水温度升高，回水温度降低，供、回水的温差会增大，分阶段改变流量的质调节方式在区域锅炉房热水供热系统中得到了较多的应用。

4. 间歇调节

在供暖季节里，当室外温度升高时，不改变网路的循环水量和供水温度，只减少每天供热小时数的调节方式称为间歇调节。

网路每天工作的总时数n随室外温度的升高而减少，可按下式计算。

$$n=24\frac{t_n-t_w}{t_n-t''_w} \tag{11-27}$$

式中　n——间歇运行时每天工作的总时数（h/d）；

t_w——间歇运行时的某一室外温度（℃）；

t''_w——开始间歇调节时的室外温度（℃），也就是网路保持最低供水温度时的室外温度。

间歇调节可以在室外温度较高的供暖初期和末期，作为一种辅助的调节措施。

五、间接连接热水供暖系统的集中供热调节

室外热水网路和供暖用户采用间接连接时，随室外温度 t_w 的变化，需同时对热水网路和供暖用户进行供热调节。通常对供暖用户按质调节的方式进行供热调节，以保证供暖用户系统水力工况的稳定。供暖用户质调节时的供、回水温度 t_g、t_h，可按式（11-14）、式（11-15）确定。

如图11-4所示，室外热水网路进行供热调节时，热水网路的供、回水温度 τ_g 和 τ_h 取决于一级网路采用的调节方式和水-水换热器的热力特性，通常可采用集中质调节或质量-流量的调节方法。

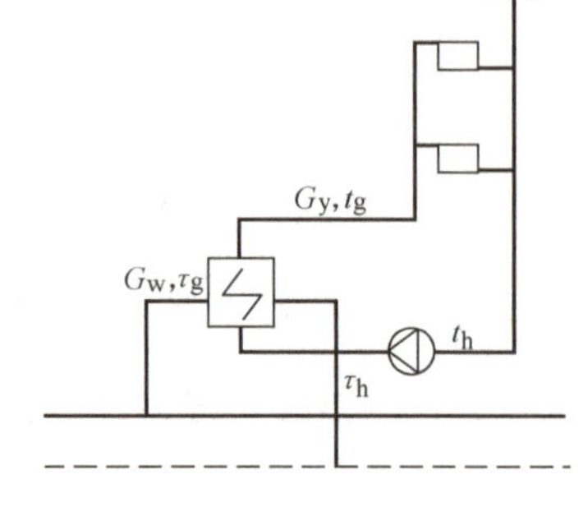

图11-4 间接连接供暖系统与热水网路的连接

1. 室外热水网路采用质调节

当热水网路进行质调节时，引入补充条件 $\overline{G}_w=1$。

根据网路供给热量的热平衡方程式，有

$$\overline{Q}_w = G_w \frac{\tau_g - \tau_h}{\tau'_g - \tau'_h} = \frac{\tau_g - \tau_h}{\tau'_g - \tau'_h} \tag{11-28}$$

式中 τ'_g、τ'_h——在室外供暖计算温度 t_{wn} 条件下网路的供、回水温度（℃）；

τ_g、τ_h——在某一室外温度 t_w 条件下网路的供、回水温度（℃）。

根据用户系统入口水-水换热器放热的热平衡方程式，有

$$\overline{Q}_y = \overline{K}\frac{\Delta t}{\Delta t'} \tag{11-29}$$

式中 $\overline{Q}_y$——在室外温度 t_w 时的相对供暖热负荷比；

$\overline{K}$——水-水换热器的相对传热系数比，也就是在某一室外温度 t_w 条件下，水-水换热器的传热系数 K 值与供暖室外计算温度 t_{wn} 条件下的传热系数 K' 的比值；

$\Delta t'$——在供暖室外计算温度 t_{wn} 条件下，水-水换热器的对数平均温差（℃）；

$$\Delta t' = \frac{(\tau'_g - t'_g) - (\tau'_h - t'_h)}{\ln \dfrac{\tau'_g - t'_g}{\tau'_h - t'_h}} \tag{11-30}$$

Δt——在室外温度 t_w 条件下，水-水换热器的对数平均温差（℃）。

$$\Delta t = \frac{(\tau_g - t_g) - (\tau_h - t_h)}{\ln \dfrac{\tau_g - t_g}{\tau_h - t_h}} \tag{11-31}$$

水-水换热器的相对传热系数比 $\overline{K}$ 值，取决于选用的水-水换热器的传热特性，可由试验数据整理得出。对壳管式水-水换热器，$\overline{K}$ 值可近似地由下列公式计算。

$$\overline{K} = \overline{G}_w^{\,0.5}\,\overline{G}_y^{\,0.5} \tag{11-32}$$

式中 $\overline{G}_w$——水-水换热器中，加热介质的相对流量比，此处也是热水网路的相对流量比；

$\overline{G}_y$——水-水换热器中，被加热介质的相对流量比，此处也是供暖用户系统的相对流量比。

当热水网路和供暖用户系统均采用质调节，即$\overline{G}_w=1$，$\overline{G}_y=1$时，可近似认为两工况下水-水换热器的传热系数相等，即

$$\overline{K}=1 \tag{11-33}$$

总结上述公式，可得出热水网路供热质调节的基本公式

$$\overline{Q}_w=\frac{\tau_g-\tau_h}{\tau'_g-\tau'_h}=\frac{t_g-t_h}{t'_g-t'_h} \tag{11-34}$$

$$\overline{Q}_y=\frac{(\tau_g-t_g)-(\tau_h-t_h)}{\Delta t'\ln\dfrac{\tau_g-t_g}{\tau_h-t_h}} \tag{11-35}$$

因供暖用户和室外热水网路按质调节的方式进行供热调节，故$\overline{Q}_w=\overline{Q}_y$。

上两个公式中的$\overline{Q}_w$、$\overline{Q}_y$、$\Delta t'$、τ'_g、τ'_h为供暖室外计算温度t_{wn}条件下的值，是已知值。t_g和t_h值是在某一室外温度t_w下的数值，可通过供暖系统质调节计算公式计算得出，未知数仅为τ_g和τ_h。通过联立方程，可确定热水网路质调节时的网路供、回水温度τ_g和τ_h值。

2. 热水网路采用质量-流量调节

因为供暖用户系统与室外热水网路间接连接，用户和网路的水力工况互不影响。室外热水网路可考虑采用同时改变供水温度和流量的供热调节方法，即质量-流量调节。

质量-流量调节方法是调节流量随供暖热负荷的变化而变化，使热水网路的相对流量比等于供暖用户的相对热负荷比，也就是人为增加了一个补充条件，进行供热调节。即

$$\overline{G}_w=\overline{Q}_y \tag{11-36}$$

同样，根据网路和水-水换热器的供热和放热的热平衡方程式，得出

间接连接热水供热系统的外网质调节方式

$$\overline{Q}_y=\overline{G}_w\frac{\tau_g-\tau_h}{\tau'_g-\tau'_h}$$

$$\overline{Q}_y=\overline{K}\frac{\Delta t}{\Delta t'}$$

根据相对传热系数比

$$\overline{K}=\overline{G}_w^{0.5}\overline{G}_y^{0.5}=\overline{Q}_y^{0.5}\qquad(\overline{G}_y=1)$$

可得

$$\tau_g-\tau_h=\tau'_g-\tau'_h=\text{常数} \tag{11-37}$$

$$\overline{Q}_y^{0.5}=\frac{(\tau_g-t_g)-(\tau_h-t_h)}{\Delta t'\times\ln\dfrac{\tau_g-t_g}{\tau_h-t_h}} \tag{11-38}$$

式（11-37）和式（11-38）中，$\overline{Q}_y$、$\Delta t'$、τ'_g、τ'_h为供暖室外计算温度t_{wn}下的参数，为已知值，t_g、t_h可由供暖系统质调节的计算公式确定，未知数为τ_g、τ_h。通过联立方程求解，就可确定热水网路按$\overline{G}_w=\overline{Q}_y$规律进行质量-流量调节时的相应供、回水温度$\tau_g$和$\tau_h$值。

采用质量-流量调节方法，室外网路的流量随供暖热负荷的减少而减少，可大大节省网路循环水泵的电能消耗。但系统中需设置变速循环水泵和相应的自控设施（如控制网路供、回水温差为定值或控制变速水泵的转速等措施），才能达到满意的运行效果。

分阶段改变流量的质调节和间歇调节，也可用在间接连接的供暖系统上。

[例 11-3] 哈尔滨市某集中供热系统，热源供、回水温度：120℃/75℃，与某小区采用换热器间接连接供暖。小区总供热面积 250 000m^2，全住宅用户，要求冬季室内计算温度为 $t_n=18$℃，用户要求的设计供、回水温度为 95℃/70℃，供暖设计热负荷为 16250kW，使用三台相同型号的板式换热器，并联使用。

若室外管网采用质量－流量调节方式，当室外温度 $t_w=-15$℃时，试计算室外管网流量 G_2 及室外管网的供水温度 τ_g、回水温度 τ_h，绘制室外温度－室外管网供回水温度－室外管网流量关系曲线。

[解] 室外热水网路采用质量－流量调节方法，使热水网路的相对流量比等于供暖的相对热负荷比，即 $\overline{G}_w=\overline{Q}_y$。

哈尔滨市供暖室外计算温度 $t_{wn}=-24.2$℃，根据供暖设计热负荷，可计算供暖室外计算温度 t_{wn} 条件下，供暖用户要求的流量。

$$G=\frac{0.86Q}{t_g-t_h}=\frac{0.86\times16250}{95-70}\text{t/h}=559\text{t/h}$$

当室外温度 $t_w=-15$℃时，供暖热用户的相对热负荷比 $\overline{Q}_y$ 为

$$\overline{Q}_y=\frac{t_n-t_w}{t_n-t_{wn}}=\frac{18+15}{18+24.2}\approx0.78$$

由 [例 11-1] 计算结果，当室外温度 $t_w=-15$℃时，供暖用户供热系统质调节的供、回水温度

$$t_g=80.64℃\qquad t_h=61.14℃$$

供暖室外计算温度 t_{wn} 条件下，室外管网供应小区换热器的流量为

$$G_2'=G_1'\frac{95-70}{120-75}=559\times\frac{95-70}{120-75}\text{t/h}\approx310.56\text{t/h}$$

室外热水网路采用质量－流量调节方式，热水网路的相对流量比

$$\overline{G}_w=\overline{Q}_y=\frac{G_2}{G_2'}=\frac{G_2}{310.56}=0.78$$

则热水网路流量

$$G_2=242.24\text{t/h}$$

因此，当室外温度 $t_w=-15$℃时，供暖用户供热系统的供、回水温度 $t_g=80.64$℃，$t_h=61.14$℃，室外管网供应小区换热器的流量改变为 $G_2=242.24$t/h。

由公式 (11-37) 和公式 (11-38)，联立方程

$$\tau_g-\tau_h=\tau_g'-\tau_h'=(120-75)℃=45℃$$

$$\overline{Q}_y^{0.5}=\frac{(\tau_g-t_g)-(\tau_h-t_h)}{\Delta t'\ln\dfrac{\tau_g-t_g}{\tau_h-t_h}}$$

$$0.78^{0.5}=\frac{(\tau_g-80.64-\tau_h+61.14)\ln\dfrac{120-95}{75-70}}{(120-95-75+70)\ln\dfrac{\tau_g-80.64}{\tau_h-61.14}}$$

解得

$$\tau_g = 108.88℃ \qquad \tau_h = 63.88℃$$

不同室外温度下，室外管网流量 G_2 及室外管网的供水温度 τ_g、回水温度 τ_h 见表 11-3，室外温度-室外管网流量关系曲线如图 11-5 所示，室外温度-室外管网供、回水温度关系曲线如图 11-6 所示。

表 11-3　室外管网流量 G_2 及室外管网的供水温度 τ_g、回水温度 τ_h

室外温度 t_w/℃	-24.2	-20	-15	-10	-5	0	+5
室外管网流量 G_2/(t/h)	310.56	279.65	242.24	206.06	169.26	133.54	96.27
室外管网供水温度 τ_g/℃	120	115.09	108.88	103.00	97.65	91.60	85.23
室外管网回水温度 τ_h/℃	75	70.09	63.88	58.00	52.65	46.60	40.23

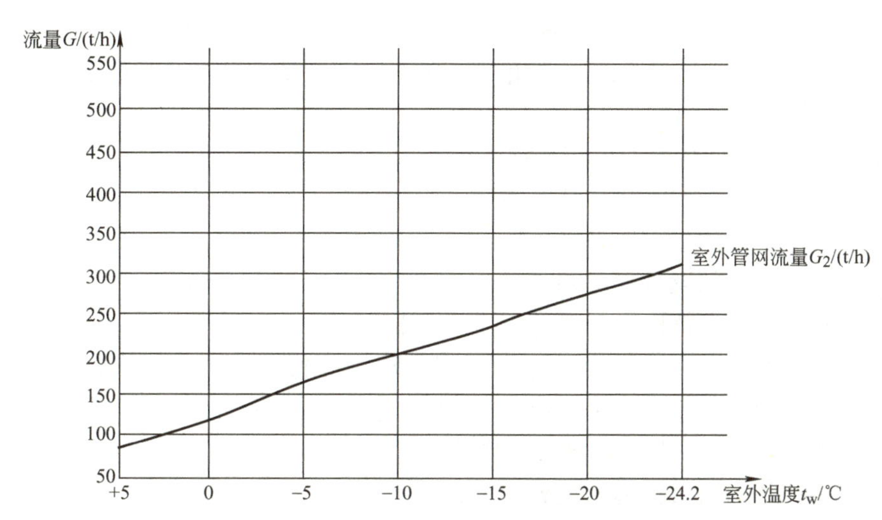

图 11-5　室外温度-室外管网流量关系曲线图

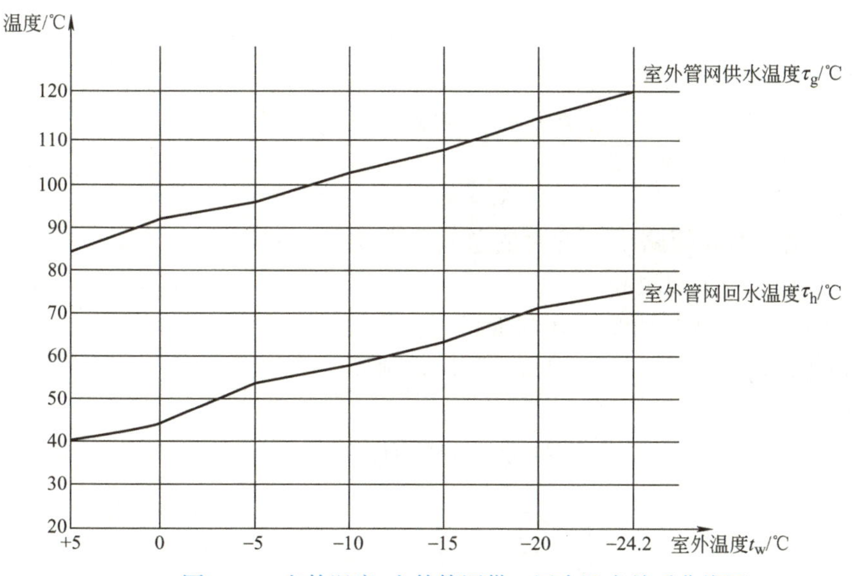

图 11-6　室外温度-室外管网供、回水温度关系曲线图

单元二 热水供热系统的工况调节

一、热用户的水力失调

供热管网是由许多串、并联管路和各个用户组成的一个复杂的相互连通的管道系统。在运行过程中，往往由于各种原因的影响，网路的流量分配不符合各用户的设计要求，各用户之间的流量要重新分配。热水供热系统中，各热用户的实际流量与要求流量之间的不一致性称为该热用户的水力失调。

1. 水力失调的原因

造成水力失调的原因很多，如在设计计算时，未能在设计流量下达到阻力平衡，结果运行时管网会在新的流量下达到阻力平衡；施工安装结束后，未进行初调节或初调节未能达到设计要求；在运行过程中，一个或几个用户的流量变化（阀门关闭或停止使用），会引起网路与其他用户流量的重新分配。

根据流体力学理论，各管段的压力损失可表示为

$$\Delta p = R(L + L_{\mathrm{d}}) = SQ^2 \tag{11-39}$$

式中 Δp——计算管段的压力损失（Pa）；

Q——计算管段的流量（m^3/h）；

S——计算管段的特性阻力数［$Pa/(m^3/h)^2$］。

在水温一定（即管中流体密度一定）的情况下，网路各管段的特性阻力数 S 与管径 d、管长 L、沿程阻力系数 λ 和局部阻力系数 $\Sigma\xi$ 有关，即 S 值取决于管路本身。对一段管段来说，只要阀门开启度不变，其 S 值就是不变的。

2. 串、并联管路的总特性阻力数

任何热水网路都是由许多串联管段和并联管段组成的。下面分析串、并联管路的总特性阻力数。

（1）串联管路 如图 11-7 所示，串联管路中，各管段流量相等 $Q_1 = Q_2 = Q_3$，总压力损失等于各管段压力损失之和，即

$$\Delta p = \Delta p_1 + \Delta p_2 + \Delta p_3$$

则

$$S = S_1 + S_2 + S_3 \tag{11-40}$$

式（11-40）说明串联管路中，管路的总特性阻力数等于各串联管段特性阻力数之和。

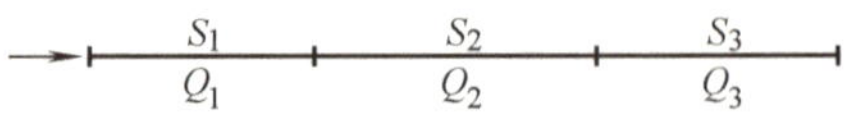

图 11-7 串联管路

（2）并联管路 如图 4-8 所示，并联管路中，各管段的压力损失相等，$\Delta p = \Delta p_1 = \Delta p_2 = \Delta p_3$，管路总流量等于各管段流量之和，即

$$Q = Q_1 + Q_2 + Q_3$$

则

$$\frac{1}{\sqrt{S}} = \frac{1}{\sqrt{S_1}} + \frac{1}{\sqrt{S_2}} + \frac{1}{\sqrt{S_3}} \tag{11-41}$$

式（11-41）说明并联管路中，管路总特性阻力数平方根的倒数等于各并联管段特性阻力数平方根的倒数之和。

各管段的流量关系也可用下式表示。

$$Q_1:Q_2:Q_3=\frac{1}{\sqrt{S_1}}:\frac{1}{\sqrt{S_2}}:\frac{1}{\sqrt{S_3}} \tag{11-42}$$

综上所述，可以得到如下结论。

1）各并联管段的特性阻力数 S 不变时，网路的总流量在各管段中的流量分配比例不变。

2）在各并联管段中，任何一个管段的特性阻力数 S 值发生变化，网路的总特性阻力数也会随之改变，总流量在各管段中的分配比例也相应地发生变化。

3. 热水网路的水力失调计算

（1）计算步骤　根据上述水力工况的基本计算原理，就可以分析和计算热水网路中的流量分配情况，研究它们的水力失调状况。其计算步骤如下。

1）根据正常水力工况下的流量和压降，求出网路各管段和用户系统的阻力数。

2）根据热水网路中管段的连接方式，利用求串联管段和并联管段总阻力数的计算公式，逐步求出正常水力工况改变后整个系统的总阻力数。

3）得出整个系统的总阻力数后，可以利用图解法，画出网路的特性曲线，与网路循环水泵的特性曲线相交，求出新的工作点；或者可以联立水泵特性函数式和热水网路水力特性函数式，计算新的工作点的 Q 和 Δp 值。当水泵特性曲线较平缓时，也可近似认为 Δp 不变，利用下式求出水力工况变化后的网路总流量 Q'。

$$Q'=\sqrt{\frac{\Delta p}{S}} \tag{11-43}$$

式中　Q'——网路水力工况变化后的总流量（m^3/h）；

Δp——网路循环水泵的压差，设水力工况变化前后的压差不变（Pa）；

S——网路水力工况改变后的总阻力数［$Pa/(m^3/h)^2$］。

4）顺次按各串、并联管段流量分配的计算方法分配流量，求出网路各管段及各用户在正常工况改变后的流量。

水力失调的程度可以用实际流量与规定流量的比值 x 来衡量，x 称为水力失调度，即

$$x=\frac{Q_s}{Q_g} \tag{11-44}$$

式中　x——水力失调度；

Q_s——热用户的实际流量（m^3/h）；

Q_g——该热用户的规定流量（m^3/h）。

（2）水力失调的种类　对于整个网路系统来说，各热用户的水力失调状况是多种多样的。

1）一致失调。网路中各热用户的水力失调度 x 都大于 1（或都小于 1）的水力失调状况称为一致失调。一致失调又分为：等比失调和不等比失调。

① 等比失调：所有热用户的水力失调度 x 值都相等的水力失调状况称为等比失调。

② 不等比失调：各热用户的水力失调度 x 值不相等的水力失调状况称为不等比失调。

2）不一致失调。网路中各热用户的水力失调度有的大于1，有的小于1，这种水力失调状况称为不一致失调。

[例11-4]　某室外热水供热网路，正常工况时的各热用户流量和水压图如图11-8所示，试计算关闭热用户2后各热用户的流量、压力变化情况及水力失调程度。

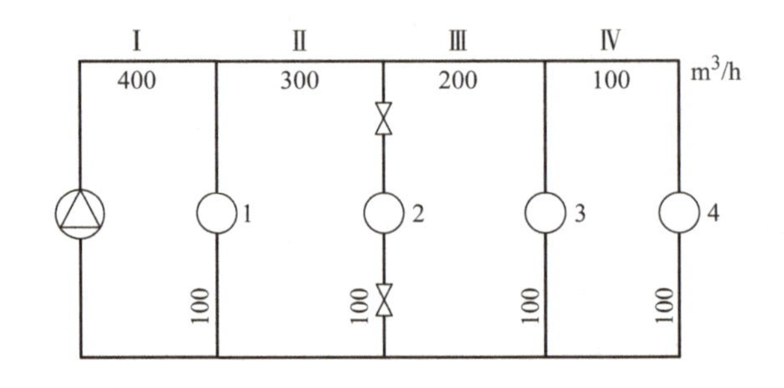

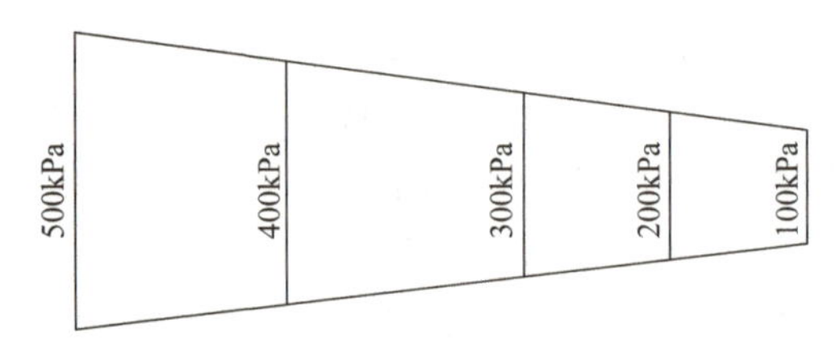

图11-8　正常工况时各热用户流量和水压图

[解]　正常工况下，网路干管（包括供、回水干管）和各热用户的压力损失 Δp、流量 G 和阻力数 S 见表11-4和表11-5。

表11-4　网路干管的压力损失、流量和阻力数

网路干管	Ⅰ	Ⅱ	Ⅲ	Ⅳ
压力损失 Δp/Pa	10×10^4	10×10^4	10×10^4	10×10^4
流量 $G/(m^3/h)$	400	300	200	100
阻力数 $S/[Pa/(m^3/h)^2]$	0.625	1.11	2.5	10

表11-5　各热用户的压力损失、流量和阻力数

热用户	1	2	3	4
压力损失 Δp/Pa	40×10^4	30×10^4	20×10^4	10×10^4
流量 $G/(m^3/h)$	100	100	100	100
阻力数 $S/[Pa/(m^3/h)^2]$	40	30	20	10

热用户2关闭，水力工况改变后各热用户的工况变化情况见表11-6。

表11-6　热用户工况变化情况表

热用户	1	2	3	4
正常工况时流量 $G/(m^3/h)$	100	100	100	100
工况变动后流量 $G/(m^3/h)$	103.87	0	111.93	111.93
水力失调度 x	1.0387	0	1.1193	1.1193

（续）

热用户	1	2	3	4
正常工况时用户作用压差 Δp/Pa	40×10^4	30×10^4	20×10^4	10×10^4
工况变动后用户作用压差 Δp/Pa	43.16×10^4	37.59×10^4	25.06×10^4	12.53×10^4

通过上述表格可以分析得出，关闭热用户 2 后，用户 1、3、4 的流量和作用压力均超过设计值，各用户内部的实际室内温度均超过要求的室内设计计算温度。用户 1 的流量增加 $3.87m^3/h$，作用压差增加 3.16×10^4Pa；用户 3 的流量增加 $11.93m^3/h$，作用压差增加 5.06×10^4Pa；用户 4 的流量增加 $11.93m^3/h$，作用压差增加 2.53×10^4Pa。

热水网路流量及水力失调度的计算示例

若各用户入口处安装自动流量控制设备，使各用户增加的流量及剩余的压力由自动流量控制设备消除，流量和作用压力均为设计值后，可以减少室外热水管网的热能消耗，达到节能运行的目的。

4. 水力失调状况分析

下面以几种常见的水力工况变化为例，利用上述原理和水压图，分析网路水力失调状况。

如图 11-9 所示，该网路有四个热用户，均无自动流量调节器，假定网路循环水泵扬程不变。

（1）阀门 A、D 节流（阀门关小） 当阀门 A、D 节流时，网路总特性阻力数 S 将增大，总流量 Q 将减小。由于没有对各热用户进行调节，因此各用户分支管路及其他干管的特性阻力数均未改变，各用户的流量分配比例也没有变化，各用户流量将按同一比例减少，各用户的作用压差也将按同一比例减少，网路产生了一致的等比失调。图 11-10a 为阀门 A、D 节流时网路的水压图，实线表示正常工况下的水压曲线，虚线为阀门 A、D 节流后的水压曲线。由于各管段流量减小，压降减小，因此干管的水压曲线（虚线）将变得平缓一些。

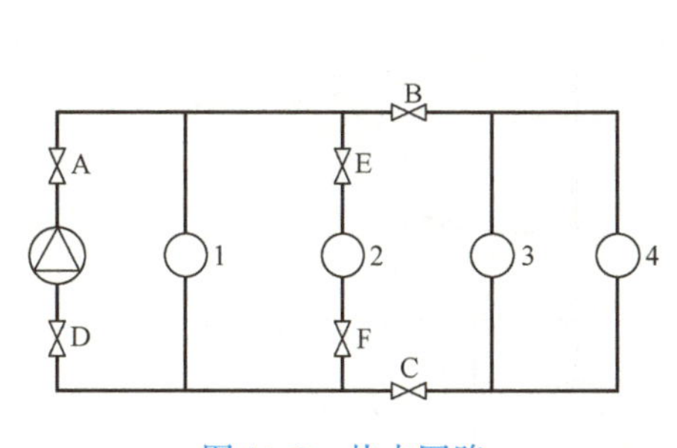

图 11-9 热水网路

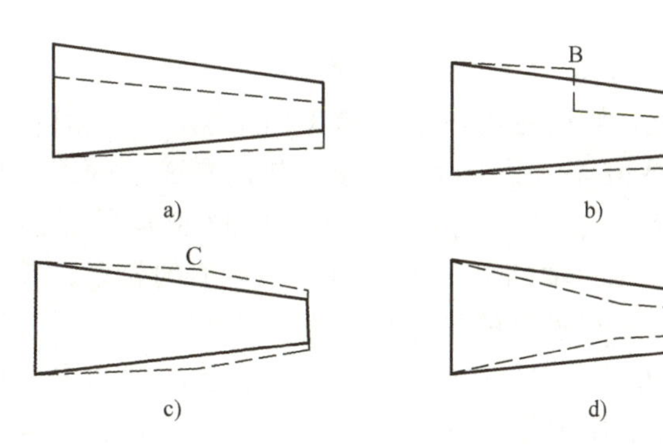

图 11-10 热水网路的水力工况

（2）阀门 B 节流 阀门 B 节流时，网路总阻力数 S 增加，总流量 Q 将减少，压降减少，如图 11-10b 所示，供、回水干管的水压线将变得平缓一些，供水管水压线在 B 点将出现一个急剧下降。阀门 B 之后的热用户 3、4，本身特性阻力数虽然未变，但由于总的作用压力减小了，因此热用户 3、4 的流量和作用压差将按相同比例减小，热用户 3、4 出现了一致的等比失调；阀门 B 之前的热用户 1、2，虽然本身特性阻力数并未变化，但由于其后面管路的特性阻力数改变了，阀门B之前的网路总的特性阻力数也会随之改变，因此总流量在各管段中的流量分配比例也会相应地发生变化，热用户1、2的作用压差和流量按不同的比例增加，出现不等比的一致失调。

对于供热网路的全部用户来说，流量有的增加，有的减少，整个网路发生的是不一致失调。

（3）阀门E、F关闭，热用户2停止工作 阀门E、F关闭，热用户2停止工作后，网路总阻力数将增加，总流量将减少，如图11-10c所示，热源到热用户2之间的供、回水管中压降减少，水压曲线将变得平缓，热用户2之前用户的流量和作用压差均增加，但比例不同，是不等比的一致失调。由水压图分析可知，热用户2处供、回水管之间的作用压差将增加，热用户2之后供、回水干管水压线坡度变陡，热用户2之后的热用户3、4的作用压差将增加，流量也将按相同比例增加，是等比的一致失调。

对于整个网路而言，除热用户2外，所有热用户的作用压差和流量均增加，属于一致失调。

（4）热水网路未进行初调节 如果热水网路未进行初调节，那么作用在网路近端的热用户作用压差会较大，在选择用户内部各分支管路的管径时，由于管道内热媒流速和管径规格的限制，前端热用户的实际阻力数远小于设计规定值，作用在用户分支管路上的压力将会有过多剩余，位于网路前端的热用户实际流量比规定流量大很多。此时，网路的总阻力数比设计的总阻力数小，网路的总流量会增加，如图11-10d所示。网路干管前部的水压曲线将变得较陡，而位于网路后部的热用户，其作用压差和流量将小于设计值，网路干管后部的水压曲线将变得平缓，这往往会使得网路干管后部的用户作用压差不足。由此可见，热水网路投入运行时，必须适当进行初调节。

此外，在热水网路运行时，可能由于种种原因，有些热用户或热力站的作用压差会低于设计值，热用户或热力站流量不足，此时热用户或热力站往往需要设加压水泵（加压水泵可设在供水管路或回水管路上）。在热用户处增设加压水泵后，整个网路的水力工况将发生变化。

图11-11为在用户处增设回水加压水泵的网路水力工况，假设热用户3未增设回水加压水泵时作用压差为Δp_{BE}，低于设计要求。热用户3上的回水加压水泵运行时，可以认为在热用户3及其支线上（管段BE）增加了一个阻力数为负值的管段，其负值的大小与水泵的工作扬程和流量有关，此时热用户3的阻力数减小。而其他管段和热用户未采取调节措施，阻力数不变，因此整个网路的总阻力数相应减少，网路总流量将增加。热用户3前的AB、EF管段流量增加，动水压曲线将变陡，热用户1、2的作用压差将减小，但减小的比例不同，热用户1、2是不等比的一致失调。热用户3后的热用户4、5作用压差也将减小，减小的比例相同，是一致的等比失调。热用户3由于回水加压水泵的影响，其压力

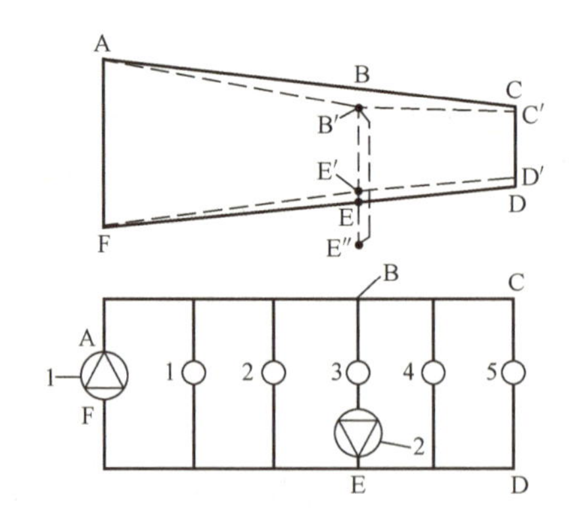

图11-11 用户处增设回水加压水泵的网路水力工况

1—网路循环水泵 2—用户回水加压水泵

损失将增加，流量将增大。

由此可见，在热用户处设回水加压水泵，能增加热用户流量，对热用户运行有利，但会加大网路总循环流量和热用户之前干管的压力损失，使其他热用户的作用压差和循环水量相应减少，甚至使原来流量符合要求的热用户反而流量不足。因此，在网路运行中，不应在热用户处任意增设加压水泵，应仔细分析其对整个网路水力工况的影响后确定是否采用。

水力失调状况分析

二、热水网路的水力稳定性

水力稳定性是指网路中各个热用户在其他热用户流量改变时保持本身流量不变的能力。通常用热用户的水力稳定性系数 y 来衡量网路的水力稳定性。

水力稳定性系数是指热用户的规定流量 Q_g 与工况变化后可能达到的最大流量 Q_{max} 的比值，即

$$y=\frac{1}{x_{max}}=\frac{Q_g}{Q_{max}} \tag{11-45}$$

式中　y——热用户的水力稳定性系数；

Q_g——热用户的规定流量；

Q_{max}——热用户可能达到的最大流量；

x_{max}——工况改变后热用户可能出现的最大水力失调度。

$$x_{max}=\frac{Q_{max}}{Q_g} \tag{11-46}$$

由式（11-39），热用户的规定流量

$$Q_g=\sqrt{\Delta p_y/S_y} \tag{11-47}$$

式中　Δp_y——热用户正常工况下的作用压差（Pa）；

S_y——用户系统及用户支管的总阻力数［$Pa/(m^3/h)^2$］。

一个热用户可能达到的最大流量出现在其他热用户全部关断时，这时网路干管中的流量很小，阻力损失接近于零，热源出口的作用压差可认为是全部作用在这个热用户上。因此

$$Q_{max}=\sqrt{\Delta p_r/S_y} \tag{11-48}$$

式中　Δp_r——热源出口的作用压差（Pa）。

Δp_r 可近似地认为等于正常工况下网路干管的压力损失 Δp_w 和该用户在正常工况下的作用压差 Δp_y 之和，即 $\Delta p_r=\Delta p_w+\Delta p_y$。

因此式（11-48）可写成

$$Q_{max}=\sqrt{\frac{\Delta p_w+\Delta p_y}{S_y}} \tag{11-49}$$

热用户的水力稳定性系数

$$y=\frac{Q_g}{Q_{max}}=\sqrt{\frac{\Delta p_y}{\Delta p_w+\Delta p_y}}=\sqrt{\frac{1}{1+\frac{\Delta p_w}{\Delta p_y}}} \tag{11-50}$$

当 $\Delta p_w=0$ 时（理论上，网路干管直径为无限大），$y=1$。此时，该热用户的水力失调度 $x_{max}=1$，也就是说，无论工况如何变化，它都不会水力失调，它的水力稳定性最好。这

个结论对网路上每个用户都成立，这种情况下任何热用户的流量变化，都不会引起其他热用户流量的变化。

当 $\Delta p_y = 0$ 或 $\Delta p_w = \infty$ 时（理论上，用户系统管径无限大或网路干管管径无限小），$y = 0$。此时热用户的最大水力失调度 $x_{max} = \infty$，水力稳定性最差，任何其他热用户流量的改变将全部转移到该热用户上去。

实际上，热水网路的管径不可能无限大也不可能无限小，热水网路的水力稳定性系数 y 总在 0 ~ 1 之间，当水力工况变化时，任何用户的流量改变，其中的一部分流量将转移到其他热用户中去。

热水网路的水力稳定性

提高热水网路水力稳定性的主要方法如下。

1）减小网路干管的压降，增大网路干管的管径，也就是进行网路水力计算时选用较小的平均比摩阻 R_{pj} 值。

2）增大热用户系统的压降，可以在热用户系统内安装调压板，水喷射器，高阻力、小管径的阀门等。

3）运行时合理地进行初调节和运行调节，尽可能将网路干管上的所有阀门开大，把剩余的作用压差消耗在热用户系统上。

4）对于供热质量要求高的热用户，可在各热用户引入口处安装自动调节装置（如流量调节器）等。

提高热水网路的水力稳定性，可以减少热能损失和电耗，便于系统初调节和运行调节。

项目十二　集中供热系统的主要设备

单元一　换　热　器

换热器，又叫水加热器，是用来把温度较高流体的热能传递给温度较低流体的一种热交换设备。被加热介质是水的换热器，在供热系统中得到了广泛的应用。换热器可集中设在热电站或锅炉房内，也可以根据需要设在热力站或热用户引入口处。

根据热媒种类的不同，换热器可分为汽-水换热器（以蒸汽为热媒），水-水换热器（以高温热水为热媒）。

根据换热方式的不同，换热器可分为表面式换热器（被加热热水与热媒不接触，通过金属表面进行换热）和混合式换热器（被加热热水与热媒直接接触，如淋水式换热器、喷管式换热器等）。

一、换热器的型式及构造特点

1. 壳管式换热器

（1）壳管式汽-水换热器

1）固定管板式汽-水换热器，如图12-1a所示。它包括以下几个部分：带有蒸汽出口连接短管的圆形外壳，由小直径管子组成的管束，固定管束的管栅板，带有被加热水进出口连接短管的前水室及后水室。蒸汽在管束外表面流过，被加热水在管束的小管内流过，通过管束的壁面进行热交换。管束通常采用铜管、黄铜管或锅炉碳素钢钢管，少数采用不锈钢管。钢管承压能力高，但易腐蚀，铜管、黄铜管导热性能好，耐腐蚀，但造价高。一般超过140℃的高温热水换热器最好采用钢管。

为了强化传热，通常在前室、后室中间加隔板，使水由单流程变成多流程，流程通常取偶数，这样进出水口在同一侧，便于管道布置。

固定管板式汽-水换热器结构简单，造价低，但蒸汽和被加热水之间温差较大时，由于壳、管膨胀性不同，热应力大，会引起管子弯曲或造成管束与管板、管板与管壳之间开裂，此外管间污垢较难清理。

这种形式的汽-水换热器只适用于温差小、压力低、结垢不严重的场合。为解决外壳和管束热膨胀不同的缺点，常需在壳体中部加波形膨胀节，以达到热补偿的目的，图12-1b是带膨胀节的壳管式汽-水换热器。

2）U形壳管式汽-水换热器，如图12-1c所示。它是将管子弯成U形，再将两端固定在同一管板上。每根管均可自由伸缩，解决了热膨胀问题，且管束可以从壳体中整体抽出进行管间清洗。其缺点是管内污垢无法机械清洗，管板上布置的管子数目少，使单位容量和单位重量的传热量少。U形壳管式汽-水换热器多用于温差大、管内流体不易结垢的场合。

3）浮头壳管式汽-水换热器，如图12-1d所示。为解决热应力问题，可将固定板的一端不与外壳相连，不相连的一头称为浮头。浮头通常封闭在壳体内，可以自由膨胀。浮头壳管

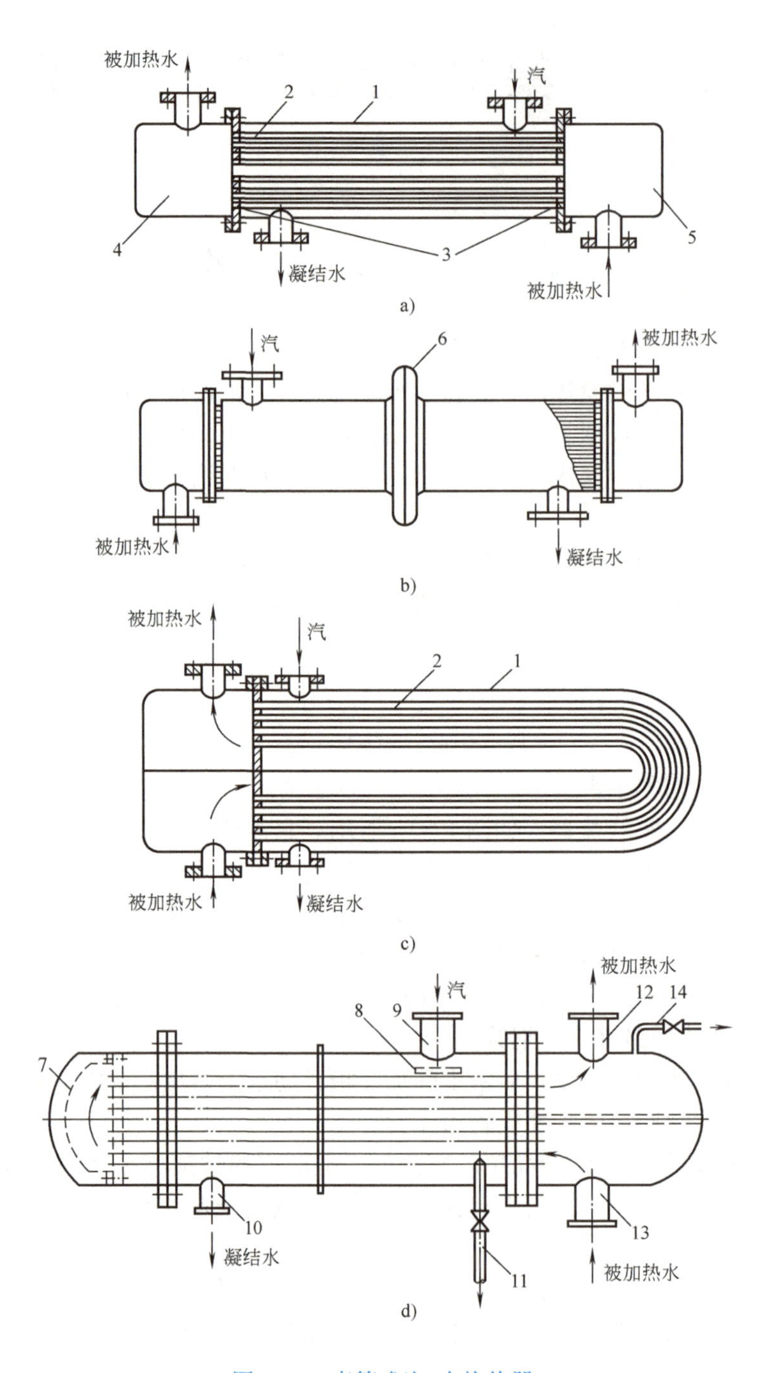

图 12-1 壳管式汽-水换热器

a）固定管板式汽-水换热器 b）带膨胀节的壳管式汽-水换热器

c）U 形壳管式汽-水换热器 d）浮头壳管式汽-水换热器

1—外壳 2—管束 3—固定管栅板 4—前水室 5—后水室 6—膨胀节

7—浮头 8—挡板 9—蒸汽入口 10—凝结水出口 11—汽侧排气管

12—被加热水出口 13—被加热水入口 14—水侧排气管

式汽-水换热器除补偿好外，还可以将管束从壳体中整个拔出，便于清洗。

（2）分段式水-水换热器（图 12-2）

采用高温水作热媒时，为提高热交换强度，常常需要使冷、热水尽可能采用逆流方式，并提高水的流速，为此常采用分段式或套管式水-水换热器。

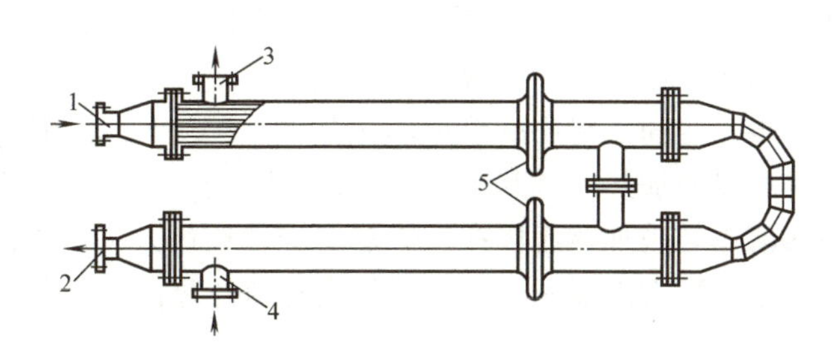

图 12-2 分段式水-水换热器

1—被加热水入口 2—被加热水出口 3—加热水出口 4—加热水入口 5—膨胀节

分段式水-水换热器是将壳管式的整个管束分成若干段，将各段用法兰连接起来，每段采用固定管板，外壳上有波形膨胀节，以补偿管子的热膨胀。分段后既能使流速提高，又能使冷、热水的流动方向接近于纯逆流的方式。此外，换热面积的大小还可以根据需要的分段数来调节。为了便于清除水垢，高温水多在管外流动，被加热水则在管内流动。

（3）套管式水-水换热器（图 12-3） 套管式水-水换热器是用标准钢管组成套管组焊接而成的，结构简单，传热效率高，但占地面积大。

2. 板式换热器

板式换热器是一种新型热交换器，它重量轻、体积小、传热效率高、拆卸容易，如图 12-4 所示。板式换热器由许多传热板片叠加而成，板片之间用密封垫密封，冷、热水在板片之间流动，两端用盖板加螺栓压紧。

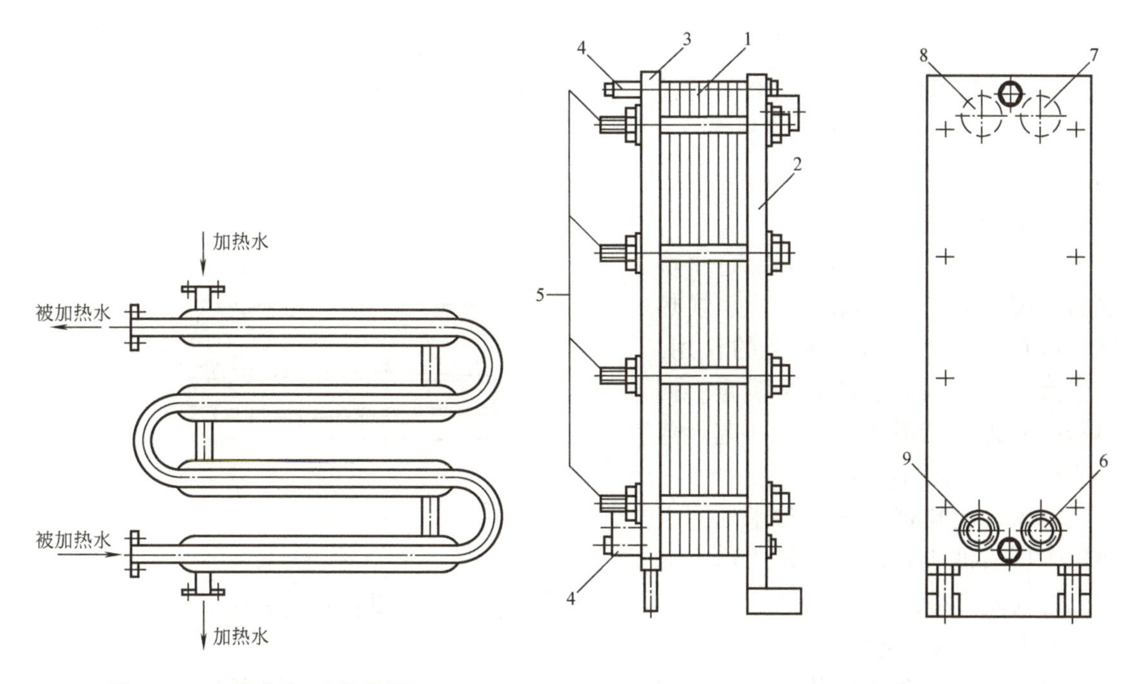

图 12-3 套管式水-水换热器

图 12-4 板式换热器

1—传热板片 2—固定盖板 3—活动盖板 4—定位螺栓 5—压紧螺栓 6—被加热水进口 7—被加热水出口 8—加热水进口 9—加热水出口

换热板片的结构形式有很多种，板片的形状既要有利于增强传热，又要使板片的钢性好。图 12-5 为人字形换热板片，在安装时应注意水流方向要和人字纹路的方向一致，板片两侧的冷、热水应逆向流动。

板片之间密封用的垫片形式如图 12-6 所示，密封垫不仅可以把流体密封在换热器内，而且可以使加热流体和被加热流体分隔开，不互相混合。通过改变垫片的左右位置，可以使加热流体与被加热流体在换热器中交替通过人字形板面。信号孔可检查内部是否密封，如果密封不好而有渗漏时，信号孔就会有流体流出。

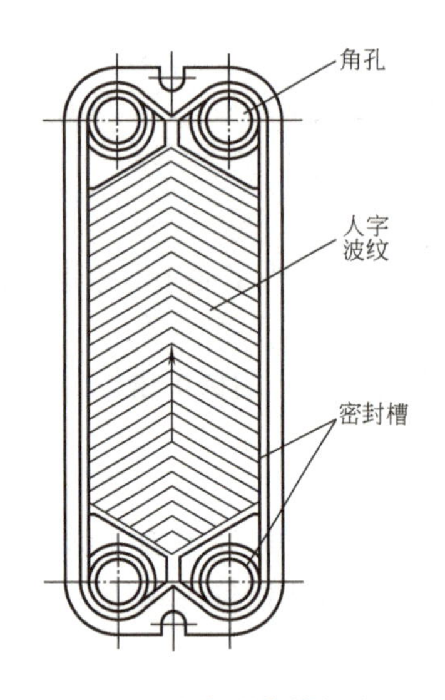

图 12-5 人字形换热板片

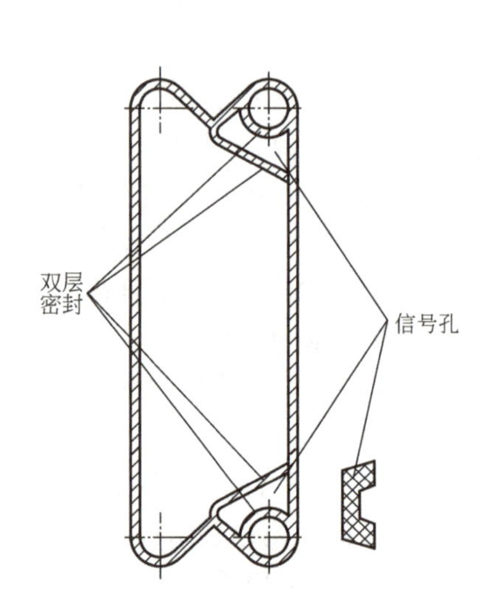

图 12-6 密封垫片

板式换热器传热系数高、结构紧凑、适应性好、拆洗方便、节省材料，但板片间流通截面窄，水质不好形成水垢或沉积物时容易堵塞，密封垫片耐温性能差时，容易渗漏和影响使用寿命。

3. 容积式换热器

容积式换热器分为容积式汽-水换热器（图 12-7）和容积式水-水换热器。这种换热器兼起储水箱的作用，外壳大小应根据储水的容量确定。换热器中 U 形弯管管束并联在一起，蒸汽或加热水自管内流过。

容积式换热器易于清除水垢，主要用于热水供应系统，但其传热系数比壳管式换热器低。

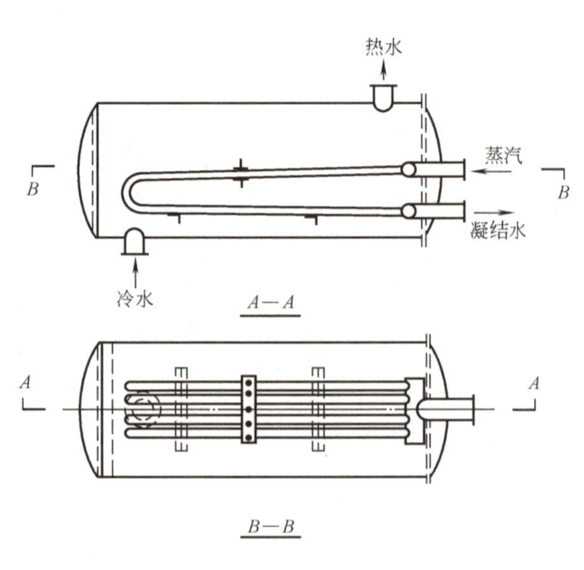

图 12-7 容积式汽-水换热器

4. 混合式换热器

混合式换热器是一种直接式热交换器，热媒和水在换热器中直接接触，将水加热。

（1）淋水式汽-水换热器　如图 12-8 所示，蒸汽从换热器上部进入，被加热水也从上部进入，为了增加水和蒸汽的接触面积，在换热器内装了若干级淋水板，水通过淋水板上的细孔分散地落下和蒸汽进行热交换，换热器的下部用于蓄水并起膨胀容积的作用。淋水式汽-水换热器可以代替热水供暖系统中的膨胀水箱，同时还可以利用壳体内的蒸汽压力对系统进行定压。

淋水式汽-水换热器换热效率高，在同样热负荷时换热面积小，设备紧凑，但由于直接接触换热，因此不能回收纯凝水，这会增加集中供热系统热源处水处理设备的容积。

（2）喷射式汽-水换热器　图 12-9 为喷射式汽-水换热器。喷射式汽-水换热器可以减少蒸汽直接通入水中产生的振动和噪声。蒸汽通过喷管壁上的倾斜小孔射出，形成许多蒸汽细流，并与水迅速均匀地混合。在混合过程中，蒸汽多余的势能和动能用来引射水做功，从而消耗了产生振动和噪声的那部分能量。蒸汽与水正常混合时，要求蒸汽压力至少应比换热器入口水压高 0.1MPa 以上。

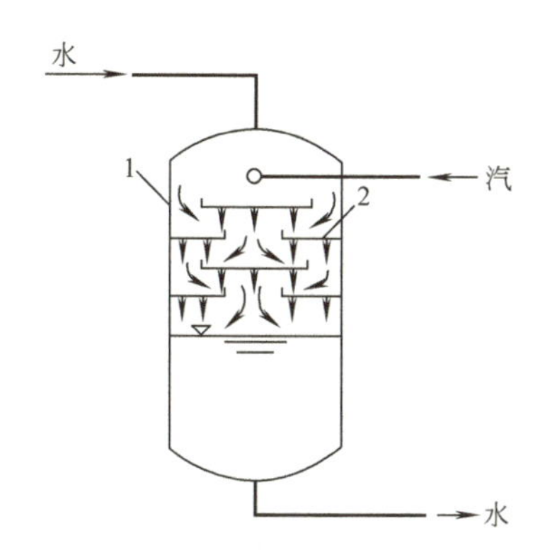

图 12-8　淋水式汽-水换热器

1—壳体　2—淋水板

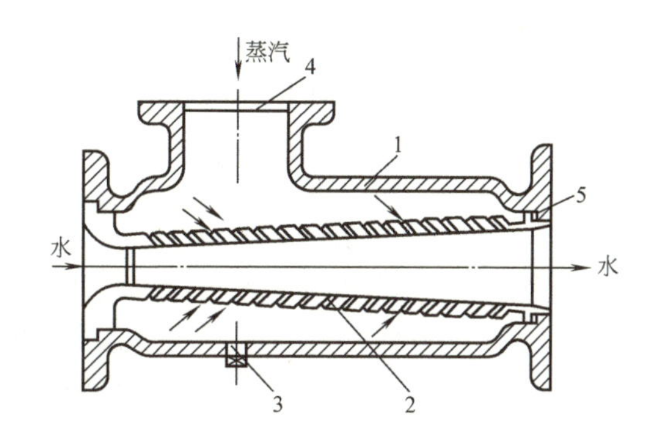

图 12-9　喷射式汽-水换热器

1—外壳　2—喷嘴　3—泄水栓

4—网盖　5—填料

喷射式汽-水换热器体积小、制造简单、安装方便、调节灵敏、加热温差大、运行平稳，但换热量不大，一般只用于热水供应和小型热水供暖系统上；用于供暖系统时，多设于循环水泵的出水口侧。

二、壳管式换热器的计算

换热器的计算是在换热量和结构已经确定，换热器出入口的加热介质和被加热介质温度已知的条件下，确定换热器必需的换热面积，或校核已选用的换热器是否满足需要。

1. 换热器的换热面积

$$F=\frac{Q}{K\Delta t_{pj}B} \tag{12-1}$$

式中　F——换热器的换热面积（m^2）；

Q——被加热水所需的热量（W）；

K——换热器的传热系数［$W/(m^2 \cdot ℃)$］；

B——考虑水垢影响而取的系数，汽-水换热器 $B=0.85\sim0.9$，水-水换热器，$B=0.7\sim0.8$；

Δt_{pj}——加热流体与被加热流体间的对数平均温差（℃）。

式中各项系数确定如下。

（1）对数平均温差 Δt_{pj}

$$\Delta t_{pj}=\frac{\Delta t_a-\Delta t_b}{\ln\dfrac{\Delta t_a}{\Delta t_b}} \tag{12-2}$$

式中 Δt_a、Δt_b——换热器进、出口处热媒的最大、最小温差（℃），如图 12-10 所示。

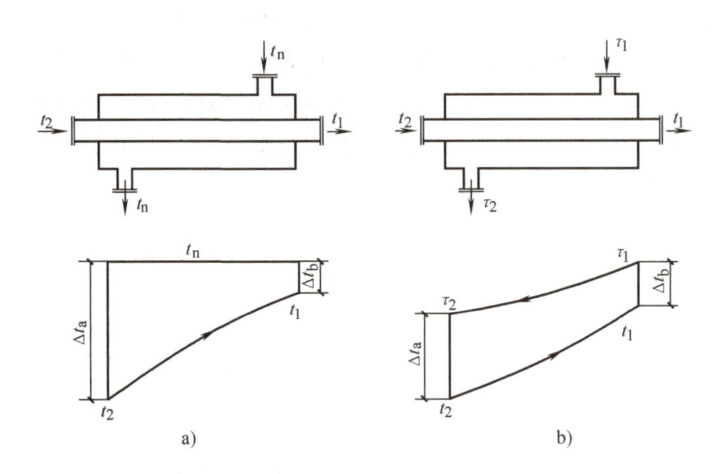

图 12-10 换热器内热媒的温度变化图

a）汽-水换热器内的温度变化 b）水-水换热器内的温度变化

当$\dfrac{\Delta t_a}{\Delta t_b}\leqslant 2$时，对数平均温差 Δt_{pj} 可近似按算术平均温差计算，这时的误差 $<4\%$，即

$$\Delta t_{pj}=\frac{\Delta t_a+\Delta t_b}{2} \tag{12-3}$$

（2）传热系数 K

$$K=\frac{1}{\dfrac{1}{\alpha_1}+\dfrac{\delta}{\lambda}+\dfrac{1}{\alpha_2}} \tag{12-4}$$

式中 K——换热器的传热系数［$W/(m^2\cdot℃)$］；

α_1——热媒和管壁间的换热系数［$W/(m^2\cdot℃)$］；

α_2——管壁和被加热水之间的换热系数［$W/(m^2\cdot℃)$］；

δ——管壁厚度（m）；

λ——管壁的热导率［$W/(m\cdot℃)$］，一般钢管 $\lambda=45\sim58W/(m\cdot℃)$，黄铜管 $\lambda=81\sim116W/(m\cdot℃)$，纯铜管 $\lambda=348\sim465W/(m\cdot℃)$。

（3）换热系数 α 计算传热系数 K 时，又需要计算换热系数 α_1 和 α_2。α_1、α_2 可用下列简化公式计算。

1）水在管内或管间沿管壁进行紊流运动（$Re\leqslant10^4$）时的换热系数为

$$\alpha=1.163\times(1400+18t_{pj}-0.035t_{pj}^2)\frac{v^{0.8}}{d^{0.2}} \tag{12-5}$$

2）水横穿过管束进行紊流运动时的换热系数为

$$\alpha = 1.163 \times (1000 + 15t_{pj} - 0.04t_{pj}^2)\frac{v^{0.64}}{d^{0.36}} \tag{12-6}$$

式中 t_{pj}——水的平均温度（℃），即进、出口水温的算术平均值，$t_{pj} = \frac{t_j + t_c}{2}$；

d——计算管径（m），当水在管内流动时，采用管内径，即 $d = d_n$。

当水在管间流动时，采用管束间的当量直径，即

$$d = d_d = \frac{4f}{s} \tag{12-7}$$

式中 f——水在管间流动的流通截面积（m^2）；

s——在流动断面上和水接触的那部分长度（m），即湿周，包括水和换热管束的接触周缘和壳体与水的接触周缘。

3）水蒸气在竖壁（管）上呈膜状凝结，且流速 $v = 1 \sim 2$m/s 时的换热系数为

$$\alpha = 1.163 \times \frac{5689 + 76.3t_m - 0.2118t_m^2}{[H(t_b - t_{bm})]^{0.25}} \tag{12-8}$$

4）水蒸气在水平管束上呈膜状凝结时的换热系数为

$$\alpha = 1.163 \times \frac{4320 + 47.5t_m - 0.14t_m^2}{[md_w(t_b - t_m)]^{0.25}} \tag{12-9}$$

式中 H——竖壁（管）上层流液膜高度，一般即竖管的高度（m）；

m——沿垂直方向管子的平均根数，$m = n/n'$，其中 n 为管束的总根数，n'为最宽的横排中管子的根数；

d_w——管子外径（m）；

t_b——蒸汽的饱和温度（℃）；

t_{bm}——管壁壁面的温度（℃）；

t_m——凝结水薄膜温度，即饱和蒸汽温度 t_b 与管壁壁面温度 t_{bm} 的平均温度（℃）。

式（12-8）和式（12-9）中的管壁壁面温度是未知的，计算时可采用试算法求解。先假定一个 t_{bm}，求出 α 值后，再根据热平衡关系式求出管束壁面的试算温度 t'_{bm}，满足设计精度要求，则试算成功，否则应重新假设 t_{bm}，再确定 t'_{bm}值，直到满足要求为止。热平衡关系式如下。

当蒸汽在管内流动时

$$t'_{bm} = t_b - \frac{K \cdot \Delta t_p}{\alpha_n} \tag{12-10}$$

当蒸汽在管外流动时

$$t'_{bm} = t_b - \frac{K \cdot \Delta t_p}{\alpha_w} \tag{12-11}$$

式中 Δt_p——换热器内换热流体之间的对数平均温差（℃）；

α_n——流体在管内的换热系数［W/(m²·℃)］；

α_w——流体在管外的换热系数［W/(m²·℃)］；

K——换热器的传热系数 [W/(m^2·℃)]。

考虑到换热器换热面上机械杂质、污泥、水垢的影响，以及流体在换热器内分布不均匀等因素，设计换热器的换热面积应比计算值大。对于钢管换热器，换热面积一般增加25%～30%；对于铜管换热器，换热面积一般增加15%～20%。

表12-1给出了常用换热器传热系数K值的范围，表中数值也可作为估算时的参考值。

表12-1 常用换热器的传热系数K值

设备名称	传热系数K/[W/(m^2·℃)]	备注
壳管式水-水换热器	2000～4000	v_n=1～3m/s
分段式水-水换热器	1150～2300	v_w=0.5～1.5m/s；v_n=1～3m/s
容积式汽-水换热器	700～930	
容积式水-水换热器	350～465	v_n=1～3m/s
板式水-水换热器	2300～4000	v=0.2～0.8m/s
螺旋板式水-水换热器	1200～2500	v=0.4～1.2m/s
淋水式换热器	5800～9300	

注：v_n——管内水流速（m/s）；v_w——管间水流速（m/s）。

2. 热媒耗量的计算

（1）汽-水换热器蒸汽的耗量

$$G_q = \frac{Q}{277.7\times(h_o - 4.187t_n)} \tag{12-12}$$

式中 G_q——蒸汽耗量（t/h）；

Q——被加热水的热量（W）；

h_o——蒸汽进入换热器时的比焓[kJ/kg]；

t_n——流出换热器的凝结水温度（℃）。

（2）水-水换热器中加热水的耗量

$$G_s = \frac{Q}{1.163(\tau_1 - \tau_2)} \tag{12-13}$$

式中 G_s——加热水的流量（kg/h）；

τ_1、τ_2——加热水的进、出水温度（℃）。

3. 计算换热器的压力损失

（1）流体在管内流动时的压力损失

$$\Delta p_n = \left(\lambda\frac{L}{d_n} + \Sigma\xi\right)\frac{\rho v^2}{2} \tag{12-14}$$

（2）流体在管间流动时的压力损失

$$\Delta p_j = \left(\lambda\frac{L}{Zd_{di}} + \Sigma\xi\right)\frac{\rho v_1^2}{2} \tag{12-15}$$

式中 Δp_n——管内流体的压力损失（Pa）；

Δp_j——管间流体的压力损失（Pa）；

λ——沿程阻力系数，钢管λ=0.029～0.035，黄铜管λ=0.023；

L——管束的总长度（m）；

Z——行程数；

d_n——管子内径（m）；

d_{di}——管段断面的当量直径（m）；

ρ——热水的密度（kg/m^3）；

v——管内流体的流速（m/s）；

v_1——管间流体的流速（m/s）；

$\Sigma\xi$——流体通过换热器时的局部阻力系数之和，见表 12-2。

表 12-2　局部阻力系数（相应管内流体）表

局部阻力形式	ξ
水室的进口和出口	1.0
由一管束经过水室转 180°进入另一管束	2.5
由一管束经过弯头转 180°进入另一管束	2.0
水进入管间（其方向与管子垂直）	1.5
由管子之间转 90°排出	1.0
U 形管的 180°弯头	0.5
管间流体从一分段过渡到另一分段	2.5
绕过管子挡板	0.5
管子与管子之间转 180°弯头	1.5

定型标准换热器的压力损失一般由实验测定，可按下列数值估算：汽-水换热器：20～120kPa；水-水换热器：10～30kPa。当管间为蒸汽时，蒸汽通过换热器的压降不大，一般为5～10kPa。

单元二　供热管道的调节和控制设备

阀门是用来开闭管路和调节输送介质流量的设备，常用的有截止阀、闸阀、蝶阀、止回阀、手动调节阀和电磁阀等。

一、截止阀

截止阀按介质流向的不同可分为直通式、直角式和直流式（斜杆式）三种；按阀杆螺纹的位置可分为明杆和暗杆两种结构型式。图 12-11 是常用的直通式截止阀结构示意图。

截止阀关闭时严密性较好，但阀体长，介质流动阻力大，产品公称直径一般不大于 200mm。

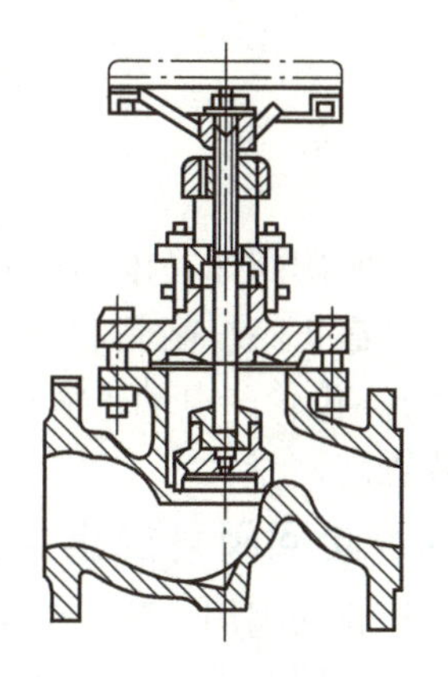

图 12-11　直通式截止阀

二、闸阀

闸阀的结构型式，也有明杆和暗杆两种；按闸板的形状分有楔式与平行式；按闸板的数目分为单板和双板。

图 12-12 是明杆平行式双板闸阀，图 12-13 是暗杆楔式单板闸阀。闸阀关闭时，严密性不如截止阀好，但阀体短，介质流动阻力

小，常用于公称直径大于200mm的管道上。

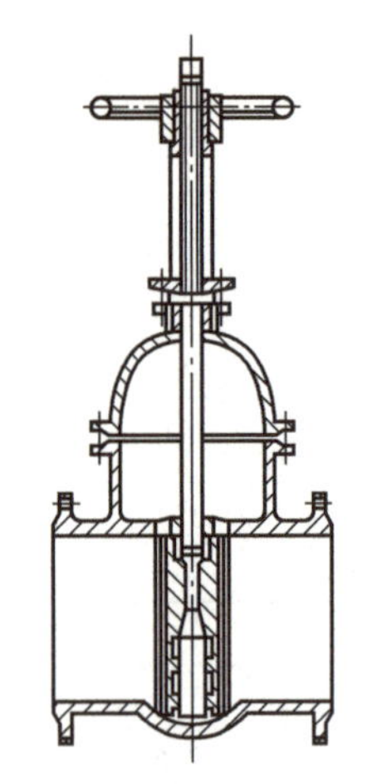

图12-12 明杆平行式双板闸阀

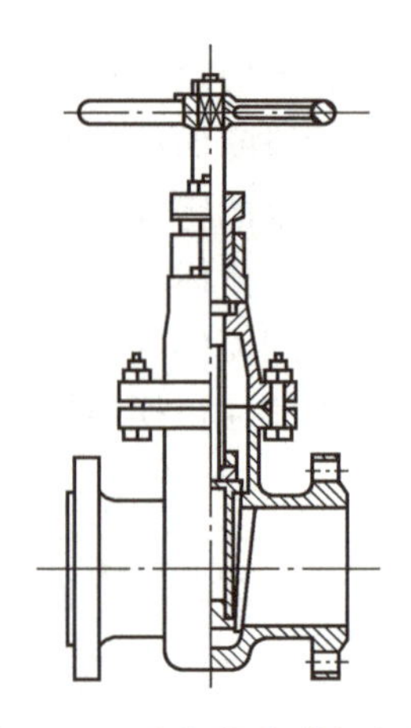

图12-13 暗杆楔式单板闸阀

截止阀和闸阀主要起开闭管路的作用，由于其调节性能不好，因此不用于调节流量。

三、蝶阀

图12-14是涡轮传动型蝶阀，阀板沿垂直管道轴线的立轴旋转。当阀板与管道轴线垂直时，阀门全闭；阀板与管道轴线平行时，阀门全开。

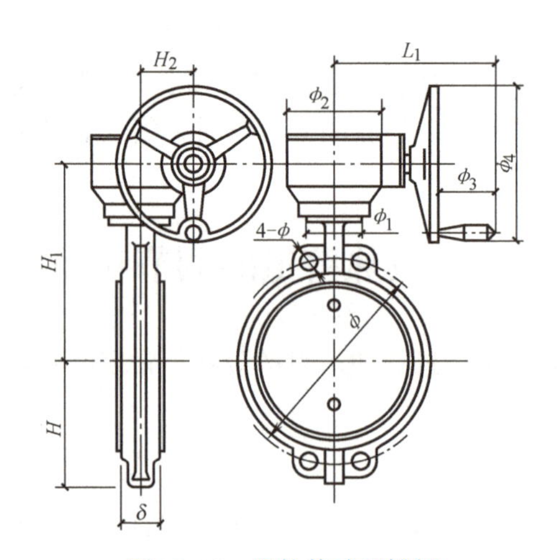

图12-14 涡轮传动型蝶阀

蝶阀阀体长度小，流动阻力小，调节性能稍优于截止阀和闸阀，但造价高。

截止阀、闸阀和蝶阀可用法兰、螺纹或焊接连接方式。传动方式有手动传动（小口径）、齿轮、电动、液动和气动等，公称直径大于或等于600mm的阀门，应采用电动驱动装置。

四、止回阀（逆止阀）

止回阀用来防止管道或设备中的介质倒流，它利用流体的动能开启阀门。在供热系统中，止回阀常设在水泵的出口、疏水器的出口管道以及其他不允流体反向流动的位置。

常用的止回阀有旋启式和升降式两种。图12-15是旋启式止回阀，图12-16是升降式止回阀。

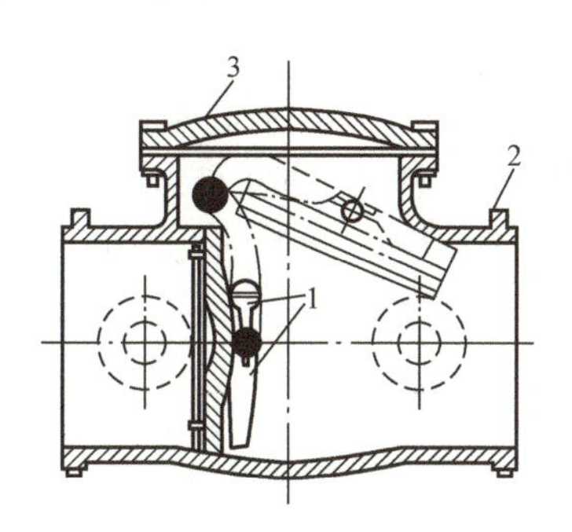

图 12-15　旋启式止回阀

1—阀瓣　2—阀体　3—阀盖

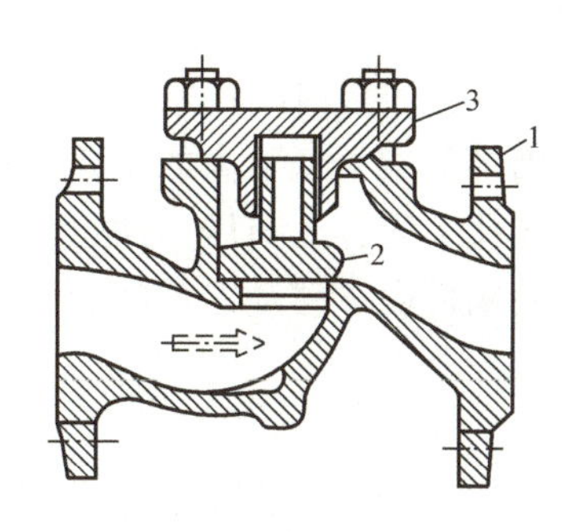

图 12-16　升降式止回阀

1—阀体　2—阀瓣　3—阀盖

旋启式止回阀密封性能较差，一般用于垂直向上流动或大直径的管道上。

升降式止回阀密封性能较好，但只能安装在水平管道上，一般多用于公称直径小于200mm 的水平管道上。

五、手动调节阀

如图 12-17 所示，当需要调节供热介质流量时，在管道上可设置手动调节阀。手动调节阀阀瓣呈锥形，通过转动手轮调节阀瓣的位置可以改变阀瓣与阀体通径之间所形成的缝隙面积，从而调节介质流量。

六、电磁阀

电磁阀是自动控制系统中常用的执行机构。它是依靠电流通过电磁铁后产生的电磁吸力来操纵阀门的启闭，电流可由各种信号控制。常用的电磁阀有直接启闭式和间接启闭式两类。

图 12-18 为直接启闭式电磁阀，它由电磁头和阀体两部分组成。电磁头中的线圈通电时，线圈和衔铁产生电磁力使衔铁带动阀针上移，阀孔被打开。电流切断时，电磁力消失，衔铁靠自重及弹簧力下落，阀针将阀孔关闭。

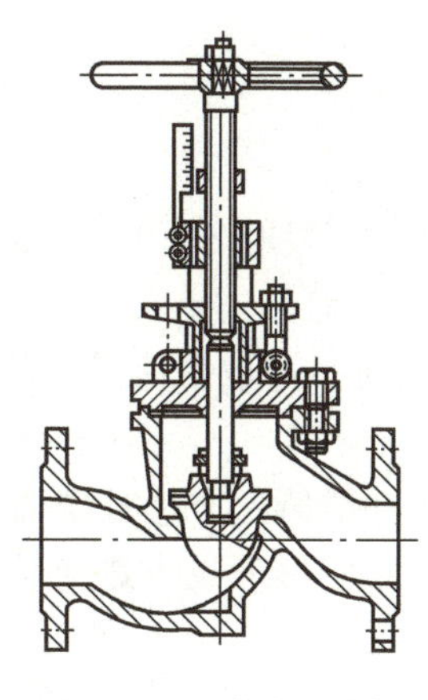

图 12-17　手动调节阀

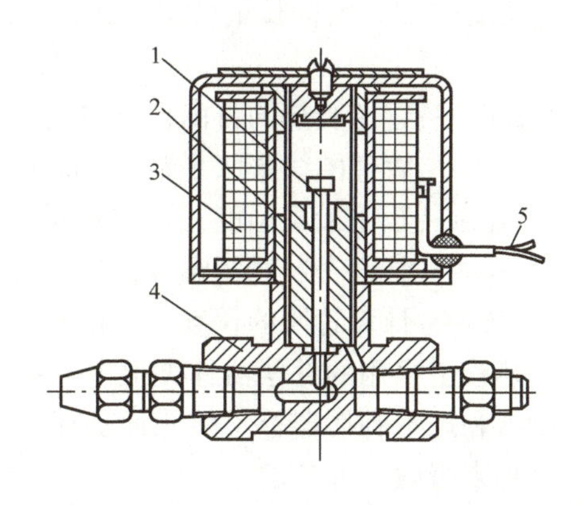

图 12-18　直接启闭式电磁阀

1—阀针　2—衔铁　3—线圈　4—阀体　5—电源线

直接启闭式电磁阀结构简单，动作可靠，但不宜控制较大直径的阀孔，通常阀孔直径在3mm以下。

图12-19为间接启闭式电磁阀。通电时，电磁力把导向孔打开，上腔室压力迅速下降，在关闭件周围形成上低下高的压差，流体压力推动关闭件向上移动，阀门打开；断电时，弹簧力把导向孔关闭，入口压力通过旁通孔迅速在腔室关闭件周围形成下低上高的压差，流体压力推动关闭件向下移动，关闭阀门。

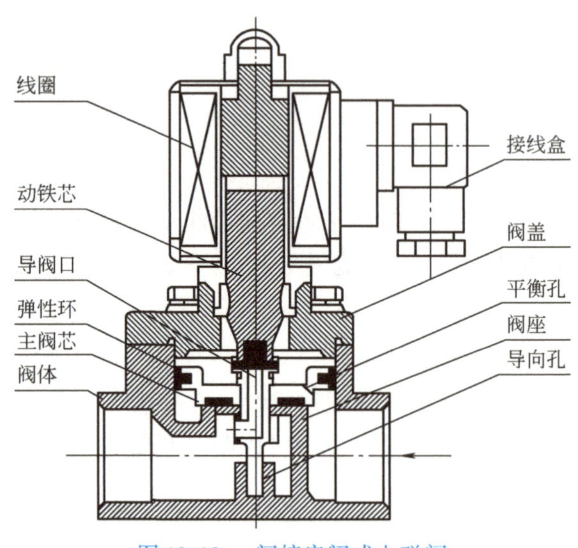

图12-19　间接启闭式电磁阀

单元三　管道的热膨胀及补偿器

为了防止供热管道升温时，由于热伸长或温度应力的作用而引起管道变形或破坏，需要在管道上设置补偿器，以补偿管道的热伸长，从而减小管壁的应力或作用在阀件、支架结构上的作用力。

管道受热的自由伸长量可按下式计算。

$$\Delta X=\alpha(t_1-t_2)L \tag{12-16}$$

式中　ΔX——管道受热的自由伸长量（m）；

α——管道的线膨胀系数[mm/(m·℃)]，一般取$\alpha=0.012$mm/(m·℃)；

t_1——管壁最高温度，可取热媒的最高温度（℃）；

t_2——管道安装时的温度，在温度不能确定时，可取最冷月平均温度（℃）；

L——计算管段的长度（m）。

供热管道采用的补偿器种类很多，主要有自然补偿器、方形补偿器、波纹管补偿器、套筒补偿器和球形补偿器等。前三种是利用补偿材料的变形来吸收热伸长的，后两种是利用管道的位移来吸收热伸长的。

补偿器选用原则见表12-3。

表 12-3　补偿器选用原则

种　类	选用原则
自然补偿器	1. 管道布置时，应尽量利用所有管路原有弯曲的自然补偿；当自然补偿不能满足要求时，才考虑装设其他类型的补偿器 2. 当弯管转角小于 150°时，可用作自然补偿；大于 150°时，不能用作自然补偿 3. 自然补偿器的管道臂长不应超过 20～25m，弯曲应力不应超过 80MPa
方形补偿器	1. 供热管网一般采用方形补偿器；只有在方形补偿器不便使用时，才选用其他类型的补偿器 2. 方形补偿器的自由臂（导向支架至补偿器外臂的距离），一般为 40 倍公称直径的长度 3. 方形补偿器须用优质无缝钢管制作。$DN<150$mm 时，用冷弯法制作；$DN>150$mm 时，用热弯法制作；弯头弯曲半径通常为 $3DN \sim 4DN$
波纹管补偿器	1. 波纹管补偿器补偿能力较小，轴向推力较大，相同补偿量的情况下其尺寸比套筒补偿器要大 2. 波纹管补偿器用不锈钢制作，钢板厚度一般采用 3～4mm 3. 波纹管补偿器的波节以 3～4 个为宜
套筒补偿器	1. 套筒补偿器一般用于管径大于 100mm、工作压力小于 1.3MPa（铸铁制）或 1.6MPa（钢制）的管道上 2. 由于使用填料密封，一定时期必须向其填充填料，因此不宜用于不通行地沟内敷设的管道上 3. 钢制套筒补偿器有单向和双向两种，一个双向补偿器的补偿能力相当于两个单向补偿器的补偿能力，可用于工作压力不大于 1.6MPa、安装方形补偿器有困难的供热管道上
球形补偿器	1. 球形补偿器是利用球形管的随机弯转来解决管道的热补偿问题，对于定向位移的蒸汽和热水管道最宜采用 2. 球形补偿器可以安装于任何位置，工作介质可以由任意一端出入，其缺点是存在侧向位移，易漏，要求加强维修 3. 安装前须将两端封堵，存放于干燥通风的室内。长期保存时，应经常检查，防止锈蚀

一、自然补偿器

自然补偿器是利用管道自然转弯构成的几何形状所具有的弹性来补偿管道的热膨胀，使管道应力得以减小。

常见的自然补偿器有 L 形、Z 形自然补偿器，如图 12-20 所示。

L 形自然补偿器实际上是一个 L 形弯管，弯管距两个固定端的长度多数情况下是不相等的，有长臂和短臂之分。由于长臂的热变形量大于短臂，因此最大弯曲应力发生在短臂一端的固定点处。短臂 H 越短，弯曲应力越大。选用 L 形补偿器的关键是确定或核定短臂的长度 H 值。

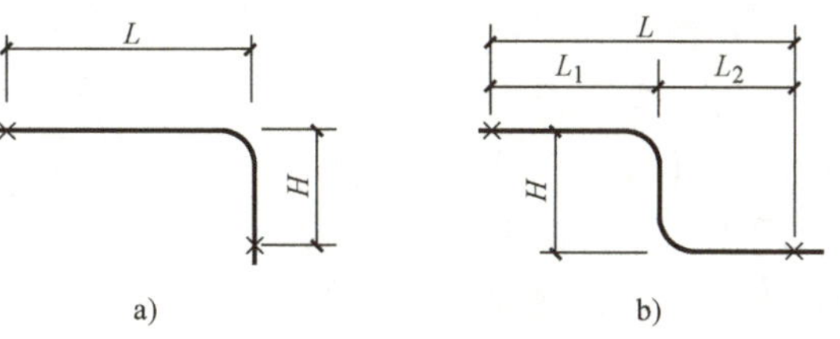

图 12-20　L 形、Z 形自然补偿器
a）L 形自然补偿器　b）Z 形自然补偿器

Z 形自然补偿器是一个 Z 形弯管，可把它看作两个 L 形弯管的组合体，其中间臂长度 H（即两弯管间的管道长度）越短，

弯曲应力越大。因此选用 Z 形自然补偿器的关键是确定或核定中间臂长度 H 值。

为了简化计算，可用线算图来确定 L 形补偿器的短臂长度和 Z 形补偿器的中间臂长度。图 12-21 是 L 形弯管段自然补偿线算图。图 12-22 是 Z 形弯管段自然补偿线算图。

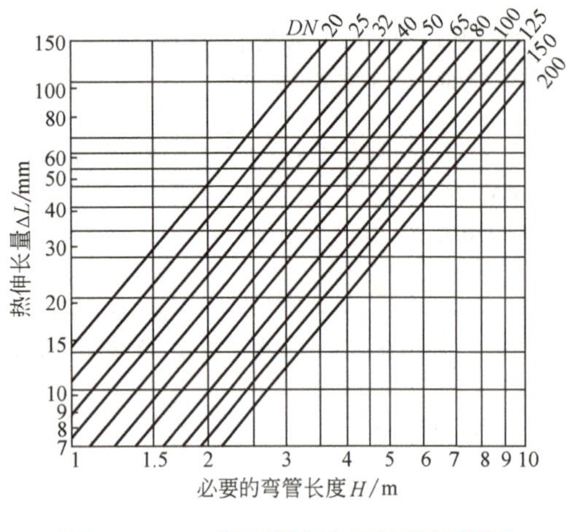

图 12-21 L 形弯管段自然补偿线算图

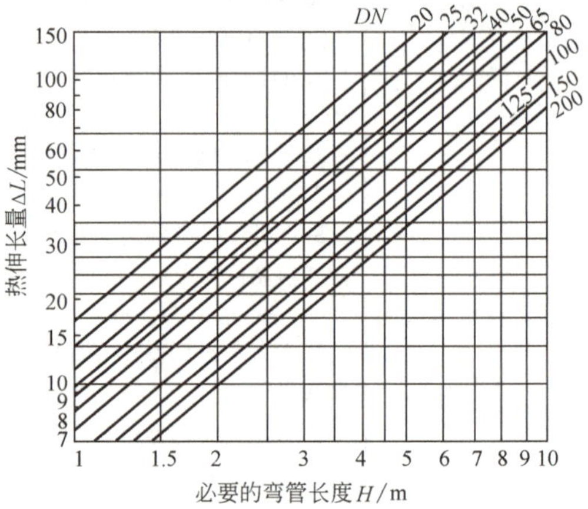

图 12-22 Z 形弯管段自然补偿线算图

自然补偿是一种最简便、最经济的补偿方式，应充分加以利用。但是采用自然补偿器吸收热伸长时，其各臂的长度不宜采用过大的数值，其自由臂长不宜大于 30m。同时短臂过短（或长臂与短臂之比过大），会使短臂固定支座的应力超过许用应力值，通常在设计手册中，常常限定短臂的最短长度。

二、方形补偿器

方形补偿器通常是由四个 90°无缝钢管煨弯或机制弯头构成的 Ω 形补偿器，依靠弯管的变形来补偿管段的热伸长。

方形补偿器制造安装方便，不需要经常维修，补偿能力大，作用在固定点上的推力（即补偿器的弹性力）较小，可用于各种压力和温度条件；缺点是补偿器外形尺寸大，占地面积大。为了提高补偿器的补偿能力（或减少其位移量），常采用预先冷拉的办法，一般预拉伸量为管道伸长量的 50%，在极限情况下，其补偿能力可比无预拉时提高一倍。

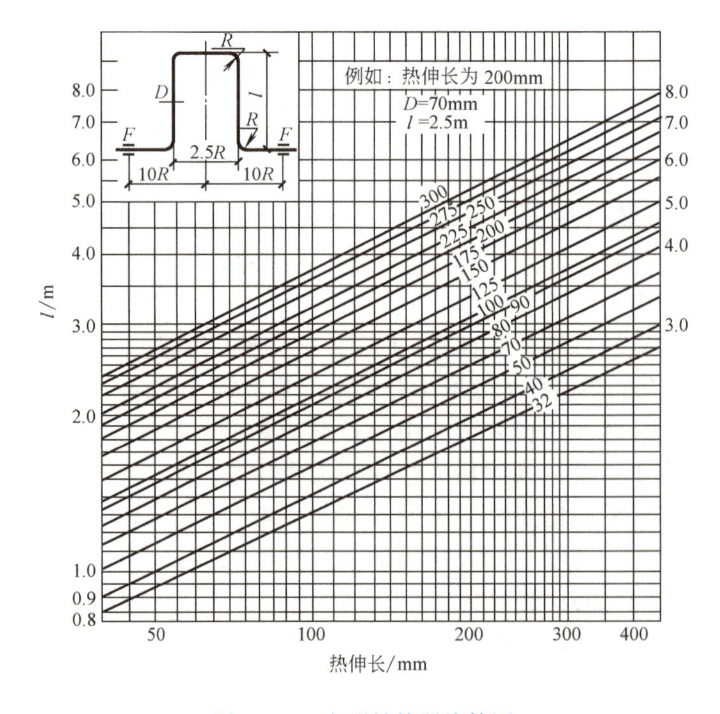

图 12-23 方形补偿器线算图

图 12-23 是计算钢制方形

补偿器的线算图。图 12-24 是方形补偿器的类型图。表 12-4 给出了方形补偿器的补偿能力。

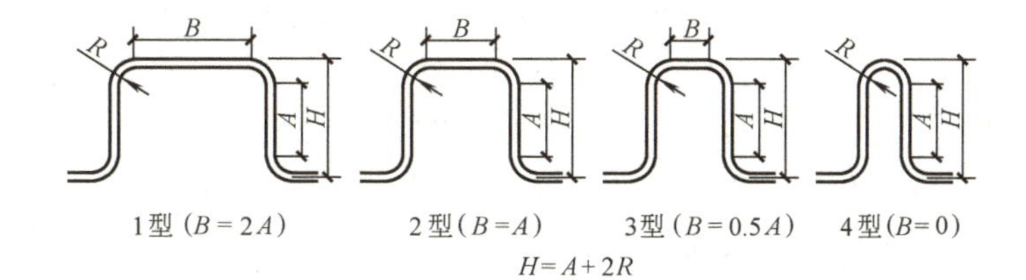

图 12-24　方形补偿器的类型

表 12-4　方形补偿器的补偿能力

补偿能力 ΔL/mm	型号	公称通径/mm											
		20	25	32	40	50	65	80	100	125	150	200	250
		臂长 H/mm											
30	1	450	520	570	—	—	—	—	—	—	—	—	—
	2	530	580	630	670	—	—	—	—	—	—	—	—
	3	600	760	820	850	—	—	—	—	—	—	—	—
	4	—	760	820	850	—	—	—	—	—	—	—	—
50	1	570	650	720	760	790	860	930	1000	—	—	—	—
	2	690	750	830	870	880	910	930	1000	—	—	—	—
	3	790	850	930	970	970	980	980	—	—	—	—	—
	4	—	1060	1120	1140	1150	1240	1240	—	—	—	—	—
75	1	680	790	860	920	950	1050	1100	1220	1380	1530	1800	—
	2	830	930	1020	1070	1080	1150	1200	1300	1380	1530	1800	—
	3	980	1050	1100	1150	1180	1220	1250	1350	1450	1600	—	—
	4	—	1350	1410	1430	1450	1450	1450	1450	1530	1650	—	—
100	1	780	910	980	1050	1100	1200	1270	1400	1590	1730	2050	—
	2	970	1070	1070	1240	1250	1330	1400	1530	1670	1830	2100	2300
	3	1140	1250	1360	1430	1450	1470	1500	1600	1750	1830	2100	—
	4	—	1600	1700	1700	1710	1710	1720	1730	1840	1980	2190	—
150	1	1100	1260	1270	1310	1400	1570	1730	1920	2120	2500	—	—
	2	—	1330	1450	1540	1550	1660	1760	1920	2100	2280	2630	2800
	3	—	1560	1700	1800	1830	1870	1900	2050	2230	2400	2700	2900
	4	—	—	—	2070	2170	2200	2200	2260	2400	2570	2800	3100
200	1	—	1240	1370	1450	1510	1700	1830	2000	2240	2470	2840	—
	2	—	1540	1700	1800	1810	2000	2070	2250	2500	2700	3080	3200
	3	—	—	2000	2100	2100	2220	2300	2450	2670	2850	3200	3400
	4	—	—	—	—	2720	2750	2770	2780	2950	3130	3400	3700
250	1	—	—	1530	1620	1700	1950	2025	2230	2520	2780	3160	—
	2	—	—	1900	2010	2040	2260	2340	2560	2800	3050	3500	3800
	3	—	—	—	—	2370	2500	2600	2800	3050	3300	3700	3800
	4	—	—	—	—	—	3000	3100	3230	3450	3640	4000	4200

注：表中的补偿能力按安装时冷拉$\frac{1}{2}\Delta L$计算。

三、波纹管补偿器

波纹管补偿器是用多层或单层薄壁金属管制成的具有轴向波纹的管状补偿设备。工作时，它利用波纹变形进行管道热补偿，供热管道上使用的波纹管，多用不锈钢制造。

图12-25是供热管道上常用的轴向型波纹管补偿器。这种补偿器体积小，重量轻，占地面积和占用空间小，易于布置，安装方便。波纹管内侧装有导流管，减小了流体的流动阻力，同时也避免了介质流动时对波纹管壁面的冲刷，延长了波纹管的使用寿命。波纹管补偿器具有良好的密封性能，不需要进行维修，承压能力和工作温度较高，但其补偿能力小，价格也较高。轴向补偿器的最大补偿能力，可从产品样本上查出选用。

为使轴向型波纹管补偿器严格按管道轴向热胀或冷缩，补偿器应靠近一个固定支座设置，并设置导向支座。导向支座宜采用整体箍住管子的方式，以控制横向位移和防止管子纵向变形。

常用的轴向型波纹管补偿器通常都作为标准的管配件，用法兰或焊接的形式与管道连接。

四、套筒补偿器

套筒补偿器由填料密封的套管和外壳管组成，两者同心套装并可轴向补偿。套筒补偿器有单向和双向两种形式，图12-26是单向套筒补偿器。

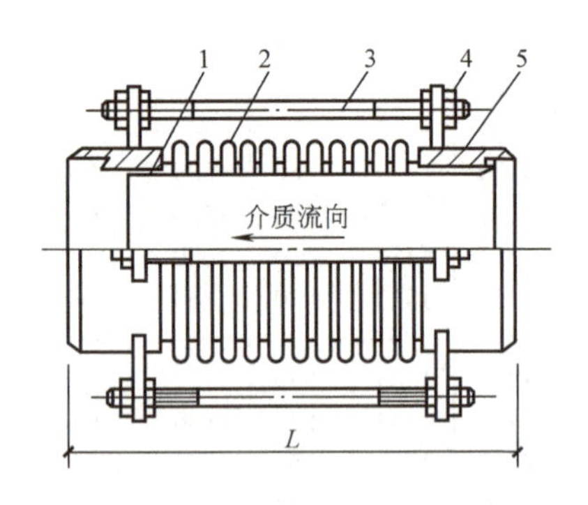

图12-25 轴向型波纹管补偿器

1—导流管 2—波纹管 3—限位拉杆 4—限位螺母 5—端管

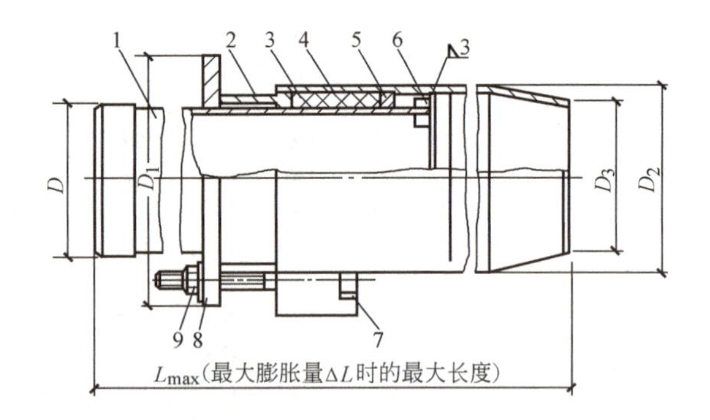

图12-26 单向套筒补偿器

1—套管 2—前压兰 3—壳体 4—填料圈 5—后压兰 6—防脱肩 7—T形螺栓 8—垫圈 9—螺母

套筒与外壳体之间用填料圈密封，填料被紧压在端环和压盖之间，以保证封口紧密，填料采用石棉夹铜丝盘根。更换填料时需要松开压盖，维修比较方便。

套筒补偿器的补偿能力大，一般可达250～400mm，占地面积小，介质流动阻力小，造价低，适用于工作压力小于或等于1.6MPa、工作温度低于300℃的管路上。补偿器与管道采用焊接连接。

套筒补偿器轴向推力大，易发生介质渗漏，而且其压紧、补充和更换填料的维修工作量大，管道在地下敷设时，要增设检查室。如果管道变形有横向位移时，易造成填料圈卡住，它只能用在直线管段上；当其使用在阀门或弯管处时，其轴向产生的盲板推力（由内压引起的不平衡）也较大，需要设置加强的固定支座。

套筒补偿器的最大补偿量，可从产品样本上查出。应考虑到管道安装后可能达到的最低

温度 t_{min} 会低于补偿器安装时的温度 t_a，补偿器产生冷缩，两个固定支座之间被补偿管段的长度 L，由下式确定。

$$L=\frac{L_{max}-L_{min}}{\alpha\ (t_{max}-t_a)} \tag{12-17}$$

式中　L_{max}——套筒行程（即最大补偿能力）（mm）；

L_{min}——考虑管道可能冷却的安装裕度（mm）。

$$L_{min}=\alpha\ (t_a-t_{min}) \tag{12-18}$$

式中　α——钢管的线膨胀系数［mm/(m·℃)］，通常取 $\alpha=0.012$mm/(m·℃)；

t_{max}——供热管道的最高温度（℃）；

t_a——补偿器安装时的温度（℃）；

t_{min}——热力管道安装后可能达到的最低温度（℃）。

五、球形补偿器

球形补偿器如图 12-27 所示。它是靠一组两个或三个球形接头的灵活转动及其所构成的相应角度变化来补偿管道的膨胀。

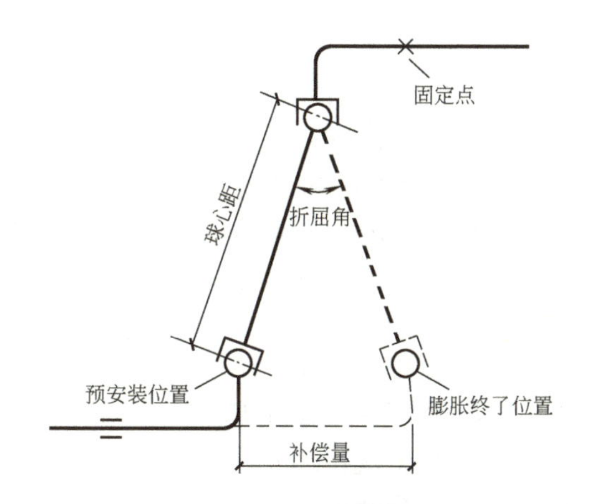

图 12-27　球形补偿器

球形补偿器具有很好的耐压和耐温性能，能适应 230℃的高温和 0.4MPa 的压力，使用寿命长，运行可靠，占地面积小，基本上无须维修，补偿能力大。工作时变形应力小，减少了对支座的要求。

项目十三　集中供热系统热力站及管道的布置与敷设

单元一　集中供热系统的热力站

民用建筑的室外管网大多根据热网的工况和用户的需要，通过热力站进行控制，采用合理的连接方式，将热网输送的热媒，调节转换后输入用户系统以满足用户需要，还能够集中计量、检测热媒的参数和流量。

一、用户热力站

用户热力站又叫用户引入口，设置在单幢民用建筑及公共建筑的地沟入口或该用户的地下室或底层处，向该用户或相邻几个用户分配热能。图 13-1 是用户引入口示意图，在用户供回水总管上均应设置阀门、压力表和温度计。热计量供热系统的用户引入口处应设置热量表；为了能对用户进行供热调节，应在用户供水管上设置手动调节阀或流量调节器；在用户进水管上安装除污器，可避免室外管网中的杂质进入室内系统。

如果用户引入口前的分支管线较长，应在用户供、回水总管的阀门前设置旁通管。当用户停止供热或检修时，可将用户引入口总阀门关闭，将旁通管阀门打开，使水在分支管线内循环，避免分支管线内的水冻结。

用户引入口要求有足够的操作和检修空间，净高一般不小于 2m，各设备之间检修、操作通道不应小于0.7m。对于位置较高而需要经常操作的入口装置，应设操作平台、扶梯和防护栏等设施，应有良好的照明、通风设施，还应考虑设置集水坑或其他排水设施。

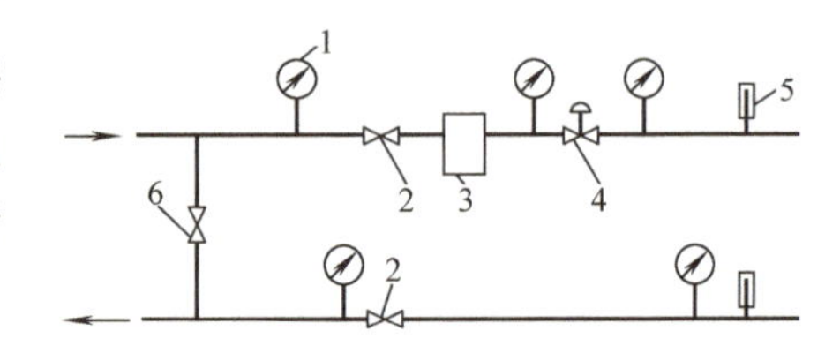

图 13-1　用户引入口示意图

1—压力表　2—用户供回水总管阀门
3—除污器　4—手动调节阀
5—温度计　6—旁通管阀门

二、小区热力站

小区热力站通常又叫集中热力站，多设在单独的建筑物内，向多栋房屋或建筑小区分配热能。集中热力站比用户引入口装置更完善，设备更复杂，功能更齐全。

图 13-2 为小区热力站，热水供应用户 a 与热水网路采用间接连接，用户的回水和城市生活给水一起进入水-水换热器被外网水加热，用户供水靠循环水泵提供动力在用户循环管路中流动，热网与热水供应用户的水力工况完全隔开。温度调节器依据用户的供水温度调节进入水-水换热器的网路循环水量，设置上水流量计，计量用户的用水量。

供暖热用户 b 与热水网路采用直接连接。该系统热网供水温度高于供暖用户的设计水温，在热力站内设混合水泵，抽引供暖系统的回水，与热网供水混合后直接送入用户。

热力站内水加热器外表面之间或距墙面应有不小于 0.7m 的净通道，前端应留有抽出加热排管的空间和放置检修加热排管操作面的空间，热力站内所有阀门应设置在便于控制操作

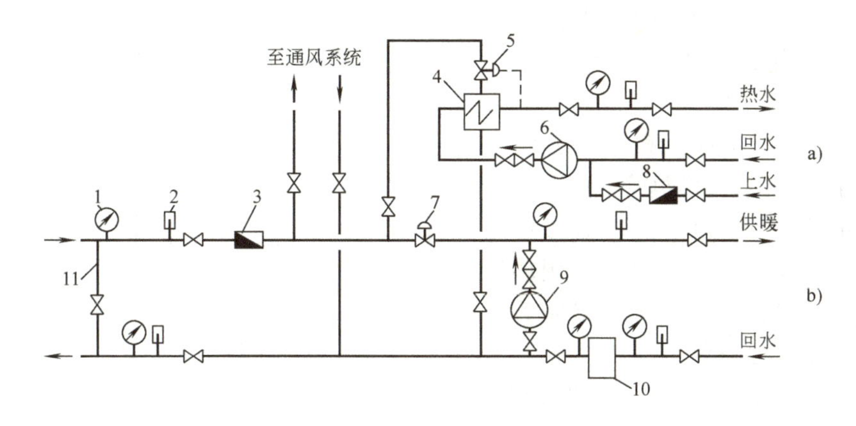

图 13-2　小区热力站

1—压力表　2—温度计　3—热网流量计　4—水-水换热器　5—温度调节器
6—热水供应循环水泵　7—手动调节阀　8—上水流量计
9—供暖系统混合水泵　10—除污器　11—旁通管

和便于检修时拆卸的位置。

在热计量供热系统中，室内供暖系统通过散热器温控阀调节室内管网的水力工况，这使得室内管网的水力工况经常发生变化，如果没有相应的室外管网的控制措施，很难保证户内设备正常工作。以往供热系统多采用在小区热力站处或锅炉房内集中改变网路供、回水温度的质调节方法进行供热调节，这种调节方式虽然简单、方便，但不能满足各种运行工况的要求，而且耗电多，不利于节能。还有的供热系统在小区热力站处或锅炉房内采用多泵并联的方式，分阶段改变系统流量，但调节范围小，耗电大，运行效果并不理想，这就要求室外管网采取相应的控制措施，以提高供热质量和运行效率。设小区热力站，比在每幢建筑物设热力引入口能减少运行管理工作量，便于检测、计量和遥控，可以提高管理水平和供热质量，但热力站后的二级管网的投资费用会增加，因此，热力站的数量与规模一般应通过技术经济比较确定。供热半径不宜超过 800m，热力站供热区域内建筑高度相差不宜过大，以便选择相同的连接方式。从热力站本身来看，初投资较高，但建筑入口的小型热力站可直接设在建筑物的底层，省去了小区热力站的占地面积。从运行上看，输配管网由二次改为一次，减小了输配管管径，降低了管网费用，而且小型热力站调节灵活，运行费用也相对较低。新建的居住小区，每小区只设一个热力站为宜；旧的居住小区，可利用原有的小区室外管网和供暖系统，尽量减少热力站的数目。

集中供热系统的热力站

建筑入口设小型热力站的形式增加了系统的稳定性，减少了用户间的相互影响，随着生活水平的提高，用户对舒适度的更高要求，建筑入口的形式将趋于小型化。

单元二　供热管道的布置

一、供热管道的布置型式

集中供热系统中，供热管道把热源与热用户连接起来，将热媒输送给各个用户。管道系统的布置型式取决于热媒（热水或蒸汽），热源（热电厂或区域锅炉房等）与热用户的相互位置，热用户的种类、热负荷大小和性质等。选择管道的布置型式应遵循安全和经济的原则。

供热管网的形式有环状管网和枝状管网。枝状管网如图 13-3 所示，供热管网的管道直径随着与热源距离的增大而减小，且建设投资小，运行管理比较简便。但枝状管网没有备用功能，供热的可靠性差，当管网某处发生故障时，在故障点以后的热用户都将停止供热。

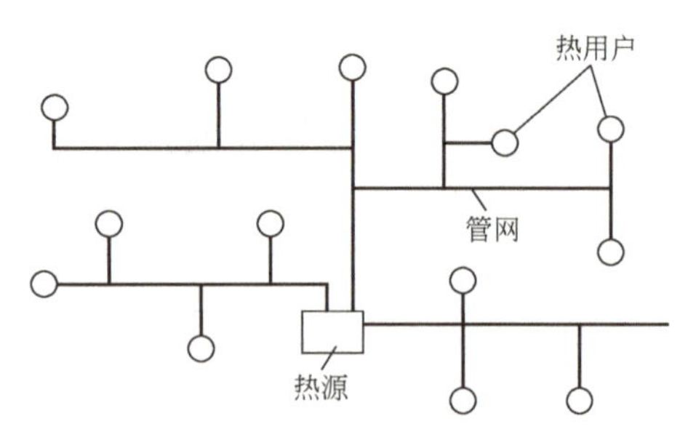

图 13-3 枝状管网

环状管网如图 13-4 所示，供热管网主干线首尾相接构成环路，管道直径普遍较大。环状管网具有良好的备用功能，当管路局部发生故障时，可经其他连接管路继续向用户供热；甚至当系统中某个热源出现故障不能向热网供热时，其他热源也可向该热源的网区继续供热，管网的可靠性好。环状管网通常设两个或两个以上的热源。环状管网与枝状管网相比，建设投资大，控制难度大，运行管理复杂。

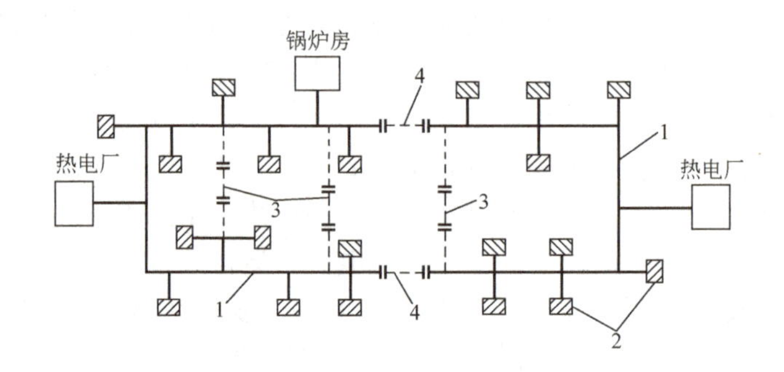

图 13-4 环状管网

1—一级管网 2—热力站 3—使热网具有备用功能的跨接管

4—使热源具有备用功能的跨接管

由于城市集中供热管网的规模较大，因此从结构层次上又将管网分为一级管网和二级管网。一级管网是连接热源与区域热力站的管网，又称为输送管网。二级管网以热力站为起点，把热媒输配到各个热用户的热力引入口处，又称为分配管网。一级管网的形式代表着供热管网的形式，如果一级管网为环状，就将供热管网称为环状管网；若一级管网为枝状，就将供热管网称为枝状管网。二级管网基本上都是枝状管网，它将热能由热力站分配到一个或几个街区的建筑物内。

还有一种环状管网分环运行的方案被广泛采用，在管网的供回水干管上装设具有通断作用的跨接管，如图 13-4 所示。跨接管 3 为热网提供备用功能，当某段管路、阀门或附件发生故障时，利用它来保证供热的可靠性。跨接管 4 为热源提供备用功能，当某个热源发生故障时，可通过跨接管 4 把该热源区的热网与另一个热源区的热网连通，以保证供热不间断。跨接管 4 在正常工况下是关断，不参与运行的，每个热源保证各自供热区的供热，任何用户都不得连接到跨接管上。

二、供热管网的平面布置

供热管网的平面布置就是要选定从热源到用户之间管道的走向和平面管线位置，又叫管网选线。

供热管网的平面布置应根据城市或厂区的总平面图和地形图，用户热负荷的分布，热源的位置，以及地上、地下构筑物的情况，供热区域的水文地质条件等因素按照下述原则确定。

1）技术上可靠。供热管道应尽量布置在地势平坦、土质好、地下水位低的地区；如果出现故障与事故，能迅速消除。

供热管道与建筑物、构筑物和其他管线的最小距离见表 13-1。

表 13-1　供热管道与建筑物、构筑物、其他管线的最小距离　（单位：m）

建筑物、构筑物或管线名称		与供热管道最小水平净距	与供热管道最小垂直净距
地下敷设供热管道			
建筑物基础	管沟敷设供热管道	0.5	—
	直埋敷设供热管道	0.3	—
铁路钢轨		钢轨外侧 3.0	轨底 1.2
电车钢轨		钢轨外侧 2.0	轨底 1.0
铁路、公路路基边坡底脚或边沟的边缘		1.0	—
通信、照明或 10kV 以下电力线路的电杆		1.0	—
桥墩边缘		2.0	—
架空管道支架基础边缘		1.5	—
高压输电线铁塔基础边缘	35～60kV	2.0	—
	110～220kV	3.0	—
通信电缆管块、通信电缆（直埋）		1.0	0.15
电力电缆和控制电缆	35kV 以下	2.0	0.5
	110kV	2.0	1.0
燃气管道（对于管沟敷设供热管道）	压力<150kPa	1.0	0.15
	150kPa≤压力<300kPa	1.5	0.15
	300kPa≤压力<800kPa	2.0	0.15
	压力≥800kPa	4.0	0.15
燃气管道（对于直埋敷设供热管道）	压力<300kPa	1.0	0.15
	300kPa≤压力<800kPa	1.5	0.15
	压力≥800kPa	2.0	0.15
给水管道、排水管道		1.5	0.15
地铁		5.0	0.8
电气铁路接触网电杆基础		3.0	—
乔木、灌木（中心）		1.5	—
道路路面		—	0.7

（续）

建筑物、构筑物或管线名称		与供热管道最小水平净距	与供热管道最小垂直净距
地上敷设供热管道			
铁路钢轨		轨外侧 3.0	轨顶一般 5.5 电气铁路 6.55
电车钢轨		轨外侧 2.0	—
公路路面边缘或边沟边缘		0.5	距路面 4.5
架空输电线路	1kV 以下	导线最大偏风时 1.5	导线下最大垂度时 1.0
	1～10kV	导线最大偏风时 2.0	导线下最大垂度时 2.0
	35～110kV	导线最大偏风时 4.0	导线下最大垂度时 4.0
	200kV	导线最大偏风时 5.0	导线下最大垂度时 5.0
	300kV	导线最大偏风时 6.0	导线下最大垂度时 6.0
	500kV	导线最大偏风时 6.5	导线下最大垂度时 6.5
树冠		0.5（到树中不小于 2.0）	—

注：1. 供热管道的埋设深度大于建（构）筑物深度时，最小水平净距应按土壤内摩擦角确定。
2. 供热管道与电缆平行敷设时，电缆处的土壤温度与日平均土壤自然温度比较，全年任何时候对于电压 10kV 的电力电缆不高出 10℃，对于电压 35～110kV 的电缆不高出 5℃时，可减小表中所列距离。
3. 在不同深度并列敷设各种管道时，各种管道间的水平净距不应小于其深度差。
4. 供热管道的检查室、Ω 形补偿器壁龛与燃气管道最小水平距离也应符合表中规定。
5. 在条件不允许时，经有关方面同意，可以减小表中规定的距离。

2）经济上合理。供热管网主干线应尽量布置在热负荷集中的地区，应力求管线短而直，减少金属的耗量。管道上阀门（分段阀、分支管阀、放水阀、放气阀等）和附件（补偿器和疏水器等）应合理布置。阀门和附件通常设在检查室内（地下敷设时）或检查平台上（地上敷设时），应尽可能减少检查室和检查平台的数量。

管网应尽量避免穿过铁路、交通主干线和繁华街道，一般平行于道路中心线并尽量敷设在车行道以外的地方。

3）注意对周围环境的影响。供热管道不应妨碍市政设施的功用及维护管理，不影响环境美观。

根据上述要求确定的供热管网应标注在地形平面图上。

单元三 供热管道的敷设

供热管道的敷设可分为地上敷设和地下敷设两大类。地上敷设是将供热管道敷设在地面上一些独立或桁架式的支架上，故又称为架空敷设。地下敷设分为地沟敷设和直埋敷设，地沟敷设是将管道敷设在地下管沟内，直埋敷设是将管道直接埋设在土壤里。

一、地上敷设

地上敷设多用于城市边缘，无居住建筑的地区和工业厂区。地上敷设按支撑结构高度的不同分为低支架敷设、中支架敷设和高支架敷设。

1. 低支架敷设

管道保温结构底部距地面的净高不小于 0.3m，以防雨、雪的侵蚀。低支架一般采用毛石砌筑或混凝土浇筑，如图 13-5 所示。这种敷设方式建设投资较少，维护管理容易，但适用范围较小，在不妨碍交通，不影响厂区、街区扩建的地段可采用。低支架敷设大多沿工厂围墙或平行公路、铁路布置。

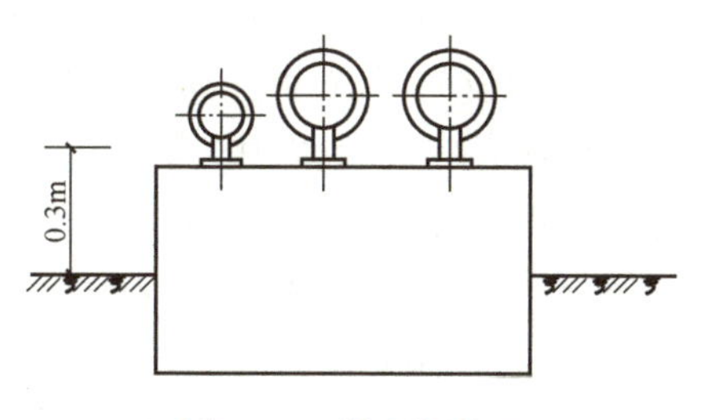

图 13-5　低支架敷设

2. 中支架敷设

如图 13-6 所示，中支架敷设的管道保温结构底部距地面的净高为 2.5～4.0m，在人行频繁、需要通行车辆的地方采用。中支架一般采用钢筋混凝土浇筑（或预制）或钢结构。

3. 高支架敷设

如图 13-7 所示，高支架敷设的管道保温结构底部距地面的净高为 4.5～6.0m，在管道跨越公路或铁路时采用。高支架通常采用钢结构或钢筋混凝土结构。

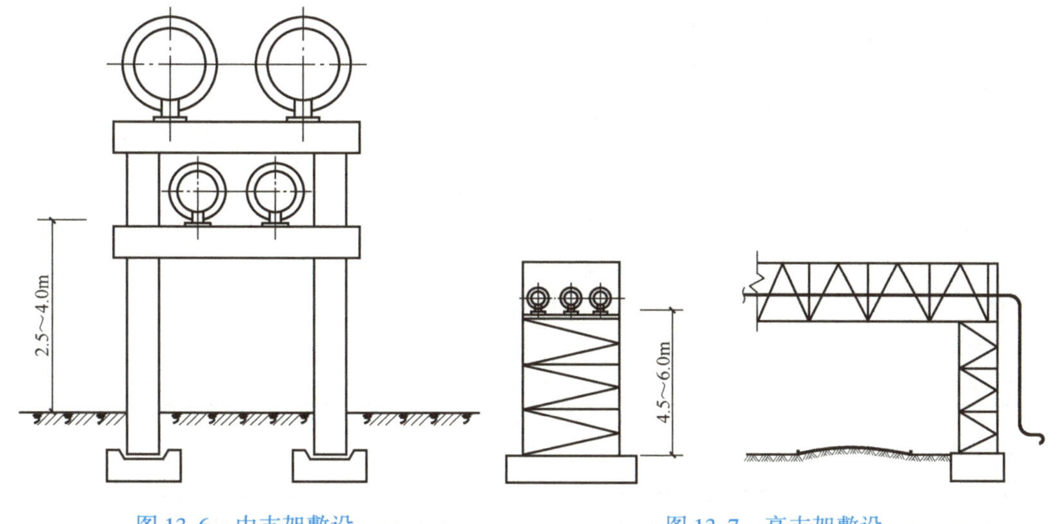

图 13-6　中支架敷设　　图 13-7　高支架敷设

地上敷设的管道不受地下水的侵蚀，使用寿命长，管道坡度易于保证，所需的放水、排气设备少，可充分使用工作可靠、构造简单的方形补偿器，且土方量小，维护管理方便，但占地面积大，管道热损失大，不够美观。

地上敷设适用于地下水位高，年降雨量大，地下土质为湿陷性黄土或腐蚀性土壤，沿管线地下设施密度大以及地下敷设时土方工程量太大的地区。

二、地沟敷设

为保证管道不受外力的作用和水的侵袭，保护管道的保温结构，并使管道能自由伸缩，可将管道敷设在专用的地沟内。管道的地沟底板采用素混凝土或钢筋混凝土结构，沟壁采用砖砌结构或毛石砌筑，地沟盖板为钢筋混凝土结构。

供热管道的地沟按其功用和结构尺寸不同，分为通行地沟、半通行地沟和不通行地沟。

1. 通行地沟

通行地沟内，工作人员可自由通过，并能保证检修、更换管道和设备等作业。其土方工程量大，建设投资高，仅在特殊或必要场合采用，可用在无论任何时候维修管道时都不允许挖开地面的管段。

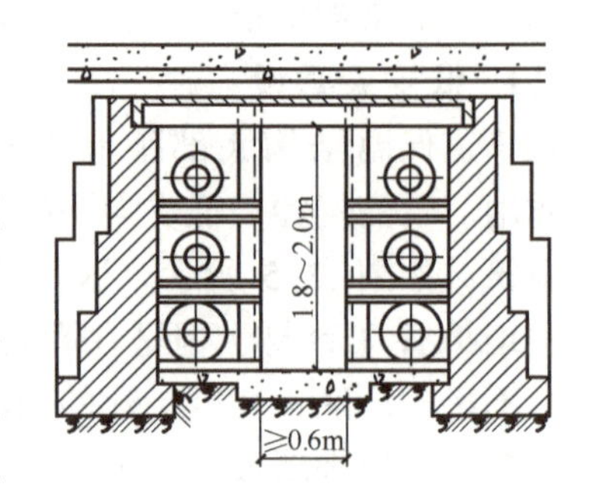

图 13-8 通行地沟

通行地沟的净高为 1.8～2.0m，人行通道净宽不小于 0.6m，如图 13-8 所示。沟内可两侧安装管道，地沟断面尺寸应保证管道和设备检修及换管的需要，有关规定尺寸见表 13-2。通行地沟沿管线每隔 100m 应设置一个人孔，整体浇筑的钢筋混凝土通行地沟每隔 200m 应设置一个安装孔，其长度至少应保证 6m 长的管子进入地沟，宽度为最大管子的外径加 0.4m，但不得小于 1m。

通行地沟应设有自然通风或机械通风设施，以保证检修时地沟内温度不超过 40℃。另外，运行时地沟内温度也不宜超过 50℃。管道应有良好的保温措施。地沟内应装有照明设施，照明电压不得高于 36V。

2. 半通行地沟

在半通行地沟内，工作人员能弯腰行走，能进行一般的管道维修工作。地沟净高不小于 1.4m，人行通道净宽为 0.5～0.7m，如图 13-9 所示。半通行地沟每隔 60m 应设置一个检修出入口。半通行地沟敷设的有关尺寸见表 13-2。

表 13-2 地沟敷设有关尺寸 （单位：m）

地沟类型	地沟净高	人行通道宽	管道保温表面与沟壁净距	管道保温表面与沟顶净距	管道保温表面与沟底净距	管道保温表面间净距
通行地沟	≥1.8	≥0.6	0.1～0.15	0.2～0.3	0.1～0.2	≥0.15
半通行地沟	≥1.4	≥0.5	0.1～0.15	0.2～0.3	0.1～0.2	≥0.15
不通行地沟	—	—	0.15	0.05～0.1	0.1～0.3	0.2～0.3

3. 不通行地沟

如图 13-10 所示，设不通行地沟时，人员不能在沟内通行，其断面尺寸以满足管道施工安装要求来决定，见表 13-2。管道的中心距离，应根据管道上阀门或附件的法兰盘外缘之间的最小操作净距离要求确定；当沟宽超过 1.5m 时，可考虑采用双槽地沟。

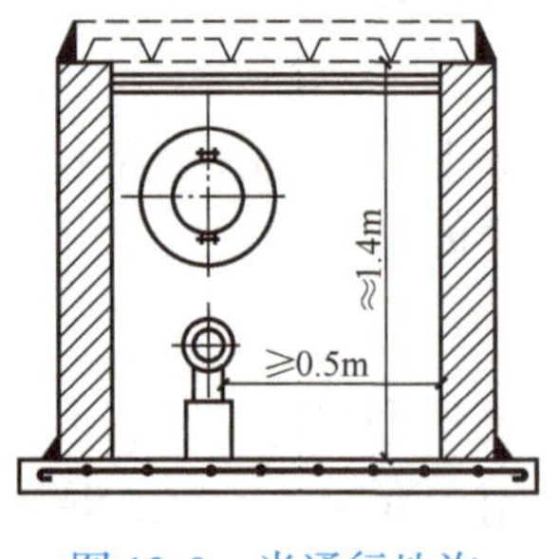

图 13-9 半通行地沟

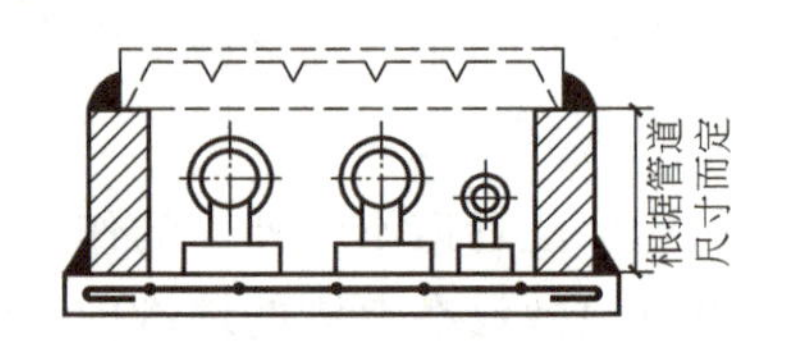

图 13-10 不通行地沟

不通行地沟造价较低，占地面积较小，是城镇供热管道经常采用的地沟敷设方式，但管道检修时必须掘开地面。

供热管道地沟内积水时，极易破坏保温结构，增大散热损失，腐蚀管道，缩短使用寿命。管道地沟底应敷设在最高地下水位以上，地沟内壁表面应用防水砂浆抹面，地沟盖板之间、盖板与沟壁之间应用水泥砂浆或沥青封缝。尽管地沟是防水的，但含在土壤中的自然水分会通过盖板或沟壁渗入沟内，蒸发后使沟内空气饱和。当湿空气在地沟内壁面上冷凝时，就会产生凝结水，并沿壁面往下流到沟底，因此地沟应有纵向坡度，以使沟内的水流入检查室内的集水坑里。地沟的坡度和坡向通常与管道的坡度和坡向相同（坡度不得小于0.002）。如果地下水位高于沟底，则必须采取防水或局部降低地下水位的措施。

为减小外部荷载对地沟盖板的冲击，使盖板受力均匀，盖板上的覆土厚度不得小于0.3m。

三、无沟直埋敷设

直埋敷设是将管道直接埋设在土壤里，管道保温结构外表面与土壤直接接触的敷设方式。

在热水供热管网中，直埋敷设最多采用的方式是供热管道、保温层和保护外壳三者紧密黏结在一起，形成整体式的预制保温管结构形式，如图13-11所示。

预制保温管（也称为“管中管”）的保温层，多采用硬质聚氨酯泡沫塑料作为保温材料。硬质聚氨酯泡沫塑料的密度小，导热系数低，保温性能好，吸水性小，并且有足够的机械强度，但耐热温度不高。

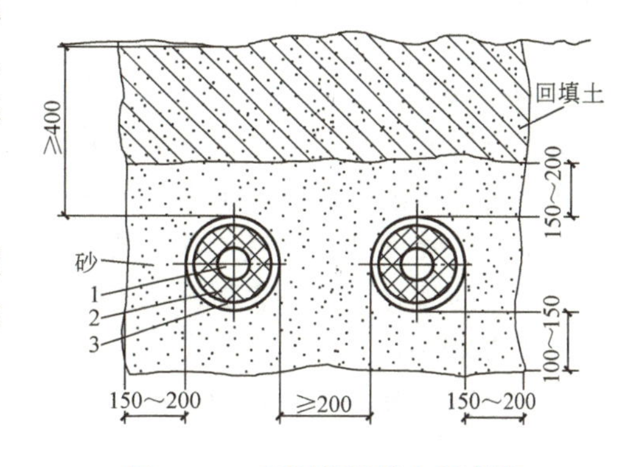

图13-11　预制保温管直埋敷设

1—钢管　2—硬质聚氨酯泡沫塑料保温层

3—高密度聚乙烯保护外壳

预制保温管保护外壳多采用高密度聚乙烯硬质塑料管，高密度聚乙烯管具有较高的机械性能，耐磨损，抗冲击性能较好，化学稳定性好，具有良好的耐腐蚀性和抗老化性能，可以焊接，便于施工。

预制保温管可以在工厂预制或现场制造，预制保温管的两端留有约200mm长的裸露钢管，以便在现场管线的沟槽内焊接，最后将接口处作保温处理。

施工安装时，在管道沟槽底部要预先铺约100～150mm的粗砂砾夯实，管道四周填充砂砾，顶部填砂高度约150～200mm，之后再回填原土并夯实。整体式预制保温管直埋敷设与地沟敷设相比有如下特点。

1）不需要砌筑地沟，土方量及土建工程量减小，管道可以预制，现场安装工作量减少，施工进度快，可节省供热管网的投资费用。

2）占地面积小，易与其他地下管道的设施相协调。

3）整体式预制保温管严密性好，水难以从保温材料与钢管之间渗入，管道不易腐蚀。

4）预制保温管受到土壤摩擦力约束的特点，实现了无补偿直埋敷设方式。在管网直管段上可以不设置补偿器和固定支座，简化了系统，节省了投资。

5）聚氨酯保温材料导热系数小，供热管道的散热损失小于地沟敷设。

集中供热系统管道的布置与敷设

6）预制保温管结构简单，采用工厂预制，易于保证工程质量。

有的保温管以沥青珍珠岩作为保温材料，它是将沥青加热掺入珍珠岩，然后在钢管上挤压成型的，在保温层外面，再包裹沥青玻璃布防水层。整体式沥青珍珠岩预制保温管造价低、耐温高（可达150℃），但其强度低，在运输吊装或施工中，易产生环状及纵向裂缝，而且在接口处保温处理不如采用聚氨酯方便。

此外，还有填充式或浇灌式的直埋敷设方式，即在供热管道的沟槽内填充散状保温材料或浇灌保温材料（如浇灌泡沫混凝土）的方式，由于难以防止水渗入而腐蚀管道，因而目前应用较少。

单元四 供热管道的除锈防腐

一、管道除锈

除锈是对金属管道在涂刷防锈涂料前进行处理的一道重要工序，目的是清除管道表面的灰尘、污垢、锈斑、焊渣等杂物，以便使涂刷的防腐涂料能牢固地黏附在管道表面上，达到防腐的目的。除锈的方法有手工除锈、机械除锈和化学除锈，管道经除锈处理后应能见到金属光泽。

1. 手工除锈

手工除锈通常是用钢丝刷、铁纱布、锉刀及刮刀将金属表面的铁锈、氧化皮、铸砂等除去，并用蘸有汽油的棉纱擦干净，露出金属光泽。

手工除锈强度大、环境欠佳、效率低，质量也不理想，但除锈工具简单、操作方便，对于工程量小的管材或设备表面，手工除锈仍被广泛采用。

2. 机械除锈

机械除锈一般采用自制的工具，对批量管材进行集中除锈工作，常采用机动钢丝刷或喷砂法。

喷砂法采用压力为0.35～0.5MPa，并已除去油和水之后的压缩空气，将粒径为1～2mm的石英砂（或干河砂、海砂）喷射在物体表面上，靠砂子的冲击力撞击金属表面，去掉锈层、氧化皮等杂物。

机动钢丝刷除锈，一般是采用自制的刷锈机刷去管子表面的锈层、污垢等，除锈时可将圆形钢丝刷装在机架上，将钢管卡在有轨道的小车上，移动管子进行除锈，也可用手提式砂轮机除锈。

3. 化学除锈

化学除锈常用酸洗方法将锈及氧化物等除掉。钢、铁的酸洗可用硫酸或盐酸，铜和铜合金及其他有色金属的酸洗常用硝酸。

金属表面经过除锈处理后，应呈现出均匀一致的金属光泽，不应有金属氧化物或其他附着物，金属表面不应有油污和斑点，处理后的管材应处于干燥状态，并不得再被其他物质污染。经除锈并已检查合格的管材，应尽早喷涂底漆，以免受潮又重新生锈。

二、管道防腐

为了减少和避免管道外表面的化学腐蚀或电化学腐蚀，延长管道的使用寿命，对于与空气接触的管道外部或保温结构外表面，可涂刷防腐涂料；对于埋地管道，可设置绝缘防腐层。

1. 涂刷防腐

管道工程中常用涂料的主要性能及用途见表13-3。常用涂刷防腐的施工方法有手工涂刷和空气喷涂两种。

表13-3　常用涂料的主要性能及用途

涂料名称	主要性能	耐温/℃	主要用途
红丹防锈漆	与钢铁表面附着力强，防潮、防水、防锈力强	150	钢铁表面打底，不应暴露于大气中，必须用适当面漆覆盖
铁红防锈漆	覆盖性强，薄膜坚韧，涂漆方便，防锈能力较红丹防锈漆差些	150	钢铁表面打底或盖面
铁红醇酸底漆	附着力强，防锈性能和耐气候性较好	200	高温条件下黑色金属打底
灰色防锈漆	耐气候性较调和漆强	—	做室内外钢铁表面上的防锈底漆的罩面漆
锌黄防锈漆	对海洋性气候及海水侵蚀有防锈性	—	适用于铝金属或其他金属上的防锈
环氧红丹漆	快干，耐水性强	—	用于经常与水接触的钢铁表面
磷化底漆	能延长有机涂层寿命	60	有色及黑色金属的底层防锈漆
厚漆（铅油）	漆膜较软，干燥慢，在炎热而潮湿的天气有发黏现象	60	用清油稀释后，用于室内钢、木表面打底或盖面
油性调和漆	附着力及耐气候性均好，在室外使用优于磁性调和漆	60	做室内外金属、木材、砖墙面漆
铝粉漆	铝粉漆传导系数高，散热性能好，可以提高物体表面的散热量	150	专供供暖管道、散热器做面漆
耐温铝粉漆	防锈不防腐	≤300	黑色金属表面
有机硅耐高温漆	有机硅耐高温漆能经受高温氧化和其他介质腐蚀的油漆	400～500	黑色金属表面
生漆（大漆）	漆层机械强度高，耐酸力强，有毒，施工困难	200	用于钢、木表面防腐
过氯乙烯漆	抗酸性强，耐浓度不大的碱性，不易燃烧，防水绝缘性好	60	用于钢、木表面，以喷涂为佳
耐碱漆	耐碱腐蚀	≤60	用于金属表面
耐酸树脂磁漆	漆膜保光性、耐气候性和耐汽油性好	150	适用于金属、木材及玻璃布的涂刷
沥青漆（以沥青为基础）	干燥快、涂膜硬，但附着力及机械强度差，具有良好的耐水、防潮、防腐及抗化学侵蚀性。但耐气候、保光性差，不宜暴露在阳光下，户外容易收缩龟裂	—	主要用于水下、地下钢铁构件、管道、木材、水泥面的防潮、防水、防腐

手工涂刷是用毛刷等简单工具将涂料均匀地涂刷在管子和设备表面上，其工效较低，只适用于工程量不大的表面或零星加工件表面的涂刷，但由于其工具简单，操作简便灵活，一直被广泛应用。

空气喷涂是以压缩空气为动力，通过软管、喷枪将涂料喷涂在金属表面上。这种方法效率高，涂料耗量少，适用于大面积的喷涂工作，且涂层厚度均匀，质量好，是目前应用最广泛的一种施工方法。

此外，涂漆的方法还有浸、滚、浇，以及静电喷涂、电泳施工、粉末涂抹等涂漆技术，目前的涂漆方式是机械化、自动化逐步代替手工操作。

2. 埋地管道的防腐

埋地敷设的金属管道主要有钢管和铸铁管。埋地敷设的铸铁管耐腐蚀性强，只需涂1 ~2层沥青漆防腐即可。埋地敷设的钢管需要根据土壤的腐蚀程度及穿越铁路、公路、河流等情况确定防腐措施。目前我国埋地管道防腐主要采用石油沥青绝缘防腐层，其等级及结构见表13-4。

表 13-4 石油沥青绝缘防腐层等级及结构

等级	结构	每层沥青厚度/mm	总厚度/mm
普通防腐	沥青底漆—沥青—玻璃布—沥青—玻璃布—沥青—外保护层	≈1.5	≥4
加强防腐	沥青底漆—沥青—玻璃布—沥青—玻璃布—沥青—玻璃布—沥青—外保护层	≈1.5	≥5.5
特加强防腐	沥青底漆—沥青—玻璃布—沥青—玻璃布—沥青—玻璃布—沥青—玻璃布—沥青—外保护层	≈1.5	≥7.0

埋设在一般土壤内的管道可采用普通防腐方法；埋地管道在穿越铁路、公路、河流、盐碱沼泽地、山洞等地段及腐蚀性土壤时，一般采用加强防腐方法；穿越电车轨道和电气铁路下的土壤时，可采取特加强防腐方法。

单元五 供热管道的保温

一、管道的保温结构

供热管道保温的目的是减少热量损失，节约能源，提高系统运行的经济性和安全性。供热管道的保温结构由保温层和保护层两部分组成。

1. 保温层

供热管道常用的保温方法有涂抹式、预制式、缠绕式、填充式、灌注式和喷涂式等。

涂抹式保温是将不定型的保温材料加入黏合剂等拌合成塑性泥团，分层涂抹于需要保温的设备、管道表面上，干后形成保温层的保温方法。该方法不用模具，整体性好，特别适用于填补孔洞和异形表面的保温。涂抹式保温是传统的保温方法，施工方法落后，进度慢，在室外管网工程中已很少采用。此法采用的保温材料有膨胀珍珠岩、膨胀蛭石、石棉灰、石棉硅藻土等，如图 13-12 所示。

预制式保温是将保温材料制成板状、弧形块、管壳等形状，用捆扎或粘接方法安装在设备或管道上形成保温层的保温方法。该方法操作方便，保温材料多是预制品，因而被广泛采用。此法采用的保温材料有泡沫混凝土、石棉、矿渣棉、岩棉、玻璃棉、膨胀珍珠岩、硬质泡沫塑料等，如图 13-13 所示。

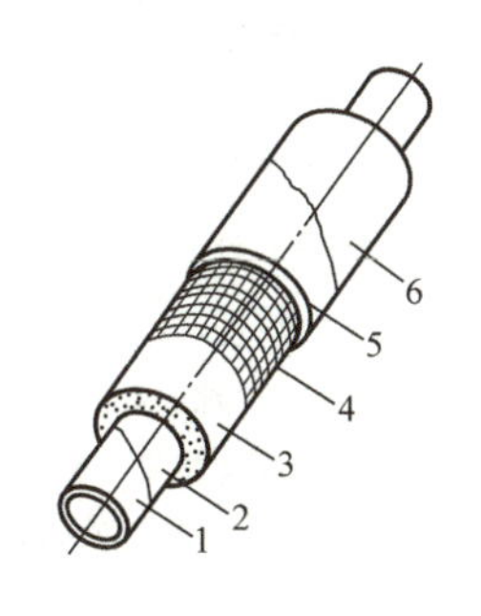

图 13-12　涂抹式保温

1—管道　2—防锈层　3—绝热胶泥
4—铁丝网　5—保护层　6—防腐层

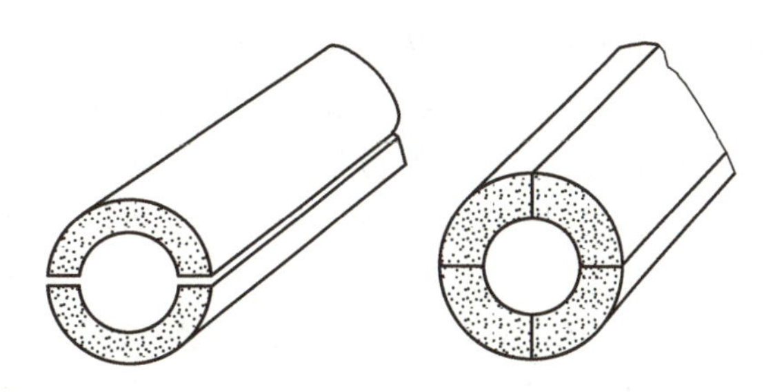

图 13-13　预制式保温瓦块

缠绕式保温是用绳状或片状的保温材料缠绕捆扎在管道或设备上形成保温层的保温方法。该方法操作方便，便于拆卸，在管道工程上应用较多。此法采用的保温材料有石棉绳、石棉布、纤维类保温毡（如岩棉、矿渣棉、玻璃棉等），如图 13-14 所示。

填充式保温是将松散的或纤维状保温材料，填充于管道、设备外围特制的壳体或金属网中，或直接填充于安装好管道的地沟或沟槽内形成保温层的保温方法。近年由于多把松散的或纤维状保温材料做成管壳式，因此，这种填充保温方式已使用不多。此法采用的保温材料有矿渣棉、玻璃棉、超细玻璃棉等，如图 13-15 所示。

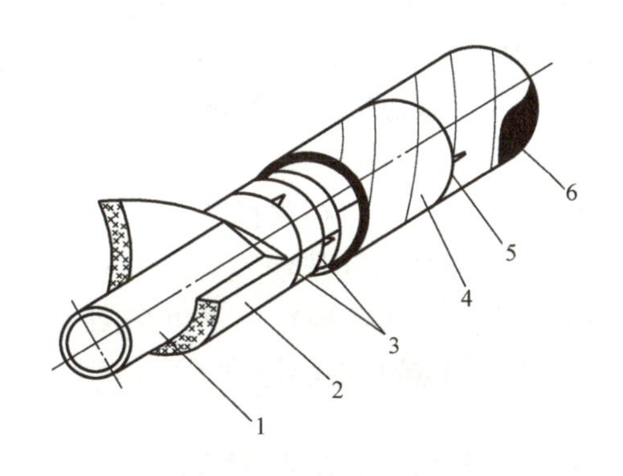

图 13-14　缠绕式保温

1—管子　2—保温棉毡　3—镀锌铁丝
4—玻璃布　5—镀锌铁丝或钢带　6—调和漆

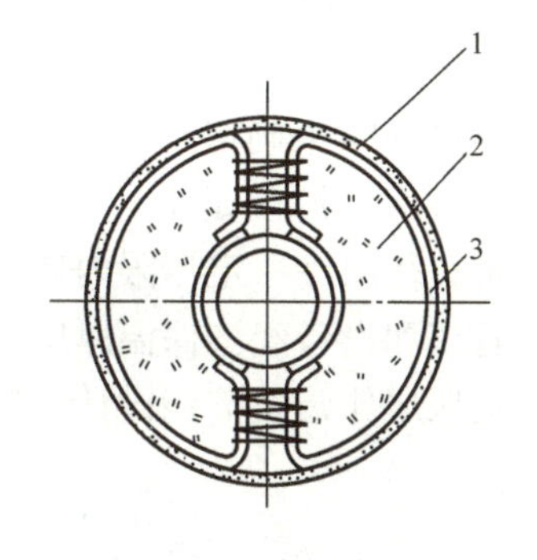

图 13-15　填充式保温

1—保护壳　2—绝热材料　3—支撑环

灌注式保温是将流动状态的保温材料，用灌注方法成形硬化后，在管道或设备外表面形成保温层的保温方法。常用的方法有在直埋敷设管道的沟槽内灌注泡沫混凝土；在套管或模具中灌注聚氨酯硬质泡沫塑料，发泡固化后成形。该方法保温层与管道、设备为一连续整体，有利于保温和对管道的保护，如图 13-16 所示。

喷涂式保温是利用喷涂设备，将保温材料喷射到管道、设备表面上形成保温层的保温方法。该方法施工效率高，保温层整体性好。此法采用的保温材料有膨胀珍珠岩、膨胀蛭石、颗粒状石棉、泡沫塑料等。

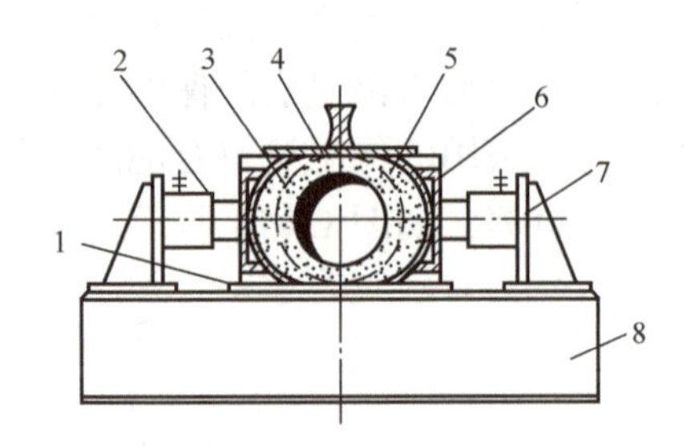

图 13-16 灌注式保温

1—底板 2—液压千斤顶
3—沥青珍珠岩熟料 4—压盖
5—成型位置 6—模具
7—千斤座 8—底座

2. 保护层

供热保温管道保护层的作用主要是防止保温层的机械损伤和水分浸入，有时还兼起美化保温结构外观的作用。保护层是保护保温结构性能和寿命的重要组成部分，应具有足够的机械强度和必要的防水性能。

保护层根据所用材料和施工方法不同，可分为以下三类：涂抹式保护层、金属保护层和毡、布类保护层。

涂抹式保护层是将塑性泥团状的材料涂抹在保温层上。涂抹式保护层造价较低，但施工进度慢，需要分层涂抹。常用的材料有石棉水泥砂浆、沥青胶泥等。

金属保护层一般采用镀锌钢板或不镀锌的黑薄钢板，也可采用薄铝板、铝合金板等材料做保护层。金属保护层结构简单，重量轻，使用寿命长，但其造价较高，易受化学腐蚀，只宜在架空敷设时使用。

毡、布类保护层材料具有较好的防水性能，施工比较方便，近年来得到广泛的应用。常用的材料有玻璃布沥青油毡、铝箔、玻璃钢等。玻璃布长期遭受日光暴晒容易断裂，宜在室内或地沟管道上应用。

二、保温层厚度的确定

保温层厚度可在供热管道保温热力计算［计算管路散热损失、供热介质沿途温度降、管道表面温度及环境温度（地沟温度、土壤温度等）］的基础上确定。确定的保温层越厚，管道散热损失越小，越节约燃料；但由于厚度加大，保温结构造价增加，增加了投资费用。在工程设计中，保温层厚度在计算管道散热损失基础上，通常按技术经济分析得出的“经济保温厚度”来确定。

经济保温厚度是指考虑管道保温结构的基建投资和管道散热损失的年运行费用两者因素，折算得出在一定年限内其“年计算费用”为最小值时的保温层厚度。

管道和设备经济保温厚度可参考有关设计手册中的公式计算确定，也可查阅《严寒和寒冷地区居住建筑节能设计标准》中确定的供暖、供热管道最小保温厚度参考选用。

单元六 供热管道的排水、放气与疏水装置

为了在需要时排除管道内的水，放出管道内聚集的空气和排出蒸汽管道中的沿途凝结水，供热管道必须敷设一定的坡度，应配置相应的排水、放气及疏水装置。在确定管网线路时，要根据地形情况在适当部位设置排水点和放气点，并应使排水点邻近城市或厂区的排水管道。如图 13-17 所示，热水和凝

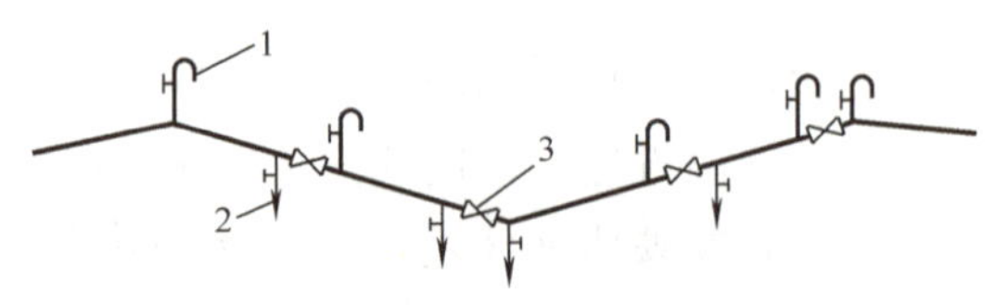

图 13-17 热水或凝结水管道排水和放气装置

1—放气阀 2—排水阀 3—阀门

结水管道的低点处（包括分段阀门划分的每个管段的低点处），应安装放水装置。热水管道的放水装置应保证一个放水段的排水时间不超过下面的规定：对于 $DN \leqslant 300$mm 的管道，放水时间为 2～3h；对于 DN350～500mm 的管道，放水时间为 4～6h；对于 $DN \geqslant 600$mm 的管道，放水时间为 5～7h。规定放水时间主要是考虑在冬季出现事故时能迅速放水，缩短抢修时间，以免供暖系统和管路冻结。放气装置应设在管段的最高点，如图 13-17 所示。放气管直径需根据管道直径来确定，表 13-5 给出了常见规格管道所需放气管的直径，表中还给出了管道排水管直径的选择范围，供选用时参考。

表 13-5　排水管、放气管直径选择表　（单位：mm）

热水管、凝结水管公称直径	<80	100～125	150～200	250～300	350～400	450～550	>600
排水管公称直径	25	40	50	80	100	125	150
放气管公称直径	15	20		25		32	40

为排除蒸汽管道的沿途凝结水，蒸汽管道的低点和垂直升高管段前应设置启动疏水和经常疏水装置。同一坡向的管段，在顺坡情况下每隔 400～500m，逆坡时每隔 200～300m，应设启动疏水和经常疏水装置。经常疏水装置排出的凝结水，宜排入凝结水管道，以减少热量和水量的损失。

管道的坡度应根据管道所经过地区的地形状况来确定，一般不小于 0.002；对于汽水逆向流动的蒸汽管道，其坡度不小于 0.005。

室外供热管道的坡向，受地形限制不可能都满足沿水流方向往下流动的要求，尤其是直埋敷设的管道更无法满足此要求，故管道只能随地形敷设。因管道管径较大，管路上局部管件少，管内水流速度较高，不会产生气塞现象。

单元七　管道支座

供热管道的支座是位于支承结构和管子之间的主要构件，它支承管道或限制管道产生形变和位移。支座承受管道重力以及由内压、外载和温度变化引起的作用力，并将这些力传递到建筑结构或地面的管道构件上。管道支座对供热管道的安全运行有着重要影响，如果支座的构造型式选择不当或支座位置不准确，都会产生严重后果。

支座根据其对管道位移的限制情况，分为活动支座和固定支座。

一、活动支座

活动支座是保证管道发生温度变形时，允许管道和支承结构有相对位移的构件。

活动支座按其构造和功能的不同分为滑动、滚动、弹簧、悬吊和导向等支座形式。

1. 滑动支座

滑动支座由安装（采用卡固或焊接方式）在管子上的钢制管托与下面的支承结构构成。它承受管道的垂直荷载，允许管道在水平方向滑动。根据管托横断面的形状不同，滑动支座有曲面槽式（图 13-18），丁字托式（图 13-19）和弧形板式（图 13-20）。

曲面槽式和丁字托式滑动支座，由支座托住管道，滑动面低于保温层，保温层不会受到损坏。弧形板式滑动支座的滑动面直接附在管道壁上，安装支座时需要去掉保温层，但管道安装位置可以低一些。

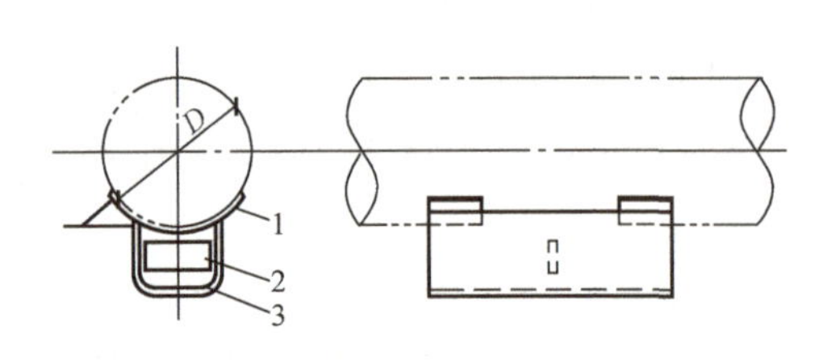

图 13-18 曲面槽式滑动支座

1—弧形板 2—肋板 3—曲面槽

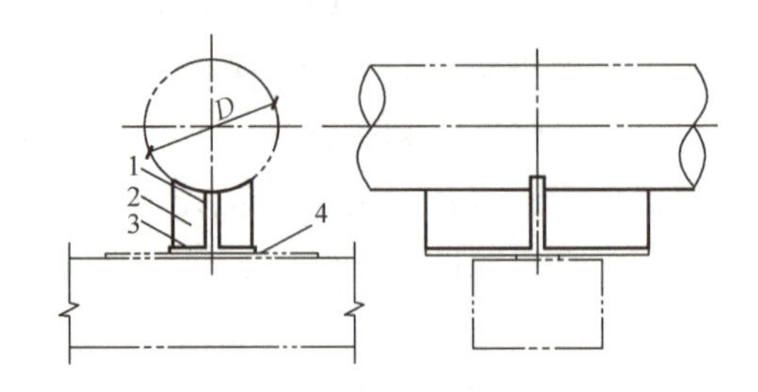

图 13-19 丁字托式滑动支座

1—顶板 2—侧板 3—底板 4—支承板

2. 滚动支座

滚动支座由安装（卡固或焊接）在管子上的钢制管托与设置在支承结构上的辊轴、滚柱或滚珠盘等部件构成。

对辊轴式滚动支座（图 13-21）和滚柱式滚动支座（图 13-22），当管道轴向移动时，其管托与滚动部件间为滚动摩擦，但管道横向移动时仍为滑动摩擦。对滚珠盘式支座，管道水平各向移动均为滚动摩擦。

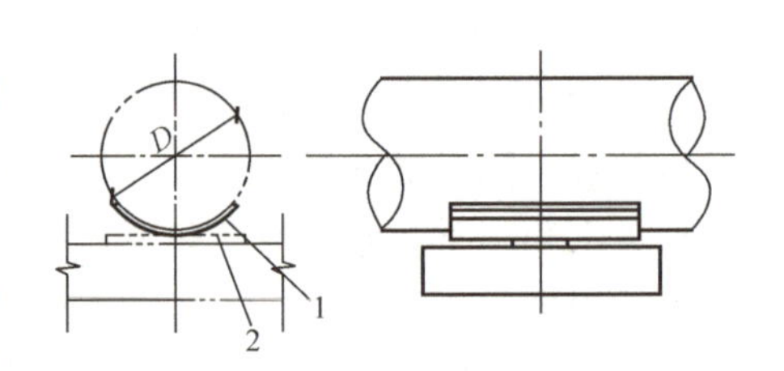

图 13-20 弧形板式滑动支座

1—弧形板 2—支承板

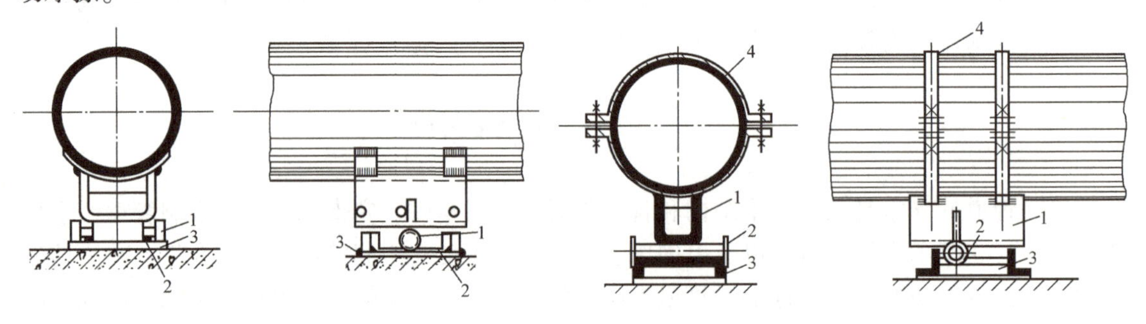

图 13-21 辊轴式滚动支座

1—辊轴 2—导向板 3—支承板

图 13-22 滚柱式滚动支座

1—槽板 2—滚柱 3—槽钢支承座 4—管箍

滚动支座需进行必要的维护，使滚动部件保持正常状态，一般只用在架空敷设的管道上。滚动支座利用滚柱或滚轴的转动来减小管道滑动时的摩擦力，这样可以减小支承结构的尺寸。地沟敷设的管道不宜使用这种支座，这是因为滚动支座的滚柱或滚轴在潮湿环境内会很快腐蚀而不能转动，反而变成了滑动支座。

3. 悬吊支架

悬吊支架常用在供热管道上，管道用抱箍、吊杆等构件悬吊在承力结构下面。图 13-23 是几种常见的悬吊支架。

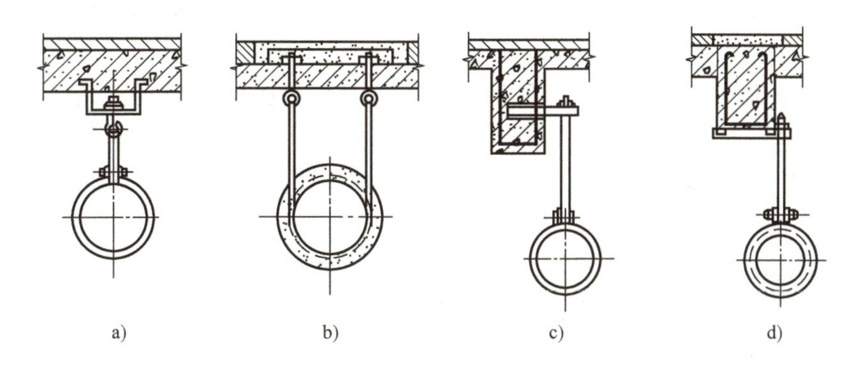

图 13-23　悬吊支架

a）可在纵向及横向移动　b）只能在纵向移动

c）焊接在钢筋混凝土构件里的预埋件上　d）箍在钢筋混凝土梁上

悬吊支架构造简单，管道伸缩阻力小，管道移动时吊杆会发生摆动。因各支架吊杆摆动幅度不一，难以保证管道轴线为一直线，故管道热补偿需采用不受管道弯曲变形影响的补偿器。

4. 弹簧支座

弹簧支座一般是在滑动支座、滚动支座的管托下或在悬吊支架的构件中加弹簧构成的，如图 13-24 所示。其特点是允许管道水平移动的同时，还可适应管道的垂直移动，使支座承受管道的垂直荷载变化。弹簧支座常用于管道有较大的垂直位移处，可防止管道脱离支座，致使相邻支座和相应管段受力过大。

5. 导向支座

导向支座只允许管道轴向伸缩，限制管道的横向移动，如图 13-25 所示。其构造通常是在滑动支座或滚动支座沿管道轴向的管托两侧设置导向挡板。导向支座的主要作用是防止管道纵向失稳，保证补偿器正常工作。

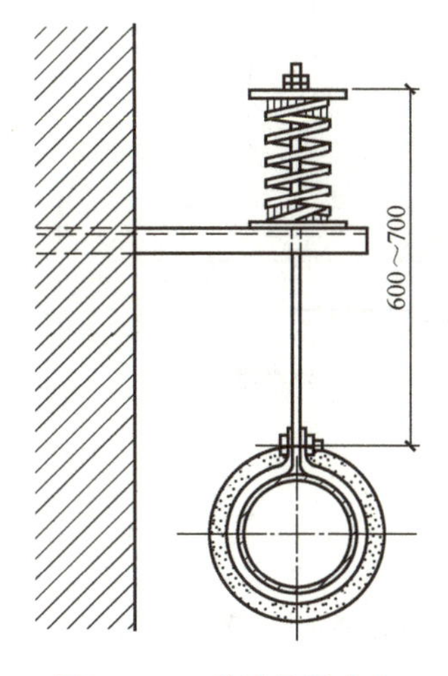

图 13-24　弹簧悬吊支座

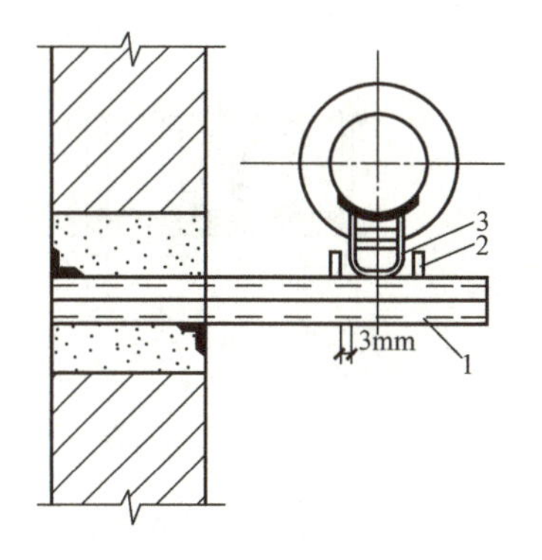

图 13-25　导向支座

1—支架　2—导向板　3—支座

管道活动支座间距的大小决定着整个管网支座的数量，影响到管网的投资。在确保安全运行的前提下，应尽可能地增大活动支座的间距，减少支座的数量，降低管网投资。

活动支座的最大间距由管道的允许跨距来决定，而管道的允许跨距又是按强度条件和刚度条件两个方面来计算确定的，通常选取其中较小值作为管道支座的最大间距。

在工程设计中，如无特殊要求，活动支座的间距可按表13-6中的数据确定，可不必进行计算和比较。

表13-6 活动支座间距表

公称直径/mm			40	50	65	80	100	125	150	200	250	300	350	400	450
活动支座间距/m	保温	架空敷设	3.5	4.0	5.0	5.0	6.5	7.5	7.0	10.0	12.0	12.0	12.0	13.0	14.0
		地沟敷设	2.5	3.0	3.5	4.0	4.5	5.5	5.5	7.0	8.0	8.5	8.5	9.0	9.0
	不保温	架空敷设	6.0	6.5	8.5	8.5	11.0	12.0	12.0	14.0	16.0	16.0	16.0	17.0	17.0
		地沟敷设	5.5	6.0	6.5	7.0	7.5	8.0	8.0	10.0	11.0	11.0	11.0	11.5	12.0

二、固定支座

1. 固定支座的形式

供热管道的固定支座是将管道固定，使其不能产生轴向位移的构件，其主要作用是将管道划分成若干补偿管段分别进行热补偿，从而保证补偿器正常工作。固定支座还可以防止作用力依次叠加而传递到管路的附件和阀件上。

常见的金属结构固定支座，有卡环固定支座（图13-26a）、焊接角钢固定支座（图13-26b）、曲面槽固定支座（图13-26c）和挡板式固定支座（图13-27）等，前三者承受的轴向推力较小，通常不超过50kN。固定支座承受的轴向推力超过50kN时，多采用挡板式固定支座。

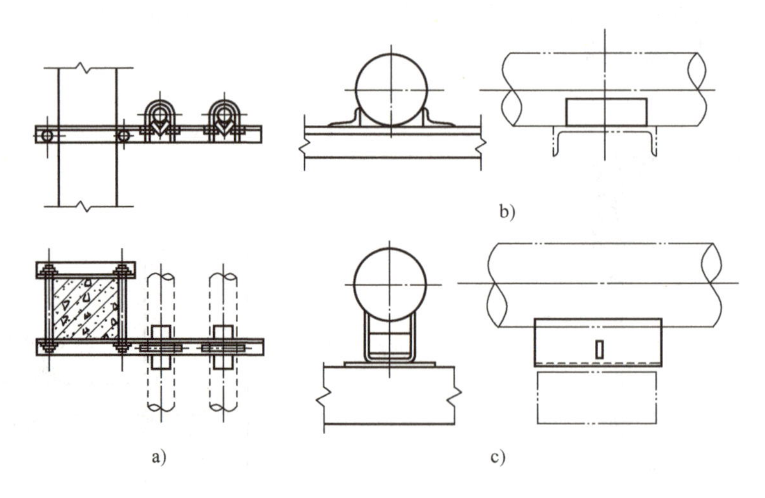

图13-26 固定支座

a）卡环固定支座 b）焊接角钢固定支座 c）曲面槽固定支座

在无沟敷设或不通行地沟中，固定支座也有做成钢筋混凝土固定墩的形式。图13-28是直埋敷设所采用的固定墩，管道从固定墩上部的立板穿过，在管子上焊有卡板进行固定。

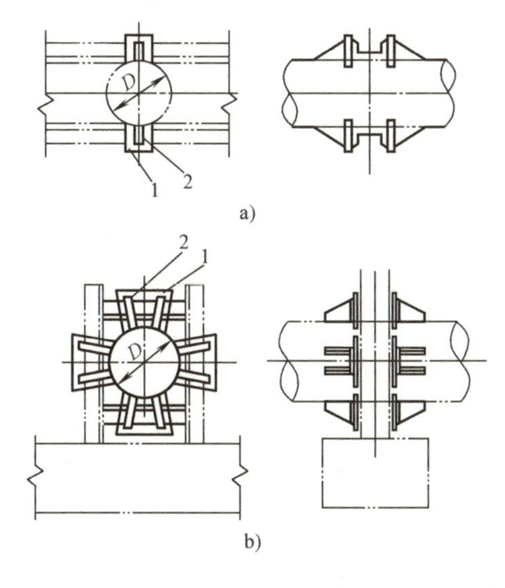

图 13-27　挡板式固定支座

a）双面挡板式固定支座　b）四面挡板式固定支座

1—挡板　2—肋板

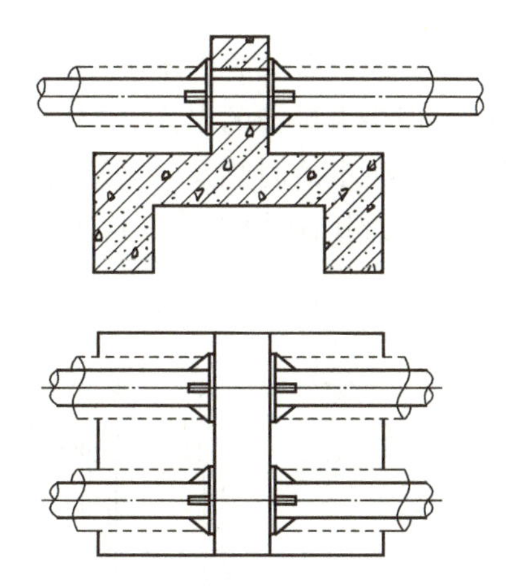

图 13-28　直埋敷设的固定墩

2. 固定支座的设置要求

1）在管道不允许有轴向位移的节点处设置固定支座，例如有支管分出的干管处。

2）在热源出口、热力站和热用户出入口处，均应设置固定支座，以消除外部管路作用于附件和阀件上的作用力，使室内管道相对稳定。

3）在管路弯管的两侧应设置固定支座，以保证管道弯曲部位的弯曲应力不超过管子的许用应力范围。

3. 固定支座的间距

固定支座是供热管道中的主要受力构件，应按上述要求设置。为了节约投资，应尽可能加大固定支座间距，减少其数目，但固定支座的间距应满足下列要求。

1）管道的热伸长量不得超过补偿器所允许的补偿量。

2）管段因膨胀和其他作用而产生的推力，不得超过固定支座所能承受的允许推力。

3）不应使管道产生纵向弯曲。

附录 33 列出了地沟与架空敷设的直线管段固定支座最大间距。

单元八　供热管道的检查室及检查平台

对于地下敷设的供热管道，在装有阀门、排水与放气、套筒补偿器、疏水器等需要经常维护管理的管路设备和附件处，应设置检查室。检查室的结构尺寸，应根据管道的根数、管径、阀门及附件的数量和规格大小确定，既要考虑维护操作方便，又要尽可能地紧凑。

检查室的净高不小于 1.8m，人行通道宽度不小于 0.6m，干管保温结构外表面距检查室地面不应小于 0.6m，检查室人孔直径不小于 0.7m，人孔数量不少于 2 个，并应对角布置。当检查室面积小于 $4m^2$ 时，可只设一个人孔，在每个人孔处，应装设梯子或爬梯，以便工作人员出入。检查室内至少设一个集水坑，尺寸不小于0.4m×0.4m×0.5m（长×宽×深），位于人孔的下方。检查室地面应坡向集水坑，其坡度为0.01。检查室地面低于地沟内底应不小于0.3m。

当检查室内设备和附件不能从人孔进出时，在检查室顶板上应设安装孔，安装孔的位置和尺寸应保证最大设备的出入和安装。所有分支管路在检查室内均应装设关断阀和排水管，以便当支线发生事故时能及时切断管路，并将管道中的积水排除。检查室内公称直径大于或等于300mm的阀门应设支撑。检查室盖板上的覆土深度不得小于0.3m。图13-29是检查室布置图例。

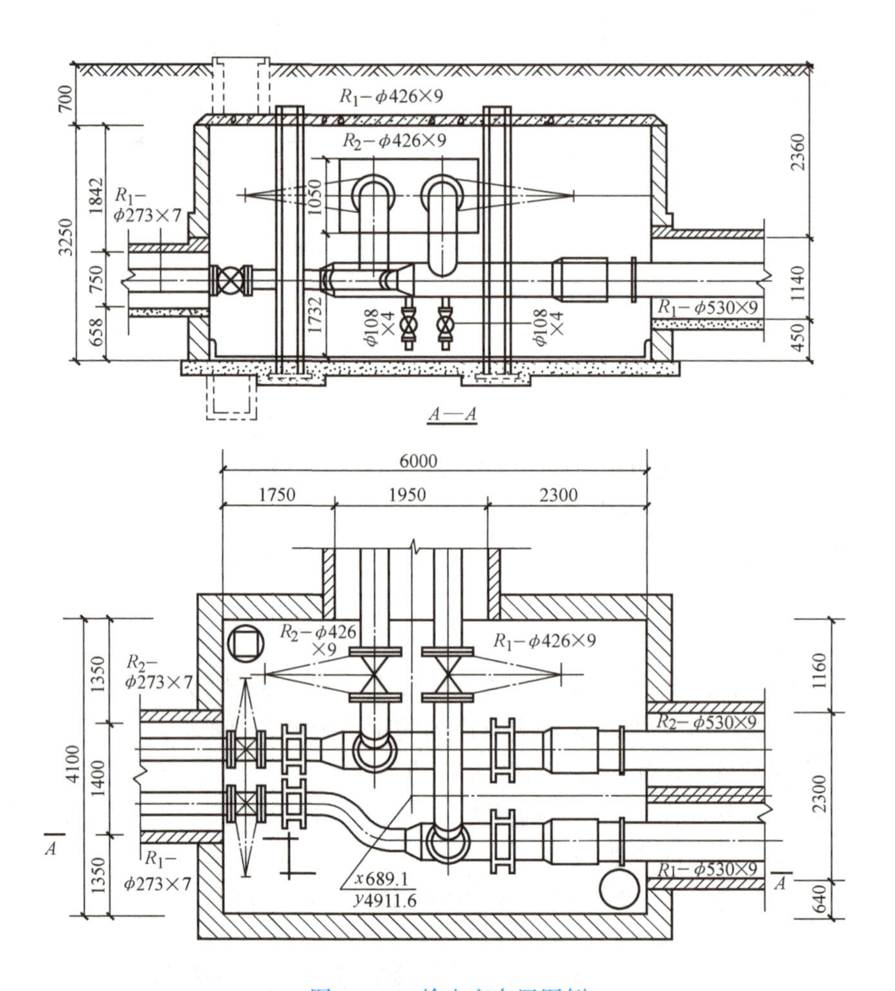

图13-29 检查室布置图例

中、高支架敷设的管道，在安装阀门、放水、放气、除污装置的地方应设操作平台，操作平台的尺寸应保证维修人员操作方便，平台周围应设防护栏杆。检查室或操作平台的位置及数量应在管道平面定线和设计时一起考虑，在保证安全运行和检修方便的前提下，尽可能减少其数目。

单元九 室外供热管网的平面图与纵断面图

一、室外供热管网施工图图例（表 13-7）

表 13-7 室外供热管网施工图图例

名称	图例	说明
闸阀		
手动调节阀		
阀门（通用）、截止阀	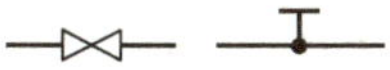	
球阀转心阀		
角阀	或 	
平衡阀		
三通阀	或 	
四通阀		
节流阀		
膨胀阀	 或 	
快放阀		
减压阀	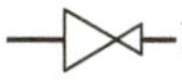 或 	左图小三角为高压端，右图右侧为高压端
安全阀		左图为通用，中图为弹簧安全阀，右图为重锤安全阀
蝶阀		
止回阀		左图为通用，右图为升降式，流向同左图
浮球阀	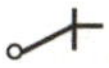 或 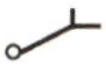	
补偿器		
套管补偿器		

（续）

名称	图例	说明
方形补偿器		
弧形补偿器		
波纹管补偿器	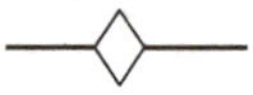	
除污器（过滤器）		左图为立式除污器，右图为卧式除污器
节流孔板、减压孔板		
水泵		
疏水器		
变径管（异径管）		左图为同心异径管，右图为偏心异径管
活接头		
法兰		
法兰盖		
丝堵		
可曲挠橡胶软接头		
金属软管		
绝热管		
保护套管		
固定支架	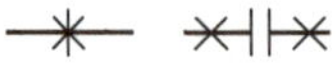	
流向	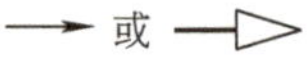 或	
坡度及坡向	 i=0.003 或 i=0.003	

二、室外供热管网的平面图

室外供热管网的平面图是在城市或厂区地形测量平面图的基础上，将供热管网的线路表示出来的平面布置图。将管网上所有的阀门、补偿器、固定支架，检查室等与管线一同标在图上，从而形象地展示了供热管网的布置形式、敷设方式及规模，具体地反映了管道的规格和平面尺寸，管网上附件和设备的规格、型号和数量，检查室的位置和数量等。供热管道的平面图是进行管网技术经济分析、方案审定的主要依据；是编制工程概、预算，确定工程造价、编制施工组织设计及进行施工的重要依据。在工程设计中，管网平面图是整个管网设计中最重要的图样，是绘制其他图样的依据。

为了清晰、准确地把管线表示在平面图上，在绘制供热管网平面图时，应满足下列要求。

1）供水管道及蒸汽管道，应敷设在供热介质前进方向的右侧。

2）供水管用粗实线表示，回水管用粗虚线表示。

3）在平面图上应绘出经纬网络平面定位线（即城市平面测绘图上的坐标尺寸线）。

4）在管线的转弯点及分支点处，标出其坐标位置。一般情况下，东西向坐标用“X”表示，南北向坐标用“Y”表示。

5）管路上阀门、补偿器、固定点等的确切位置，各管段的平面尺寸和管道规格，管线转角的度数等均需在图上标明。

6）将检查室、放气井、放水井、固定点进行编号。

7）局部改变敷设方式的管段应予以说明。

8）标出与管线相关的街道和建筑物的名称。

室外供热管网的平面图

从理论上讲，用 X、Y 坐标来确定管线的位置是合理的，但从工程角度看，易出现误差，且施工不便。在工程设计中，通常在管线的某些特殊部位以永久性建筑物为基准，标出管线的具体位置，与坐标定位相配合。

图 13-30 是某城市集中供热管网中一段管道的平面布置图，制图比例为 1∶500。图中细线框代表建筑物，线框中的数字表示建筑物楼层数，管道采用直埋敷设。

三、室外供热管网的纵断面图

室外供热管网的纵断面图（图 13-31）是依据管网平面图所确定的管道线路，在室外地形图的基础上绘制出管道的纵向断面图和地形竖向规划图。在管道的纵断面图上，应表示出以下信息。

1）自然地面和设计地面的标高、管道的标高。

2）管道的敷设方式。

3）管道的坡向、坡度。

4）检查室、排水井和放气井的位置及标高。

5）与管线交叉的公路、铁路、桥涵、水沟等。

6）与管线交叉的设施、电缆及其他管道等（如果它们位于供热管道的下方，应注明其顶部标高；如果它们在供热管道的上方，应注明其底部标高）。

由于管道纵断面图没能反映出管线的平面变化情况，因此需将管线平面布置图与纵断面图共同绘制在同一图上，这样纵断面图就更完整、全面了。

室外供热管网的纵断面图

供热管道纵断面图中，纵坐标与横坐标并不相同。通常横坐标的比例采用 1∶500，1∶100的比例尺；纵坐标采用 1∶50，1∶100，1∶200 的比例尺。

图 13-31 是供热管道纵断面图（图 13-30 的管道纵断面图），该图的横坐标（管线沿线高度尺寸坐标）比例为 1∶500；纵坐标（管道标高数值坐标）比例为 1∶100。

供热管道纵断面图上，长度以 m 为单位，取至小数点后一位数；高程以 m 为单位，取至小数点后两位数；坡度以千（或万）分之有效数字表示。

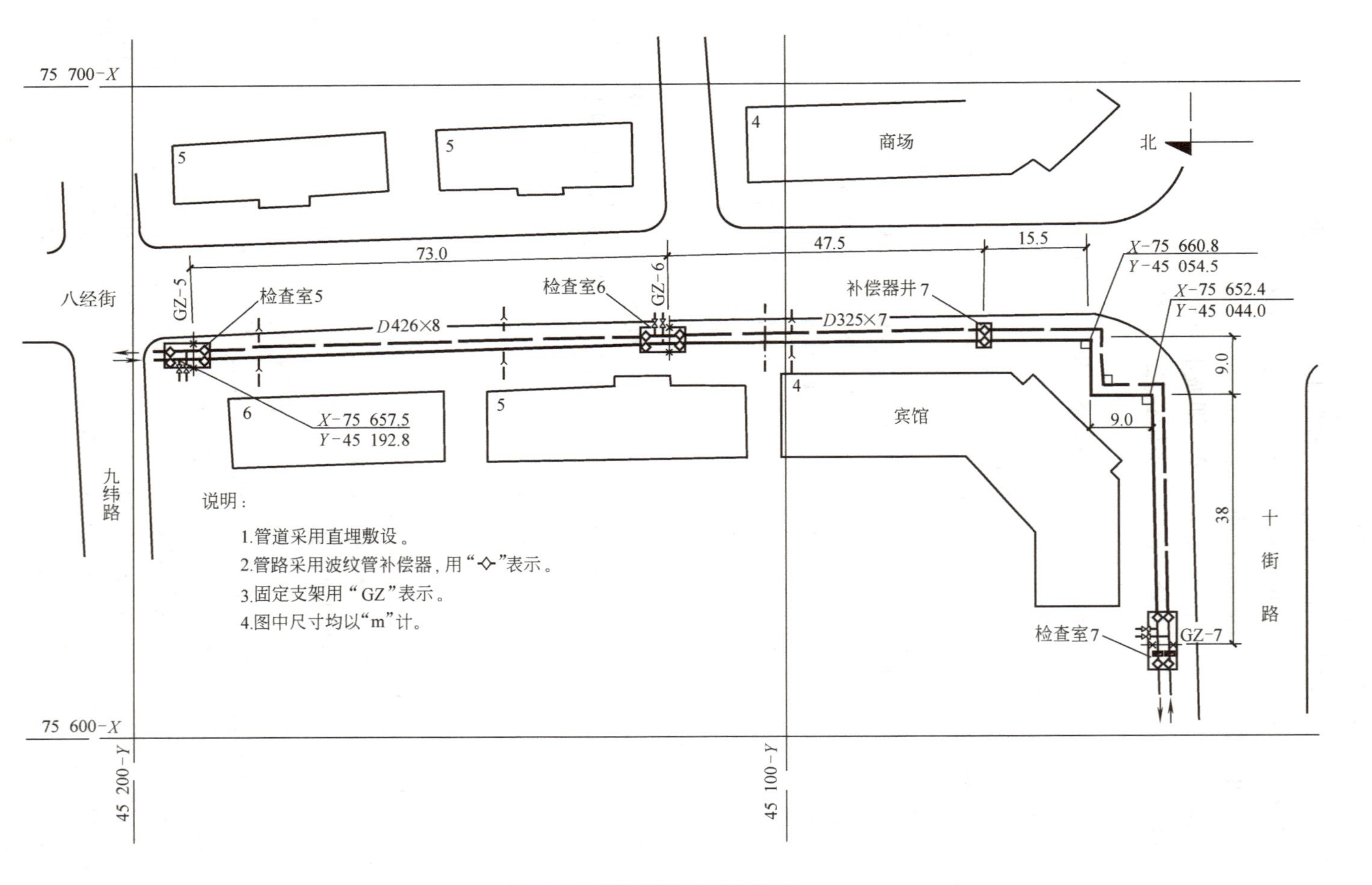

图13-30 供热管道平面布置图

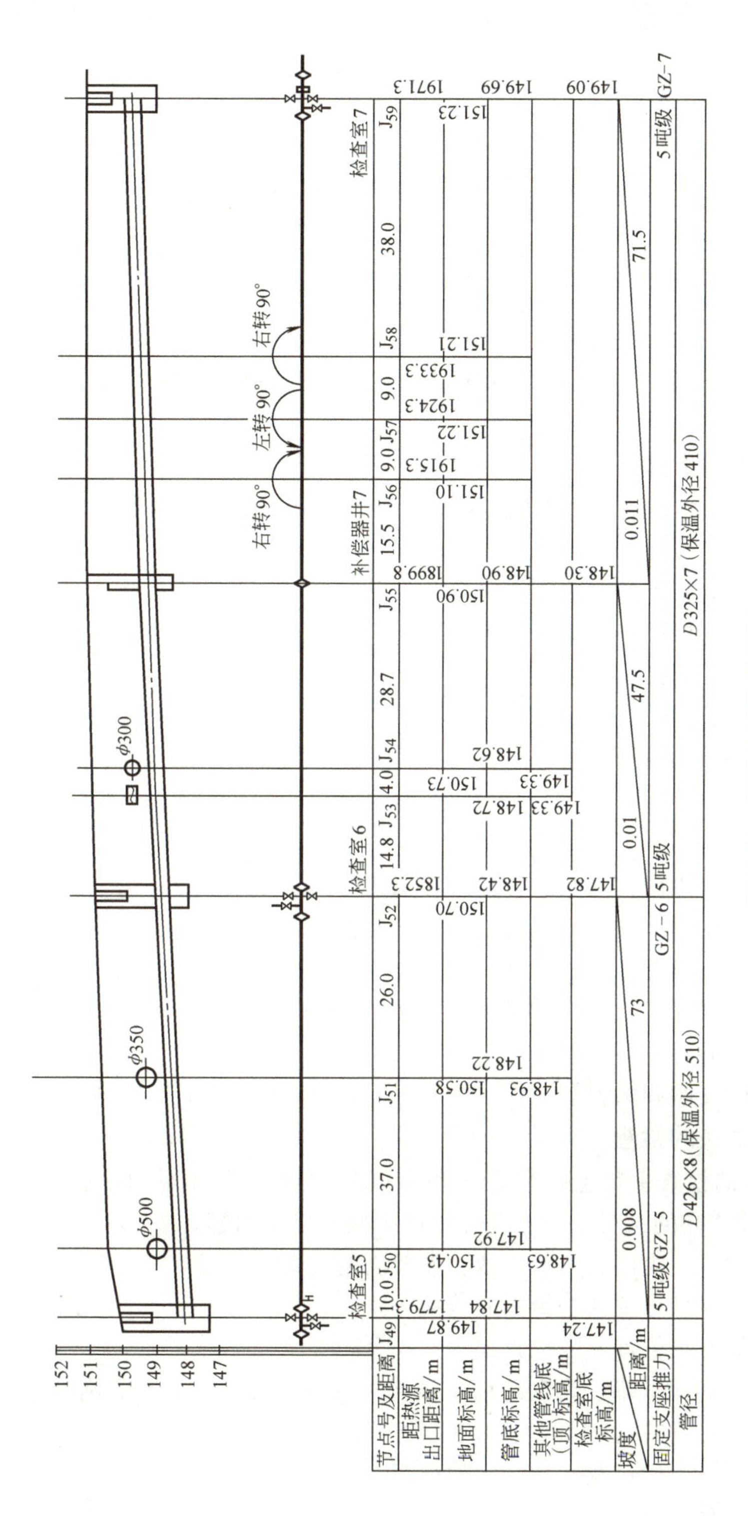

图13-31　供热管道纵断面图

项目十四　供热系统的验收、启动、运行和故障处理

单元一　供热系统的验收

供热系统的验收包括外观检查、压力试验和管路冲洗。

一、外观检查

外观检查是检查系统中安装设备的规格、性能是否与设计书相一致，并检查整个系统的安装质量。

1. 室外热力管网的检查

（1）施工期的检查内容　在整个施工期内，室外热力管网的检查包括以下内容。

1）管网的放线定位。

2）管网构筑物的施工及安装的支吊架。

3）管道就位，定标高以及管道的连接。

4）管网强度和气密性试验。

5）管道刷油、保温、着色。

6）地下管网的地沟封顶及填土。

（2）安装完成后的检查内容　室外热力管网安装完成后的检查重点包括以下内容。

1）管网的焊接质量。

2）用法兰连接的管件，如阀门、套筒补偿器等的连接质量。

3）管线的直线度和坡度，管网的最高点应有排气装置，最低点应有放水或疏水装置。

4）管线上阀门的规格、型号、安装位置应与施工图相符。蒸汽管网中不能误用水阀门，截止阀的安装不能颠倒，所有阀门的手轮应完好无损。

5）检查管线上的各种补偿器。

6）检查管线的支座和保温情况。

2. 用户供暖系统的检查

用户供暖系统的检查主要包括施工设计图样的核对和安装质量的检查。

（1）施工设计图样的核对　施工设计图样应核对以下内容。

1）散热器的型号、规格、组装片数，放气阀的位置等。

2）阀门的规格、型号及其与管网的连接方式。

3）膨胀水箱的安装位置及固定方式。

4）排气装置（如集气罐、自动跑风放气阀）的安装位置及其与管网的连接方式。

5）放水和疏水装置的型号、规格、安装方式。

6）补偿器的规格、型式及其与管网的连接。

7）管道的布置及保温。

（2）安装质量检查　安装质量检查的要求如下。

1）明装立管必须垂直，立管穿楼板处应有套管。

2）水平干管必须保持规定的坡度，方向不能相反。穿过门、窗上下弯曲处，应有排气、放水或疏水装置。

3）水平干管上安装的所有阀门的阀杆，应垂直向上或向上倾斜，严禁垂直向下或向下倾斜，阀门方向不能装反。

4）散热器支管的坡度不能装反，安装散热器的托钩符合规定并在墙上安装牢固。

5）膨胀水箱的各种附属管路应齐全，膨胀管、溢流管和循环管上不能安装阀门。

6）所有管道的支座、托钩和管箍都必须牢固，穿墙处均必须有套管，保温管道均需保温良好。

二、压力试验

压力试验的目的是检查供暖系统的强度和气密性，一般压力实验多用水进行，所以又常称其为水压试验。

在压力试验之前，应先对供暖系统进行充水，而后根据供暖系统各部分的压力要求，分别进行压力试验。

1. 供暖系统的充水

供暖系统的充水通常进行两次，一次是对系统进行试漏；一次是为水压试验作准备。

系统充水必须在入冬以前进行；如果冬季试验，热网充水应用65～70℃热水。充水应分段进行，且最好选在白天，以便检查泄漏情况。

（1）充水步骤　用户系统的充水应按以下步骤进行。

1）对系统全面检查，并打开管网中的所有阀门，以便充水后水能流到所有部分。

2）可直接由城市上水管道向用户系统充水；水压不够时可借助于手摇泵或补水泵，也可利用锅炉房的循环水泵向用户系统充水。

3）充水过程应缓慢进行，个别部位轻微漏水时，可做上记号或采取临时措施，如拧紧螺栓或用胶布缠住后继续充水；但如果出现严重泄漏，应及时停止充水。

4）系统充满水后，逐个检查管网的所有部位，进行修复。

（2）蒸汽供暖系统充水　蒸汽供暖系统充水时应注意以下几点。

1）蒸汽供暖系统最高点通常无排气装置，因此充水时上部不能充满，此时可将系统最高处水平管段上的法兰稍微松开排气，或安装时在管网最高处安一排气阀。

2）蒸汽管网的支、吊架设计时只考虑了管道的自重和保温层的重量，未考虑管道被水充满时的附加重量，因此充水时对大直径的管道应增设附加的支撑物。

室外热力管网的充水过程和用户系统的充水基本相同，对管网进行系统检查后，即可利用锅炉房的循环水泵向室外管网充水。

2. 室外热力管网的水压试验

室外热力管网的水压试验大多在保温之前进行；如在保温后进行，焊缝和法兰处应暂不保温，以便观察。地沟或埋设管道的水压试验，也应在封顶或埋土前进行。热力管网的水压试验不宜安排在冬季，以免造成管道冻结。

室外热力管网的试验压力，一般为工作压力的1.25倍，并且不小于工作压力加500kPa，即总试验压力不小于1000kPa。管路上阀门的试验压力，应是其公称压力的1.5

倍。试验压力应保持5min，然后再降至工作压力进行检查。

3. 用户系统的水压试验

用户系统水压试验的压力有如下规定。

1）用户系统的试验压力为工作压力加100kPa，系统最低点的试验压力不得小于300kPa。

2）压力低于70kPa的低压蒸汽供暖系统，最低点的试验压力不得小于200kPa。

3）工作压力高于70kPa的高压蒸汽供暖系统，试验压力为工作压力加100kPa，但系统最低点的试验压力不得小于300kPa。

用户系统进行水压试验前，必须将系统中的空气排净，并与室外热力管网隔断。热水供暖系统的管网还应与膨胀水箱断开。试验压力应保持5min才合格。

热力入口处的设备应单独进行水压试验。水换热器的水压试验压力应为工作压力的1.5倍。

4. 气压试验

压力试验一般在冬季到来之前进行；如果供暖系统必须在冬季进行压力试验，则可以采用气压试验，以避免冻结的危险。

气压试验采用压缩空气，常用的压力为100kPa，试验系统中的压力应在10min内保持100kPa；若10min内压力降不超过原来压力的15%，试验也算合格。

三、管路冲洗

供暖系统在安装过程中常有脏物混入，为此在水压试验之后，试车运行之前，必须对供暖系统进行一次冲洗和吹净。通常做法是将室外热水管网和用户供暖系统分别进行冲洗，冲洗一般需要反复进行两三次。冲洗时应尽量提高水速，以便将脏物顺利冲出来；在放水后期，还需将各放水丝堵拧开，以使积存的脏物能从U形旁通管、过门弯管等处排出。

对室外管网，除分段冲洗外，还应在循环水泵的吸水管上安装除污器除污。

对供暖系统，也可以采用蒸汽吹净或压缩空气吹净的方法。蒸汽供暖系统大多用蒸汽吹净，因为蒸汽流速高达30~40m/s，可以比水冲洗得更干净。

用压缩空气清洗时，常将压缩空气和城市上水管道的供水一起送入供暖系统，压缩空气使系统中的水鼓泡、扰动形成一种乳状气水两相流，能将脏物更顺利地排出。当排水管排出清水时，即可停止吹净工作。

单元二 室外热力管网的启动

室外热力管网验收之后，就可以进行管网的启动。启动中最主要的工作是进行管网的安装调节，目的是保证管网上所有用户都能获得设计流量。

一、室外热力管网的安装调节

1. 根据压力降进行安装调节

从离锅炉房最近且有剩余压力的用户开始调节。先关小用户热力入口处供水管上的闸阀，使压力表上的压力与用户设计的压力相一致，然后依次由近到远逐个调节用户的压力；当所有用户的压力都调节完后，需再对已调过的系统重新调节一遍，一般应反复调节几次。

2. 根据温度降进行安装调节

从离锅炉房最近的用户开始，由近到远逐个调节所有用户热力入口处的供、回水温度降，使其接近设计值，如此反复调节几遍，直到供、回水温度降符合规定为止。也可同时根据温度降和压力降进行调节，其调节效果会更好。

安装调节完成后，供、回水干管上阀门的开启度应铅封固定或加锁。

3. 室外蒸汽管网的安装调节

室外蒸汽管网一般调节用户热力入口处蒸汽干管上的阀门，使压力达到用户要求的设计压力。加压回水的蒸汽管网，对凝结水管路应细致调节，以免凝结水回流不畅。

二、用户供暖系统的启动

充水后的安装调节是用户供暖系统启动的关键工作。单管同程式系统中所有垂直立管的温降应基本相同，可将所有阀门打开后细致调节，使所有散热器都能按设计值放热，以保证所有供暖房间都能达到设计的室内温度。

三、用户蒸汽供暖系统的启动

用户蒸汽供暖系统的启动步骤如下。

1）把用户系统干管、立管和散热器支管上的阀门全部开启。

2）缓慢开启用户热力系统入口处蒸汽干管上的阀门进行暖管，注意主汽阀不可开得太快，以免引起水击现象损坏管路。

3）送汽过程中，密切注意排气阀；当排气阀冒蒸汽时，说明排气过程已完成，应及时关闭排气阀。

4）系统加压到设计压力后，打开疏水器前、后的阀门，关闭疏水器的旁通阀，检查疏水器的工作状况，并打开疏水器底部排污口的丝堵，用蒸汽冲洗疏水器。

5）检查减压阀、安全阀、压力表及管路的缺陷，并及时处理。

蒸汽供暖系统启动后即可进行安装调节，一般只需调节散热器支管上的阀门，以保证所有散热器都能同样被加热。

单元三　供热系统的运行

一、室外热力管网的运行

室外热力管网有地上架空敷设和地下敷设两大类，其运行管理工作有如下要求。

1. 巡线检查

（1）架空敷设管道巡线检查　架空敷设管道巡线检查的内容如下。

1）管网支撑、吊架是否稳固、完好。

2）管网保温层和保护层是否完好。

3）管网连接部位是否严密。

4）管网的疏水装置是否正常、良好。

5）管网中的阀门和压力表是否工作正常。

（2）地下管线巡线检查　地下管线巡线检查的内容如下。

1）地沟和检查井是否完好，是否不受地下水的侵蚀。

2）管网保温层、保护层是否完好。

3）阀门、补偿器是否处于正常工作状态。

2. 室外热力管道经常性的维护工作

1）定期排气。

2）定期排污。

3）定期润滑阀杆，使阀门始终处于易开易关状态。

二、用户供暖系统的运行

直线连接的用户引入口上的阀门，安装调节后绝不能擅自再动，最好将热力入口处的阀门封闭起来并上锁。运行期间供、回水干管之间旁通管上的阀门应关好。

对于设喷射器连接的热力入口，应注意喷射器前后压力表的指示值是否符合要求。

用减压阀连接的热力入口，运行期间除注意减压阀前后的压力外，还应检查减压阀后安全阀是否正常，否则安全阀如果失灵就有可能损坏系统中的散热器。

疏水器是蒸汽供暖系统的关键设备之一，在运行中应经常检查，出现故障时应及时排除。一般疏水器每工作 1500～2000h 就要进行一次检修。

用户供暖系统还应定期排气，注意防冻。

三、供暖系统的停止运行

1. 供暖系统的放水

当供暖系统停止运行后，可在进行锅炉放水的同时，进行锅炉房内部管路放水，然后放室外管网的水，最后放用户供暖系统中的水。

放水后，用清水对各部分管网进行冲洗，放水和冲洗时，应先打开管网中的排气阀，并将管网中所有阀门打开。放水和冲洗后，应关好所有的排气阀和放水阀，其余阀门的开关依据管网保养方法决定。

放水冲洗时应注意，不要将水排入地沟和检查井内，或倒流到建筑物的基础下。

放水后，系统中所有的容器、水泵、除污器等，都要进行人工清洗，除去所有脏物。冲洗后，管网的所有缺陷应做上记号，并记入技术档案。

2. 供暖系统的保养

对热水管网通常采用充水保养，蒸汽管网有条件的也应采取充水保养。

当采用空管保养时，放水和冲洗应特别仔细，任何部位均不应留有积水，所有阀门应关严。

系统中的各种容器冲洗干净后，应让其自然干燥一段时间后，除去内、外表面上残留的旧漆，按规定再重新刷保护漆保护。

单元四 供暖系统的故障处理

一、供暖系统不热

如果供暖系统中所有的用户系统都不热，原因一定出在锅炉房中；如果部分用户不热，原因可能出在锅炉房内，也可能出在外部热力网上。有可能是锅炉出力达不到要求或循环水泵的流量和扬程不够，也可能是外部热力管网泄漏或堵塞；若立管不热，则可能是热力入口处热媒的温度和压力没有达到设计要求，也可能是排气装置不灵，形成气堵所致；若散热器不热，则可能是支管堵塞或系统排汽不畅，也可能是疏水器漏气。

二、室外热力管网的故障

1. 管道破裂

管道破裂产生的原因可能有以下几个。

1）管道材质欠佳或焊接质量不好。

2）补偿器的补偿能力不够或不起作用。

3）管道被冻坏。

4）管道内发生水击。

5）管道支座下沉。

6）滑动支座锈住，不能滑动。

2. 管道堵塞

管道堵塞或部分堵塞的原因可能有以下几个。

1）热媒所携带的脏物在管内淤积。

2）金属管内壁的腐蚀物剥落后，堆积在管内。

3）水质欠佳、水垢严重。

4）阀门或管道连接部位的密封填料破损后，掉入管内。

3. 管道连接处热媒泄漏

热媒泄漏的原因可能有以下几个。

1）法兰之间的垫片失效、老化、断裂。

2）安装时法兰密封面不平行，法兰面有凹坑或刻痕。

3）连接螺栓未拉紧或松紧不一。

4. 补偿器故障

自然补偿器、方形补偿器、波纹管补偿器等都很少发生故障，只有套筒式补偿器故障较多，其主要故障如下。

1）泄漏，原因是填料老化失效，填料盒未拉紧。

2）内筒咬死，原因是填料装得过紧，内外套筒偏心，补偿器一侧支座破坏引起直线管段下垂。

3）补偿能力不够，原因是设计时选型不当，补偿器上双头螺栓保持的安装长度不够。

4）内筒脱出，原因是补偿器上防止内筒脱出的装置损坏。

三、用户供暖系统的故障

1. 螺纹连接部位有热媒外漏

产生的原因可能有以下几个。

1）螺纹管件本身质量不好，如有砂眼、裂纹，安装时未发现。

2）螺纹连接时未拧紧。

3）密封材料选用不当或老化失效。

2. 管道泄漏

管道泄漏的主要原因如下。

1）受冻破裂，常发生在外门附近的过门管道，或穿过不供暖房间的管道上。

2）管道被磨破，主要发生在未加套管且穿墙或穿楼板的管道上。

3）管道被腐蚀穿孔，管内发生氧腐蚀，管外的保温材料被硫化物腐蚀或地下水侵蚀。

3. 减压阀的故障

1）减压阀不通，原因是控制通道被堵塞，活塞在最高位置被锈死。

2）减压阀直通，不起调节作用。原因可能有主阀弹簧断裂或失灵，膜片损坏，阀瓣阀座密封面有刻痕或脏物，主阀阀杆卡住失灵，脉冲阀阀柄卡住失灵。

3）减压阀后压力不能调节，原因可能是调节弹簧失灵，活塞环在槽内卡位，气缸内充满凝结水。

4）减压阀后压力波动大，原因多为进、出减压阀的热媒流量波动较大。

4. 疏水器的故障

1）不排水。如果是浮筒式疏水器，有可能是疏水器前、后压差过大，浮筒过轻；疏水阀孔过大，止回阀阀尖锈死在阀孔上；阀孔或通道堵塞，阀杆或套筒卡死。

热动力式疏水器，冷而不排水的原因是蒸汽或水没有进入疏水器，或疏水器内充满脏物；热而不排水的原因是根本无水进入疏水器。

2）漏汽。疏水器漏汽的原因有可能是疏水器本身问题，也有可能是疏水器旁通阀的问题。对于热动力式疏水器，阀座和阀片磨损是造成漏汽的主要原因。

3）疏水器一次排水量过小。此情况多发生在浮筒式疏水器中，此时疏水器机件动作频繁，阀尖磨损大。产生的原因可能是浮筒内沉积的脏物使浮筒容积缩小，浮沉频繁；或浮筒生锈、结垢增加了重量。

四、供暖中的重大事故

对于用户室内供暖系统，管路中压力突然升高，造成铸铁散热器破裂就算大事故；外部管网，最重大事故是管道严重破裂，热媒大量外漏；最严重的事故主要发生在锅炉房中，其中以锅炉爆炸最危险。

防止供暖系统发生重大事故，避免供暖完全中断，设备严重损坏或人员伤亡，是供暖系统管理中一项非常重要的任务。

附 录

附录 1 居住及公共建筑物供暖室内计算温度

序号	房间名称	室内温度/℃	
		一般	上下范围
一、层住建筑			
1	饭店、宾馆的卧室与起居室	20	18～22
2	住宅、宿舍的卧室与起居室	18	16～20
3	厨房	10	5～15
4	门厅、走廊	16	14～16
5	浴室	25	21～25
6	盥洗室	18	16～20
7	公共厕所	15	14～16
8	厨房的储藏室	5	可不采暖
9	楼梯间	14	12～14
二、医疗建筑			
1	病房（成人）	20	18～22
2	手术室及产房	25	22～26
3	X 光室及理疗室	20	18～22
4	治疗室	20	18～22
5	体育疗法	18	16～20
6	消毒室、绷带保管室	18	16～18
7	手术、分娩准备室	22	20～22
8	儿童病房	22	20～22
9	病人厕所	20	18～22
10	病人浴室	25	21～25
11	诊室	20	18～20
12	病人食堂、休息室	20	18～22
13	日光浴室	25	—
14	医务人员办公室	18	18～20
15	工作人员厕所	16	14～16
三、幼儿园、托儿所			
1	儿童活动室	18	16～20
2	儿童厕所	18	16～20
3	儿童盥洗室	18	16～20
4	儿童浴室	25	—
5	婴儿室、病儿室	20	18～22
6	医务室	20	18～22
四、学校			
1	教室、学生宿舍	16	16～18
2	化学实验室、生物室	16	16～18
3	其他实验室	16	16～18
4	礼堂	16	15～18
5	体育馆	15	13～18
6	医务室	18	16～20
7	图书馆	16	16～18
五、影剧院			
1	观众厅	16	14～18
2	休息厅	16	14～18
3	放映室	15	14～16
4	舞台（芭蕾舞除外）	18	16～18
5	化妆室（芭蕾舞除外）	18	16～20
6	吸烟室	14	12～16
7	售票处 大厅	12	12～16
	售票处 小房间	18	16～18
六、商业建筑			
1	商店营业室（百货、书籍）	15	14～16
2	副食商店营业室（油盐杂货）	12	12～14
3	鱼肉、蔬菜营业室	10	—
4	鱼肉、蔬菜储藏室	5	—
5	米面储藏室	10	—
6	百货仓库	12	—
7	其他仓库	8	5～10
七、体育建筑			
1	比赛厅（体操除外）	16	14～20
2	休息厅	16	—
3	练习厅（体操除外）	16	16～18
4	运动员休息室	20	18～22
5	运动员更衣室	22	—

（续）

序号	房间名称		室内温度/℃	
			一般	上下范围
6	游泳馆、室内游泳池		26	25～28
八、图书资料馆建筑				
1	书报资料库		16	15～18
2	阅览室		18	16～20
3	目录厅、出纳厅		16	16～18
4	特藏库		20	18～22
5	胶卷库		15	12～18
6	展览厅、报告厅		16	14～18
九、公共饮食建筑				
1	餐厅、小吃部		16	14～18
2	休息厅		18	16～20
3	厨房（加工部分）		16	—
4	厨房（烘烤部分）		5	—
5	干货储存		12	—
6	菜储存		5	—
7	酒储存		12	—
8	小冷库	水果、蔬菜、饮料	4	—
		食品剩余	2	—
9	洗碗间		20	—
十、洗衣房				
1	洗衣车间		15	14～16
2	烫衣车间		10	8～12
3	包装间		15	—
4	接收衣服间		15	—
5	取衣处		15	—
6	集中衣服处		10	—
7	水箱间		5	—
十一、澡堂、理发馆				
1	更衣		22	20～25
2	浴池		25	24～28
3	淋浴室		25	—
4	浴池与更衣之间的门斗		25	—
5	蒸汽浴室		40	—
6	盆塘		25	—

序号	房间名称		室内温度/℃	
			一般	上下范围
7	理发室		18	—
8	消毒室	干净区	15	—
		脏区	15	—
9	烧火间		15	—
十二、交通、通信建筑				
1	火车站	候车大厅	16	14～16
		售票、问讯（小房间）	16	16～18
2	机场候机厅		20	18～20
3	长途汽车站		16	14～16
4	广播、电视台	演播室	20	20～22
		技术用房	20	18～22
		布景、道具加工间	16	16～18
十三、生活服务建筑				
1	衣服、鞋帽修理店		16	16～18
2	钟表、眼镜修理店		18	18～20
3	电视机、收音机修理店		18	18～20
4	照相馆	摄影室	18	—
		洗印室（黑白）	18	18～20
		洗印室（彩色）	18	18～20
十四、公共建筑的共同部分				
1	门厅、走道		14	14～18
2	办公室		18	16～18
3	厨房		10	5～15
4	厕所		16	14～16
5	电话机房		18	18～20
6	配电间		18	16～18
7	通风机房		15	14～16
8	电梯机房		5	—
9	汽车库（停车场、无修理间）		5	5～10
10	小型汽车库（一般检修）		12	10～14
11	汽车修理间		14	12～16
12	地下停车库		12	10～12
13	公共食堂		16	14～16

附录2　辅助用室的冬季室内空气温度

辅助用室名称	室内空气温度/℃	辅助用室名称	室内空气温度/℃
厕所、盥洗室	12	淋浴室	25
食堂	14	淋浴室的换衣室	23
办公室、休息室	16～18	女工卫生室	23
技术资料室	16	哺乳室	20
存衣室	16		

注：设计温度不得低于表中值。

附录3　室外气象参数

市/区/自治州		北京	天津	塘沽	石家庄	唐山	邢台	保定	张家口
台站名称及编号		北京	天津	塘沽	石家庄	唐山	邢台	保定	张家口
		54511	54527	54623	53698	54534	53798	54602	54401
台站信息	北纬	39°48′	39°05′	39°00′	38°02′	39°40′	37°04′	38°51′	40°47′
	东经	116°28′	117°04′	117°43′	114°25′	118°09′	114°30′	115°31′	114°53′
	海拔/m	31.3	2.5	2.8	81	27.8	76.8	17.2	724.2
	统计年份	1971～2000	1971～2000	1971～2000	1971～2000	1971～2000	1971～2000	1971～2000	1971～2000
年平均温度/℃		12.3	12.7	12.6	13.4	11.5	13.9	12.9	8.8
室外计算温、湿度	供暖室外计算温度/℃	-7.6	-7.0	-6.8	-6.2	-9.2	-5.5	-7.0	-13.6
	冬季通风室外计算温度/℃	-3.6	-3.5	-3.3	-2.3	-5.1	-1.6	-3.2	-8.3
	冬季空气调节室外计算温度/℃	-9.9	-9.6	-9.2	-8.8	-11.6	-8.0	-9.5	-16.2
	冬季空气调节室外计算相对湿度(%)	44	56	59	55	55	57	55	41.0
	夏季空气调节室外计算干球温度/℃	33.5	33.9	32.5	35.1	32.9	35.1	34.8	32.1
	夏季空气调节室外计算湿球温度/℃	26.4	26.8	26.9	26.8	26.3	26.9	26.6	22.6
	夏季通风室外计算温度/℃	29.7	29.8	28.8	30.8	29.2	31.0	30.4	27.8
	夏季通风室外计算相对湿度(%)	61	63	68	60	63	61	61	50.0
	夏季空气调节室外计算日平均温度/℃	29.6	29.4	29.6	30.0	28.5	30.2	29.8	27.0
风向、风速及频率	夏季室外平均风速/(m/s)	2.1	2.2	4.2	1.7	2.3	1.7	2.0	2.1
	夏季最多风向	C SW	C S	SSE	C S	C ESE	C SSW	C SW	C SE
	夏季最多风向的频率(%)	18 10	15 9	12	26 13	14 11	23 13	18 14	19 15
	夏季室外最多风向的平均风速/(m/s)	3.0	2.4	4.3	2.6	2.8	2.3	2.5	2.9
	冬季室外平均风速/(m/s)	2.6	2.4	3.9	1.8	2.2	1.4	1.8	2.8
	冬季最多风向	C N	C N	NNW	C NNE	C WNW	C NNE	C SW	N

（续）

市/区/自治州		北京	天津	塘沽	石家庄	唐山	邢台	保定	张家口
台站名称及编号		北京	天津	塘沽	石家庄	唐山	邢台	保定	张家口
		54511	54527	54623	53698	54534	53798	54602	54401
风向、风速及频率	冬季最多风向的频率(%)	19 12	20 11	13	25 12	22 11	27 10	23 12	35 0
	冬季室外最多风向的平均风速/(m/s)	4.7	4.8	5.8	2	2.9	2.0	2.3	3.5
	年最多风向	C SW	C SW	NNW	C S	C ESE	C SSW	C SW	N
	年最多风向的频率(%)	17 10	16 9	8	25 12	17 8	24 13	19 14	26
冬季日照百分率(%)		64	58	63	56	60	56	56	65.0
最大冻土深度/cm		66	58	59	56	72	46	58	136.0
大气压力	冬季室外大气压力/hPa	1021.7	1027.1	1026.3	1017.2	1023.6	1017.7	1025.1	939.5
	夏季室外大气压力/hPa	1000.2	1005.2	1004.6	995.8	1002.4	996.2	1002.9	925.0
设计计算用供暖期天数及其平均温度	日平均温度≤+5℃的天数	123	121	122	111	130	105	119	146
	日平均温度≤+5℃的起止日期	11.12～03.14	11.13～03.13	11.15～03.16	11.15～03.05	11.10～03.19	11.19～03.03	11.13～03.11	11.03～03.28
	平均温度≤+5℃期间内的平均温度/℃	−0.7	−0.6	−0.4	0.1	−1.6	0.5	−0.5	−3.9
	日平均温度≤+8℃的天数	144	142	143	140	146	129	142	168.0
	日平均温度≤+8℃的起止日期	11.04～03.27	11.06～03.27	11.07～03.29	11.07～03.26	11.04～03.29	11.08～03.16	11.05～03.27	10.20～04.05
	平均温度≤+8℃期间内的平均温度/℃	0.3	0.4	0.6	1.5	−0.7	1.8	0.7	−2.6
极端最高气温/℃		41.9	40.5	40.9	41.5	39.6	41.1	41.6	39.2
极端最低气温/℃		−18.3	−17.8	−15.4	19.3	−22.7	−20.2	−19.6	−24.6

市/区/自治州		哈尔滨	齐齐哈尔	鸡西	鹤岗	伊春	佳木斯	牡丹江	双鸭山
台站名称及编号		哈尔滨	齐齐哈尔	鸡西	鹤岗	伊春	佳木斯	牡丹江	宝清
		50953	50745	50978	50775	50774	30873	54094	50888
台站信息	北纬	45°45′	47°23′	45°17′	47°22′	47°44′	46°49′	44°34′	46°19′
	东经	126°46′	123°55′	130°57′	130°20′	128°55′	130°17′	129°36′	132°11′
	海拔/m	142.3	145.9	218.3	227.9	240.9	81.2	241.4	83.0
	统计年份	1971～2000	1971～2000	1971～2000	1971～2000	1971～2000	1971～2000	1971～2000	1971～2000
年平均温度/℃		4.2	3.9	4.2	3.5	1.2	3.5	4.3	4.1
室外计算温、湿度	供暖室外计算温度/℃	−24.2	−23.8	−21.5	−22.7	−28.3	−24.0	−22.4	−23.2
	冬季通风室外计算温度/℃	−18.4	−18.6	−16.4	−17.2	−22.5	−18.5	−17.3	−17.5
	冬季空气调节室外计算温度/℃	−27.1	−27.2	−24.4	−25.3	−31.3	−27.4	−25.8	−26.4
	冬季空气调节室外计算相对湿度(%)	73	67	64	63	73	70	69	65
	夏季空气调节室外计算干球温度/℃	30.7	31.1	30.5	29.9	29.8	30.8	31.0	30.8

（续）

市/区/自治州		哈尔滨	齐齐哈尔	鸡西	鹤岗	伊春	佳木斯	牡丹江	双鸭山
台站名称及编号		哈尔滨	齐齐哈尔	鸡西	鹤岗	伊春	佳木斯	牡丹江	宝清
		50953	50745	50978	50775	50774	30873	54094	50888
室外计算温、湿度	夏季空气调节室外计算湿球温度/℃	23.9	23.5	23.2	22.7	22.5	23.6	23.5	23.4
	夏季通风室外计算温度/℃	26.8	26.7	26.3	25.5	25.7	25.6	26.9	26.4
	夏季通风室外计算相对湿度(%)	62	58	61	62	60	61	59	61
	夏季空气调节室外计算日平均温度/℃	26.3	25.7	25.7	25.6	24.0	26.0	25.9	26.1
风向、风速及频率	夏季室外平均风速/(m/s)	3.2	3.0	2.3	2.9	2.0	2.8	2.1	3.1
	夏季最多风向	SSW	SSW	C WNW	C ESE	C ENE	C WSW	C WSW	SSW
	夏季最多风向的频率(%)	12.0	10	22 11	11 11	20 11	20 12	18 14	18
	夏季室外最多风向的平均风速/(m/s)	3.9	3.8	3.0	3.2	2.0	3.7	2.6	3.5
	冬季室外平均风速/(m/s)	3.2	2.6	3.5	3.1	1.8	3.1	2.2	3.7
	冬季最多风向	SW	NNW	WNW	NW	C WNW	CW	C WSW	C NNW
	冬季最多风向的频率(%)	14	13	31	21	30 16	21 19	27 13	18 14
	冬季室外最多风向的平均风速/(m/s)	3.7	3.1	4.7	4.3	3.2	4.1	2.3	6.4
	年最多风向	SSW	NNW	WNW	NW	C WNW	C WSW	C WSW	SSW
	年最多风向的频率(%)	12	10	20	13	22 13	18 15	20 14	14
冬季日照百分率(%)		56	58	53	63	58	57	56	61
最大冻土深度/cm		205	209	238	221	278	220	191	260
大气压力	冬季室外大气压力/hPa	1004.2	1005.0	991.9	991.3	991.8	1011.3	992.2	1010.5
	夏季室外大气压力/hPa	987.7	987.9	979.7	979.5	978.5	995.4	978.9	996.7
设计计算用供暖期天数及其平均温度	日平均温度≤+5℃的天数	176	181	179	184	190	180	117	179
	日平均温度≤+5℃的起止日期	10.17~04.10	10.15~04.13	10.17~04.13	10.14~04.15	10.10~04.17	10.16~04.13	10.17~04.11	10.17~04.13
	平均温度≤+5℃期间内的平均温度/℃	-9.4	-9.5	-8.3	-9.0	-11.8	-9.5	-8.6	-8.9
	日平均温度≤+8℃的天数	195	198	195	206	212	198	194	194
	日平均温度≤+8℃的起止日期	10.08~04.20	10.06~04.21	10.08~04.21	10.04~04.27	09.30~04.29	10.06~04.21	10.09~04.20	10.10~04.21
	平均温度≤+8℃期间内的平均温度/℃	-7.8	-8.1	-7.0	-7.3	-9.9	-8.1	-7.3	-7.7
极端最高气温/℃		36.7	40.1	37.6	37.7	36.3	38.1	38.4	37.2
极端最低气温/℃		-37.7	-36.4	-32.5	-34.5	-41.2	-39.5	-35.1	-37.0

（续）

市/区/自治州		承德	秦皇岛	锦州	营口	阜新	铁岭	朝阳	葫芦岛
台站名称及编号		承德	秦皇岛	锦州	营口	阜新	铁岭	朝阳	兴城
		54423	54449	54337	54471	54237	54254	54324	54455
台站信息	北纬	40°58′	39°56′	41°08′	40°40′	42°05′	42°32′	41°33′	40°35′
	东经	117°56′	119°36′	121°07′	122°16′	121°43′	124°03′	120°27′	120°42′
	海拔/m	377.2	2.6	65.9	3.3	166.8	98.2	169.9	8.5
	统计年份	1971～2000	1971～2000	1971～2000	1971～2000	1971～2000	1971～2000	1971～2000	1971～2000
年平均温度/℃		9.1	11.0	9.5	9.5	8.1	7.0	9.0	9.2
室外计算温、湿度	供暖室外计算温度/℃	-13.3	-9.6	-13.1	-14.1	-15.7	-20.0	-15.3	-12.6
	冬季通风室外计算温度/℃	-9.1	-4.8	-7.9	-8.5	-10.6	-13.4	-9.7	-7.7
	冬季空气调节室外计算温度/℃	-15.7	-12.0	-15.5	-17.1	-18.5	-23.5	-18.3	-15.0
	冬季空气调节室外计算相对湿度(%)	51	51	52	62	49	49	43	52
	夏季空气调节室外计算干球温度/℃	32.7	30.6	31.4	30.4	32.5	31.1	33.5	29.5
	夏季空气调节室外计算湿球温度/℃	24.1	25.9	25.2	25.5	24.7	25	25	25.5
	夏季通风室外计算温度/℃	28.7	27.5	27.9	27.7	28.4	27.5	28.9	26.8
	夏季通风室外计算相对湿度(%)	55	55	67	68	60	60	58	76
	夏季空气调节室外计算日平均温度/℃	27.4	27.7	27.1	27.5	27.3	26.8	28.3	26.4
风向、风速及频率	夏季室外平均风速/(m/s)	0.9	2.3	3.3	3.7	2.1	2.7	2.5	2.4
	夏季最多风向	C SSW	C WSW	SW	SW	C SW	SSW	C SSW	C SSW
	夏季最多风向的频率(%)	61 6	19 10	18	17.0	29 21	17.0	32 22	26 16
	夏季室外最多风向的平均风速/(m/s)	2.5	2.7	4.3	4.8	3.4	3.1	3.6	3.9
	冬季室外平均风速/(m/s)	1.0	2.5	3.2	3.6	2.1	2.7	2.4	2.2
	冬季最多风向	C NW	C WNW	C NNE	NE	C N	C SW	C SSW	C NNE
	冬季最多风向的频率(%)	66 10	19 13	21 15	16	36 9	16 15	40 12	34 13
	冬季室外最多风向的平均风速/(m/s)	3.3	3.0	5.1	4.3	4.1	3.8	3.5	3.4
	年最多风向	C NW	C WNW	C SW	SW	C SW	SW	C SSW	C SW
	年最多风向的频率(%)	61 6	18 10	17 12	15	31 14	16	33 16	28 10
冬季日照百分率(%)		65	64	67	67	68	62	69	72
最大冻土深度/cm		126	85	108	101	139	137	135	99
大气压力	冬季室外大气压力/hPa	980.5	1026.4	1017.8	1026.1	1007.0	1013.4	1004.5	1025.5
	夏季室外大气压力/hPa	963.3	1005.6	997.8	1005.5	988.1	994.6	985.5	1004.7

（续）

市/区/自治州		承德	秦皇岛	锦州	营口	阜新	铁岭	朝阳	葫芦岛
台站名称及编号		承德	秦皇岛	锦州	营口	阜新	铁岭	朝阳	兴城
		54423	54449	54337	54471	54237	54254	54324	54455
设计计算用供暖期天数及其平均温度	日平均温度≤+5℃的天数	145	135	144	144	159	160	145	145
	日平均温度≤+5℃的起止日期	11.03～03.27	11.12～03.26	11.05～03.28	11.06～03.29	10.27～04.03	10.27～04.04	11.04～03.28	11.06～03.30
	平均温度≤+5℃期间内的平均温度/℃	-4.1	-1.2	-3.4	-3.6	-4.8	-6.4	-4.7	-3.2
	日平均温度≤+8℃的天数	166	153	164	164	176	180	167	167
	日平均温度≤+8℃的起止日期	10.21～04.04	11.04～04.05	10.26～04.06	10.26～04.07	10.18～04.11	10.16～04.13	10.27～04.05	10.26～04.10
	平均温度≤+8℃期间内的平均温度/℃	-2.9	-0.3	-2.2	-2.4	-3.7	-4.9	-3.2	-1.9
极端最高气温/℃		43.3	39.2	41.8	34.7	40.9	36.6	43.3	40.8
极端最低气温/℃		-24.2	-20.8	-22.8	-28.4	-27.1	-36.3	-34.4	-27.5

市/区/自治州		本溪	丹东	锡林郭勒盟		沈阳	大连	鞍山	抚顺
台站名称及编号		本溪	丹东	二连浩特	锡林浩特	沈阳	大连	鞍山	抚顺
		54346	54497	53068	54102	54342	54662	54339	54351
台站信息	北纬	41°19′	40°03′	43°39′	43°57′	41°44′	38°54′	41°05′	41°55′
	东经	123°47′	124°20′	111°58′	116°04′	123°27′	121°38′	123°00′	124°05′
	海拔/m	185.2	13.8	964.7	989.5	44.7	91.5	77.3	118.5
	统计年份	1971～2000	1971～2000	1971～2000	1971～2000	1971～2000	1971～2000	1971～2000	1971～2000
年平均温度/℃		7.8	8.9	4.0	2.6	8.4	10.9	9.6	6.8
室外计算温、湿度	供暖室外计算温度/℃	-18.1	-12.9	-24.3	-25.2	-16.9	-9.8	-15.1	-20.0
	冬季通风室外计算温度/℃	-11.5	-7.4	-18.1	-18.8	-11.0	-3.9	-8.6	-13.5
	冬季空气调节室外计算温度/℃	-21.5	-15.9	-27.8	-27.8	-20.7	-13.0	-18.0	-23.8
	冬季空气调节室外计算相对湿度(%)	64	55	69	72	60	56	54	68
	夏季空气调节室外计算干球温度/℃	31.0	29.6	33.2	31.1	31.5	29.0	31.6	31.5
	夏季空气调节室外计算湿球温度/℃	24.3	25.3	19.3	19.9	25.3	24.9	25.1	24.8
	夏季通风室外计算温度/℃	27.4	26.8	27.9	26.0	28.2	26.3	28.2	27.8
	夏季通风室外计算相对湿度(%)	63	71	33	44	65	71	63	65
	夏季空气调节室外计算日平均温度/℃	27.1	25.9	27.5	25.4	27.5	26.5	28.1	26.6

（续）

市/区/自治州		本溪	丹东	锡林郭勒盟		沈阳	大连	鞍山	抚顺
台站名称及编号		本溪	丹东	二连浩特	锡林浩特	沈阳	大连	鞍山	抚顺
		54346	54497	53068	54102	54342	54662	54339	54351
风向、风速及频率	夏季室外平均风速/(m/s)	2.2	2.3	4.0	3.3	2.6	4.1	2.7	2.2
	夏季最多风向	C ESE	C SSW	NW	C SW	SW	SSW	SW	C NE
	夏季最多风向的频率(%)	19 15	17 13	8	13 9	16	19	13	15 12
	夏季室外最多风向的平均风速/(m/s)	2.0	3.2	5.2	3.4	3.5	4.6	3.6	2.2
	冬季室外平均风速/(m/s)	2.4	3.4	3.6	3.2	2.6	5.2	2.9	2.3
	冬季最多风向	ESE	N	NW	WSW	C NNE	NNE	NE	ENE
	冬季最多风向的频率(%)	25	21	16	19	13 10	24.0	14	20
	冬季室外最多风向的平均风速/(m/s)	2.3	5.2	5.3	4.3	3.6	7.0	3.5	2.1
	年最多风向	ESE	C ENE	NW	C WSW	SW	NNE	SW	NE
	年最多风向的频率(%)	18	14 13	13	15 13	13	15	12	16
冬季日照百分率(%)		57	64	76	71	56	65	60	61
最大冻土深度/cm		149	88	310	265	148	90	118	143
大气压力	冬季室外大气压力/hPa	1003.3	1023.7	910.5	906.4	1020.8	1013.9	1018.5	1011.0
	夏季室外大气压力/hPa	985.7	1005.5	898.3	895.9	1000.9	997.8	998.8	992.4
设计计算用供暖期天数及其平均温度	日平均温度≤+5℃的天数	157	145	181	189	152	132	143	161
	日平均温度≤+5℃的起止日期	10.28～04.03	11.07～03.31	10.14～04.12	10.11～04.17	10.30～03.30	11.16～03.27	11.06～03.28	10.26～04.04
	平均温度≤+5℃期间内的平均温度/℃	-5.1	-2.8	-9.3	-9.7	-5.1	-0.7	-3.8	-6.3
	日平均温度≤+8℃的天数	175	167	196	209	172	152	163	182
	日平均温度≤+8℃的起止日期	10.18～04.10	10.27～04.11	10.07～04.20	10.01～04.27	10.20～04.09	11.06～04.06	10.26～04.06	10.14～04.13
	平均温度≤+8℃期间内的平均温度/℃	-3.8	-1.7	-8.1	-8.1	-3.6	0.3	-2.5	-4.8
极端最高气温/℃		37.5	35.3	41.1	39.2	36.1	35.3	36.5	37.7
极端最低气温/℃		-33.6	-25.8	-37.1	-38.0	-29.4	-18.8	-26.9	-35.9

市/区/自治州		乌兰察布	兴安盟	赤峰	通辽	鄂尔多斯	呼伦贝尔		巴彦淖尔
台站名称及编号		集宁	乌兰浩特	赤峰	通辽	东胜	满洲里	海拉尔	临河
		53480	50838	54218	54135	53543	50514	50527	53513
台站信息	北纬	41°02′	46°05′	42°16′	43°36′	39°50′	49°34′	49°13′	40°45′
	东经	113°04′	122°03′	118°56′	122°16′	109°79′	117°26′	119°45′	107°25′
	海拔/m	1419.3	274.7	568.0	178.5	1460.4	661.7	610.2	1039.3
	统计年份	1971～2000	1971～2000	1971～2000	1971～2000	1971～2000	1971～2000	1971～2000	1971～2000

（续）

市/区/自治州		乌兰察布	兴安盟	赤峰	通辽	鄂尔多斯	呼伦贝尔		巴彦淖尔
台站名称及编号		集宁	乌兰浩特	赤峰	通辽	东胜	满洲里	海拉尔	临河
		53480	50838	54218	54135	53543	50514	50527	53513
年平均温度/℃		4.3	5.0	7.5	6.6	6.2	-0.7	-1.0	8.1
室外计算温、湿度	供暖室外计算温度/℃	-18.9	-20.5	-16.2	-19.0	-16.8	-28.6	-31.6	-15.3
	冬季通风室外计算温度/℃	-13.0	-15.0	-10.7	-13.5	-10.5	-23.3	-25.1	-9.9
	冬季空气调节室外计算温度/℃	-21.9	-23.5	-18.8	-21.8	-19.6	-31.6	-34.5	-19.1
	冬季空气调节室外计算相对湿度(%)	55	54	43	54	52	75	79	51
	夏季空气调节室外计算干球温度/℃	28.2	31.8	32.7	32.3	29.1	29.0	29.0	32.7
	夏季空气调节室外计算湿球温度/℃	18.9	23	22.6	24.5	19.0	19.9	20.5	20.9
	夏季通风室外计算温度/℃	23.8	27.1	28.0	28.2	24.8	24.1	24.3	28.4
	夏季通风室外计算相对湿度(%)	49	55	50	57	43	52	54	39
	夏季空气调节室外计算日平均温度/℃	22.9	26.6	27.4	27.3	24.6	23.6	23.5	27.5
风向、风速及频率	夏季室外平均风速/(m/s)	2.4	2.6	2.2	3.5	3.1	3.8	3.0	2.1
	夏季最多风向	C WNW	C NE	C WSW	SSW	SSW	C E	C SSW	C E
	夏季最多风向的频率(%)	29 9	23 7	20 13	17	19	13 10	13 8	20 10
	夏季室外最多风向的平均风速/(m/s)	3.6	3.9	2.5	4.6	3.7	4.4	3.1	2.5
	冬季室外平均风速/(m/s)	3.0	2.6	2.3	3.7	2.9	3.7	2.3	2.0
	冬季最多风向	C WNW	C NW	C W	NW	SSW	WSW	C SSW	C W
	冬季最多风向的频率(%)	33 13	27 17	26 14	16	14	23	22 19	30 13
	冬季室外最多风向的平均风速/(m/s)	4.9	4.0	3.1	4.4	3.1	3.9	2.5	3.4
	年最多风向	C WNW	C NW	C W	SSW	SSW	WSW	C SSW	C W
	年最多风向的频率(%)	29 12	22 11	21 13	11	17	13	15 12	24 10
冬季日照百分率(%)		72	69	70	76	73	70	62	72
最大冻土深度/cm		184	249	201	179	150	389	242	138
大气压力	冬季室外大气压力/hPa	860.2	989.1	955.1	1002.6	856.7	941.9	947.9	903.9
	夏季室外大气压力/hPa	853.7	973.3	941.1	964.4	849.5	930.3	935.7	891.1
设计计算用供暖期天数及其平均温度	日平均温度≤+5℃的天数	181	176	161	166	168	210	208	157
	日平均温度≤+5℃的起止日期	10.16~04.14	10.17~04.10	10.26~04.04	10.21~04.04	10.20~04.05	09.30~04.27	10.01~04.26	10.24~03.29
	平均温度≤+5℃期间内的平均温度/℃	-6.4	-7.8	-5.0	-6.7	-4.9	-12.4	-12.7	-4.4
	日平均温度≤+8℃的天数	206	193	179	184	189	229	227	175

（续）

市/区/自治州		乌兰察布	兴安盟	赤峰	通辽	鄂尔多斯	呼伦贝尔		巴彦淖尔
台站名称及编号		集宁	乌兰浩特	赤峰	通辽	东胜	满洲里	海拉尔	临河
		53480	50838	54218	54135	53543	50514	50527	53513
设计计算用供暖期天数及其平均温度	日平均温度≤+8℃的起止日期	10.03～04.26	10.09～04.19	10.16～04.12	10.13～04.14	10.11～04.17	09.21～05.07	09.22～05.06	10.16～04.08
	平均温度≤+8℃期间内的平均温度/℃	-4.7	-6.5	-3.8	-5.4	-3.6	10.8	-11.0	-3.3
极端最高气温/℃		33.6	40.3	40.4	38.9	35.3	37.9	36.6	39.4
极端最低气温/℃		-32.4	-33.7	-28.8	-31.6	-28.4	-40.5	-42.3	-35.3

市/区/自治州		呼和浩特	包头	朔州	晋中	忻州	临汾	吕梁
台站名称及编号		呼和浩特	包头	右玉	榆社	原平	临汾	离石
		53463	53446	53478	53787	53673	53868	53764
台站信息	北纬	40°49′	40°40′	40°00′	37°04′	38°44′	36°04′	37°30′
	东经	111°41′	109°51′	112°27′	112°59′	112°43′	111°30′	111°06′
	海拔/m	1063.0	1067.2	1345.8	1041.4	828.2	449.5	950.8
	统计年份	1971～2000	1971～2000	1971～2000	1971～2000	1971～2000	1971～2000	1971～2000
年平均温度/℃		6.7	7.2	3.9	8.8	9	12.6	9.1
室外计算温、湿度	供暖室外计算温度/℃	-17.0	-16.6	-20.8	-11.1	12.3	-6.6	-12.6
	冬季通风室外计算温度/℃	-11.6	-11.1	-14.4	-6.6	7.7	-2.7	-7.6
	冬季空气调节室外计算温度/℃	-20.3	-19.7	-25.4	-13.6	-14.7	-10.0	-16.0
	冬季空气调节室外计算相对湿度(%)	58	55	61	49	47	58	55
	夏季空气调节室外计算干球温度/℃	30.6	31.7	29.0	30.8	31.8	34.6	32.4
	夏季空气调节室外计算湿球温度/℃	21.0	20.9	19.8	22.8	22.9	25.7	22.9
	夏季通风室外计算温度/℃	26.5	27.4	24.5	26.8	27.6	30.6	28.1
	夏季通风室外计算相对湿度(%)	48	43	50	55	53	56	52
	夏季空气调节室外计算日平均温度/℃	25.9	26.5	22.5	24.8	26.2	29.3	26.3
风向、风速及频率	夏季室外平均风速/(m/s)	1.8	2.6	2.1	1.5	1.9	1.8	2.6
	夏季最多风向	C SW	C SE	C ESE	C SSW	C NNE	C SW	C NE
	夏季最多风向的频率(%)	36 8	14 11	30 11	39 9	20 11	24 9	22 17
	夏季室外最多风向的平均风速/(m/s)	3.4	2.9	2.8	2.8	2.4	3.0	2.5
	冬季室外平均风速/(m/s)	1.5	2.4	2.3	1.3	2.3	1.6	2.1
	冬季最多风向	C NNW	N	C NW	C E	C NNE	C SW	NE
	冬季最多风向的频率(%)	50 9	21	41 11	42 14	25 14	35 7	26

（续）

市/区/自治州		呼和浩特	包头	朔州	晋中	忻州	临汾	吕梁
台站名称及编号		呼和浩特	包头	右玉	榆社	原平	临汾	离石
		53463	53446	53478	53787	53673	53868	53764
风向、风速及频率	冬季室外最多风向的平均风速/(m/s)	4.2	3.4	5.0	1.9	3.8	2.6	2.5
	年最多风向	C NNW	N	C WNW	C E	C NNE	C SW	NE
	年最多风向的频率(%)	40 7	16	32 8	38 9	22 12	31 9	20
冬季日照百分率(%)		63	68	71	62	60	47	58
最大冻土深度/cm		156	157	169	76	121	57	104
大气压力	冬季室外大气压力/hPa	901.2	901.2	868.6	902.6	926.9	972.5	914.5
	夏季室外大气压力/hPa	889.6	889.1	860.7	892.0	913.8	954.2	901.3
设计计算用供暖期天数及其平均温度	日平均温度≤+5℃的天数	167	164	182	144	145	114	143
	日平均温度≤+5℃的起止日期	10.20～04.04	10.21～04.02	10.14～04.13	11.05～03.28	11.03～03.27	11.13～03.06	11.05～03.27
	平均温度≤+5℃期间内的平均温度/℃	-5.3	-5.1	-6.9	-2.6	-3.2	-0.2	-3
	日平均温度≤+8℃的天数	184	182	208	168	168	142	166
	日平均温度≤+8℃的起止日期	10.12～04.13	10.13～04.12	10.01～04.26	10.20～04.05	10.20～04.05	11.06～03.27	10.20～04.03
	平均温度≤+8℃期间内的平均温度/℃	-4.1	-3.9	-5.2	-1.3	-1.9	1.1	-1.7
极端最高气温/℃		38.5	39.2	34.4	36.7	38.1	40.5	38.4
极端最低气温/℃		-30.5	-31.4	-40.4	-25.1	-25.8	-23.1	-26.0

市/区/自治州		运城	晋城	沧州	廊坊	衡水	太原	大同	阳泉
台站名称及编号		运城	阳城	沧州	霸州	饶阳	太原	大同	阳泉
		53959	53975	54616	54518	54606	53772	53487	53782
台站信息	北纬	35°02′	35°29′	38°20′	39°07′	38°14′	37°47′	40°06′	37°51′
	东经	111°01′	112°24′	116°50′	116°23′	115°44′	112°33′	113°20′	113°33′
	海拔/m	376.0	659.5	9.6	9.0	18.9	778.3	1067.2	741.9
	统计年份	1971～2000	1971～2000	1971～2000	1971～2000	1971～2000	1971～2000	1971～2000	1971～2000
年平均温度/℃		14.0	11.8	12.9	12.2	12.5	10.0	7.0	11.3
室外计算温、湿度	供暖室外计算温度/℃	-4.5	-6.6	-7.1	-8.3	-7.9	-10.1	-16.3	-8.3
	冬季通风室外计算温度/℃	-0.9	-2.6	-3.0	-4.4	-3.9	-5.5	-10.6	-3.4
	冬季空气调节室外计算温度/℃	-7.4	-9.1	-9.6	-11.0	-10.4	-12.8	-18.9	-10.4
	冬季空气调节室外计算相对湿度(%)	57	53	57	54	59	50	50	43
	夏季空气调节室外计算干球温度/℃	35.8	32.7	34.3	34.4	34.8	31.5	30.9	32.8

（续）

市/区/自治州		运城	晋城	沧州	廊坊	衡水	太原	大同	阳泉
台站名称及编号		运城	阳城	沧州	霸州	饶阳	太原	大同	阳泉
		53959	53975	54616	54518	54606	53772	53487	53782
室外计算温、湿度	夏季空气调节室外计算湿球温度/℃	26.0	24.6	26.7	26.6	26.9	23.8	21.2	23.6
	夏季通风室外计算温度/℃	31.3	28.8	30.1	30.1	30.5	27.8	26.4	28.2
	夏季通风室外计算相对湿度(%)	55	59	63	61	61	58	49	55
	夏季空气调节室外计算日平均温度/℃	31.5	27.3	29.7	29.6	29.6	26.1	25.3	27.4
风向、风速及频率	夏季室外平均风速/(m/s)	3.1	1.7	2.9	2.2	2.2	1.8	2.5	1.6
	夏季最多风向	SSE	C SSE	SW	C SW	C SW	C N	C NNE	C ENE
	夏季最多风向的频率(%)	16	35 11	12	12 9	15 11	30 10	17 12	33 9
	夏季室外最多风向的平均风速/(m/s)	5.0	2.9	2.7	2.5	3.0	2.4	3.1	2.3
	冬季室外平均风速/(m/s)	2.4	1.9	2.6	2.1	2.0	2.0	2.8	2.2
	冬季最多风向	C W	C NW	SW	C NE	C WS	C N	N	C NNW
	冬季最多风向的频率(%)	24 9	42 12	12	19 11	19 9	30 13	19	30 19
	冬季室外最多风向的平均风速/(m/s)	2.8	4.9	2.8	3.3	2.6	2.6	3.3	3.7
	年最多风向	C SSE	C NW	SW	C SW	C SW	C N	C NNE	C NNW
	年最多风向的频率(%)	18 11	37 9	14	14 10	15 11	29 11	16 15	31 13
冬季日照百分率(%)		49	58	64	57	63	57	61	62
最大冻土深度/cm		39	39	43	67	77	72	186	62
大气压力	冬季室外大气压力/hPa	982.0	947.4	1027.0	1026.4	1024.9	933.5	899.9	937.1
	夏季室外大气压力/hPa	962.7	932.4	1004.0	1004.4	1002.8	919.8	889.1	923.8
设计计算用供暖期天数及其平均温度	日平均温度≤+5℃的天数	101	120	118	124	122	141	163	126
	日平均温度≤+5℃的起止日期	11.22~03.02	11.14~03.13	11.15~03.12	11.11~03.14	11.12~03.13	11.06~03.26	10.24~04.04	11.12~03.17
	平均温度≤+5℃期间内的平均温度/℃	0.9	0.0	-0.5	-1.3	-0.9	-1.7	-4.8	-0.5
	日平均温度≤+8℃的天数	127	143	141	143	143	160	183	146
	日平均温度≤+8℃的起止日期	11.08~03.14	11.06~03.28	11.07~03.27	11.05~03.27	11.05~03.27	10.23~03.31	10.14~04.14	11.04~03.29
	平均温度≤+8℃期间内的平均温度/℃	2.0	1.0	0.7	-0.3	0.2	-0.7	-3.5	0.3
极端最高气温/℃		41.2	38.5	40.5	41.3	41.2	37.4	37.2	40.2
极端最低气温/℃		-18.9	-17.2	-19.5	-21.5	-22.6	-22.7	-27.2	-16.2

附录4　温差修正系数 α 值

围护结构特征		α
外墙、屋顶、地面以及与室外相通的楼板等		1.00
闷顶和室外空气相通的非供暖地下室上面的楼板等		0.90
非供暖地下室上面的楼板、外墙有窗时		0.75
非供暖地下室上面的楼板、外墙上无窗且位于室外地坪以上时		0.60
非供暖地下室上面的楼板、外墙上无窗且位于室外地坪以下时		0.40
与有外门窗的非供暖房间相邻的隔墙		0.70
与无外门窗的非供暖房间相邻的隔墙		0.40
伸缩缝墙、沉降缝墙		0.30
防震缝墙		0.70
与有外窗的不供暖楼梯间相邻的隔墙	1~6层建筑	0.60
	7~30层建筑	0.50

附录5　一些建筑材料的热物理特性表

材料名称	密度/(kg/m³)	导热系数/[W/(m·℃)]	蓄热系数(24h)/[W/(m²·℃)]	比热/[J/(kg·℃)]
混凝土				
钢筋混凝土	2500	1.74	17.20	920
碎石、卵石混凝土	2300	1.51	15.36	920
加气泡沫混凝土	700	0.22	3.56	1050
砂浆和砌体				
水泥砂浆	1800	0.93	11.26	1050
石灰、水泥、砂、砂浆	1700	0.87	10.79	1050
石灰、砂、砂浆	1600	0.81	10.12	1050
重砂浆黏土砖砌体	1800	0.81	10.53	1050
轻砂浆黏土砖砌体	1700	0.76	9.86	1050
热绝缘材料				
矿棉、岩棉、玻璃棉板	<150	0.064	0.93	1218
	150~300	0.07~0.093	0.98~1.60	1218
水泥膨胀珍珠岩	800	0.26	4.16	1176
	600	0.21	3.26	1176
木材、建筑板材				
橡木、枫木(横木纹)	700	0.23	5.43	2500
橡木、枫木(顺木纹)	700	0.41	7.18	2500
松枞木、云杉(横木纹)	500	0.17	3.98	2500
松枞木、云杉(顺木纹)	500	0.35	5.63	2500
胶合板	600	0.17	4.36	2500

（续）

材料名称	密度/（kg/m^3）	导热系数/[W/(m·℃)]	蓄热系数(24h)/[$W/(m^2$·℃)]	比热/[J/（kg·℃）]
软木板	300	0.093	1.95	1890
纤维板	1000	0.34	7.83	2500
石棉水泥隔热板	500	0.16	2.48	1050
石棉水泥板	1800	0.52	8.57	1050
木屑板	200	0.065	1.41	2100
松散材料				
锅炉渣	1000	0.29	4.40	920
膨胀珍珠岩	120	0.07	0.84	1176
木屑	250	0.093	1.84	2000
卷材、沥青材料				
沥青油毡、油毡纸	600	0.17	3.33	1471

附录6 常用围护结构的传热系数 *K* 值

[单位：$W/(m^2$·℃)]

类型		*K*	类型		*K*
A·门			金属框	单层	6.40
实体木制外门	单层	4.65		双层	3.26
	双层	2.33	单框二层玻璃窗		3.49
带玻璃的阳台外门	单层（木框）	5.82	商店橱窗		4.65
	双层（木框）	2.68	C·外墙		
	单层（金属框）	6.40	内表面抹灰砖墙	24砖墙	2.03
	双层（金属框）	3.26		37砖墙	1.57
单层内门		2.91		49砖墙	1.27
B·外窗及天窗			D·内墙		
木框	单层	5.82	双面抹灰	12砖墙	2.31
	双层	2.68		24砖墙	1.72

附录7 渗透空气量的朝向修正系数 *n* 值

地区名称	朝向							
	北	东北	东	东南	南	西南	西	西北
北京	1.00	0.50	0.15	0.10	0.15	0.15	0.40	1.00
天津	1.00	0.40	0.20	0.10	0.15	0.20	0.40	1.00
塘沽	0.90	0.55	0.55	0.20	0.30	0.30	0.70	1.00
承德	0.70	0.15	0.10	0.10	0.10	0.40	1.00	1.00
张家口	1.00	0.40	0.10	0.10	0.10	0.10	0.35	1.00
唐山	0.60	0.45	0.65	0.45	0.20	0.65	1.00	1.00
保定	1.00	0.70	0.35	0.35	0.90	0.90	0.40	0.70

（续）

地区名称	朝向							
	北	东北	东	东南	南	西南	西	西北
石家庄	1.00	0.70	0.50	0.65	0.50	0.55	0.85	0.90
邢台	1.00	0.70	0.35	0.50	0.70	0.50	0.30	0.70
大同	1.00	0.55	0.10	0.10	0.10	0.30	0.40	1.00
阳泉	0.70	0.10	0.10	0.10	0.10	0.35	0.85	1.00
太原	0.90	0.40	0.15	0.20	0.30	0.40	0.70	1.00
呼和浩特	0.70	0.25	0.10	0.15	0.20	0.15	0.70	1.00
抚顺	0.70	1.00	0.70	0.10	0.10	0.25	0.30	0.30
沈阳	1.00	0.70	0.30	0.30	0.40	0.35	0.30	0.70
锦州	1.00	1.00	0.40	0.10	0.20	0.25	0.20	0.70
鞍山	1.00	1.00	0.40	0.25	0.50	0.50	0.25	0.55
营口	1.00	1.00	0.60	0.20	0.45	0.45	0.20	0.40
丹东	1.00	0.55	0.40	0.10	0.10	0.10	0.40	1.00
大连	1.00	0.70	0.15	0.10	0.15	0.15	0.15	0.70
长春	0.35	0.35	0.15	0.25	0.70	1.00	0.90	0.40
延吉	0.40	0.10	0.10	0.10	0.10	0.65	1.00	1.00
齐齐哈尔	0.95	0.70	0.25	0.25	0.40	0.40	0.70	1.00
哈尔滨	0.30	0.15	0.20	0.70	1.00	0.85	0.70	0.60
烟台	1.00	0.60	0.25	0.15	0.35	0.60	0.60	1.00
莱阳	0.85	0.60	0.15	0.10	0.10	0.25	0.70	1.00
潍坊	0.90	0.60	0.25	0.35	0.50	0.35	0.90	1.00
济南	0.45	1.00	1.00	0.40	0.55	0.55	0.25	0.15
青岛	1.00	0.70	0.10	0.10	0.20	0.20	0.40	1.00
安阳	1.00	0.70	0.30	0.40	0.50	0.35	0.20	0.70
新乡	0.70	1.00	0.70	0.25	0.15	0.30	0.30	0.15
郑州	0.65	0.90	0.65	0.15	0.20	0.40	1.00	1.00

附录8　自然循环上供下回双管热水供暖系统中，水在管路内冷却而产生的附加压力

（单位：Pa）

系统的水平距离 L/m	锅炉到散热器的高度 H/m	自总立管至计算立管之间的水平距离 L_1/m					
		$L_1 \leqslant 10$	$10 < L_1 \leqslant 20$	$20 < L_1 \leqslant 30$	$30 < L_1 \leqslant 50$	$50 < L_1 \leqslant 75$	$75 < L_1 \leqslant 100$
未保温的明装立管							
（1）1层或2层的房屋							
$L \leqslant 25$	$H < 7$	100	100	150	—	—	—
$25 < L \leqslant 50$	$H < 7$	100	100	150	200	—	—
$50 < L \leqslant 75$	$H < 7$	100	100	150	150	200	—
$75 < L \leqslant 100$	$H < 7$	100	100	150	150	200	250

（续）

系统的水平距离 L/m	锅炉到散热器的高度 H/m	自总立管至计算立管之间的水平距离 L_1/m					
		$L_1 \leqslant 10$	$10 < L_1 \leqslant 20$	$20 < L_1 \leqslant 30$	$30 < L_1 \leqslant 50$	$50 < L_1 \leqslant 75$	$75 < L_1 \leqslant 100$
未保温的明装立管							
（2）3层或4层的房屋							
$L \leqslant 25$	$H < 15$	250	250	250	—	—	—
$25 < L \leqslant 50$	$H < 15$	250	250	300	350	—	—
$50 < L \leqslant 75$	$H < 15$	250	250	250	300	350	—
$75 < L \leqslant 100$	$H < 15$	250	250	250	300	350	400
（3）高于4层的房屋							
$L \leqslant 25$	$H < 7$	450	500	550	—	—	—
	$H \geqslant 7$	300	350	450	—	—	—
$25 < L \leqslant 50$	$H < 7$	550	600	650	750	—	—
	$H \geqslant 7$	400	450	500	550	—	—
$50 < L \leqslant 75$	$H < 7$	550	550	600	650	750	—
	$H \geqslant 7$	400	400	450	500	550	—
$75 < L \leqslant 100$	$H < 7$	550	550	550	600	650	700
	$H \geqslant 7$	400	400	400	450	500	650
未保温的暗装立管							
（1）1层或2层的房屋							
$L \leqslant 25$	$H < 7$	80	100	130	—	—	—
$25 < L \leqslant 50$	$H < 7$	80	80	130	150	—	—
$50 < L \leqslant 75$	$H < 7$	80	80	100	130	180	—
$75 < L \leqslant 100$	$H < 7$	80	80	80	130	180	230
（2）3层或4层的房屋							
$L \leqslant 25$	$H < 15$	180	200	280	—	—	—
$25 < L \leqslant 50$	$H < 15$	180	200	250	300	—	—
$50 < L \leqslant 75$	$H < 15$	150	180	200	250	300	—
$75 < L \leqslant 100$	$H < 15$	150	150	180	230	280	330
（3）高于4层的房屋							
$L \leqslant 25$	$H < 7$	300	350	380	—	—	—
	$H \geqslant 7$	200	250	300	—	—	—
$25 < L \leqslant 50$	$H < 7$	350	400	430	530	—	—
	$H \geqslant 7$	250	300	330	380	—	—
$50 < L \leqslant 75$	$H < 7$	350	350	400	430	530	—
	$H \geqslant 7$	250	250	300	330	380	—
$75 < L \leqslant 100$	$H < 7$	350	350	380	400	480	530
	$H \geqslant 7$	250	260	280	300	350	450

注：1. 在下供下回式系统中，不计算水在管路中冷却而产生的附加作用压力值。
2. 在单管式系统中，附加值采用本附录所示的相应值的50%。

附录9 供暖施工图图例

序号	名称	图例	序号	名称	图例
1	供暖供水(汽)管 回(凝结)水管	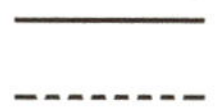	19	散热器放风门	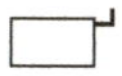
2	保温管		20	手动排气阀	
3	软管		21	自动排气阀	
4	方形伸缩器		22	疏水器	
5	套管伸缩器		23	散热器三通阀	
6	波形伸缩器	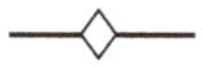	24	球阀	
7	弧形伸缩器		25	电磁阀	
8	球形伸缩器		26	角阀	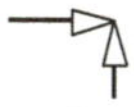
9	流向		27	三通阀	
10	丝堵		28	四通阀	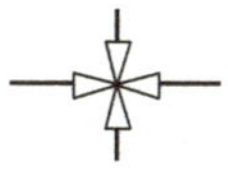
11	滑动支架		29	节流孔板	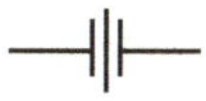
12	固定支架	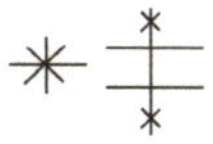	30	散热器	
13	截止阀	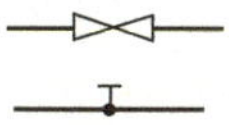	31	集气罐	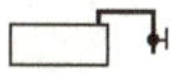
14	闸阀		32	管道泵	
15	止回阀（通用）		33	过滤器	
16	安全阀		34	除污器	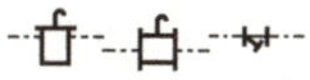
17	减压阀	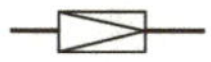	35	暖风机	
18	膨胀阀				

附录10 一些铸铁散热器规格及其传热系数 K 值

型号	散热面积/(m²/片)	水容量/(L/片)	质量/(kg/片)	工作压力/MPa	传热系数计算公式/[W/(m²·℃)]	热水热媒当 $\Delta t=64.5$℃时的 K 值/[W/(m²·℃)]	不同蒸汽表压力(MPa)下的 K 值/[W/(m²·℃)]		
							0.03	0.07	≥0.1
$TC_{0.28/5-4}$，长翼型（大60）	1.16	8	28	0.4	$K=1.743\Delta t^{0.28}$	5.59	6.12	6.27	6.36
TZ_{2-5-5}（M-132型）	0.24	1.32	7	0.5	$K=2.426\Delta t^{0.286}$	7.99	8.75	8.97	9.10
TZ_{4-6-5}（四柱760型）	0.235	1.16	6.6	0.5	$K=2.503\Delta t^{0.293}$	8.49	9.31	9.55	9.69
TZ_{4-5-5}（四柱640型）	0.20	1.03	5.7	0.5	$K=3.663\Delta t^{0.16}$	7.13	7.51	7.61	7.67
TZ_{2-5-5}（二柱700型，带腿）	0.24	1.35	6	0.5	$K=2.02\Delta t^{0.271}$	6.25	6.81	6.97	7.07
四柱813型（带腿）	0.28	1.4	8	0.5	$K=2.237\Delta t^{0.302}$	7.87	8.66	8.89	9.03
圆翼型	1.8	4.42	38.2	0.5					
单排						5.81	6.97	6.97	7.79
双排						5.08	5.81	5.81	6.51
三排						4.65	5.23	5.23	5.81

注：1. 本表前四项由原哈尔滨建筑工程学院ISO散热器试验台测试，其余柱型由清华大学ISO散热器试验台测试。

2. 散热器表面喷银粉漆、明装、同侧连接上进下出。

3. 圆翼型散热器因无实验公式，暂按以前一些手册数据采用。

4. 此为密闭实验台测试数据，在实际情况下，散热器的 K 和 Q 值，约比表中数值约增大10%左右。

附录11 室内热水供暖系统管道水力计算表

$t_g=95$℃，$t_h=70$℃，$k=0.2$mm

流量 G(kg/h)；热负荷 Q(W)；比摩阻 R(Pa/m)；流速 v(m/s)

公称直径/mm		10.00		15.00		20.00		25.00	
内径/mm		9.50		15.75		21.25		27.00	
G	Q	R	v	R	v	R	v	R	v
24.0	697.7	15.96	0.10	2.11	0.03				
26.0	755.8	35.45	0.10	2.29	0.04				
28.0	814.0	40.57	0.11	2.47	0.04				
30.0	872.1	46.01	0.12	2.64	0.04				
32.0	930.2	51.79	0.13	2.82	0.05				
34.0	988.4	57.90	0.14	2.99	0.05				

（续）

公称直径/mm		10.00		15.00		20.00		25.00	
内径/mm		9.50		15.75		21.25		27.00	
G	*Q*	*R*	*v*	*R*	*v*	*R*	*v*	*R*	*v*
36.0	1046.5	64.34	0.14	3.17	0.05				
38.0	1104.7	71.11	0.15	3.35	0.06				
40.0	1162.8	78.20	0.16	3.52	0.06				
42.0	1220.9	85.62	0.17	6.78	0.06				
44.0	1279.1	93.37	0.18	7.36	0.06				
46.0	1337.2	101.45	0.18	7.97	0.07				
48.0	1395.4	109.86	0.19	8.60	0.07	1.28	0.04		
50.0	1453.5	118.59	0.20	9.25	0.07	1.33	0.04		
52.0	1511.6	127.65	0.21	9.92	0.08	1.38	0.04		
54.0	1569.8	137.03	0.22	10.62	0.08	1.43	0.04		
56.0	1627.9	146.75	0.22	11.34	0.08	1.49	0.04		
58.0	1686.1	156.79	0.23	12.08	0.08	2.76	0.05		
60.0	1744.2	167.15	0.24	12.84	0.09	2.93	0.05		
62.0	1802.3	177.85	0.25	13.63	0.09	3.11	0.05		
64.0	1860.5	188.87	0.26	14.43	0.09	3.29	0.05		
66.0	1918.6	200.21	0.26	15.26	0.10	3.47	0.05		
68.0	1976.8	211.88	0.27	16.11	0.10	3.66	0.05		
70.0	2034.9	223.88	0.28	16.99	0.10	3.85	0.06		
72.0	2093.0	236.21	0.29	17.88	0.10	4.05	0.06		
74.0	2151.2	248.86	0.29	18.80	0.11	4.25	0.06		
76.0	2209.3	261.84	0.30	19.74	0.11	4.46	0.06		
78.0	2267.5	275.14	0.31	20.70	0.11	4.67	0.06		
80.0	2325.6	288.77	0.32	21.68	0.12	4.88	0.06		
82.0	2383.7	302.72	0.33	22.69	0.12	5.10	0.07		
84.0	2441.9	317.00	0.33	23.71	0.12	5.33	0.07		
86.0	2500.0	331.61	0.34	24.76	0.12	5.56	0.07		
88.0	2558.2	346.54	0.35	25.83	0.13	5.79	0.07		
90.0	2616.3	361.80	0.36	26.93	0.13	6.03	0.07		
95.0	2761.6	401.37	0.38	29.75	0.14	6.65	0.08		
100.0	2907.0	442.98	0.40	32.72	0.15	7.29	0.08	2.24	0.05
105.0	3052.3	486.62	0.42	35.82	0.15	7.96	0.08	2.45	0.05
110.0	3197.7	532.30	0.44	39.05	0.16	8.66	0.09	2.66	0.05
115.0	3342.1	580.01	0.46	42.42	0.17	9.39	0.09	2.88	0.06
120.0	3488.4	629.76	0.48	45.93	0.17	10.15	0.10	3.10	0.06

（续）

公称直径/mm		10.00		15.00		20.00		25.00	
内径/mm		9.50		15.75		21.25		27.00	
G	*Q*	*R*	*v*	*R*	*v*	*R*	*v*	*R*	*v*
125.0	3683.7	681.54	0.50	49.57	0.18	10.93	0.10	3.34	0.06
130.0	3779.1	735.36	0.52	53.35	0.19	11.74	0.10	3.58	0.06
135.0	3924.4	791.21	0.54	57.27	0.20	12.68	0.11	3.83	0.07
140.0	4069.8	849.10	0.56	61.32	0.20	13.45	0.11	4.09	0.07
145.0	4215.1	909.02	0.58	65.50	0.21	14.34	0.12	4.35	0.07
150.0	4360.5	970.98	0.60	69.82	0.22	15.27	0.12	4.63	0.07
155.0	4050.8	1034.97	0.62	74.28	0.22	16.22	0.12	4.91	0.08
160.0	4651.2	1100.99	0.64	78.87	0.23	17.19	0.13	5.20	0.08
165.0	4796.5	1169.05	0.66	83.60	0.24	18.20	0.13	5.50	0.08
170.0	4941.9	1239.14	0.68	88.46	0.25	19.23	0.14	5.80	0.08
175.0	5087.2	1311.27	0.70	93.46	0.25	20.29	0.14	6.12	0.09
180.0	5232.6	1385.43	0.72	98.59	0.26	21.38	0.14	6.44	0.09
185.0	5377.9	1461.62	0.74	103.86	0.27	22.50	0.15	6.77	0.09
190.0	5523.3	1539.85	0.76	109.26	0.28	23.64	0.15	7.11	0.09
195.0	5668.6	1620.11	0.78	114.80	0.28	24.81	0.16	7.45	0.10
200.0	5814.0	1702.41	0.80	120.48	0.29	26.01	0.16	7.80	0.10
210.0	6104.7	1873.10	0.84	132.23	0.30	28.49	0.17	8.53	0.10
220.0	6395.4	2051.93	0.88	144.52	0.32	31.08	0.18	9.29	0.11
230.0	6686.1	2238.90	0.92	157.35	0.33	33.77	0.18	10.08	0.11
240.0	6976.8	2434.00	0.96	170.73	0.35	36.58	0.19	10.90	0.12
250.0	7267.5	2637.23	1.00	184.64	0.36	39.50	0.20	11.75	0.12
260.0	7558.2	2848.60	1.04	199.09	0.38	42.52	0.21	12.64	0.13
270.0	7848.9	3068.10	1.08	214.08	0.39	45.66	0.22	13.55	0.13
280.0	8139.6	3295.74	1.12	229.61	0.41	48.91	0.22	14.50	0.14
290.0	8430.3	3531.51	1.16	245.68	0.42	52.26	0.23	15.47	0.14
300.0	8721.0	3775.42	1.20	262.29	0.44	55.72	0.24	16.48	0.15
310.0	9011.7	4027.46	1.24	279.44	0.45	59.30	0.25	17.51	0.15
320.0	9302.4	4287.64	1.28	297.13	0.46	62.98	0.25	18.58	0.16
330.0	9593.1	4555.95	1.32	315.36	0.48	66.77	0.26	19.68	0.16
340.0	9883.8	4832.40	1.36	334.13	0.49	70.67	0.27	20.81	0.17
350.0	10174.5	5116.97	1.40	353.44	0.51	74.68	0.28	21.97	0.17
360.0	10465.2	5409.69	1.43	373.29	0.52	78.80	0.29	23.16	0.18
370.0	10755.9	5710.54	1.47	393.67	0.54	83.03	0.29	24.38	0.18
380.0	11046.6	6019.51	1.51	414.60	0.55	84.37	0.30	25.63	0.19

（续）

公称直径/mm		10.00		15.00		20.00		25.00	
内径/mm		9.50		15.75		21.25		27.00	
G	Q	R	v	R	v	R	v	R	v
390.0	11337.3	6336.63	1.55	436.06	0.57	91.81	0.31	26.91	0.19
400.0	11628.0	6661.88	1.59	458.07	0.58	96.37	0.32	28.23	0.20
410.0	11918.7	6995.27	1.63	480.61	0.59	101.03	0.33	29.57	0.20
420.0	12209.4	7336.79	1.67	503.69	0.61	105.80	0.33	30.94	0.21
430.0	12500.1	7686.44	1.71	527.31	0.62	110.69	0.34	32.35	0.21
440.0	12790.8	8044.23	1.75	551.48	0.64	115.68	0.35	33.78	0.22
450.0	13081.5	8410.15	1.79	576.18	0.65	120.78	0.36	35.25	0.22
460.0	13372.2	8784.20	1.83	601.41	0.67	125.99	0.37	36.74	0.23
470.0	13662.9	9166.38	1.87	627.19	0.68	131.30	0.37	38.27	0.23
480.0	13953.6	9556.71	1.91	653.51	0.70	136.73	0.38	39.83	0.24
490.0	14244.3	9955.17	1.95	680.37	0.71	142.27	0.39	41.42	0.24
500.0	14535.0	10361.76	1.99	707.76	0.73	147.91	0.40	43.03	0.25
520.0	15116.4	11199.35	2.07	764.17	0.75	159.53	0.41	46.36	0.26
540.0	15697.8	12069.47	2.15	822.74	0.78	171.58	0.43	49.81	0.27
560.0	16279.2	12972.13	2.23	883.46	0.81	184.07	0.45	53.38	0.28
580.0	16860.8	13907.31	2.31	946.34	0.84	196.99	0.46	57.08	0.29
600.0	17442.0	14875.05	2.39	1011.37	0.87	210.35	0.48	60.89	0.30
620.0	18023.4			1078.56	0.90	224.14	0.49	64.83	0.31
640.0	18604.8			1147.90	0.93	238.37	0.51	68.89	0.32
660.0	19186.2			1219.41	0.96	253.04	0.53	73.07	0.33
680.0	19767.6			1293.07	0.99	268.14	0.54	77.37	0.34
700.0	20349.0			1368.88	1.02	283.67	0.56	81.79	0.35
720.0	20930.4			1446.85	1.04	299.64	0.57	86.34	0.36
740.0	21551.8			1526.97	1.07	316.05	0.59	91.01	0.37
760.0	22093.2			1609.26	1.10	332.89	0.61	95.79	0.38
780.0	22674.6			1693.70	1.13	350.17	0.62	100.71	0.38
800.0	23256.0			1780.29	1.16	367.88	0.64	105.74	0.39
820.0	23837.4			1869.04	1.19	386.03	0.65	110.89	0.40
840.0	24418.8			1959.95	1.22	404.61	0.67	116.17	0.41
860.0	25000.2			2053.01	1.25	423.63	0.69	121.56	0.42
880.0	25581.6			2148.23	1.28	443.08	0.70	127.08	0.43
900.0	26163.0			2245.60	1.31	462.97	0.72	132.72	0.44
950.0	27616.5			2498.47	1.38	514.60	0.76	147.36	0.47
1000.0	29070.0			2764.81	1.45	568.94	0.80	162.75	0.49

（续）

公称直径/mm		10.00		15.00		20.00		25.00	
内径/mm		9.50		15.75		21.25		27.00	
G	*Q*	*R*	*v*	*R*	*v*	*R*	*v*	*R*	*v*
1050.0	30523.5			3044.62	1.52	626.01	0.84	178.90	0.52
1100.0	31977.0			3337.92	1.60	685.79	0.88	195.81	0.54
1150.0	33430.5			3644.68	1.67	748.30	0.92	213.49	0.57
1200.0	34884.0			3964.92	1.74	813.52	0.96	231.92	0.59
1250.0	36337.5			4298.63	1.81	881.47	1.00	251.11	0.62
1300.0	37791.0			4645.82	1.89	952.13	1.04	271.06	0.64
1350.0	39244.5					1025.52	1.08	291.77	0.67
1400.0	40698.0					1101.62	1.12	313.24	0.69
1450.0	42151.5					1180.44	1.16	335.47	0.72
1500.0	43605.0					1261.98	1.19	358.46	0.74
1550.0	45058.5					1346.25	1.23	382.21	0.76
1600.0	46512.0					1433.23	1.27	406.71	0.79
1650.0	47965.5					1522.93	1.31	431.98	0.81
1700.0	49419.0					1615.35	1.35	458.01	0.84
1750.0	50872.5					1710.49	1.39	484.79	0.86
1800.0	52326.0					1808.35	1.43	512.34	0.89
1850.0	53779.5					1908.93	1.47	540.64	0.91
1900.0	55233.0					2012.23	1.51	569.70	0.94
1950.0	56686.5					2118.25	1.55	599.53	0.96
2000.0	58140.0					2226.98	1.59	630.11	0.99

公称直径/mm		32.00		40.00		50.00		70.00	
内径/mm		35.75		41.00		53.00		68.00	
G	*Q*	*R*	*v*	*R*	*v*	*R*	*v*	*R*	*v*
330.0	9593.1	4.81	0.09	2.44	0.07				
340.0	9883.8	5.08	0.10	2.58	0.07				
350.0	10174.5	5.36	0.10	2.72	0.07				
360.0	10465.2	5.64	0.10	2.86	0.08				
370.0	10755.9	5.93	0.10	3.00	0.08				
380.0	11046.5	6.23	0.11	3.15	0.08				
390.0	11337.3	6.54	0.11	3.31	0.08				
400.0	11628.0	6.85	0.11	3.46	0.09				
410.0	11918.7	7.17	0.12	3.62	0.09				
420.0	12209.4	7.49	0.12	3.78	0.09				
430.0	12500.1	7.83	0.12	3.95	0.09				

（续）

公称直径/mm		32.00		40.00		50.00		70.00	
内径/mm		35.75		41.00		53.00		68.00	
G	Q	R	v	R	v	R	v	R	v
440.0	12790.8	8.17	0.12	4.12	0.09				
450.0	13081.5	8.51	0.13	4.29	0.10				
460.0	13372.2	8.87	0.13	4.47	0.10				
470.0	13662.9	9.23	0.13	4.65	0.10				
480.0	13953.6	9.59	0.14	4.83	0.10				
490.0	14244.3	9.97	0.14	5.02	0.10				
500.0	14535.0	10.35	0.14	5.21	0.11				
520.0	15116.4	11.13	0.15	5.60	0.11	1.57	0.07		
540.0	15697.8	11.94	0.15	6.00	0.12	1.68	0.07		
560.0	16279.2	12.78	0.16	6.42	0.12	1.79	0.07		
580.0	16860.6	13.65	0.16	6.85	0.12	1.91	0.07		
600.0	17442.0	14.54	0.17	7.29	0.13	2.03	0.08		
620.0	18023.4	15.46	0.17	7.75	0.13	2.16	0.08		
640.0	18904.8	16.41	0.18	8.22	0.14	2.29	0.08		
660.0	19186.2	17.39	0.19	8.71	0.14	2.42	0.08		
680.0	19767.6	18.39	0.19	9.20	0.15	2.55	0.09		
700.0	20349.0	19.43	0.20	9.71	0.15	2.69	0.09		
720.0	20930.4	20.48	0.20	10.24	0.15	2.83	0.09		
740.0	21511.8	21.57	0.21	10.78	0.16	2.98	0.09		
760.0	22093.2	22.69	0.21	11.33	0.16	3.13	0.10		
780.0	22674.6	23.83	0.22	11.89	0.17	3.28	0.10		
800.0	23256.0	25.00	0.23	12.47	0.17	3.44	0.10		
820.0	23837.4	26.19	0.23	13.06	0.18	3.60	0.11		
840.0	24418.8	27.42	0.24	13.66	0.18	3.76	0.11		
860.0	25000.2	28.67	0.24	14.28	0.18	3.93	0.11		
880.0	25581.6	29.95	0.25	14.91	0.19	4.10	0.11		
900.0	26163.0	31.25	0.25	15.56	0.19	4.27	0.12	1.24	0.07
950.0	27616.5	34.64	0.27	17.22	0.20	4.72	0.12	1.37	0.07
1000.0	29070.0	38.20	0.28	18.98	0.21	5.19	0.13	1.50	0.08
1050.0	30523.5	41.93	0.30	20.81	0.22	5.69	0.13	1.64	0.08
1100.0	31977.0	45.83	0.31	22.73	0.24	6.20	0.14	1.79	0.09
1150.0	33430.5	49.90	0.32	24.73	0.25	6.74	0.15	1.94	0.09
1200.0	34884.0	54.14	0.34	26.81	0.26	7.29	0.15	2.10	0.09
1250.0	36337.5	58.55	0.35	28.98	0.27	7.87	0.16	2.26	0.10

（续）

公称直径/mm		32.00		40.00		50.00		70.00	
内径/mm		35.75		41.00		53.00		68.00	
G	Q	R	v	R	v	R	v	R	v
1300.0	37791.0	63.14	0.37	31.23	0.28	8.47	0.17	2.43	0.10
1350.0	39244.5	67.89	0.38	33.56	0.29	9.09	0.17	2.61	0.11
1400.0	40698.0	72.82	0.39	35.98	0.30	9.74	0.18	2.79	0.11
1450.0	42151.5	77.92	0.41	38.48	0.31	10.40	0.19	2.97	0.11
1500.0	43605.0	83.19	0.42	41.06	0.32	11.09	0.19	3.17	0.12
1550.0	45058.5	88.63	0.44	43.72	0.33	11.79	0.20	3.37	0.12
1600.0	46512.0	94.24	0.45	46.47	0.34	12.52	0.20	3.57	0.12
1650.0	47965.5	100.02	0.46	49.30	0.35	13.27	0.21	3.78	0.13
1700.0	49419.0	105.98	0.48	52.21	0.36	14.04	0.22	4.00	0.13
1750.0	50872.5	112.10	0.49	55.20	0.37	14.83	0.22	4.22	0.14
1800.0	52326.0	118.39	0.51	58.28	0.39	15.65	0.23	4.44	0.14
1850.0	53779.5	124.86	0.52	61.44	0.40	16.48	0.24	4.68	0.14
1900.0	55233.0	131.50	0.53	64.68	0.41	17.34	0.24	4.92	0.15
1950.0	56686.5	138.30	0.55	68.01	0.42	18.22	0.25	5.16	0.15
2000.0	58140.0	145.28	0.56	71.42	0.43	19.12	0.26	5.41	0.16
2100.0	61047.0	159.75	0.59	78.48	0.45	20.98	0.27	5.93	0.16
2200.0	63954.0	174.91	0.62	85.88	0.47	22.92	0.28	6.47	0.17
2300.0	66861.0	190.74	0.65	93.60	0.49	24.96	0.29	7.03	0.18
2400.0	69768.0	207.26	0.68	101.66	0.51	27.07	0.31	7.62	0.19
2500.0	72675.0	224.47	0.70	110.04	0.53	29.28	0.32	8.23	0.19
2600.0	75582.0	242.35	0.73	118.76	0.56	31.56	0.33	8.86	0.20
2700.0	78489.0	260.92	0.76	127.81	0.58	33.94	0.35	9.52	0.21
2800.0	81396.0	280.18	0.79	137.19	0.60	36.39	0.36	10.20	0.22
2900.0	84303.0	300.11	0.82	146.89	0.62	38.93	0.37	10.90	0.23
3000.0	87210.0	320.73	0.84	156.93	0.64	41.56	0.38	11.62	0.23
3100.0	90117.0	342.04	0.87	167.30	0.66	44.27	0.40	12.37	0.24
3200.0	93024.0	364.02	0.90	178.00	0.68	47.07	0.41	13.14	0.25
3300.0	95931.0	386.69	0.93	189.03	0.71	49.95	0.42	13.93	0.26
3400.0	98838.0	410.04	0.96	200.39	0.73	52.92	0.44	14.74	0.26
3500.0	101745.0	434.08	0.99	212.08	0.75	55.97	0.45	15.58	0.27
3600.0	104652.0	458.80	1.01	224.10	0.77	59.11	0.46	16.44	0.28
3700.0	107559.0	484.20	1.04	236.45	0.79	62.33	0.47	17.33	0.29
3800.0	110466.0	510.29	1.07	249.13	0.81	65.64	0.49	18.23	0.30
3900.0	113373.0	537.06	1.10	262.15	0.83	69.03	0.50	19.16	0.30

（续）

公称直径/mm		32.00		40.00		50.00		70.00	
内径/mm		35.75		41.00		53.00		68.00	
G	*Q*	*R*	*v*	*R*	*v*	*R*	*v*	*R*	*v*
4000.0	116280.0	564.51	1.13	275.49	0.86	72.50	0.51	20.12	0.31
4100.0	119187.0	592.64	1.15	289.16	0.88	76.07	0.53	21.09	0.32
4200.0	122094.0	621.46	1.18	303.16	0.90	79.71	0.54	22.09	0.33
4300.0	125001.0	650.96	1.21	317.50	0.92	83.44	0.55	23.11	0.33
4400.0	127908.0	681.15	1.24	332.16	0.94	87.26	0.56	24.15	0.34
4500.0	130815.0	712.02	1.27	347.15	0.96	91.16	0.58	25.22	0.35
4600.0	133722.0	743.57	1.29	362.48	0.98	95.14	0.59	26.31	0.36

公称直径/mm		80.00		100.00		125.00		150.00	
内径/mm		80.75		106.00		131.00		156.00	
G	*Q*	*R*	*v*	*R*	*v*	*R*	*v*	*R*	*v*
1500.0	43605.0								
1550.0	45058.5								
1600.0	46512.0								
1650.0	47965.5								
1700.0	49419.0								
1750.0	50872.5								
1800.0	52326.0								
1850.0	53779.5	2.01	0.10						
1900.0	55233.0	2.12	0.11						
1950.0	56686.5	2.22	0.11						
2000.0	58140.0	2.33	0.11						
2100.0	31047.0	2.55	0.12						
2200.0	63954.0	2.77	0.12						
2300.0	66861.0	3.01	0.13						
2400.0	69768.0	3.26	0.13						
2500.0	72675.0	3.52	0.14						
2600.0	75582.0	3.79	0.14						
2700.0	78489.0	4.06	0.15						
2800.0	81396.0	4.35	0.16						
2900.0	84303.0	4.64	0.16						
3000.0	87210.0	4.95	0.17						
3100.0	90117.0	5.26	0.17						
3200.0	93024.0	5.59	0.18	1.41	0.10				
3300.0	95931.0	5.92	0.18	1.49	0.11				

（续）

公称直径/mm		80.00		100.00		125.00		150.00	
内径/mm		80.75		106.00		131.00		156.00	
G	*Q*	*R*	*v*	*R*	*v*	*R*	*v*	*R*	*v*
3400.0	98838.0	6.26	0.19	1.58	0.11				
3500.0	101745.0	6.62	0.19	1.68	0.11				
3600.0	104652.0	6.98	0.20	1.75	0.12				
3700.0	107559.0	7.35	0.21	1.85	0.12				
3800.0	110466.0	7.73	0.21	1.94	0.12				
3900.0	113373.0	8.12	0.22	2.03	0.12				
4000.0	116280.0	8.52	0.22	2.13	0.13				
4100.0	119187.0	8.93	0.23	2.23	0.13				
4200.0	122094.0	9.34	0.23	2.34	0.13				
4300.0	125001.0	9.77	0.24	2.44	0.14				
4400.0	127908.0	10.21	0.24	2.55	0.14				
4500.0	130815.0	10.65	0.25	2.66	0.14				
4600.0	133722.0	11.11	0.26	2.77	0.15				
4700.0	136629.0	11.57	0.26	2.88	0.15				
4800.0	139536.0	12.05	0.27	3.00	0.15				
4900.0	142443.0	12.63	0.27	3.12	0.16				
5000.0	145350.0	13.03	0.28	3.24	0.16				
5200.0	151164.0	14.04	0.29	3.48	0.17				
5400.0	156978.0	15.09	0.30	3.74	0.17	1.30	0.11	0.55	0.08

附录12 热水及蒸汽供暖系统局部阻力系数ξ值

局部阻力名称	ξ	说明
双柱散热器	2.0	以热媒在导管中的流速计算局部阻力
铸铁锅炉	2.5	
钢制锅炉	2.0	
突然扩大	1.0	以其中较大的流速计算局部阻力
突然缩小	0.5	
直流三通（图①）	1.0	① ④ ② ⑤ ③ ⑥
旁流三通（图②）	1.5	
合流三通 分流三通（图③）	3.0	
直流四通（图④）	2.0	
分流四通（图⑤）	3.0	
方形补偿器	2.0	
套管补偿器	0.5	

局部阻力名称	在下列管径（*DN*）时的ξ值					
	15	20	25	32	40	≥50
截止阀	16.0	10.0	9.0	9.0	8.0	7.0
旋塞	4.0	2.0	2.0	2.0		
斜杆截止阀	3.0	3.0	3.0	2.5	2.5	2.0
闸阀	1.5	0.5	0.5	0.5	0.5	0.5
弯头	2.0	2.0	1.5	1.5	1.0	1.0
90°煨弯及乙字弯	1.5	1.5	1.0	1.0	0.5	0.5
括弯（图⑥）	3.0	2.0	2.0	2.0	2.0	2.0
急弯双弯头	2.0	2.0	2.0	2.0	2.0	2.0
缓弯双弯头	1.0	1.0	1.0	1.0	1.0	1.0

附录 13　热水供暖系统局部阻力系数 $\xi=1$ 的局部损失（动压头）值

$$\Delta p_d=\rho v^2/2$$

流速 v（m/s）；局部损失（动压头）Δp_d（Pa）

v	Δp_d	v	Δp_d	v	Δp_d	v	Δp_d	v	Δp_d	v	Δp_d
0.01	0.05	0.13	8.31	0.25	30.73	0.37	67.30	0.49	118.04	0.61	182.93
0.02	0.20	0.14	9.64	0.26	33.23	0.38	70.99	0.50	122.91	0.62	188.98
0.03	0.44	0.15	11.06	0.27	35.84	0.39	74.78	0.51	127.87	0.65	207.71
0.04	0.79	0.16	12.59	0.28	38.54	0.40	78.66	0.52	132.94	0.68	227.33
0.05	1.23	0.17	14.21	0.29	41.35	0.41	82.64	0.53	138.10	0.71	247.83
0.06	1.77	0.18	15.93	0.30	44.25	0.42	86.72	0.54	143.36	0.74	269.21
0.07	2.41	0.19	17.75	0.31	47.25	0.43	90.90	0.55	148.72	0.77	291.48
0.08	3.15	0.20	19.66	0.32	50.34	0.44	95.18	0.56	154.17	0.80	314.64
0.09	3.98	0.21	21.68	0.33	53.54	0.45	99.55	0.57	159.73	0.85	355.20
0.10	4.92	0.22	23.79	0.34	56.83	0.46	104.03	0.58	165.38	0.90	398.22
0.11	5.95	0.23	26.01	0.35	60.22	0.47	108.60	0.59	171.13	0.95	443.70
0.12	7.08	0.24	28.32	0.36	63.71	0.48	113.27	0.60	176.98	1.00	491.62

注：本表按 $t'_g=95$℃、$t'_h=70$℃，整个供暖季的平均水温 $t\approx60$℃，相应水的密度 $\rho=983.284\text{kg/m}^3$ 编制。

附录 14　不同管径的 λ/d 值和 A 值

公称直径/mm	15	20	25	32	40	50	70	89×3.5	108×4
外径/mm	21.25	26.75	33.5	42.25	48	60	75.5	89	108
内径/mm	15.75	21.25	27	35.75	41	53	68	82	100
$\frac{\lambda}{d}$值/（m^{-1}）	2.6	1.8	1.3	0.9	0.76	0.54	0.4	0.31	0.24
A 值/［Pa/（kg/h）^{2}］	1.03×10^{-3}	3.12×10^{-4}	1.2×10^{-4}	3.89×10^{-5}	2.25×10^{-5}	8.06×10^{-6}	2.97×10^{-7}	1.41×10^{-7}	6.36×10^{-7}

注：本表按 $t'_g=95$℃、$t'_h=70$℃，整个供暖季的平均水温 $t\approx60$℃，相应水的密度 $\rho=983.284\text{kg/m}^3$ 编制。

附录 15　按 $\xi_{zh}=1$ 确定热水供暖系统管段压力损失的管径计算表

项目	公称直径/mm									流速/（m/s）	压力损失/Pa
	15	20	25	32	40	50	70	80	100		
水流量 G（kg/h）	76	138	223	391	514	859	1415	2054	3059	0.11	5.95
	83	151	243	427	561	937	1544	2241	3336	0.12	7.08
	90	163	263	462	608	1015	1628	2428	3615	0.13	8.31
	97	176	283	498	655	1094	1802	2615	3893	0.14	9.64
	104	188	304	533	701	1171	1930	2801	4170	0.15	11.06
	111	201	324	569	748	1250	2059	2988	4449	0.16	12.59
	117	213	344	604	795	1328	2187	3175	4727	0.17	14.21
	124	226	364	640	841	1406	2316	3361	5005	0.18	15.93
	131	239	385	675	888	1484	2445	3548	5283	0.19	17.75
	138	251	405	711	935	1562	2573	3734	5560	0.20	19.66
	145	264	425	747	982	1640	2702	3921	5838	0.21	21.68

（续）

项目	公称直径/mm									流速/(m/s)	压力损失/Pa
	15	20	25	32	40	50	70	80	100		
水流量 G (kg/h)	152	276	445	782	1028	1718	2830	4108	6116	0.22	23.79
	159	289	466	818	1075	1796	2959	4295	6395	0.23	26.01
	166	301	486	853	1122	1874	3088	4482	6673	0.24	28.32
	173	314	506	889	1169	1953	3217	4668	6951	0.25	30.73
	180	326	526	924	1215	2030	3345	4855	7228	0.26	33.23
	187	339	547	960	1262	2109	3474	5042	7507	0.27	35.84
	193	351	567	995	1309	2187	3602	5228	7784	0.28	38.54
	200	364	587	1031	1356	2265	3731	5415	8063	0.29	41.35
	207	377	607	1067	1402	2343	3860	5602	8341	0.30	44.25
	214	389	627	1102	1449	2421	3989	5789	8619	0.31	47.25
	221	402	648	1138	1496	2499	4117	5975	8897	0.32	50.34
	228	414	668	1173	1543	2577	4246	6162	9175	0.33	53.54
	235	427	688	1209	1589	2655	4374	6349	9453	0.34	56.83
	242	439	708	1244	1636	2733	4503	6535	9731	0.35	60.22
	249	452	729	1280	1683	2811	4632	6722	10009	0.36	63.71
	256	464	749	1315	1729	2890	4760	6909	10287	0.37	67.30
	263	477	769	1351	1766	2968	4889	7096	10565	0.38	70.99
	276	502	810	1422	1870	3124	5146	7469	11121	0.40	78.66
	290	527	850	1493	1963	3280	5404	7842	11677	0.42	86.72
	304	552	891	1564	2057	3436	5661	8216	12233	0.44	95.18
	318	577	931	1635	2150	3593	5918	8590	12789	0.46	104.03
	332	603	972	1706	2244	3749	6176	8963	13345	0.48	113.27
	345	628	1012	1778	2337	3905	6433	9336	13902	0.50	122.91
	380	690	1113	1955	2571	4296	7076	10270	15292	0.55	148.72
	415	753	1214	2133	2805	4686	7719	11203	16681	0.60	176.98
	449	816	1316	2311	3038	5076	8363	12137	18072	0.65	207.74
	484	879	1417	2489	3272	5467	9006	13071	19462	0.70	240.90
		1004	1619	2844	3740	6248	10293	14938	22242	0.80	314.64
				3200	4207	7029	11579	16806	25023	0.90	398.22
						7810	12866	18673	27803	1.00	491.62
								22407	33363	1.20	707.94

注：按 $G=(\Delta p_d/A)^{0.5}$ 公式计算，其中 Δp_d 按附录 13，A 值按附录 14 计算。

附录 16　单管顺流式热水供暖系统立管组合部件的 ξ_{zh} 值

组合部件名称		图式	ξ_{zh}	管径/mm			
				15	20	25	32
立管	回水干管在地沟内		$\xi_{zh\cdot z}$	15.6	12.9	10.5	10.2
			$\xi_{zh\cdot j}$	44.6	31.9	27.5	27.2
	无地沟，散热器单侧连接		$\xi_{zh\cdot z}$	7.5	5.5	5.0	5.0
			$\xi_{zh\cdot j}$	36.5	24.5	22.0	22.0
	无地沟，散热器双侧连接		$\xi_{zh\cdot z}$	12.4	10.1	8.5	8.3
			$\xi_{zh\cdot j}$	41.4	29.1	25.5	25.3

（续）

组合部件名称	图式	ξ_{zh}	管径/mm							
			15		20		25		32	
散热器单侧连接		ξ_{zh}	14.2		12.6		9.6		8.8	
散热器双侧连接		ξ_{zh}	管径 $d_1 \times d_2$							
			15×15	20×15	20×20	25×15	25×20	25×25	32×20	32×25
			4.7	15.6	4.1	40.6	10.7	3.5	32.8	10.7

注：1. $\xi_{zh \cdot z}$——立管两端安装闸阀；

$\xi_{zh \cdot j}$——立管两端安装截止阀。

2. 编制本表的条件如下。

（1）散热器及其支管连接：散热器支管长度，单侧连接 $l_s=1.0$m；双侧连接 $l_s=1.5$m。每组散热器支管均装有乙字管。

（2）立管与水平干管的几种连接方式见图式。立管上装设两个闸阀或截止阀。

3. 计算举例：以散热器双侧连接 $d_1 \times d_2=20 \times 15$ 为例，首先计算通过散热器及其支管这一组合部件的折算阻力系数 ξ_z

$$\xi_z=\frac{\lambda}{d}l_z+\Sigma\xi=2.6\times1.5\times2+11.0=18.8$$

其中，$\frac{\lambda}{d}$值查附录14 支管上局部阻力有：分流三通2个，乙字管2个及散热器，查附录12，可得

$$\Sigma\xi=2\times3.0+2\times1.5+2.0=11.0$$

设进入散热器的进流系数 $\alpha=G_z/G_l=0.5$，则按下式可求出该组合部件的当量阻力系数 ξ_0 值（以立管流速的动压头为基准的 ξ 值）。

$$\xi_0=\frac{d_1^4}{d_2^4}\alpha^2\xi_z=\left(\frac{21.25}{15.75}\right)^4\times(0.5)^2\times18.8=15.6$$

附录17　单管顺流式热水供暖系统立管的 ξ_{zh} 值

层数	单向连接立管直径/mm				双向连接立管管径/mm							
					15	20		25			32	
					散热器支管直径/mm							
	15	20	25	32	15	15	20	15	20	25	20	32
（一）整根立管的折算阻力系数 ξ_{zh} 值（立管两端安装闸阀）												
3	77	63.7	48.7	43.1	48.4	72.7	38.2	141.7	52.0	30.4	115.1	48.8
4	97.4	80.6	61.4	54.1	59.3	92.6	46.6	185.4	65.8	37.0	150.1	61.7
5	117.9	97.5	74.1	65.0	70.3	112.5	55.0	229.1	79.6	43.6	185.0	74.5
6	138.3	114.5	86.9	76.0	81.2	132.5	63.5	272.9	93.5	50.3	220.0	87.4
7	158.8	131.4	99.6	86.9	92.2	152.4	71.9	316.6	107.3	56.9	254.9	100.2
8	179.2	148.3	112.3	97.9	103.1	172.3	80.3	360.3	121.1	63.5	290.0	113.1
（二）整根立管的折算阻力系数 ξ_{zh} 值（立管两端安装截止阀）												
3	106	82.7	65.7	60.1	77.4	91.7	57.2	158.7	69.0	47.4	132.1	65.8
4	126.4	99.6	78.4	71.1	88.3	111.6	65.6	202.4	82.8	54	167.1	78.7

（续）

层数	单向连接立管直径/mm				双向连接立管管径/mm							
					15	20		25			32	
					散热器支管直径/mm							
	15	20	25	32	15	15	20	15	20	25	20	32
（二）整根立管的折算阻力系数 ξ_{zh} 值（立管两端安装截止阀）												
5	146.9	116.5	91.1	82.0	99.3	131.5	74.0	246.1	96.6	60.6	202	91.5
6	167.3	133.5	103.9	93.0	110.2	151.5	82.5	289.9	110.5	67.3	237	104.4
7	187.8	150.4	116.6	103.9	121.2	171.4	90.9	333.6	124.3	73.9	271.9	117.2
8	208.2	167.3	129.3	114.9	132.1	191.3	99.3	377.3	138.1	80.5	307	130.1

注：1. 编制本表条件：建筑物层高为3.0m，回水干管敷设在地沟内（见附录16图式）。

2. 计算举例：以三层楼 $d_1 \times d_2 = 20 \times 15$ 为例。

各层立管之间长度为（3.0－0.6）m＝2.4m，则各层立管的当量阻力系数为

$$\xi_{0.1} = \frac{\lambda_1}{d_1} l_1 + \Sigma\xi_1 = 1.8 \times 2.4 + 0 = 4.32$$

设 n 为建筑物层数，ξ_0 代表散热器及其支管的当量阻力系数，ξ_0' 代表立管与供、回水干管连接部分的当量阻力系数，则整根立管的折算阻力系数 ξ_{zh} 为

$$\xi_{zh} = n\xi_0 + n\xi_{0.1} + \xi_0' = 3 \times 15.6 + 3 \times 4.32 + 12.9 = 72.66$$

附录18 供暖系统中沿程损失与局部损失的概略分配比例 α

供暖系统形式	沿程损失（%）	局部损失（%）
自然循环热水供暖系统	50	50
机械循环热水供暖系统	50	50
低压蒸汽供暖系统	60	40
高压蒸汽供暖系统	80	20
室内高压凝结水管路系统	80	20

附录19 水在各种温度下的密度（压力100kPa时）

温度/℃	密度/(kg/m³)	温度/℃	密度/(kg/m³)	温度/℃	密度/(kg/m³)	温度/℃	密度/(kg/m³)
0	999.8	56	985.25	72	976.66	88	966.68
10	999.73	58	984.25	74	975.48	90	965.34
20	998.23	60	983.24	76	974.29	92	963.99
30	995.67	62	982.20	78	973.07	94	962.61
40	992.24	64	981.13	80	971.83	95	961.92
50	988.07	66	980.05	82	970.57	97	960.51
52	987.15	68	978.94	84	969.30	100	958.38
54	986.21	70	977.81	86	968.00		

附录 20　疏水器的排水系数 A_p 值

排水阀孔直径/mm	$\Delta p = p_1 - p_2$/kPa									
	100	200	300	400	500	600	700	800	900	1000
2.6	25	24	23	22	21	20.5	20.5	20	20	19.8
3	25	23.7	22.5	21	21	20.4	20	20	20	19.5
4	24.2	23.5	21.6	20.6	19.6	18.7	17.8	17.2	16.7	16
4.5	23.8	21.3	19.9	18.9	18.3	17.7	17.3	16.9	16.6	16
5	23	21	19.4	18.5	18	17.3	16.8	16.3	16	15.5
6	20.8	20.4	18.8	17.9	17.4	16.7	16	15.5	14.9	14.3
7	19.4	18	16.7	15.9	15.2	14.8	14.2	13.8	13.5	13.5
8	18	16.4	15.5	14.5	13.8	13.2	12.6	11.7	11.9	11.5
9	16	15.3	14.2	13.6	12.9	12.5	11.9	11.5	11.1	10.6
10	14.9	13.9	13.2	12.5	12	11.4	10.9	10.4	10	10
11	13.6	12.6	11.8	11.3	10.9	10.6	10.4	10.2	10	9.7

附录 21　室内低压蒸汽供暖管路水力计算表（表压力 $p_b = 5 \sim 20$kPa，$K = 0.2$mm）

比摩阻/(Pa/m)	水煤气管公称直径/mm						
	15	20	25	32	40	50	70
5	790 2.92	1510 2.92	2380 2.92	5260 3.67	8010 4.23	15760 5.1	30050 5.75
10	918 3.43	2066 3.89	3541 4.34	7727 5.4	11457 6.05	23015 7.43	43200 8.35
15	1090 4.07	2400 4.88	4395 5.45	10000 6.65	14260 7.64	28500 9.31	53400 10.35
20	1239 4.55	2920 5.65	5240 6.41	11120 7.8	16720 8.83	33050 10.85	61900 12.1
30	1500 5.55	3615 7.01	6350 7.77	13700 9.6	20750 10.95	40800 13.2	76600 14.95
40	1759 6.51	4220 8.2	7330 8.98	16180 11.30	24190 12.7	47800 15.3	89400 17.35
60	2219 8.17	5130 9.94	9310 11.4	20500 14	29550 15.6	58900 19.03	110700 21.4
80	2570 9.55	5970 11.6	10630 13.15	23100 16.3	34400 18.4	67900 22.1	127600 24.8
100	2900 10.7	6820 13.2	11900 14.6	25655 17.9	38400 20.35	76000 24.6	142900 27.6
150	3520 13	8323 16.1	14678 18	31707 22.15	47358 25	93495 30.2	168200 33.4
200	4052 15	9703 18.8	16975 20.9	36545 25.5	55568 29.4	108210 35	202800 38.9
300	5049 18.7	11939 23.2	20778 25.6	45140 31.6	68360 35.6	132870 42.8	250000 48.2

注：表中数值，上行为通过水煤气管的热量（W），下行为蒸汽流速（m/s）。

附录22 室内低压蒸汽供暖管路水力计算用动压头

v/(m/s)	$\frac{v^2}{2}\rho$/Pa	v/(m/s)	$\frac{v^2}{2}\rho$/Pa	v/(m/s)	$\frac{v^2}{2}\rho$/Pa	v/(m/s)	$\frac{v^2}{2}\rho$/Pa
5.5	9.58	10.5	34.93	15.5	76.12	20.5	133.16
6.0	11.4	11.0	38.34	16.0	81.11	21.0	139.73
6.5	13.39	11.5	41.9	16.5	86.26	21.5	146.46
7.0	15.53	12.0	45.63	17.0	91.57	22.0	153.36
7.5	17.82	12.5	49.5	17.5	97.04	22.5	160.41
8.0	20.28	13.0	53.5	18.0	102.66	23.0	167.61
8.5	22.89	13.5	57.75	18.5	108.44	23.5	174.98
9.0	25.66	14.0	62.1	19.0	114.38	24.0	182.51
9.5	28.6	14.5	66.6	19.5	120.48	24.5	190.19
10.0	31.69	15.0	71.29	20.0	126.74	25.0	198.03

附录23 蒸汽供暖系统干式和湿式自流凝结水管管径选择表

凝结水管径/mm	形成凝结水时，由蒸汽放出的热量/kW					
	干式凝结水管			湿式凝结水管（垂直或水平）		
	低压蒸汽		高压蒸汽	计算管段的长度/m		
	水平管段	垂直管段		50以下	50~100	100以上
15	4.7	7	8	33	21	9.3
20	17.5	26	29	82	53	29
25	33	49	45	145	93	47
32	79	116	93	310	200	100
40	120	180	128	440	290	135
50	250	370	230	760	550	250
76×3	580	875	550	1750	1220	580
89×3.5	870	1300	815	2620	1750	875
102×4	1280	2000	1220	3605	2320	1280
114×4	1630	2420	1570	4540	3000	1600

注：1. 左起第5~7列计算管段的长度是指由最远散热器到锅炉的长度。

2. 干式水平凝结水管坡度为0.005。

附录24 室内高压蒸汽供暖系统管径计算表（p=200kPa，K=0.2mm）

公称直径/mm		10		15		20		25		32		40	
内径/mm		12.50		15.75		21.25		27		35.75		41	
外径/mm		17		21.25		26.75		33.50		42.25		48	
Q	G	Δp_m	v	Δp_m	v	Δp_m	v	Δp_m	v	Δp_m	v	Δp_m	v
2000	3	72	6	22	3.8								
3000	5	192	10	59	6.3	13	3.5						

（续）

公称直径/mm		10		15		20		25		32		40	
内径/mm		12. 50		15. 75		21. 25		27		35. 75		41	
外径/mm		17		21. 25		26. 75		33. 50		42. 25		48	
Q	G	Δp_m	v	Δp_m	v	Δp_m	v	Δp_m	v	Δp_m	v	Δp_m	v
4000	7	369	14	113	8. 8	24	4	7	3				
5000	8	479	16	146	10. 1	32	5. 5	9	3. 4				
6000	10	742	20	225	12. 6	48	6. 9	14	4. 3				
7000	11	894	22. 1	271	13. 9	58	7. 6	17	4. 7				
8000	13			376	16. 4	80	9	24	5. 6	5	3. 2		
9000	15			497	18. 9	106	10. 4	31	6. 4	7	3. 7		
10000	16			564	20. 2	120	11. 1	35	6. 9	8	3. 9		
12000	20					186	13. 9	54	8. 6	13	4. 9	6	3. 7
14000	23					244	16	71	9. 8	17	5. 6	8	4. 3
16000	26					310	18	90	11. 2	21	6. 4	10	4. 8
18000	29					384	20. 1	112	12. 5	26	7. 1	13	5. 4
20000	33					496	22. 9	144	14. 2	34	8. 1	17	6. 1
24000	39					688	27. 1	199	16. 8	47	9. 6	23	7. 3
28000	46					953	31. 9	275	19. 8	65	11. 3	32	8. 6
32000	52					1215	36. 1	350	22. 3	82	12. 7	40	9. 7
36000	59							449	25. 4	105	14. 5	52	11
40000	65							543	27. 9	127	15. 9	62	12. 1
44000	72							665	30. 9	155	17. 6	76	13. 4
48000	78							779	33. 5	181	19. 1	89	14. 5
55000	90							1033	38. 7	240	22. 1	118	16. 8
65000	106							1428	45. 6	332	26	163	19. 8
75000	123									445	30. 1	218	22. 9
85000	139									566	34. 1	278	25. 9
95000	155									702	38	344	28. 9
110000	180									944	44. 1	462	33. 5
130000	213									1318	52. 2	645	39. 7
150000	245											851	45. 7
170000	278											1093	51. 8
190000	311											1366	58

公称直径/mm		50		70		89 ×4		108 ×4		133 ×4		159 ×4	
内径/mm		53		68		81		100		125		151	
外径/mm		60		75. 50		89		108		133		159	
Q	G	Δp_m	v	Δp_m	v	Δp_m	v	Δp_m	v	Δp_m	v	Δp_m	v
17000	28	3	3. 1										
19000	31	4	3. 5										
22000	36	5	4										

（续）

公称直径/mm		50		70		89×4		108×4		133×4		159×4	
内径/mm		53		68		81		100		125		151	
外径/mm		60		75.50		89		108		133		159	
Q	G	Δp_m	v	Δp_m	v	Δp_m	v	Δp_m	v	Δp_m	v	Δp_m	v
26000	43	7	4.8										
30000	49	9	5.5	2	3.3								
34000	56	12	6.2	3	3.8								
38000	62	15	6.9	4	4.2								
42000	69	19	7.7	5	4.7	2	3.4						
46000	75	22	8.3	6	5.1	2	3.6						
50000	82	26	9.1	7	5.6	3	3.9						
60000	98	37	10.9	10	6.6	4	4.7	1	3.1				
70000	114	50	12.7	14	7.7	5	5.4	2	3.6				
80000	131	65	14.6	18	8.8	7	6.3	2	4.1				
90000	147	82	16.4	22	10	9	7	3	4.6				
100000	163	100	18.2	27	11	11	7.8	3	5.1	1	3.3		
120000	196	144	21.9	39	13.3	16	9.3	5	6.1	1	3.9		
140000	229	196	25.5	54	15.5	22	10.9	7	7.2	2	4.6	0	3.2
160000	262	255	29.2	70	17.7	28	12.5	9	8.2	3	5.3	1	3.6
180000	294	321	32.8	88	19.9	35	14	12	9.2	3	5.9	1	4.1
200000	327	396	36.5	108	22.2	44	15.6	14	10.2	4	6.6	1	4.6
240000	392	566	43.7	155	26.6	62	18.7	21	12.3	5	7.9	2	5.5
280000	458	771	51.1	210	31	85	21.9	28	14.3	9	9.2	3	6.4
320000	523	1003	58.3	273	35.4	110	25	37	16.4	11	10.5	4	7.3
360000	589	1271	65.7	346	39.9	139	28.1	46	18.5	14	11.8	5	8.2
400000	654			426	44.3	171	31.2	57	20.5	18	13.1	7	9.1
440000	719			514	48.7	206	34.3	69	22.5	21	14.4	8	10
480000	785			612	53.2	246	37.5	82	24.6	26	15.7	10	10.9
550000	899			801	60.9	321	42.9	107	28.2	33	18	13	12.5
650000	1063			1117	72	448	50.8	149	33.3	47	21.3	18	14.8
750000	1226					595	58.5	198	38.4	62	24.6	24	17.1
850000	1390					763	66.4	254	43.5	79	27.9	31	19.4
950000	1553					951	74.2	316	48.7	99	31.1	38	21.6
1100000	1798							423	56.3	132	36	51	25
1300000	2125							590	66.6	184	42.6	71	29.6
1500000	2452							784	76.8	244	49.2	94	34.1
1700000	2779									313	55.7	121	38.7

（续）

公称直径/mm		50		70		89×4		108×4		133×4		159×4	
内径/mm		53		68		81		100		125		151	
外径/mm		60		75.50		89		108		133		159	
Q	G	Δp_m	v	Δp_m	v	Δp_m	v	Δp_m	v	Δp_m	v	Δp_m	v
1900000	3106									391	62.3	151	43.2
2200000	3597									523	72.1	202	50.1
2600000	4251											281	59.2
3000000	4905											374	68.3

注：1. 制表时假定蒸汽运动黏度 $\nu=11.4\times10^{-4}m^2/s$，汽化潜热 $\gamma=2202kJ/kg$，密度 $\rho=1.129kg/m^3$。

2. λ 按下式计算。

层流区
$$\lambda=\frac{64}{Re}$$

阻力平方区
$$\lambda=0.11\left(\frac{k}{d}+\frac{68}{Re}\right)^{0.25}$$

3. 表中　Q——管段热负荷（W）；

G——管段蒸汽流量（kg/h）；

Δp_m——单位长度摩擦压力损失（Pa/m）；

v——流速（m/s）。

附录25　室内高压蒸汽供暖管路局部阻力当量长度（$K=0.2mm$）

局部阻力名称	公称直径/mm												
	15	20	25	32	40	50	70	80	100	125	150	175	200
	1/2″	3/4″	1″	$1\frac{1}{4}$″	$1\frac{1}{2}$″	2″	$2\frac{1}{2}$″	3″	4″	5″	6″		
双柱散热器	0.7	1.1	1.5	2.2	—	—	—	—	—	—	—	—	—
钢制锅炉	—	—	—	—	2.6	3.8	5.2	7.4	10.0	13.0	14.7	17.6	20.0
突然扩大	0.4	0.6	0.8	1.1	1.3	1.9	2.6	—	—	—	—	—	—
突然缩小	0.2	0.3	0.4	0.6	0.7	1.0	1.3	—	—	—	—	—	—
截止阀	6.0	6.4	6.8	9.9	10.4	13.3	18.2	25.9	35.0	45.5	51.3	61.6	70.7
斜杆截止阀	1.1	1.7	2.3	2.8	3.3	3.8	5.2	7.4	10.0	13.0	14.7	17.6	20.2
闸阀	—	0.3	0.4	0.6	0.7	1.0	1.3	1.9	2.5	3.3	3.7	4.4	5.1
旋塞阀	1.5	1.5	1.5	2.2	—	—	—	—	—	—	—	—	—
方形补偿器	—	—	1.7	2.2	2.6	3.8	5.2	7.4	10.0	13.0	14.7	17.6	20.2
套管补偿器	0.2	0.3	0.4	0.6	0.7	1.0	1.3	1.9	2.5	3.3	3.7	4.4	5.1
直流三通	0.4	0.6	0.8	1.1	1.3	1.9	2.6	3.7	5.0	6.5	7.3	8.3	10.0
旁流三通	0.6	0.8	1.1	1.7	2.0	2.8	3.9	5.6	7.5	9.8	11.0	13.2	15.1
分流、合流三通	1.1	1.7	2.2	3.3	3.9	5.7	7.8	11.1	15.0	19.5	22.0	26.4	30.3
直流四通	0.7	1.1	1.5	2.2	2.6	3.8	5.2	7.4	10.0	13.0	14.7	17.6	20.2

（续）

局部阻力名称	公称直径/mm												
	15	20	25	32	40	50	70	80	100	125	150	175	200
	1/2″	3/4″	1″	$1\frac{1}{4}$″	$1\frac{1}{2}$″	2″	$2\frac{1}{2}$″	3″	4″	5″	6″		
分流四通	1.1	1.7	2.2	3.3	3.9	5.7	7.8	11.1	15.0	19.5	22.0	26.4	30.3
弯头	0.7	1.1	1.1	1.7	1.8	1.9	2.6	—	—	—	—	—	—
90°煨弯及乙字弯	0.6	0.7	0.8	0.9	1.0	1.1	1.3	1.9	2.5	3.3	3.7	4.4	5.1
括弯	1.1	1.1	1.5	2.2	2.6	3.8	5.2	7.4	10.0	13.0	14.7	17.6	20.2
急弯双弯	0.7	1.1	1.5	2.2	2.6	3.8	5.2	7.4	10.0	13.0	14.7	17.6	20.2
缓弯双弯	0.4	0.6	0.8	1.1	1.3	1.9	2.6	3.7	5.0	6.5	7.3	8.8	10.1

附录 26 室外热水网路水力计算表

（$K=0.5\text{mm}$，$t=100℃$，$\rho=958.38\text{kg/m}^3$，$\nu=0.295\times10^{-6}\text{m}^2/\text{s}$）

水流量 G(t/h)；流速 v(m/s)；比摩阻 R（Pa/m）

公称直径/mm	25		32		40		50		70		80		100		125		150	
外径×壁厚/(mm×mm)	32×2.5		38×2.5		45×2.5		57×3.5		76×3.5		89×3.5		108×4		133×4		159×4.5	
G	v	R	v	R	v	R	v	R	v	R	v	R	v	R	v	R	v	R
0.6	0.3	77	0.2	27.5	0.14	9												
0.8	0.41	137.3	0.27	47.7	0.18	15.8	0.12	5.6										
1.0	0.51	214.8	0.34	73.1	0.23	24.4	0.15	8.6										
1.4	0.71	420.7	0.47	143.2	0.32	47.4	0.21	19.8	0.11	3.0								
1.8	0.91	695.3	0.61	236.3	0.42	84.2	0.27	26.1	0.14	5								
2.0	1.01	858.1	0.68	292.2	0.46	104	0.3	31.9	0.16	6.1								
2.2	1.11	1038.5	0.75	353	0.51	125.5	0.33	36.2	0.17	7.4								
2.6			0.88	493.3	0.6	175.5	0.38	53.4	0.2	10.1								
3.0			1.02	657	0.69	234.4	0.44	71.2	0.23	13.2								
3.4			1.15	844.4	0.78	301.1	0.5	91.4	0.26	17								
4.0					0.92	415.8	0.59	126.5	0.31	22.8	0.22	9						
4.8					1.11	599.2	0.71	182.4	0.37	32.8	0.26	12.9						
5.6							0.83	252	0.43	44.5	0.31	17.5	0.21	6.4				
6.2							0.92	304	0.48	54.6	0.34	21.8	0.23	7.8	0.15	2.5		
7.0							1.03	387.4	0.54	69.6	0.38	27.9	0.26	9.9	0.17	3.1		
8.0							1.18	506	0.62	90.9	0.44	36.3	0.3	12.7	0.19	4.1		
9.0							1.33	640.4	0.7	114.7	0.49	46	0.33	16.1	0.21	5.1		
10.0							1.48	790.4	0.78	142.2	0.55	56.8	0.37	19.8	0.24	6.3		
11.0							1.63	957.1	0.85	171.6	0.6	68.6	0.41	23.9	0.26	7.6		
12.0									0.93	205	0.66	81.7	0.44	28.5	0.28	8.8	0.2	3.5
14.0									1.09	278.5	0.77	110.8	0.52	38.8	0.33	11.9	0.23	4.7
15.0									1.16	319.7	0.82	127.5	0.55	44.5	0.35	13.6	0.25	5.4
16.0									1.24	363.8	0.88	145.1	0.59	50.7	0.38	15.5	0.26	6.1
18.0									1.4	459.9	0.99	184.4	0.66	64.1	0.43	19.7	0.3	7.6
20.0									1.55	568.8	1.1	227.5	0.74	79.2	0.47	24.3	0.33	9.3

（续）

公称直径/mm	25		32		40		50		70		80		100		125		150	
外径×壁厚/(mm×mm)	32×2.5		38×2.5		45×2.5		57×3.5		76×3.5		89×3.5		108×4		133×4		159×4.5	
G	*v*	*R*	*v*	*R*	*v*	*R*	*v*	*R*	*v*	*R*	*v*	*R*	*v*	*R*	*v*	*R*	*v*	*R*
22.0									1.71	687.4	1.21	274.6	0.81	95.8	0.52	29.4	0.36	11.2
24.0									1.86	818.9	1.32	326.6	0.89	113.8	0.57	35	0.39	13.3
26.0									2.02	961.1	1.43	383.4	0.96	133.4	0.62	41.1	0.43	16.7
28.0											1.54	445.2	1.03	154.9	0.66	47.6	0.46	18.1
30.0											1.65	510.9	1.11	178.5	0.71	54.6	0.49	20.8
32.0											1.76	581.5	1.18	203	0.76	62.2	0.53	23.7
34.0											1.87	656.1	1.26	228.5	0.8	70.2	0.56	26.8
36.0											1.98	735.5	1.33	256.9	0.85	78.6	0.59	30
38.0											2.09	819.8	1.4	286.4	0.9	87.7	0.62	33.4

公称直径/mm	100		125		150		200		250		300	
外径×壁厚/(mm×mm)	108×4		133×4		159×4.5		219×6		273×8		325×8	
G	*v*	*R*	*v*	*R*	*v*	*R*	*v*	*R*	*v*	*R*	*v*	*R*
40	1.48	316.8	0.95	97.2	0.66	37.1	0.35	6.8	0.22	2.3		
42	1.55	349.1	0.99	106.9	0.68	40.8	0.36	7.5	0.23	2.5		
44	1.63	383.4	1.04	117.7	0.72	44.8	0.38	8.1	0.25	2.7		
45	1.66	401.1	1.06	122.6	0.74	46.9	0.39	8.5	0.25	2.8		
48	1.77	456	1.13	140.2	0.79	53.3	0.41	9.7	0.27	3.2		
50	1.85	495.2	1.18	152.0	0.82	57.8	0.43	10.6	0.28	3.5		
54	1.99	577.6	1.28	177.5	0.89	67.5	0.47	12.4	0.3	4.0		
58	2.14	665.9	1.37	204	0.95	77.9	0.5	14.2	0.32	4.5		
62	2.29	761	1.47	233.4	1.02	88.9	0.53	16.3	0.35	5.0		
66	2.44	862	1.56	264.8	1.08	101	0.57	18.4	0.37	5.7		
70	2.59	969.9	1.65	297.1	1.15	113.8	0.6	20.7	0.39	6.4		
74			1.75	332.4	1.21	126.5	0.64	23.1	0.41	7.1		
78			1.84	369.7	1.28	141.2	0.67	25.7	0.44	8.2		
80			1.89	388.3	1.31	148.1	0.69	27.1	0.45	8.6		
90			2.13	491.3	1.48	187.3	0.78	34.2	0.5	11		
100			2.36	607	1.64	231.4	0.86	42.3	0.56	13.5	0.30	5.1
120			2.84	873.8	1.97	333.4	1.03	60.9	0.67	19.5	0.46	7.4
140					2.3	454	1.21	82.9	0.78	26.5	0.54	10.1
160					2.63	592.3	1.38	107.9	0.89	34.6	0.62	13.1
180							1.55	137.3	1.01	43.8	0.7	16.6
200							1.72	168.7	1.12	54.1	0.77	20.5
220							1.9	205	1.23	65.4	0.85	24.7
240							2.07	243.2	1.34	77.9	0.93	29.5
260							2.24	285.4	1.45	91.4	1.01	34.7
280							2.41	331.5	1.57	105.9	1.08	40.2
300							2.59	380.5	1.68	121.6	1.16	46.2
340							2.93	488.4	1.9	155.9	1.32	55.9
380							3.28	611	2.13	195.2	1.47	74
420							3.62	745.3	2.35	238.3	1.62	90.5
460									2.57	286.4	1.78	108.9
500									2.8	348.1	1.93	128.5

附录 27 室外热水网路局部阻力当量长度（$K=0.5mm$，用于蒸汽网路 $K=0.2mm$，乘修正系数 $\beta=1.26$）

名称	局部阻力系数 ζ	公称直径/mm 32	40	50	70	80	100	125	150	175	200	250	300	350	400	450	500	600	700	800
		当量长度/m																		
截止阀	4~9	6	7.8	8.4	9.6	10.2	13.5	18.5	24.6	39.5	—	—	—	—	—	—	—	—	—	—
闸阀	0.5~1	—	—	0.65	1	1.28	1.65	2.2	2.24	2.9	3.36	3.73	4.17	4.3	4.5	4.7	5.3	5.7	6	6.4
旋启式止回阀	1.5~3	0.98	1.26	1.7	2.8	3.6	4.95	7	9.52	13	16	22.2	29.2	33.9	46	56	66	89.5	112	133
升降式止回阀	7	5.25	6.8	9.16	14	17.9	23	30.8	39.2	50.6	58.8	—	—	—	—	—	—	—	—	—
套筒补偿器（单向）	0.2~0.5	—	—	—	—	—	0.66	0.88	1.68	2.17	2.52	3.33	4.17	5	10	11.7	13.1	16.5	19.4	22.8
套筒补偿器（双向）	0.6	—	—	—	—	—	1.98	2.64	3.36	4.34	5.04	6.66	8.34	10.1	12	14	15.8	19.9	23.3	27.4
波纹管补偿器（无内套）	1.7~1	—	—	—	—	—	5.57	7.5	8.4	10.1	10.9	13.3	13.9	15.1	16					
波纹管补偿器（有内套）	0.1	—	—	—	—	—	0.38	0.44	0.56	0.72	0.84	1.1	1.4	1.68	2					
方形补偿器																				
三缝焊弯 $R=1.5d$	2.7	—	—	—	—	—	—	—	17.6	22.1	24.8	33	40	47	55	67	76	94	110	128
锻压弯头 $R=(1.5\sim2)d$	2.3~3	3.5	4	5.2	6.8	7.9	9.8	12.5	15.4	19	23.4	28	34	40	47	60	68	83	95	110
焊弯 $R\geq4d$	1.16	1.8	2	2.4	3.2	3.5	3.8	5.6	6.5	8.4	9.3	11.2	11.5	16	20	—	—	—	—	—
弯头																				
45°单缝焊接弯头	0.3	—	—	—	—	—	—	—	1.68	2.17	2.52	3.33	4.17	5	6	7	7.9	9.9	11.7	13.7
60°单缝焊接弯头	0.7	—	—	—	—	—	—	—	3.92	5.06	5.9	7.8	9.7	11.8	14	16.3	18.4	23.2	27.2	32
锻压弯头 $R=(1.5\sim2)d$	0.5	0.38	0.48	0.65	1	1.28	1.65	2.2	2.8	3.62	4.2	5.55	6.95	8.4	10	11.7	13.1	16.5	19.4	22.8
焊弯 $R=4d$	0.3	0.22	0.29	0.4	0.6	0.76	0.98	1.32	1.68	2.17	2.52	3.3	4.17	5	6	—	—	—	—	—
除污器	10	—	—	—	—	—	—	—	56	72.4	84	111	139	168	200	233	262	331	388	456
分流三通 直通管	1.0	0.75	0.97	1.3	2	2.55	3.3	4.4	5.6	7.24	8.4	11.1	13.9	16.8	20	23.3	26.3	33.1	38.8	45.7
分流三通 分支管	1.5	1.13	1.45	1.96	3	3.82	4.95	6.6	8.4	10.9	12.6	16.7	20.8	25.2	30	35	39.4	49.6	58.2	68.6

（续）

名称		局部阻力系数 ζ	32	40	50	70	80	100	125	150	175	200	250	300	350	400	450	500	600	700	800
			公称直径/mm																		
			当量长度/m																		
合流三通	直通管	1.5	1.13	1.45	1.96	3	3.82	4.95	6.6	8.4	10.9	12.6	16.7	20.8	25.2	30	35	39.4	49.6	58.2	68.6
合流三通	分支管	2.0	1.5	1.94	2.62	4	5.1	6.6	8.8	11.2	14.5	16.8	22.2	27.8	33.6	40	46.6	52.5	66.2	77.6	91.5
三通汇流管		3.0	2.25	2.91	3.93	6	7.65	9.8	13.2	16.8	21.7	25.2	33.3	41.7	50.4	60	69.9	78.7	99.3	116	137
三通分流管		2.0	1.5	1.94	2.62	4	5.1	6.6	8.8	11.2	14.5	16.8	22.2	27.8	33.6	40	46.6	52.5	66.2	77.6	91.5
焊接异径接头（按小管径计算）$F_1/F_0=2$		0.1	—	0.1	0.13	0.2	0.26	0.33	0.44	0.56	0.72	0.84	1.1	1.4	1.68	2	2.4	2.6	3.3	3.9	4.6
$F_1/F_0=3$		0.2～0.3	—	0.14	0.2	0.3	0.38	0.98	1.32	1.68	2.17	2.52	3.3	4.17	5	5.7	5.9	6.0	6.6	7.8	9.2
$F_1/F_0=4$（面积比）		0.3～0.49	—	0.19	0.26	0.4	0.51	1.6	2.2	2.8	3.62	4.2	5.55	6.85	7.4	7.8	8	8.9	9.9	11.6	13.7

注：本表摘自 M. M. Апарцев. Налаадка Водяных Систем Централизованного Теплоснабжение. Справочное Пособие. Москва：Энергоатом издат，1983。

附录 28　热网管道局部损失与沿程损失的估算比值

补偿器类型	公称直径/mm	估算比值 α_j	
		蒸汽管道	热水和凝结水管道
输送干线			
套筒或波纹管补偿器（带内衬筒）	≤1200	0.2	0.2
方形补偿器	200～350	0.7	0.5
	400～500	0.9	0.7
	600～1200	1.2	1.0
输配干线			
套筒或波纹管补偿器（带内衬筒）	≤400	0.4	0.3
	450～1200	0.5	0.4
方形补偿器	150～250	0.8	0.6
	300～350	1.0	0.8
	400～500	1.0	0.9
	600～1200	1.2	1.0

注：本表摘自《城镇供热管网设计规范》CJJ 34—2010。该规范规定：有分支管接出的干线称输配干线；长度超过 2km 无分支管的干线称输送干线。

附录 29　室外高压蒸汽管路水力计算表（$K=0.2$mm，$\rho=1$kg/m^3）

流量 G(t/h)；流速 v(m/s)；比摩阻 R(Pa/m)

公称直径/mm	65		80		100		125		150		175		200		250	
外径×壁厚/(mm×mm)	73×3.5		89×3.5		108×4		133×4		159×4.5		194×6		219×6		273×7	
G	v	R	v	R	v	R	v	R	v	R	v	R	v	R	v	R
2.0	164	5213.6	105	1666	70.8	585.1	45.3	184.2	31.5	71.4	21.4	26.5				
2.1	171.6	5754.6	111	1832.6	74.3	644.8	47.6	201.9	33.0	78.8	22.4	28.9				
2.2	180.4	6310.2	116	2018.8	77.9	707.6	49.8	220.53	34.6	86.7	23.5	31.6				
2.3	188.1	6902.1	121	2205	81.4	774.2	52.1	240.1	36.2	94.6	24.6	34.4				
2.4	195.8	7507.8	126	2401	85	842.8	54.4	260.7	37.8	102.65	25.6	37.2				
2.5	204.6	8149.7	132	2597	88.5	914.3	56.6	282.2	39.3	110.7	26.7	41.1	20.7	21.8		
2.6	212.3	8816.1	137	2812.6	92	989.8	59.9	311.6	40.9	119.6	27.8	43.5	21.5	23.5		
2.7	221.1	9508	142	3038	95.6	1068.2	62.2	329.3	42.5	129.4	28.9	47	22.3	25.5		
2.8	228.8	10224.3	147	3263.4	99.1	1146.6	63.4	354.7	44.1	138.2	29.9	51	23.1	27.2		
2.9	237.6	10965.2	153	3498.6	103	1234.8	67.7	380.2	45.6	145.0	31	53.9	24	28.4		
3.0	245.3	11730.6	158	3743.6	106	1313.2	68	406.7	47.2	156.3	32.1	57.8	24.8	30.4		
3.1	253	12533	163	3998.4	110	1401.4	70.2	434.1	48.8	167.6	33.1	61.7	25.6	32.1		
3.2	261.8	13349	168	4263	113	1499.4	72.5	462.6	50.3	179.3	34.2	65.7	26.4	34.8		
3.3	269.5	14200	174	4527.6	117	1597.4	74.8	492	51.9	190.1	35.3	69.6	27.3	37.0		
3.4	278.3	15072	179	4811.8	120	1695.4	77	522.3	53.5	200.9	36.3	73.7	28.1	39.2		
3.5	286	15966	184	5096	124	1793.4	79.3	555.15	55.1	212.7	37.4	78.4	29	41.9		

（续）

公称直径/mm	65		80		100		125		150		175		200		250	
外径×壁厚/(mm×mm)	73×3.5		89×3.5		108×4		133×4		159×4.5		194×6		219×6		273×7	
G	v	R	v	R	v	R	v	R	v	R	v	R	v	R	v	R
3.6			190	5390	127	1891.4	81.6	588	56.6	224.4	38.5	83.3	30	44.1		
3.7			195	5693.8	131	1999.2	83.8	619.4	58.2	237.4	39.5	87.2	30.6	46.1		
3.8			200	6007.4	135	2116.8	86.1	652.7	59.8	250.9	40.6	92.6	31.4	49		
3.9			205	6330.8	138	2224.6	88.4	688	61.4	263.6	41.7	97.5	32.2	51.7		
4.0			211	6664	142	2342.2	90.6	723.2	62.9	277.3	42.7	99.6	33	54.4		
4.2			221	7340.2	149	2577.4	97.4	835.9	66.1	305.8	44.9	112.7	34.7	58.8		
4.4			232	8055.6	156	2832.2	99.7	875.1	69.2	336.1	47.0	122.5	36.4	64.7		
4.6			242	8810.2	163	3096.8	104	956.5	72.4	366.5	49.1	133.3	38	70.1		
4.8			253	9584.4	170	3371.2	109	1038.8	75.5	399.8	51.3	145.0	39.7	76.4		
5.0			263	10407.6	177	3655.4	113	1127	78.7	433.2	53.4	157.8	41.3	84.3		
6.0					210	5262.6	136	1626.8	94.4	624.3	64.1	226.4	49.6	117.1	31.7	37
7.0					248	8232	170	2538.2	118	975.1	80.2	253.8	62	180.3	39.6	57
8.0					283	9359	181	2891	126	1107.4	85.5	401.8	66.1	204.8	42.2	64.4
9.0					319	11848	204	3665.2	142	1401.4	96.2	508.6	74.4	259.7	47.5	81.1
10.0							227	4517.8	157	1734.6	107	628.6	82.6	320.5	52.8	99
11.0							249	5468.4	173	2097.2	118	760.5	90.9	387.1	58	119.6
12.0							272	6507.2	189	2499	128	905.5	99.1	460.6	63.3	142.1

注：编制本表时，假定蒸汽动力黏滞性系数$\mu=2.05\times10^{-6}\text{kg}\cdot\text{s/m}$，验算蒸汽流态。对阻力平方区，沿程阻力系数可用尼古拉兹公式$\lambda=\frac{1}{(1.14+2\lg\frac{d}{k})^2}$计算；对紊流过渡区，查得数值有误差，但不大于5%。

附录30　饱和水与饱和蒸汽的热力特性表

压力 $p/10^5\text{Pa}$	饱和温度 t/℃	比体积/（m^3/kg）		焓/（kJ/kg）		
		饱和水 v_i	饱和蒸汽 v_q	饱和水 i_i	汽化潜热 Δi	饱和蒸汽 i_q
1.0	99.63	0.0010434	1.6946	417.51	2258.2	2675.7
1.2	104.81	0.0010476	1.4289	439.36	2244.4	2683.8
1.4	109.32	0.0010513	1.2370	458.42	2232.4	2690.8
1.6	113.32	0.0010547	1.0917	475.38	2221.4	2696.8
1.8	116.93	0.0010579	0.9778	490.70	2211.4	2702.1
2.0	120.23	0.0010608	0.8859	504.7	2202.2	2706.9
2.5	127.43	0.0010675	0.7188	535.4	2181.8	2717.2
3.0	133.54	0.0010735	0.6059	561.4	2164.1	2725.2
3.5	138.88	0.0010789	0.5243	584.3	2148.2	2732.5
4.0	143.62	0.0010839	0.4624	604.7	2133.8	2738.5
4.5	147.92	0.0010885	0.4139	623.2	2120.6	2743.8
5.0	151.85	0.0010928	0.3748	640.1	2108.4	2748.5
6.0	158.84	0.0011009	0.3156	670.4	2086.0	2756.4
7.0	164.96	0.0011082	0.2727	697.1	2065.8	2762.9
8.0	170.42	0.0011150	0.2403	720.9	2047.5	2768.4
9.0	175.36	0.0011213	0.2148	742.6	2030.4	2773.0

（续）

压力 $p/10^5$Pa	饱和温度 t/℃	比体积/（m^3/kg）		焓/（kJ/kg）		
		饱和水 v_i	饱和蒸汽 v_q	饱和水 i_i	汽化潜热 Δi	饱和蒸汽 i_q
10.0	179.88	0.0011274	0.1943	762.6	2014.4	2777.0
11.0	184.06	0.0011331	0.1774	781.1	1999.3	2780.4
12.0	187.96	0.0011386	0.1632	798.4	1985.0	2783.4
13.0	191.60	0.0011438	0.1511	814.7	1971.3	2786.0

附录31 二次蒸汽数量 x_2

［单位：kg（蒸汽）/kg］

始端压力（abs）p_1/（$\times 10^5$Pa）	末端压力（abs）p_s/（$\times 10^5$Pa）										
	1	1.2	1.4	1.6	1.8	2.0	3.0	4.0	5.0	6.0	7.0
1.2	0.01										
1.5	0.022	0.012	0.004								
2	0.039	0.029	0.021	0.013	0.006						
2.5	0.052	0.043	0.034	0.027	0.02	0.014					
3	0.064	0.054	0.046	0.039	0.032	0.026					
3.5	0.074	0.064	0.056	0.049	0.042	0.036	0.01				
4	0.083	0.073	0.065	0.058	0.051	0.045	0.02				
5	0.098	0.089	0.081	0.074	0.067	0.061	0.036	0.017			
8	0.134	0.125	0.117	0.11	0.104	0.098	0.073	0.054	0.038	0.024	0.012
10	0.152	0.143	0.136	0.129	0.122	0.117	0.093	0.074	0.058	0.044	0.032
15	0.188	0.18	0.172	0.165	0.161	0.154	0.13	0.112	0.096	0.083	0.071

附录32 凝结水管水力计算表

（$\rho_r=10.0$kg/m^3，$K_b=0.5$mm）

流量/（t/h）	管径/mm								
	25	32	40	57×3	76×3	89×3.5	108×4	133×4	159×4.5
0.2	9.711 626.0	5.539 182.1	4.21 87.5						
0.4	19.43 3288.9	11.07 732.6	8.42 350	5.45 109	2.89 20.2				
0.6	29.14 7397.0	16.62 1590.5	12.63 787.2	8.17 245.2	4.34 45.4	3.16 19.6			
0.8	38.85 13151.6	22.16 2914.5	16.84 1400.4	10.88 436	5.78 80.7	4.21 34.5			
1.0	48.56 20540.8	27.69 4555.0	21.06 2186.4	13.61 681.3	7.33 126.1	5.26 54.4	3.54 18.96		
1.5		41.54 10250.8	31.58 4919.6	20.41 1532.7	10.84 283.7	7.9 122.4	5.31 42.7		
2.0			42.12 8747.5	27.22 2725.4	14.45 504.2	10.52 217.5	7.08 75.9	4.53 23.3	
2.5				34.02 4258.1	18.06 787.9	13.17 339.8	8.85 118.6	5.66 36.3	3.93 13.9
3.0				40.83 6132.8	21.67 1133.9	15.79 489.3	10.62 170.6	6.8 52.3	4.72 20.0
3.5				47.64 8345.7	25.29 1543.5	18.42 666.6	12.39 232.4	7.93 71.2	5.51 27.2

（续）

流量/（t/h）	管径/mm								
	25	32	40	57×3	76×3	89×3.5	108×4	133×4	159×4.5
4.0					28.9 2016.8	21.06 869.8	14.16 303.4	9.06 63.0	6.3 35.5
4.5					32.51 2552	23.69 1100.5	15.93 384.0	10.13 117.7	7.08 44.9
5.0					36.12 3151.7	26.33 1359.3	17.7 474.0	11.33 145.3	7.87 55.4
6.0					43.35 4538.4	31.58 1958.0	21.24 682.8	13.6 209.3	9.44 79.8
7.0						36.85 2663.6	24.78 929.2	15.85 284.9	11.01 108.7
8.0						42.12 3479	28.32 1213.2	18.13 372.1	12.59 142
9.0						47.38 4404.1	31.86 1536.6	20.39 471	14.10 179.6
10.0							35.4 1896.3	22.66 581.5	15.73 221.8
11.0							38.94 2295.2	24.93 703.6	17.31 268.2
12.0							42.48 2730.3	27.18 837.3	18.88 319.2
13.0							46.02 3205.6	29.46 982	20.45 374.8

注：表中数值，上行为流速（m/s）；下行为比摩阻（Pa/m）。

附录33　地沟与架空敷设的直线管段固定支座（架）最大间距表　（单位：m）

管道公称直径 d/mm	方形补偿器				套筒补偿器	
	热介质					
	热水		蒸汽		热水	蒸汽
	敷设方式					
	架空	地沟	架空	地沟	架空或地沟	
$d \leq 32$	50	50	50	50	—	—
$32 < d \leq 50$	60	50	60	60	—	—
$50 < d \leq 100$	80	60	80	70	90	50
125	90	65	90	80	90	50
150	100	75	100	90	90	50
200	120	80	120	100	100	60
250	120	85	120	100	100	60
$250 < d \leq 350$	140	95	120	100	120	70
$350 < d \leq 450$	160	100	130	110	140	80
500	180	100	140	120	140	80
$d \geq 600$	200	120	140	120	140	80

参 考 文 献

[1] 陆耀庆. 实用供热空调设计手册 [M]. 3 版. 北京：中国建筑工业出版社，2008.
[2] 贺平，孙刚，吴华新，等，供热工程 [M]. 5 版. 北京：中国建筑工业出版社，2021.
[3] 王宇清，边喜龙. 集中供热工程施工 [M]. 北京：电子工业出版社，2018.
[4] 徐伟. 近零能耗建筑技术 [M]. 北京：中国建筑工业出版社，2021.